卫生健康行业职业技能培训教程

# 美容营养学

易琴 ◎ 编著

U0219673

中国轻工业出版社

**图书在版编目（CIP）数据**

美容营养学 / 易琴编著. —北京：中国轻工业出版社，2025.1

卫生健康行业职业技能培训教程

ISBN 978-7-5184-3257-8

Ⅰ.①美… Ⅱ.①易… Ⅲ.①美容—饮食营养学—职业培训—教材 Ⅳ.①TS974.1②R151.1

中国版本图书馆CIP数据核字（2020）第216017号

责任编辑：伊双双　罗晓航　　责任终审：劳国强　　整体设计：锋尚设计

策划编辑：伊双双　　　　　　　责任校对：吴大朋　　责任监印：张　可

出版发行：中国轻工业出版社（北京鲁谷东街5号，邮编：100040）

印　　刷：三河市国英印务有限公司

经　　销：各地新华书店

版　　次：2025年1月第1版第5次印刷

开　　本：787×1092　1/16　印张：18.25

字　　数：400千字

书　　号：ISBN 978-7-5184-3257-8　定价：68.00元

邮购电话：010-85119873

发行电话：010-85119832　010-85119912

网　　址：http://www.chlip.com.cn

Email：club@chlip.com.cn

# 序

随着社会发展和人民生活水平的不断提高，我国医疗美容市场也得到了飞速发展。但用营养的方式从根源上实现美容还是为大部分人所不知。头发、颜面、皮肤、四肢、指（趾）甲和身材的健美，均与机体的营养状况有关，营养是人体新陈代谢的物质基础，膳食是营养摄取的主要来源。

为此，北京大学食物营养与健康管理课题组研究员、兰州大学营养与健康研究中心兼职教授、深圳市保健科技学会营养健康工作委员会执行主任易琴老师结合十余年的女性营养教学与营养调理经验特意编撰《美容营养学》一书。意在帮助广大女性朋友树立正确的美容观念，实现真正的健康美。

好的气色来自科学饮食。俗话说："瓜看皮色，人看肤色"，身体的健康与否，从肤色上就可略知端倪。健康的皮肤总是表现为白里透红、光泽、丰腴而富有弹性。体弱多病、营养不良或失调的人，皮肤不是苍白无泽就是暗黄油垢，且多皱、生斑、粗糙、无弹性。本书结合人体皮肤的结构、特性及其生理功能，根据七大营养素和各类食物与营养美容的深层联系，对合理膳食与营养均衡、美容相关疾病的营养干预等进行了科学系统的阐述，包括人体皮肤衰老、美容祛斑、皮肤痤疮问题及人群美容相关疾病与营养素之间的营养调理；概述常见美容食物及如何通过营养膳食减肥瘦身、美胸健体、延缓衰老、美容美发等。本书适用于入门者学习，也适用于资深专业人员进一步提高。

本书作者严谨认真，结合自己十余年的教学和研究，阅读了大量的文献资料并长期置身于实践营养调理工作，不断地追求营养学的最新进展，注重合理营养是美容的基础，并以此为基础落实到日常的实践中，值得广大女性学习并实操。

该书内容详尽，语言流畅，阐述的方法有理有据，理论联系实际，注重应用。因此，我很乐意向读者推荐这本好书，希望它能有助于我国营养与美容水平的进一步提高，并对人类的健康美做出贡献。

王玉

兰州大学营养与健康研究中心主任、教授

国家卫健委营养标准委员会委员

# 前　言

美容营养学是营养学领域一个新的研究方向，是以营养学和美容医学为基础，以人体美容为目的，通过合理营养和特定膳食来防治营养失衡所致的美容相关问题，从而达到延缓衰老、促进健康的一门应用科学。随着对营养学、美容医学等诸多学科研究领域的拓展、营养知识的普及以及人们健康和美容意识的增强，美容营养学的研究内容正日益受到人们的关注。本书的编写与出版，将满足广大美容工作者、求美者掌握和了解美容营养学相关知识和技能的需求，促进美容与营养关系基础理论的研究及美容营养学学科的成熟与发展。

本书主要讲述了皮肤的结构、特性及其生理功能（第一章至第二章）；人体组成、七大营养素和各类食物与营养美容的深层联系（第三章至第五章）；合理的膳食与营养均衡，特定状况的营养干预方法等（第六章至第十三章）。具体阐述人体皮肤衰老、美容祛斑、痤疮皮肤问题及人群美容相关疾病与营养素之间的关系及营养调理；概述常见美容食物及如何通过营养膳食减肥瘦身、美胸健体、延缓衰老、美容美发，以达到维护和增进人体健康美的目的。

通过对本书的理论学习和实践，能够了解皮肤生理学、美容营养学的基本知识，掌握健康及亚健康人群不同时期对营养素的需求和供给量及如何进行合理营养与膳食；学会皮肤常见问题的营养调理方法以及美容相关疾病产生的原因和调理原则，从营养学的角度出发进行合理膳食搭配，能正确处理美容营养常见的实际问题。

由于编者的水平有限，书中若有不当之处，敬请广大师生和读者指正，多提宝贵意见。

易琴

2020年10月

目录

# 绪论

## 第一节 美容与营养概述

随着人类社会发展和科学技术水平的提高，我国人民在经济、文化、生活质量等各个方面都有显著的进步，人们追求自身的健康和美丽已成为一种趋势，而这些都有赖于合理的营养与膳食。营养与膳食的基本理论依据是营养学。

### 一、营养学的概念

营养学是生命科学的一个分支，是研究人体营养规律及其改善措施的科学，概括地说，营养学主要研究人体营养过程、需要和食物来源，以及营养与健康的关系。营养学学科内容主要包括人体对营养的需要，即营养学基础、各类食物的营养价值、不同人群的营养、营养与疾病、营养与美容等。

### 二、美容营养学的概念

营养是人体赖以生存的基础，人体要依靠从体外摄取营养素来维持正常的生理功能。食物的营养是影响人体皮肤、毛发健美的重要环节，人体健康美丽要有科学合理的营养来支持。

美容营养学（aesthetic nutriology）是在营养学的基础上研究营养与美容关系的学科。具体而言，它是以营养学和美容医学为基础，以人体美容为目的，通过合理营养和特定膳食，预防和治疗营养失衡或代谢障碍所致的美容相关疾病，延缓衰老，以达到维护和增进具有生命活力美感的人体健康美丽的应用科学。

美容营养学是美容医学领域一个新的研究方向，是一门年轻的学科，其基础理论及作用机制的研究起步较晚，从事此类研究工作的专业团队还未形成，在很大程度上影响和制约了该学科的发展。然而随着营养学、美容医学等诸多学科的发展及健康知识的普及，特别是广大爱美人士健康和美容意识的增强，美容营养学的研究不断深入，其研究内容正日益受到关注并融入人们的生活之中。

### 三、美容营养学的发展

"爱美之心人皆有之"，人类对美的追求是与人类的产生与发展同步的。人类的祖先为了御寒，用树叶及兽皮遮身保暖，反映出原始的、低级的、无意识的美学要求。经过长期的生活实践，生产力得到发展，生活资料相对丰富起来，人类已不能满足于单纯的物质享受，开始注重并追求精神方面的享受，先民们便用大自然的矿物、有色土壤，以及植物的叶子、花果及动物的骨、毛、皮等做成各种五彩缤纷的装饰物来装扮自己，原始而朴素的美容化妆就这样形成了。这也标志着人类对美的追求从无意识阶段发展到有意识阶段。

美容在我国有着悠久的历史，其中许多是值得我们继承和发展的珍贵遗产。早在商周时期，我国就有以服饰和服色来显示地位、职业，甚至个性和爱好的记载，如用"燕支"敷面、用脂粉涂脸、用墨描眉等。春秋战国时期美容开始风行，如《诗经·卫风·硕人》中"手如柔荑、肤如凝脂"的吟咏，《韩非子》的"故善毛嫱，西施之美，无益吾面，用脂泽粉黛，则倍其初"。马王堆出土的医药方技书已有对面部黑斑、白斑、痤疮、接触性皮炎、瘢痕疙瘩等疾病的病因、病理、诊断方法、治疗方法的论述，还对如何保持人的皮肤白嫩光泽、毛发乌黑等提出了一些理论和具体方法。战国时期已盛行通过气功等养生术防衰驻颜，进而使人体呈现自然美的方法。秦汉时期发式的造型艺术和用于装饰发型的饰品艺术已相当完善，不仅出现了用假发盘制发髻，还有了玉簪、白花、步摇、耳塞等。此时铜镜已广泛流行，成为妇女梳妆打扮的常用工具。化妆工具的产生更进一步推动了化妆的发展。这一时期我国传统中医药学有了快速发展，出现了《黄帝内经》《神农本草经》《伤寒杂病论》等经典著作，传统中医美容学也开始萌芽。例如，《神农本草经》记载有美容功效的药物就达160余种，书中提到一些药物可供制作化妆品之用。《黄帝内经·素问·五脏生成篇》中说："多食咸，则脉凝泣而变色；多食苦，则皮槁而毛拔；多食辛，则筋急而爪枯；多食酸，则肉胝而唇揭；多食甘，则骨痛而发落，此五味之所伤也。"说明五味偏食可导致血凝而面色无光泽、皮肤干燥、毫毛脱落、筋脉拘挛、爪甲枯槁，并影响肌肉、骨骼的健美。这些著作不仅为中医美容学的发展奠定了基础，同时也为中医美容学提供了理论依据。

晋代以后中国传统美容逐渐形成，尤其是在唐代，经济上的繁荣促进了人们生活水平的提高，人们对美的追求更加强烈，妆型、发型、服饰得到了空前的发展，美容化妆的艺术性已初步形成。人们已不满足于一般的梳妆打扮，开始向塑造和美化形象的方向发展。由于人们对美的强烈追求，促使医学家也开始进行美容方面的研究，如《抱朴子》《肘后方》《备急千金要方》《千金翼方》《养性延命录》《诸病源候论》《外台秘要》《食疗本草》等从不同侧面丰富和发展了中医美容学的理论和实际操作技能。宋、金、元、明、清等时期传统中医美容学不断得到发展，如宋代的《圣济总录》《太平圣惠方》、金元的《御药院方》等。

到了明清时期，我国已有药物护肤和按摩护肤的美容手段，在世界美容界堪称先驱。如《本草纲目》中记录了用珍珠擦脸使皮肤滋润的方法，清代有用玉棍滚脸的初级按摩方法。这些方法不断引起了人们的重视与认可，对中医美容学的发展有极大的贡献，此时期中医美容学具有如下特点：第一，开始进行理论上的深入探讨，更突出整体观和辨证论治；第二，美容药方更丰富，品种更繁杂，各种美容手段的技术更全面、水平更高；第三，治疗美容发展较快，美容外科、美容眼科均有较大进展；第四，美容保健又逐渐由民间走向宫廷、王府，也为现代营养美容学的产生奠定了基础。

国外的美容学也经历了相似的发展过程。四大文明古国之一的古埃及，是被史料证明最早使用化妆品的国家，无论是个人还是在宗教仪式中，都有化妆的风气，化妆品的使用范围很广。古埃及人很重视身体的干净、健康与美丽，沐浴就成了一种规约。沐浴后还要涂抹大量的香油、香水或油膏来滋润皮肤。考古学家从古埃及的墓葬中发现了染了指甲的木乃伊和各种美容器具，从中可看出古埃及人对美容的偏爱。后来这种沐浴系统被古希腊人和古罗马人沿用。古希腊人从古埃及人的沐浴中得到启发，开始建设精美的浴室，发明了修整发型、保养皮肤与指甲的方法。人们从一些古墓挖掘中可以清晰了解到，古希腊人不仅钟爱香水，还研制面膜。当时的贵妇人把香花研成细末，制成香粉，以此来除汗香体；把果实调成糊，制成面膜保养面部皮肤。

古罗马人继承了古希腊人的习俗，也喜欢使用化妆品与香料。他们在沐浴时将从植物中提取并配制而成的香水滴入洗澡水中，并用浸透香液的海绵来擦洗身体、涂抹油脂来保持皮肤的润滑，尤其注重从天然物质中摄取营养，并以此制作了许多美化肌肤的化妆品来保持皮肤、头发、指甲的健康。在公元前454年，古罗马人开始修面，白净无须的脸成为风尚。这一风尚至今也是美发美容的标准。女人则用牛乳、面包、酒等制成面膜。面颊与嘴唇涂用蔬菜颜料为配方的化妆品，眼皮及眉毛用富有色彩的化妆品。古罗马人发明了许多漂白及染发配方。在古罗马的文化典籍中，可以看到许多关于化妆品配方的文字，也可以查阅到有许多赞美保养肌肤、讴歌洁身之美德的诗篇。

中古时期（476—1453），宗教在欧洲人的生活中扮演着极为重要的角色。妇女戴着塔状的头饰、梳着复杂精细的发型，很重视皮肤和头发的保养。流行在面颊和唇部涂抹色彩丰富的化妆品而眼部却不做任何化妆。此时欧洲出现了美容护肤的教学，虽然当时的美容学与医学同属一个范畴，包括在同一门课程里不分开教授，但说明美容学专业已经萌芽。至16世纪，美容和医学正式分为两门课程，各自成为独立的学科。

文艺复兴时期，美容得到了进一步的弘扬与发展。法国出现了借助蒸汽浴保养身体的书籍，意大利医生也深入探讨了采用各种香料溶液来保持皮肤柔嫩细腻的方法。当时的人们重视外表及容貌颜面修饰，崇尚自然，喜欢造型独特的发式、各种漂亮的头饰、精致的衣服等，创造了高雅和谐的风格。16世纪哥伦布发现新大陆，美洲的各种香料源源不断地运往欧洲，西方社会很快掀起了一股擦香水的热潮。此时敷面膏也十分流行，如蛋壳粉、明矾、硼砂、杏仁、罂粟、水果、蔬菜、乳类等统统被用来作面膏的原料。人们对发型非常重视，对发型的设计及假发的使用相当盛行。17世纪末期，巴黎的妇女流行点黑痣的化妆术，黑痣的形状分为星形、月牙形和圆形，一般多点缀于额、鼻、两颊和唇边，偶尔也有点缀于腹部和两腿内侧的。痣的颜色有黑和红两种，这在当时是极有特色的面部修饰方法。18世纪初期，男性美容风盛行，他们在脸部涂脂抹粉，为了美容宁可剃掉美丽的金色卷发而戴上假发套。18世纪中晚期，妇女对容貌的美丽重视程度更是到了极点：她们用草莓及牛乳来沐浴；用葡萄汁、柠檬汁擦洗并按摩皮肤以达到增白肤色、保养肌肤的效果；在化妆上用香粉扑面，嘴唇与面颊涂抹鲜明的化妆品，颜色从粉红色到橘黄色都有，眉毛经过刻意的修整，眼睛描画清淡，但喜欢用高光的颜色点缀，这一时期被后人称为奢侈时期。

这一时期第一次工业革命兴起，欧洲的实验科学有了重大突破，推动了现代营养学的飞速发展。例如，法国化学家Lavoisier证明了呼吸是一种燃烧过程；Liebig建立了碳、氢、氧定量检测方法，证明人体的主要成分为蛋白质、脂肪和糖；Voit创立了氮平衡理论；Funk通过观察患者和动物实验发现了第一个"生命胺"——维生素，至第二次世界大战结束后已发现的维生素有水溶性和脂溶性两大类共16种。1953年，Underwood发现牛羊的消瘦病是由牧草中钴元素缺乏所引起的。之后陆续在动物实验中发现多种机体所必需的微量元素。至1973年世界卫生组织（WHO）已认定14种微量元素为机体所必需的，称为必需微量元素。以上的科学发现，为人类认识食物的化学成分及其分析奠定了基础，也为食物营养成分与其在美容保健方面的功能提供了理论基础。

正是由于现代营养学的发展，人们逐渐认识到食物中所含有的基本成分为各种营养素，并对各种营养素的生理功能进行了深入研究，同时也对皮肤组织的结构、营养需要等进行了研究，加上生命科学的其他重大发现如细胞生物学、分子生物学的发展，使人们对健康、美容的认识逐步加深，很多生命的奥秘逐步被揭示，尤其是医学模式的转变，使人们对美容有了新的认识，赋予了新的内涵与希望。20世纪中晚期，人们发现了食物中的非营养成分如磷脂酰胆碱、胶原蛋白等对皮肤组织结构的维护作用；茶多酚、番茄红素、谷胱甘肽的抗氧化保健作用；L-肉碱、低聚糖的减肥降脂作用；透明质酸的保水作用；核酸、蜂胶、茶多酚的免疫保护作用等。这些功效成分的发现为美容提供了更充分的物质资源，标志着现代美容营养学诞生了。

美容营养学（aesthetic nutriology）可定义为通过营养手段（平衡膳食），利用食物成分（营养素和非营养素）促进健康，达到美容、保健、延缓衰老等作用，进而提高生命质量的科学。美容营养学是以营养学为基础，通过制订科学平衡膳食，预防和治疗机体营养缺乏、过剩所致的症状和与美容相关的疾病，合理利用食物中的营养素或功效成分由内到外地达到美容美发、减肥瘦身、延衰驻颜，增进人体活力与美感，提高生命质量的一门学科。

# 第二节　营养与健康

营养学是研究人体营养规律及其改善措施的一门科学，其研究内容包括人体所需要的营养素及各类营养素的生理功能、缺乏症状、代谢途径、食物来源等。膳食营养与人类生活息息相关，为了生存、维持健康和社会活动，人类每天都必须从膳食中获取各种营养物质。膳食是指每餐所摄入的种类、数量各异的食物经相互搭配和一定的加工烹调而形成的一组食物。膳食中含有的能维持生命、促进机体生长发育和健康的有益物质即为营养素（nutrient）。人体所需要的营养素有：蛋白质、脂类、糖类、矿物质元素、维生素、水。机体摄取、消化、吸收和利用食物中的营养素以维持正常的生理、生化、免疫功能，以及生长发育、新陈代谢等生命活动的整个过程称为营养（nutrition）。营养学（nutriology）则是研究机体营养规律及改善措施的科学，即研究食物中对人体有益的成分及人体摄取和利用这些成分以维持、增进健康的规律和机制，在此基础上采取各种措施改善人类健康，提高生命质量。

营养学的形成和发展与国民经济和科学技术水平紧密相连，早在两千多年前，我国中医经典著作《黄帝内经·素问》中就提出了"五谷为养、五果为助、五畜为益、五菜为充，气味合而服之，以补精益气"的思想。它是根据人们多年的实践经验加以总结而形成的古代朴素的营养学说，是符合现代营养学观点的膳食模式，可以认为是世界上最早的"膳食指南"。随着科学技术的进步和人们生活水平的提高，营养、膳食与人类的健康越来越被重视，许多研究资料表明，营养与膳食不仅影响人类的生长发育、体质、工作效率等，同时与心脑血管疾病、糖尿病、癌症等慢性病的发生、发展及人群的亚健康状态有着密切的联系。合理营养与膳食已成为预防和治疗这些疾病的重要手段。2005年5月发布的吉森宣言（Giessen Declaration）及同年9月第十八届国际营养学大会上，均提出了营养学的新定义：营养学是一门研究食品体系、食品和饮品及其营养成分与其他组分，以及它们在生物体系、社会体系和环境体系之间及之内的相互作用的科学。新营养学强调营养学是生物学、社会学和环境科学三位一体的综合学科。

## 一、营养与心理发育

### （一）肥胖对心理发育的影响

近年来随着人们生活水平的不断提高，膳食结构向高蛋白质、高脂肪、高热能模式发展的人群日益增多，尤其是独生子女更为显著。因此，中小学生中的肥胖现象越来越普遍。这些胖孩子由于体态臃肿、行动不灵活，常在各项活动中行动跟不上其他同学。久而久之性格变得孤僻甚至产生自卑心理，总认为别人看不起自己，缺乏自信心，进一步发展可影响学习成绩。不少胖孩子因为体胖，不爱运动，结果导致体重增长较快的恶性循环。进入大学后，虽然在生活和学习上逐步走向独立，但是多年来在性格上的特征并未根本转变，加之大学生中流行一种起绰号的风气，肥胖的大学生更是容易受到这些影响。因此他们为了避免被取笑，在性格上会逐步变得孤僻而不愿与其他同学和老师交流，甚至不愿参加体育锻炼与集体活动。国内外不少学者发现，肥胖可促进儿童性发育。我国学者对上海160名10～15岁的肥胖儿童进行观察发现，肥胖儿童的第二性征发育和男性首次遗精年龄、女性月经初潮年龄明显早于正常同龄青少年。营养过剩造成青少年肥胖率上升，而肥胖可使青少年性发育与性成熟明显提前。性早熟可使生理上的变化过早过快，而心理发育却相对滞后。生理成熟了而心理上却毫无准备，这就会出现身心发育不一致的矛盾，即现在业界所称的"社会幼稚病"。这几年出现的网恋、不会处理人际关系、不会做最基本的生活事务等现象，充分说明了这一点。虽然性成熟过早，但由于我国的性生理教育比较薄弱，学生对自己身体出现的同性有关的生理现象会产生困惑、焦虑、恐惧等心理，从而增加人体的心理负担，影响其生活、学习、工作，甚至出现报复社会的变态心理。

（二）饮食对情绪性格的影响

营养不仅直接关系到人类的生存和健康，而且还能影响人的情绪、性格。人的情绪实际上是一种神经生理性感觉——情绪回路上活动的产物。情绪回路的兴奋传递依赖于神经递质如儿茶酚、5-羟色胺等。当人体摄入蛋白质含量丰富的食物时，经过体内一系列变化，通过情绪回路反馈于大脑皮质就引起人的警觉、兴趣、喜悦；若食物中蛋白质的含量不足，体内经一系列变化，可产生5-羟色胺，使人情绪淡漠，精神处于不平衡状态。据研究，出家人之所以清心寡欲、与世无争，与其长期素食有一定的关系。他们由于久用素食、不沾荤腥而导致血液中5-羟色胺水平增高。很多少数民族由于膳食结构中以动物性食物为主，加之地理环境等因素的影响，形成了其特有的粗犷彪悍、性格刚烈。据测定，他们因过食肉类而使血液中儿茶酚水平增高。这些证据均说明营养对心理发育及性格形成有重要的影响。

## 二、营养与形体发育

现代人类非常注重形体美，社会上也已形成了与塑形相关的行业。而人体身材的高与矮、胖与瘦与多种因素有关，如种族、遗传、地理气候条件、生活习惯、卫生条件、营养状况及伤病和参加体育活动的多少等。这些影响因素可以分为先天和后天两大类。

研究表明人体的身高约60%取决于父母的遗传因素。如果父母自小按科学的方法抚育孩子，可使其身高增长十几厘米。这说明先天不足可以后天来弥补。尤其是在18～23岁的二次发育高峰，这段年龄期间供给足够的营养可促进人体的身体发育。具体应注意以下几方面的饮食调理。

### 1. 蛋白质

蛋白质是人体生长发育的最佳"建筑材料"，成人每天约需要蛋白质75g，青少年相对需要更多一些，才能满足生长发育、青春发育、学习、体育锻炼等的需要。不仅要保证蛋白质的数量，还要讲究质量。优质蛋白质最好能达到总蛋白质的1/3以上。动物性食品如鱼、肉、蛋、乳类食物蛋白质含量丰富，必需氨基酸齐全充足、营养价值高，应保证供给和需要。大豆的蛋白质也很优良，应多吃豆腐和豆类制品。注意饮食的科学搭配，如豆类、花生、蔬菜与动物性食物的搭配，既可进一步提高蛋白质的营养价值，又可取长补短，增加人体对维生素和矿物质的吸收。

### 2. 钙

钙是构成骨骼的重要原料。成人每天应摄入800~1000mg的钙。如果食物中钙的供给不足，不仅影响生长发育，也会影响注意力的集中。所以饮食中要注意供给含钙丰富的食物，如乳类、豆类及其制品、芝麻酱、海带、虾皮、瓜子及绿叶菜等。此外应提倡户外活动，多晒太阳，因阳光中的紫外线能使皮肤中的7-脱氢胆固醇转化成维生素$D_3$，从而有助于钙的吸收。

### 3. 早餐

早餐要吃饱吃好，如果不吃早餐，机体为了供给上课用脑及活动的能量消耗就得动用体内储备的蛋白质，这就好比釜底抽薪。长此下去就会因缺乏蛋白质而影响生长发育及身体增高，总之，为了获得充足的营养，一定要吃好吃饱，食谱应注意多样化，注意食物的色、香、味、形和营养，搭配多种食物混合吃以达到食物的互补作用，使身体获得各种必需的营养素。要纠正偏食、挑食、盲目节食等不良饮食习惯，鼓励多运动，积极参加体育锻炼。

## 三、营养与视力

眼睛是人体的重要器官之一，不仅学习和生活都离不开眼睛，而且是美容的重要环节。尤其是爱美的女士，明眸皓齿是很多女士追求的目标。眼部的健康与视力水平固然与遗传、用眼卫生、室内照明条件等多种因素有关，但经医学证实，营养状况与视力及眼部健康关系密切，有些营养素可以维护眼部结构的完整与功能的发挥，如果营养摄入不当，就会影响眼睛形态结构的完整和视力，甚至引发眼疾。若要保护好视力，防止近视眼、结膜炎、远视眼等眼疾发生，除坚持做眼保健操、注意用眼卫生、纠正写字姿势、改善室内照明等措施外，还应补充一些有利于眼睛保健的食物，这样可起到保护眼睛、预防近视的作用。

### 1. 硒

在所有动物中，山鹰的眼睛最为敏锐。对此，生物学家经过长期的研究发现，其奥妙就在于鹰眼中含有极为丰富的硒元素，高出人类一百多倍。硒对视觉器官的功能是极为重要的，眼球活动的肌肉收缩、瞳孔的扩大和缩小及眼辨色力的正常均需要硒的参与。硒也是机体内一种非特异抗氧化剂谷胱甘肽过氧化酶的重要成分之一，而这种物质能清除人体内（包括眼睛）的过氧化物和自由基，使眼睛免受损害。若人眼长期缺乏硒的摄入，就会发生视力下降和许多眼疾如白内障、视网膜病、夜盲症等。因此，日常膳食中应注意硒的补充，如多食动物肝脏、瘦肉、玉米、洋葱、大蒜、牡蛎、海鱼等都可提高硒的摄入。

### 2. 维生素A

维生素A是眼睛所不可缺少的物质，它直接参与视网膜内视紫红质的形成，而后者是弱光下的感光物质。维生素A还具有保障眼角膜润泽的作用。若缺乏维生素A，则可使泪腺上皮细胞组织受损、分泌停止而引起干眼病。要使体内不缺乏维生素A，可多摄入各种动物肝脏及牛和羊的乳汁、蛋黄，以及富含各类胡萝卜素的食品。胡萝卜素是维生素A生成的基础，在人体内能转化成维生素A。含胡萝卜素的食品主要有胡萝卜、南瓜、番茄及绿色蔬菜等。

3. 维生素$B_1$和维生素$B_5$

眼睛缺乏维生素$B_1$和维生素$B_5$这两种维生素易出现眼球震颤、视觉迟钝等症状。而富含维生素$B_1$和维生素$B_5$的食物主要有小麦、玉米、鱼、肉等食品。

4. 维生素$B_2$

维生素$B_2$能保证视网膜和角膜的正常代谢，如果缺乏就容易出现流泪、眼红、发痒、眼睑痉挛等症状。维生素$B_2$常存在于牛乳、羊乳、蛋类、瘦肉、扁豆、肝脏、肾脏中。

5. 蛋白质

眼睛是身体的重要器官之一，眼睛的正常功能、组织的更新离不开蛋白质，如果蛋白质长期处于缺乏状态会引起眼睛功能衰退、视力下降并发生各种眼疾，甚至失明。

另外，通过食物还可以摄入对视力有保护及促进作用的功效成分，如叶黄素、花青素、虾青素等。

## 四、营养与性发育

日常生活中人们常说："姑娘十八一枝花，小伙二十要当家"，意指男孩、女孩青春期发育已逐渐成熟。青春期发育就是指青少年向成人过渡的发育阶段，这时期以开始性发育为突出表现，性发育的程度也直接关系到个体是否更具有性别特征，经过此期发育并成熟后，女人会更有女性风韵，曲线优美、婀娜多姿，男人则会更有男性魅力，丰神俊朗、体格健壮，而营养也直接影响着性发育过程。

（一）性发育的特征

性发育包括性腺、性器官、第二性征的发育和性功能的具备。所谓第一性征即出生后就能看见的生殖器官（如外生殖器）和未见的体内生殖器官（如子宫等）；第二性征即在青春发育期中表现出来的男女形态特征（如男性长胡须、女性乳房发育等）。第二性征又称作"继发性征"或"副性征"。

男孩的第二性征发育表现为声音变得洪亮低沉、颈正中出现喉结、脸上长出胡须、身体上也长出腋毛及阴毛，而且骨骼粗大、肌肉发达、身材变得魁梧，逐步形成男性成人面貌，男孩在14～16岁可出现首次遗精。性器官也迅速发育接近成人程度。

女孩在青春发育期表现为骨盆逐渐变宽、乳房开始发育、皮下脂肪增多、声调变得尖高、身体出现阴毛及腋毛，除这些第二性征之外，女孩在13岁左右开始出现月经，第一次月经称之为初潮。由于这些变化使女孩身体出现胸部丰满、臀部变圆、腰部相对较细等女性所特有的体态。需要注意的是，月经初潮是青春期性功能发育成熟的重要标志之一，但这并不说明女性性功能已经完全发育成熟。

（二）营养是性发育的物质基础

女性月经初潮是青春期性功能发育成熟的重要标志之一。近百年来女性月经初潮的年龄有逐渐提前的趋势。从1860—1960年，西欧国家女性月经初潮年龄平均每十年提前4个月。在我国北京、上海等地的资料也显示，女性月经初潮年龄也有提前的趋势。1962年北京女性初潮年龄为14.16岁，1991年为12.50岁，从1962—1991年的30年间，初潮年龄提前了1.66岁。初潮年龄的提前受许多因素影响，但与营养条件的改善有密切关系。

营养在青春发育中起着重要作用，营养缺乏直接影响性发育或推迟性发育，甚至造成发育障碍。因此，青春发育期的男女应注意热量的补充，提供丰富的营养素以保证生长发育需要。尤其应注意适量的脂肪摄入，因为脂肪与性发育有一定关系。研究证实，女孩体内脂肪量达一定程度时才开始有月经初潮。对于青春期前后严重营养不良伴有极度消瘦，或因惧怕肥胖而节食，导致严重营养不良的女孩易出现月经推迟、闭经等疾病，影响身体的正常发育。所以应纠正挑食、偏食的习惯，尤其一些女孩怕胖节食，使热量、蛋白质、脂肪的摄入不足，身体发育不良，皮下脂肪减少，结果女孩乳房发育较小而平坦，面色无华，显示不出青春期应有的朝气蓬勃的精神面貌。

因此，科学营养是保证青春期男女正常发育的基础，也是美容与健美的基础，不合理膳食结构、营养过剩会给人们的身心健康带来危害，甚至影响到成年后的健康水平与容貌特征。

## 五、营养与智力发育

科学家曾对食物营养与大脑功能的关系做了系统的研究和探讨，发现人的思维、记忆、情绪，甚至对疼痛的感觉都受到营养的影响。当眨眼或搜寻记忆时，某些大脑神经元通过产生并释放神经递质，将信号传递给其他神经元。大脑产生某种神经递质的能力依赖于在血液中循环的各种营养物质。科学家在实验中发现使人困倦、精神不振的神经递质是血清素，而神经元在制造血清素时需要色氨酸。色氨酸是大多数蛋白质中含量相对较少的一种氨基酸。糖类能增加人体胰岛素的分泌，胰岛素能使血液中除色氨酸以外的其他氨基酸进入肌内细胞，而色氨酸便乘机进入大脑。所以多吃糖类的人易发困倦。

研究还发现，胆碱在脑组织中与乙酸结合，生成有助于改善大脑记忆的乙酰胆碱。如果每天能食用20g纯磷脂酰胆碱，便可收到增强记忆的效果。

那么胆碱和磷脂酰胆碱这些营养素在什么食物中含量最多呢？蛋类、动物大脑、啤酒酵母、麦芽、大豆、肝脏、花生等食物含有丰富的胆碱。蛋黄、大豆、鱼头、鳗鱼、动物肝脏、蘑菇、山药、芝麻、黑木耳、红花籽油、玉米油、瓜子等食物中含有丰富的磷脂酰胆碱，尤其以蛋黄、大豆和动物肝脏含量最高。人体能从这些食物中直接将其吸收入血液再进入大脑。

大脑在发育中需要有充足的营养物质，大脑神经元的量在出生后已不再增加，但是大脑神经元的突触可以生长发育。突触不断延长，能促使记忆功能不断增强。大脑需要的营养素中特别需要的是优质蛋白质和脂类，在天然食物中以牛乳、鸡蛋、鱼、动物内脏为佳，大豆及豆制品也是大脑最需要的营养物质来源。

## 六、营养与免疫力

免疫力是人体自身的防御机制，可促使人体识别和消灭外来侵入的任何异物（病毒、细菌等）；具有处理衰老、损伤、死亡、变性的自身细胞及识别和处理体内突变细胞的能力。如果机体具有很强的免疫力，就能抵挡各种入侵的致病菌，监视自体细胞的突变，人体就不会发生疾病，就能保持健康与美丽。

营养是机体中许多免疫物质产生的重要基础，如血清免疫球蛋白IgG、IgA、IgM三种免疫抗体的重要物质基础是蛋白质、热能等。IgG的主要功能是促进吞噬细胞吞噬入侵的致病细菌，IgA能防止病原菌侵入机体，IgM可增强吞噬细胞的吞噬作用等。有关研究表明，患蛋白质-热能缺乏症的人对抗伤寒沙门菌的抗体水平比健康人显著要低。维生素、微量元素缺乏也可降低免疫水平，如维生素C缺乏时可使吞噬细胞的行动迟缓和杀菌能力下降；维生素E缺乏时可引起体内抗体合成降低；微量元素锌缺乏会伴有免疫器官的淋巴组织萎缩，皮肤超敏反应力下降，胸腺激素活性减低。同时锌缺乏也可引起吞噬细胞的猎取和吞噬作用下降。铁缺乏对破伤风类毒素、单纯性疱疹病毒等的抗击反应力减弱。

某些营养素摄入略多能促进机体的免疫功能，做出对某些致病菌的敏捷反应，如$\beta$-胡萝卜素、维生素A、维生素E、锌、硒等。但如果摄入量超出较大限度反而会降低免疫反应，如过量锌改变血清中结合细胞的低密度脂蛋白（LDL），降低其他营养素的浓度等。因此每个人都要根据自己的生活、生理需要及工作的附属需要做到每日适量、均匀、全面的平衡膳食。

## 七、营养与健康长寿

衰老是美容的大敌，人体的衰老是自然界的必然过程，虽然不可能长生不老，但注意摄取均衡营养，则完全可以延缓衰老，达到健康长寿的目的。人上了岁数机体开始衰老，生理功能发生衰退，有针对性地补充营养，多吃蔬菜、水果等清淡食物，避免热量和动物脂肪的过量摄入，可以防止高血压、心脑血管疾病的发生，以达到延年益寿的目的。

人体就像一座巨大的、复杂的工厂，时刻都在进行着各种生化反应，合理的营养可以促进人体的生长发育，维持正常的新陈代谢。所以生命与营养是密不可分的，健康与营养也是息息相关的。没有了营养，生命与健康也无法存在。营养是生命健康的物质基础。影响健康的三大因素是遗传基因、环境和食物。遗传基因和环境是自身无法改变的，唯一可以自己掌握的就是饮食。良好的饮食行为、健康的生活方式是获得健康的必由之路。俗话说："药补不如食补"，只有科学合理地饮食，健康才有可靠的保障！

# 第三节　营养与美容

营养是人体赖以生存的基础，人体主要靠从体外摄取营养物质来维持正常的生理功能。食物的营养也是影响人体和皮肤、毛发健美的重要因素。人体健美要有科学合理的营养，在营养素方面不仅要注意数量摄入，更要注意质量。

人人都希望自己的皮肤滋润、细腻、柔嫩、富有弹性。然而有些人的皮肤却不尽如人意，显得粗糙、缺乏光泽。分析其原因，一方面与遗传因素和疾病的影响有关，另一方面与后天的营养和保养有关。所以皮肤的美容保健应该从营养开始。

## 一、肤色与营养

人类皮肤的颜色随种族不同而异，有白、黄、棕、红、黑等不同颜色。这主要是由皮肤所含色素的数量及分布不同所致。不同的人种有着不同的肤色，同一人种的不同个体间肤色也有差异。即使同一个体，其肤色也因环境、部位、健康状况而异。人体皮肤的颜色主要由四个因素决定。其一是皮肤内色素的含量，影响皮肤色泽的色素主要有皮肤内黑色素、胡萝卜素，以及皮肤血液中氧化血红蛋白及还原血红蛋白的含量；其二是皮肤的解剖学差异，主要是指皮肤的厚度，尤其是角质层和颗粒层的厚薄；其三是健康状态，病理情况下肤色会出现改变，如黄疸、贫血、睡眠不好等；其四是所处环境，主要与光照强度、风沙、气温等有关。

### （一）皮肤色素的含量

人体皮肤内有四种生物色素，即褐色的黑色素、红色的氧化血红蛋白、蓝色的还原血红蛋白和黄色的胡萝卜素。其中黑色素、氧化血红蛋白和还原血红蛋白为机体自身合成的内源性色素，胡萝卜素则为从食物中获取的外源性色素。正常肤色由三种色调构成：黑色、红色、黄色。黑色由皮肤中黑色素的含量产生，是决定肤色的最主要因素，营养和环境因素均会影响其产生。含黑色素较少的皮肤则显白色，中等的显黄色，生成增多时肤色就会加深或变黑。红色由皮肤中血红蛋白及真皮血管血流的分布产生，微循环将血红蛋白转运到皮肤，单位时间内皮肤血流充足、氧饱和度大，则皮肤外观红润。如果营养不良、睡眠不足，则皮肤外观晦暗，如果氧供给不足，则显苍白。黄色由组织中的胡萝卜素的含量、角质层及颗粒层的厚度决定。

黑色素是一种蛋白质衍生物，由酪氨酸转化而来。在酪氨酸酶的作用下，酪氨酸被氧化成多巴、多巴醌，重排聚合后与蛋白质结合成黑色素蛋白（即黑色素）。黑色素对人体有利有弊，它是防止紫外线损伤皮肤的重要屏障，作为一种稳定的自由基，可参与体内一些氧化还原反应。

影响黑色素产生的因素有日晒、内分泌、神经因素等，营养因素也是影响其代谢的重要因素。酪氨酸、色氨酸、赖氨酸、B族维生素均参与并促进了体内黑色素的形成。而谷胱甘肽、半胱氨酸、维生素C、维生素E等可抑制黑色素的产生，因此具有美白的作用。

（二）皮肤的解剖学差异

皮肤表皮的厚度不同，光线照射后产生的散射效果有一定差异。一般情况下光线照射在光滑、含水较多的角质层会有规则的反射，肤色就显得光泽明亮。而照射在干燥、脱屑的角质层，则会以非镜面的形式反射，肤色显得晦暗。除此以外，皮肤血管数目的多少、血流量的充沛度等也会影响皮肤颜色。

（三）健康状态

不少疾病可以改变正常肤色，使其变黑。其中最常见的有内分泌系统疾病、慢性消耗性疾病、营养不良性疾病等。这些疾病可使皮肤变成褐色或暗褐色，分布于脸、手背、关节等的暴露部位或受压摩擦的部位尤为明显，如慢性肝病可引起面部黄褐斑或眼眶周围变黑。此外黑变病患者的黑色素也大多堆积于面部，特别是前额、脸颊、耳后及颈部非常明显。还有一类疾病是皮肤病，特别是某些食物过敏引发的皮肤病，如生葱、生蒜、辣椒、花椒、韭菜、酒、鱼、虾、海带、鸡肉、鸭肉、猪蹄、猪头肉等食物也可诱发皮肤变态反应，以致疹块丛生，最后留下色素而使皮肤变黑。

（四）环境因素

环境因素主要有紫外线强度、风沙、海拔、气温等。最主要的是紫外线，人类皮肤对紫外线的反应可分为急性反应、慢性反应两个方面。急性反应会造成皮肤发红、晒黑反应及增加肌肤表皮厚度；慢性反应则会导致皮肤老化。紫外线能刺激皮肤中的黑色素形成，造成皮肤变黑、老化，产生皮肤皱纹，诱发雀斑等皮肤病变；风沙天气一般比较干燥，会使皮肤水分流失速度加快，导致皮肤干燥、粗糙、脱屑、肤色暗沉等。风沙天气还会让人尘土满面，如不及时清洗能引起毛孔堵塞等。高原缺氧环境会使毛细血管扩张、增生、局部充血量增加，导致人体面颊部、嘴唇、结膜、甲床等处毛细血管变丰富，毛细血管的扩张可在这些部位很明显地反映出来，如高原居民的面颊发红，就是"高原红"现象。

## 二、皮肤的润泽度与营养

润泽是指皮肤湿润度和光泽度，健康的皮肤应该显得湿润、细腻而有光泽。皮肤表面有一层皮脂膜，是由皮脂腺分泌的皮脂、汗液和表皮细胞分泌物互相乳化而形成的半透明乳状薄膜，含有脂肪酸、固醇类、中性脂肪、游离脂肪酸、乳酸、尿酸、尿素等成分。皮脂膜中的游离氨基酸、乳酸盐、尿酸、尿素等为天然保湿因子，可对皮肤起保湿作用，而保持皮肤的湿润是皮肤滋润有光泽的前提。皮脂膜中的脂质能滋润皮肤。健康的皮肤排泄功能正常，皮脂膜形成适度，皮肤自然显得滋润舒展、光泽有华。而病态或衰老时，皮脂膜形成不足，皮肤保水力减弱，滋润度下降，皮肤自然会失去光泽而变得干燥、粗糙、皱缩甚至脱屑，皮肤纹理加深。皮脂腺的分泌与内分泌、神经功能、免疫状况等内环境有关，也与气象、光照、生活方式（如常用碱性洗液）等外环境有关。外环境中营养也起到了重要作用，高脂肪、高热量、高糖饮食，以及食物辛辣、过热等均可在一定程度上促使皮脂腺的分泌。因此，依据皮脂腺分泌情况，采用正确的手段维护皮脂，可保持皮肤的润泽度。

## 三、皮肤的细腻与营养

皮肤的细腻主要是指皮肤的纹理状况，健美的皮肤质地细腻、毛孔细小。皮肤借皮下组织与深部附着，并受真皮纤维的排列和牵拉，形成多走向的皮沟和皮嵴，皮沟和皮嵴构成了皮肤纹理。皮沟将皮肤表面划分成许多菱形、三角形、不规则形的微小皮丘。皮沟的深浅因人种、年龄、性别、营养状况、生活劳动条件而不同，同一个体不同部位的皮沟也有所差异。总体来说，健康皮肤的表面纹理细小表浅、走向柔和、光滑细腻，否则皮肤纹理粗而深、皮面粗糙。美容的目的在于通过保湿、防晒及合理营养等手段，使皮肤质地细腻光滑，给人以美感。

## 四、皮肤的弹性与营养

皮肤的弹性是指皮肤的丰满度、湿度、韧性和张力程度。正常情况下，皮肤的真皮层有弹力纤维和胶原纤维，皮下组织有丰富的脂肪，皮肤角质层含水量充足，这一系列因素使皮肤富有一定的弹性，显得光华、平整、润泽、丰满。而随着年龄增长或身患疾病，表皮层及真皮层的保湿因子减少，皮脂膜形成不充分，角质层含水量下降，真皮层萎缩变薄，皮肤的弹力纤维和胶原纤维退化变性、弹力减低、透明质酸减少，皮肤就失去弹性，皮肤松弛，出现皱纹，使皮肤逐渐老化。从营养美容的角度，应做到食物多样化并搭配合理，保证各种营养素的充足供应，同时常食用一些富含具有营养肌肤功效成分的食物，如富含胶原蛋白、维生素E、维生素C、精氨酸、几丁质的食物等。

## 五、营养素与皮肤健康

### （一）维生素与皮肤健康

维生素对维护皮肤的正常代谢与健康十分重要。维生素的营养平衡合理，还会起到美容保健的功效，如维生素A具有保护皮肤和黏膜的作用，有助于骨骼和牙齿的发育，是维护夜间视力的必需物质。如果维生素A缺乏，则毛囊中角蛋白栓塞，致使皮肤表面干燥、粗糙，甚至出现皱裂。维生素$B_1$参与糖代谢，是丙酮酸氧化脱羧酶的辅酶组成成分，对胆碱酸酶有抑制作用，可维护正常的消化功能；维生素$B_1$缺乏可引起脚气病、食欲缺乏、消化不良等。维生素$B_2$是黄素蛋白的辅酶成分，可促进细胞内生物氧化的进行，参与糖、蛋白质和脂肪代谢；维生素$B_2$缺乏可引起口唇炎、舌炎、口角溃疡、面部痤疮等疾病。维生素B$_6$与氨基酸代谢有密切关系，能促进氨基酸的吸收和蛋白质的生成，为细胞生长所必需，并能影响组织内氨基丁酸和5-羟色胺的合成；维生素B$_6$缺乏可引起周围神经炎和皮炎。维生素B$_{12}$是形成红细胞和健康组织所必需的；维生素B$_{12}$缺乏可引起恶性贫血，手、足部色素沉着等。维生素C是构成细胞间质的必要成分，在体内代谢中发挥递氢、解毒、催化等作用；维生素C缺乏可引起皮肤干燥、粗糙，皮下出血、牙龈出血及痤疮等。维生素D具有调节钙、磷代谢的作用，能促进钙的吸收，对骨组织中的沉钙、成骨有直接促进作用；维生素D缺乏可引起佝偻病。维生素E具有抗氧化、促进新陈代谢、改善皮肤血液循环、维持毛细血管正常通透性、防止皮肤老化和衰老的作用；维生素E缺乏可引起皮肤粗糙、老化。

（二）矿物质与皮肤健康

（1）锌参与体内各种酶的合成，维持皮肤黏膜的弹性、韧性、致密度，使皮肤细嫩滑润。缺锌时皮脂溢出增加，面部易患痤疮，易使皮肤化脓。

（2）铁是血红蛋白的基本成分，在血液中输送氧气和二氧化碳，是构成血液的重要成分。缺铁时可引发贫血、皮肤苍白、皮肤干燥、嘴角裂口等症状。

（三）水与皮肤健康

水是人体的重要成分，占人体质量的60%～70%。而皮肤内的水分占人体中水分的20%。大部分水分储存在真皮内，女性皮肤储水量比男性多。水在人体内以三种形式存在：一是细胞内的水分（称细胞液）；二是组织液，主要存于细胞与细胞之间；三是在血液中。水在人体内起着溶剂的作用，以及运输养料、排泄废物、调节体温的作用，是人体必需的物质。

# 第二章

# 皮肤概述

## 第一节　皮肤胚胎学与皮肤解剖学

### 一、皮肤胚胎学

人类受精卵（zygote）存活并开始进行细胞分裂时，细胞数量不断增加，首先形成囊胚（blastula），再经过细胞分裂、增殖、迁移后形成原肠胚（gastrula），原肠胚于妊娠期2周在结构上分为外胚层（ectoderm）、中胚层（mesoderm）和内胚层（endoderm），人体所有的器官或组织均由这三层发育而来，皮肤也不例外，主要由外胚层及中胚层发育而来（图2-1）。

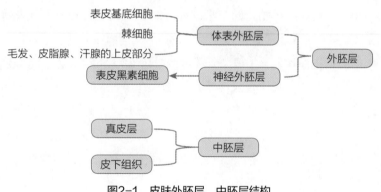

图2-1　皮肤外胚层、中胚层结构

（一）表皮的来源及发育

表皮（epidermis）来源于外胚层。外胚层在分化时分为体表外胚层和神经外胚层，表皮基底细胞、棘细胞和皮肤附属器的上皮部分来源于体表外胚层，表皮黑色素细胞来源于神经外胚层分化的神经嵴（neural crest）。颧部褐青色痣、黄褐斑及白癜风等色素性皮肤病的发生均与黑色素细胞的数量及功能异常有关，组织学研究发现颧部褐青色痣真皮黑色素细胞有痣细胞的早期胚胎细胞特征，从而推测该病的发生是胚胎神经嵴细胞在迁移过程中异常停留在真皮，在外界刺激因素作用下，向黑色素细胞分化、增生所致。

胚胎3个月前表皮分为两层，最外层为周皮（periderm），内层为生发层，二者形态相似，均有细胞核，能进行有丝分裂，合成角蛋白微丝，细胞质内有大量糖原，并借桥粒彼此连接，但周皮细胞较大，异染色质趋于边缘性。

周皮是一层暂时性的在表皮成层和角化之前覆盖发育的特殊细胞层，只存在于胚胎皮肤和胎儿皮肤。周皮具有分泌性上皮作用和水的输送作用，胎儿期，药物从羊水中也经周皮移动到胎儿体内，周皮细胞在羊水侧表面以微毛起缓冲作用。妊娠第3个月末，表皮生发层和周皮层间形成中间层，细胞表现出成层，生发层细胞含较少量糖原（细胞逐渐成熟的一种征象），并出现最初的表皮性附属器。随着胚胎（embryo）的发育，生发层细胞不断分裂，中间层细胞增多并向上移动，细胞出现棘突，相互嵌合，可见细胞间桥，即形成棘层，此时周皮细胞逐渐扁平，细胞核浓缩。第4个月，中间层靠近表面的细胞与周皮细胞逐渐形成颗粒层，外层周皮细胞角化、脱落，形成胎脂。第5个月时，角质形成细胞获得细胞表面抗原，如天疱疮抗原、类天疱疮抗原及ABO血型抗原，表皮基底层出现波浪状，与真皮乳头相嵌成表皮突。至6个月后的表皮结构已近似新生儿。

（二）真皮的来源及发育

真皮（dermis）来源于中胚层。胚胎前3个月，真皮呈细胞性，梭形或星形的间质细胞散在分布，以延伸的细胞突交织成网，细胞间隙含有大量的糖胺聚糖（以透明质酸为主）和少量的胶原纤维，因此，胚胎皮肤能保持90%的水；真皮内纤维性基质疏松，主要沉着在间质细胞表面和基底膜下，组织学可证明这些纤维性基质是等量分布的Ⅰ型和Ⅲ型胶原纤维以及只存在于胎儿的Ⅴ型胶原纤维，纤维毛细血管和无髓神经通过真皮延伸到基底膜带；胚胎前3个月尚无弹性蛋白形成。胚胎中3个月，真皮以细胞性为主向纤维性结构转化，真皮厚度增加，第4个月可区分乳头层和网状层，能识别胶原纤维的基础结构和乳头下血管丛；基质合成活性高，仍存在等比例的Ⅰ型和Ⅲ型胶原纤维；第6个月，开始合成弹性蛋白并沉着于微原纤维性成分上，但弹性纤维网仍是基质的组成部分，于生后1～2年内仍继续发育。胚胎末3个月主要是结构继续发育的阶段。真皮在结构成熟上迟于表皮，新生儿和早产儿的皮肤较薄主要是由于真皮较薄，出生后真皮仍然继续发育，直至达到成人皮肤的水平。

## 二、皮肤解剖学

皮肤（skin）是人体最大的器官，被覆于整个人体表面，与外界环境直接接触，既是解剖学和生理学上的重要器官，又是人体美的主要载体。皮肤由表皮、真皮和皮下组织构成，除毛发、甲、汗腺、皮脂腺等皮肤附属器外，还含有丰富的神经、血管、淋巴管及肌肉（图2-2）。成人皮肤体表总面积为$1.5～2.0m^2$，表皮与真皮的质量约占人体总质量的5%，若包含皮下组织可达体重的16%，皮肤的厚度随年龄部位而异。

（一）皮肤的厚度

若不包括皮下组织，皮肤厚度为0.5～4mm，表皮的厚度因解剖部位而异，介于0.04（眼睑）～1.6mm（足跖），平均约0.1mm，而真皮厚度是表皮的15～40倍，为

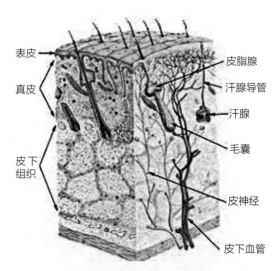

表皮
真皮
皮下组织

皮脂腺
汗腺导管
汗腺
毛囊
皮神经
皮下血管

图2-2　皮肤解剖结构模式图

0.4～2.4mm。皮肤的厚度因解剖部位、性别和年龄不同而异，就部位差异来说，以躯干背部及臀部较厚，眼睑和耳后的皮肤较薄；同一肢体，内侧偏薄，外侧较厚；同一部位的皮肤厚度，也随年龄、性别、职业、工种的不同而有差异。就性别差异来说，女性皮肤比男性薄。就年龄差异来说，老年人皮肤较青年人薄，成人皮肤厚度为新生儿的3.5倍，但至5岁时，儿童皮肤厚度基本与成人相同，人的表皮在20岁时最厚，真皮在30岁时最厚，以后逐渐变薄并伴有萎缩。当皮肤过厚，特别是角质层和颗粒层过厚，透光性差，就会影响皮肤的颜色，导致皮肤发黄；而皮肤太薄，对外界环境的抵抗力减弱，则导致皮肤敏感性增加。

（二）皮纹及线系统

皮纹是皮肤纹理的简称，是指人体皮肤各部位由表皮和真皮隆起的皮嵴纹及皮沟所构成的纹理。目前，所谓的皮纹主要是掌跖纹及指（趾）纹。掌跖、指（趾）末端屈面皮沟和皮嵴平行排列形成涡纹状图案即指纹（fingerprint），由遗传因素决定，各不相同，可作为法医鉴定依据。皮肤表面有许多肉眼可见的细小沟纹，称皮沟（skin groove），是由真皮中纤维束的排列和牵拉所致，深浅走向不一，颜面、掌跖、阴囊及关节处较深。皮沟将皮肤划分成大小不等的细长隆起，称为皮嵴（skin ridge），因此，皮沟深浅与皮肤细腻程度有关。较深的皮沟将皮肤表面分为菱形或多角形微小区域，称为皮野（skin field）。皮肤结构模式图见图2-3。

皮肤张力线（lines of skin tension）即朗氏线（Langer lines），是1861年Langer用圆锥形长钉随意穿刺新鲜尸体皮肤时，发现形成的皮肤菱形裂缝长轴在不同部分呈固定的方向排列，将其连接起来便成了张力线。皮肤具有一定的弹性，保持持续的张力，是因为真皮内有缠绕胶原纤维成束排列的弹性纤维，由于真皮内弹性纤维的有序排列，不同部位的皮肤张力各有其固定的方向。面部由于表情肌运动而形成的表情线和颈部、躯

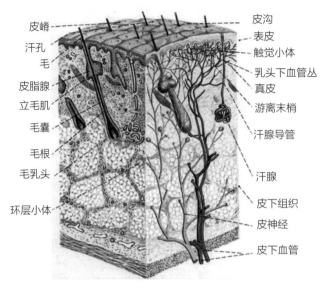

图2-3　皮肤结构模式图

干、四肢由于屈伸运动而形成的皮肤松弛线共同组成了皮肤最小张力线，在进行皮肤美容手术时，顺皮肤张力线的切口，愈合后皮肤瘢痕较小，能最大限度保持皮肤的美容外观。

Blaschko线是1901年首次由Blaschko描述，正常皮肤上并不能寻找到这种排列线。某些皮肤疾病，如疣状痣等皮损在体表沿着一种特殊的线条排列，与神经、血管和淋巴管的排列都有关，反映了皮肤发育中的生长方式。许多存在镶嵌性遗传性疾病的皮肤损害都沿Blaschko线排列，如色素失禁症、少汗性外胚层发育不良等。

# 第二节　皮肤的组织结构、特性和分类

## 一、皮肤的组织结构

### （一）表皮

表皮由外胚层分化而来，属复层鳞状上皮，主要由角质形成细胞和树枝状细胞如黑色素细胞、朗格汉斯细胞等构成。

　　1. 角质形成细胞

角质形成细胞又称上皮细胞，占表皮细胞的95%以上。该细胞代谢活跃，连续不断地进行细胞分化和更新。在其分化、成熟的不同阶段，细胞的形态、大小及排列均有变化，最终在角质层形成富含角质蛋白的角质细胞，此即角质形成细胞的角化过程。根据角质形成细胞各发展阶段的特点，将表皮分为五层。

（1）基底层　即基底细胞层，是表皮的最底层。细胞呈单圆柱形，与基底膜带垂直排列成栅栏状，其下方是真皮层，基底层与真皮层呈现锯齿状嵌合。此层又称生发层，每天30%~50%的基底细胞进行分裂，分裂周期19d，产生新的细胞逐渐向上推移，以形成表皮其他各层。基底细胞约以10个为一组有次序地向上移行，从基底层逐渐推移到角质层脱落约需28d，此即角质形成细胞的通过时间或称更替时间。基底细胞的生发作用保证了人体表皮正常代谢脱落细胞的补充，以及表皮皮损的修复及愈合。因此，只要损伤未完全破坏基底细胞，表皮可以很快恢复，不留瘢痕。表皮与真皮之间为0.5~1.0μm厚的红染带，称基底膜带。此膜具有半渗透膜作用，真皮内营养物质等相对分子质量小于4万的物质可经此进入表皮，表皮的代谢产物也可经此进入真皮。

（2）棘层 位于基底层之上，由4~8层多角形细胞组成。细胞间连接主要靠桥粒，称细胞间桥。非桥粒处细胞膜回缩使桥粒处呈棘突状，故称棘细胞。初离基底层的棘细胞仍有分裂功能，可参与表皮损伤后的修复。

（3）颗粒层 一般为2~4层梭形细胞。胞浆内含强嗜碱性透明角质颗粒，故称颗粒层。颗粒层上部细胞内的"膜被颗粒"向细胞间隙释放磷脂类物质，使邻近细胞间黏合不易分离，并成为防水屏障，使体表水不易渗入，也阻止体内水外渗。

（4）透明层 由2~3层扁平细胞组成，无细胞核，是角质层的前期，仅见于掌跖部，折光性强，故名透明层。细胞界限不清，但紧密相连，具有防止水、电解质与化学物质通过的屏障作用。

（5）角质层 是体表的最外层，细胞扁平无核，在多数部位是5~15层，而掌跖部可达40~50层。角质细胞已无生物活性，美容上称为"死皮"，细胞间相嵌排列组成板层状结构，非常坚韧，能够抵抗外界摩擦，防御致病微生物的侵入，阻止水分与电解质通过，对一些理化因素如酸、碱、紫外线有一定耐受力，因此构成人体很重要的天然保护层。角质细胞的桥粒结构逐渐消失，因此细胞不断脱落，并由新的角质细胞相继补充，这种新陈代谢使表皮厚度保持相对稳定的状态。

2. 黑色素细胞

黑色素细胞是合成与分泌黑色素颗粒的树枝状细胞，来源于神经嵴，位于表皮基底层与毛基质等处，占基底细胞的4%~10%，面部、乳晕、腋窝及外生殖器部位数目较多。每个细胞借助树枝状突起与大约36个角质形成细胞相连接，形成表皮黑色素单位，黑色素细胞就是通过树枝状突起将黑色素颗粒输送到基底细胞与毛基质细胞中，伞形聚集于细胞核上部。黑色素颗粒可吸收或阻挡紫外线，保护基底细胞核和朗格汉斯（Langerhans）细胞免遭紫外线损伤。

3. 朗格汉斯细胞

朗格汉斯细胞是一种来源于骨髓的免疫活性细胞，占上皮细胞的3%~8%，位于棘层。具有吞噬功能，并可识别、处理与传递抗原，参与多种异体移植的排斥反应，是一种对机体具有重要防御功能的免疫活性细胞。

4. 麦克尔细胞

来源于神经嵴，单个散于基底层，多位于手部、毛囊、口腔、外生殖器等处。目前认为该细胞是一种皮肤神经内分泌细胞，能产生神经介质，与感觉神经纤维构成细胞轴突复合体，是一种触觉感受器。

5. 未定类细胞

位于基底层，有树枝状胞浆突，来源与功能未定。目前认为可能是未成熟的朗格汉斯细胞。

（二）真皮

真皮来源于中胚层，属于不规则致密结缔组织，由纤维、基质和细胞组成，还有血管、淋巴管、神经、肌肉、皮肤附属器等。真皮分浅层的乳头层及深部的网状层，前者较薄，纤维细密，含有丰富的毛细血管和淋巴管，还有游离神经末梢和触觉小体；后者较厚，粗大的胶原纤维交织成网，并有许多弹力纤维，含有较大的血管、淋巴管和神经等。

1. 纤维

（1）胶原纤维　由胶原蛋白构成的原纤维组成粗细不等的胶原纤维束，是真皮纤维中的主要成分，约占95%，乳头层胶原纤维较细，方向不一；网状层胶原纤维变粗，集成粗束，与皮面平行交织成网。胶原纤维耐拉力，赋予皮肤张力和韧性，对外界机械性损伤有防护作用。

（2）弹力纤维　多与胶原纤维交织缠绕在一起，并环绕皮肤附属器与神经末梢。弹力纤维在乳头层与表皮垂直走向基底膜带，在网状层则排列方向与胶原纤维束相同，与皮面平行，使胶原纤维束经牵拉后恢复原状而赋予皮肤弹性，对外界机械性损伤有防护作用。

（3）网状纤维　是幼稚纤细的胶原纤维，见于表皮下、毛囊、腺体、皮下脂肪细胞和毛细血管周围，创伤愈合中或肉芽肿处可大量增生。

2. 基质

基质是一种无定形均质状物质，充填于纤维及纤维束间隙和细胞间，是氨基聚糖和蛋白质组成的复合物——蛋白多糖。氨基聚糖中含有透明质酸、硫酸软骨素、硫酸皮肤素、硫酸角质素等。基质亲水性，是各种水溶性物质与电解质等交换代谢的场所，同时参与细胞的形态变化、增殖、分化及迁移等生物学作用。

3. 细胞

真皮中含有成纤维细胞、肥大细胞、组织细胞、淋巴细胞及少量真皮树突状细胞、噬黑色素细胞、朗格汉斯细胞。成纤维细胞能产生胶原纤维、弹力纤维、网状纤维和基质，同时在皮肤组织深层损伤后是主要的组织修复细胞。

（三）皮下组织

皮下组织又称皮下脂肪层，来源于中胚层，由疏松结缔组织和脂肪小叶构成，与真皮之间无明显界限，深部与肌膜等组织相连。脂肪小叶中含有脂肪细胞，胞浆透明，含大量脂质。纤维间隔中含有较大的血管、淋巴管、神经穿过。皮下组织的厚度随性别、年龄、营养及所在部位而异，并受内分泌调节。主要功能是：对外来冲击起衬垫作用，以缓冲冲击对身体的伤害；热的不良导体和绝缘带，防寒保温；高能物质合成、储存和供应的场所，需要时（如饥饿）可分解以提供能量；表现女性曲线美和青春丰满美。

（四）皮肤附属器官

皮肤附属器官包括皮脂腺、小汗腺、顶泌汗腺、毛发、毛囊、指（趾）甲，均来源于外胚层。

1. 皮脂腺

皮脂腺是全浆分泌腺，合成和分泌皮脂。除掌跖与足背外遍布全身，但以头面部、胸背部较密集，就整个皮肤而言，皮脂腺数目平均约为100个/cm²，颜面、头皮平均为800个/cm²，而四肢约为50个/cm²。一般来说，皮下脂肪少的部位皮脂腺数目多；如为粗毛则皮脂腺小；倘为细毛则皮脂腺大。皮脂腺多位于真皮毛囊与立毛肌的夹角内，开口于毛囊上部。但人体皮肤和黏膜内尚存在与毛囊无关而直接开口于表面的皮脂腺，称独立性皮脂腺，分布于口唇、颊黏膜、乳晕、肛门、小阴唇、包皮内板等。

皮脂腺腺体呈分叶状，没有腺腔，由多层细胞构成，外围一薄层基底膜带和结缔组织。成熟的腺细胞内充满大量脂质微滴，腺细胞破碎后释放出脂质团块，与细胞碎片组成皮脂，经过在毛囊上1/3处的开口进入毛囊，再由毛囊排至皮肤表面。独立存在的皮脂腺则经单独的导管开口将皮脂排至表皮。皮脂内50%是甘油三酯和甘油二酯，其次是胆固醇、蜡酯及鲨烯，并携带一些棒状杆菌、酵母菌、螨虫等微生物。

2. 小汗腺

小汗腺是局部分泌腺，合成和分泌汗液。人体有300万～500万个小汗腺，除唇红、鼓膜、甲床、乳头、龟头、包皮内板、阴蒂和小阴唇外，其他部位均有小汗腺，而以掌跖、腋窝、前额等处较多，其次为头皮、躯干和四肢。小汗腺腺体位于真皮深层及皮下组织，由单层细胞排列成管状，盘绕如球形，外有肌上皮细胞及基底膜带。小汗腺导管由两层立方形细胞构成，螺旋状上升开口于皮嵴，汗液即由此排至皮面。小汗腺无休止地分泌汗液，其分泌方式为漏出分泌，即汗液通过腺体细胞完整的细胞膜分泌到细胞外，不含胞浆的全部成分。腺体细胞分泌的黏液、钠离子和水分等在腺体管腔内混合成类似血液的等渗性或稍高渗性液体，称前驱汗。前驱汗排入曲导管内。其部分钠离子被曲导管重吸收后，汗液成为低渗性液体即终汗。汗液呈酸性（pH 4.5～5.5），无色、无味、低渗，99%为水分，其余是溶质，如钠、钾、氯化物、尿素等。

室温条件下排汗量少，称不显性出汗；气温升高到30℃时出汗量增多，称显性出汗。按刺激因素不同，排汗有温热性排汗、精神性排汗和味觉性排汗。排汗可调节体温，有助于机体代谢产物的排泄，并与皮脂混合成乳状脂膜，有保护和润泽皮肤的作用，而且在一定程度上可以替代肾功能。

3. 顶泌汗腺

顶泌汗腺又称顶浆分泌腺，曾称为大汗腺。主要分布于腋窝、乳晕、脐周、肛门、包皮、阴囊、小阴唇、会阴等处。顶泌汗腺位于皮下组织内，大小约为小汗腺腺体的10倍，由一层立方形或柱形细胞排列成分支管状，盘绕成团，外有肌上皮细胞及较厚的基底膜带。顶泌汗腺导管由两层细胞组成，螺旋状上升开口于毛囊内皮脂腺开口的上部。无毛处顶泌汗腺开口于皮面，如外生殖器处。耳耵聍腺、睑睫腺、乳轮腺属于变异型顶泌汗腺。

顶泌汗腺的分泌受性激素影响，青春期分泌旺盛。分泌物为一种无菌较黏稠的乳样液。除水分外，还含有蛋白质、糖类、脂肪酸和色原，在皮面被细菌分解后可产生汗臭味。有些遗传性臭汗症患者，其顶泌汗腺分泌液具有一种特殊臭味，俗称狐臭。

### 4. 毛发与毛囊

人体除唇红、掌跖、指（趾）末节伸侧、乳头、龟头、包皮内板、阴蒂及阴唇内侧无毛外，其余为有毛皮肤。毛发分为胎毛、终毛、毳毛三种。胎儿期毛发细软色淡，称胎毛；终毛粗长而黑，含有髓质，如头发、眉毛、睫毛、胡须、腋毛、阴毛；毳毛较细，无髓质，分布于全身光滑皮肤，其中终毛又分为长毛和短毛。

全身毛发总数为130万～140万根，头发为8万～10万根，数目因颜色不同而有差异。例如，在头皮面积1cm²内生长的毛发，黑色的为86根，淡黄色的为107根，棕色为93～95根。毛发的外形与民族、遗传、营养及相关疾病有关。常见的毛发形态有直形、蜷曲形、螺旋形和波浪形。黄种人头发多为直形；黑种人头发多为蜷曲或螺旋形；白种人头发可呈直形或波浪形。头发的长度50～60cm，国外报道的最长头发为3.2m，国内为1.75m。

毛发露出于皮肤以外的部分称毛干；在皮内的部分称毛根；包裹毛根的上皮和结缔组织称毛囊；毛根和毛囊的下部融合膨大部分称毛球；毛球底部向内突入真皮组织称毛乳头，内含有神经、血管与结缔组织，为毛囊与毛发提供营养物质。毛乳头上部有一层柱状细胞称毛基质，间有黑色素细胞，相当于表皮基底层，是毛发与毛囊的生长区。

毛发的颜色与毛发中黑色素的含量有关，如棕黑色或黑色发含大而椭圆形的黑色素体；红色发含球形淡黑色素体；金黄色发含少量黑色素体；灰白发和白发中黑色素体很少。

毛囊分为三部分，毛囊口至皮脂腺开口称毛囊漏斗部；皮脂腺开口处至立毛肌附着处称毛囊峡部；这两部分也称毛囊的上段，以下为毛囊的下段，包括毛囊茎部与球部。毛囊由内毛根鞘、外毛根鞘和结缔组织鞘构成。

毛发的生长呈周期性，包括生长期、退行期、休止期。不同部位的毛发由于生长期长短的不同，毛发的长短也不同。如头发每日生长0.27～0.4mm，平均约0.37mm，生长期3～6年，退行期3～4周，休止期3～4个月，所以头发可以长至50～60cm，然后脱落，再长新发。眉毛的生长期仅为6个月，故眉毛较短。正常人有少量毛发脱落属生理现象，会有相等数量的新发生长，使人体皮肤始终保持一定数量的毛发。毛发周期性生长受各种内、外因素的影响，可能与遗传及健康、营养、气候、激素等因素有关，如雄激素可促进胡须、腋毛、阴毛的生长；甲状腺素缺乏时，毛发干燥、粗糙，而甲状腺素过多时则毛发细而柔软。

5. 指甲

甲是指（趾）末端伸侧的一种硬角蛋白性板状结构。其结构类似毛发而不同于表皮，由甲体和甲根两部分构成。露出部分称甲体或甲板，正常甲板为透明板状，略呈长方形，甲板坚硬，能保护指（趾）末端，而且能协助手指抓挤小物体，也是健康状态和某些疾病的外部标志。甲板近心端半月形乳白色部分称甲半月，甲半月可以决定甲板游离缘的形状，也被视为健康的标志。一般而言，脑力劳动者甲半月不如体力劳动者明显。

甲板下组织是甲床。正常情况下，甲床角朊细胞不活跃，几乎不发生角化。甲板近心侧和两侧的皮肤皱称后甲襞和侧甲襞，后甲襞内无毛囊，有真皮乳头并存在汗腺，后甲襞是各种甲病的最好发部位，并影响新形成的甲板如发生凹点或沟纹等。甲根背侧与腹侧组织是甲基质，是甲的生长区，不断角化形成甲板。

甲的生长呈持续性，成人指（趾）甲每日生长0.1mm，指（趾）甲生长速度为其1/2～1/3。健康美丽的指（趾）甲呈平滑、亮泽、半透明，起装饰效果，是重要的美饰对象。

（五）皮肤的血管、淋巴管、肌肉及神经

1. 血管

表皮内无血管，真皮及皮下组织中有大量血管网，皮下组织中有较大的血管丛，相临血管丛之间有垂直的交通支相通连。真皮内有深、浅两层血管丛（图2-4），深血管丛分支供给腺体、毛囊、神经和肌肉的血流；浅血管丛位于真皮乳头层，分支形成祥状毛细血管网进入真皮乳头，供给真皮乳头内血流及表皮内营养物质。另外，皮肤内还具有调节体温作用的血管结构：在指趾、耳廓、鼻尖和唇等处真皮内有较多的动、静脉吻合，称为血管球，当外界温度变化明显时，在神经支配下，球体可以扩张或收缩，控制血流，从而调节体温。

2. 淋巴管

皮肤毛细淋巴管的盲端起始于真皮乳头层内与毛细血管伴行。毛细淋巴管壁很薄，

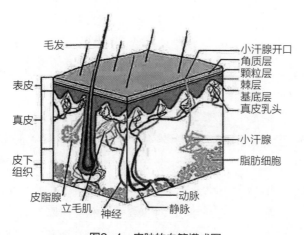

图2-4　皮肤的血管模式图

只由一层内皮细胞及稀疏的网状纤维构成。逐渐汇合成为管壁较厚的具有瓣膜的淋巴管，形成乳头下浅淋巴网和真皮淋巴网，在皮下组织内形成较大淋巴管，并与所属淋巴结连接。毛细淋巴管内的压力低于毛细血管及周围组织间隙的渗透压，故皮肤中的组织液、细菌、病理产物、肿瘤细胞等均易进入淋巴管而到达淋巴结，最后被吞噬处理或引起免疫反应。

**3. 神经**

皮肤中有感觉神经和运动神经两大类。感觉神经末梢有表皮下部的麦斯纳小体和麦克尔感受器接受触觉；卢菲尼小体感受温觉；克劳泽小体感受冷觉；环层小体接受压觉；皮肤浅层和毛囊周围的游离神经末梢接受痛觉。

皮肤运动神经来自交感神经的节后纤维。交感神经的肾上腺素能神经纤维支配立毛肌、血管、血管球、顶泌汗腺和小汗腺的肌上皮细胞。交感神经的胆碱能神经纤维支配小汗腺的分泌细胞。面神经支配面部横纹肌。

**4. 肌肉**

皮肤内最常见的肌肉是立毛肌，其一端起自真皮乳头层，另一端插入毛囊中部的结缔组织鞘内。精神紧张及寒冷可引起立毛肌的收缩。此外，还有阴囊的肌膜、乳晕和血管壁的平滑肌等。面部的表情肌和颈部的颈阔肌属横纹肌。

**5. 血管、淋巴管、神经和肌肉**

（1）血管表皮无血管，真皮层及以下有。动脉进入皮下组织后，分支上行至皮下组织，与真皮交界处形成深部血管网，供给毛乳头、汗腺、神经和肌肉营养。

（2）淋巴管起于真皮乳头层内的毛细淋巴管盲端，沿血管走行，在浅部和深部血管网处形成淋巴管网，逐渐汇合成较粗的淋巴管流入所属的淋巴结。淋巴管是辅助循环系统，可阻止微生物和异物的入侵。

## 二、皮肤的特性

### （一）皮肤的pH

正常人体皮肤表面存留着一定数量的尿素、尿酸、盐分、乳酸、氨基酸、游离脂肪酸等成分，会使皮肤表面呈现弱酸性，这就是皮肤的pH。健康东方人皮肤的pH为4.5～6.5。皮肤只有在正常的pH范围内，也就是处于弱酸性时才能使皮肤处于吸收营养的最佳状态，此时皮肤抵御外界侵蚀的能力及弹性、光泽、水分等都为最佳状态。可见pH与安全、舒适、保养是密不可分的。

皮肤表面的这种弱酸性环境对酸、碱均有一定的缓冲能力，称为皮肤的中和作用。皮肤对pH为4.2～6.0的酸性物质也有相当的缓冲能力，被称为酸中和作用。皮肤对碱性物质的缓冲作用称为碱中和作用。当肌肤表面接受到碱性物质的刺激而改变pH时，酸性的脂肪膜也有能力在短时间内将肌肤表面的酸碱度调整回原来的范围。

皮肤的好与坏，其主要原因在于皮肤是否健康，而是否健康又体现为皮肤的碱中和能力。不同的人在不同时期皮肤的pH常浮动在4.5～6.5，也有一些超出这个范围的。如果皮肤pH长期在5.0～5.6之外，皮肤的碱中和能力就会减弱，肤质就会改变，最终导致皮肤的衰老和损害。所以，只有选配相对应的护肤品，使皮肤pH保持在5.0～5.6，皮肤才会呈现最佳状态，真正达到更美、更健康的效果。任何一种护肤方式，不管是基因美容还是纳米技术，都不能违背这一原则。可见皮肤的碱中和能力是肌肤健康的关键。而不论肌肤表面酸碱值是多少，只要其"碱中和能力"强盛，就能抵抗容易造成过敏的过敏源，使肌肤保持健康。如果"碱中和能力"较弱，就算测出的pH很低，也会因中和不了碱性刺激而容易过敏，就容易受外界化学刺激的伤害而出现相应的皮肤损害，如潮红、炎症及各种皮疹。另外，皮肤表面的弱酸环境还能够抑制某些致病微生物的生长。女士们最常用的雪花膏制品pH为7.33，沐浴用肥皂制品pH为10.57。所以，皮肤对冷霜和雪花膏类乳膏的中和能力较高。相反，皮肤对肥皂、美白粉类制品的缓冲中和能力较差，即中和能力较低。因此，人们经常使用肥皂和涂抹碱性化妆品时皮肤容易发炎或生斑疹。特别是皮肤粗糙的人或是多汗的人，其皮肤的中和能力都较低，更不宜久用碱性化妆品。具有弱酸性而缓冲作用较强的化妆品对皮肤才是最合适的。收敛性化妆水制品pH一般较低，大约为3.4。洗面奶国家标准规定pH为4.5～8.5，女性护理液因品牌不同而不同，但是最健康的是pH为4.0的护理液。

## （二）皮肤的颜色

人类皮肤表皮层因黑色素、原血红素、叶红素等色素沉着及皮肤厚度等所反映出的颜色，在不同地区及人群有不同的分布。尤其是黑色素在皮肤中的含量及分布状态（颗粒状或分散状），对肤色有决定性的作用。黑色素集中在表皮生发层的细胞中及细胞间。真皮层中一般没有黑色素，但具有色素时可透过皮肤而呈青色，如新生儿骶部及臀部灰青色的斑。此外，皮肤的颜色还与微血管中的血液、皮肤的粗糙程度及湿润程度有关。身体在不同部位的颜色也常常不完全一样，背部的颜色比胸部要深得多，四肢伸侧比屈侧的颜色要深些，颜色最深处是在会阴部及乳头处。手掌和脚掌是全身颜色最浅的部位，甚至在色素极深的人群中，这些部位的颜色也明显比其他部位浅，不同的生活条件也会造成皮肤颜色深浅的不同。

肤色是人种分类的重要标志之一，观察皮肤的颜色多采用冯鲁向肤色模型表，观察部位主要是上臂内侧，分为十分浅、浅、中等、深、十分深5级36色。肤色最浅的是北欧居民，其肤色呈粉色，主要是微血管颜色透过皮肤的缘故，肤色最深的要算巴布亚人、美拉尼西亚人，特别是非洲的黑人。

在人类学中肤色（skin color）被认为是与人种差别具有重要关系的标志。人的肤色与动物相比，从白到黑颜色变异范围甚广。决定肤色的因素有皮肤本身的颜色和厚度、黑色素颗粒的数量与分布状态、胡萝卜素等色素的数量及血液等。人种肤色差异的形成决定于黑色素颗粒，如黑色素颗粒的数量多，可遮断有害于活体细胞波长的紫外线，也可遮断生成维生素D所需波长的紫外线。因此，在日光强烈的地域，深色皮肤对身体是有利的，而在日光柔弱的地域，则浅色皮肤对身体有利。表达肤色最普通的方法有下列三种。

（1）卢宣肤色表　卢宣（Luschan）肤色表用36块有色玻璃来表示：其中1～5号（No.1～5）欧洲人的贫血肤色；6～35号（No.6～35）各种正常的肤色；36号（No.36）纯黑色与暗黑色对照使用。该法由于分级过少、玻璃反射强烈，没有被广泛应用。

（2）欣资肤色表　欣资（Hintze）肤色表是当今应用最广的一种肤色表，能仔细检查皮肤、黏膜和内脏的色调，此肤色表根据F.W.Ost-wald的理论，白色和黑色以一定的比例相混合而重现外界物体的一切颜色，即24种基础色；人体的色调用其中3～8号（No.3～8）基础色就已足够了。

（3）分光分析法　分光分析法是一种将皮肤的薄膜直接放在分光光度计上用来检查皮肤色调的方法，是现在正在应用的一种方法。

## 三、皮肤的分类

人体皮肤按其皮脂腺的分泌状况一般可分为四种类型，即中性皮肤、干性皮肤、油性皮肤和混合性皮肤。但在实际操作过程中敏感性皮肤、痤疮性皮肤也是常见的皮肤分类。各类皮肤具有各自不同的特点。

（一）干性皮肤

1. 特征

皮肤白皙，毛孔细小而不明显。皮脂分泌量少，皮肤比较干燥、粗糙，缺乏弹性，容易生细小皱纹。毛细血管表浅易破裂，对外界刺激比较敏感，易生红斑。面部肌肤暗沉、没有光泽、易破裂、起皮屑、长斑、不易上妆。但外观比较干净，皮丘平坦；皮沟呈直线，走向浅、乱、广。皮肤松弛，容易产生皱纹和老化现象。干性皮肤可分为缺水和缺油两种。缺水干性皮肤多见于35岁以上人群。缺油干性皮肤多见于青年人。干性皮肤的pH为4.5～5.5。

2. 保养重点

多做按摩护理，促进血液循环，注意使用滋润、美白、含有活性成分的修护霜和营养霜。注意补充肌肤的水分与营养成分、调节水油平衡的护理。

3. 护肤品选择

多喝水、多吃水果和蔬菜，不要过于频繁的沐浴及过度使用洁面乳，注意护理及使用保持营养的产品，选择非泡沫型、碱性度较低的清洁产品及带保湿的化妆水。慎用含咖啡因饮料，多吃含维生素A的食物，如牛乳、香蕉、胡萝卜等，以带给皮肤柔软滋润。可用冷水洗脸，清除洁面乳的同时还能让皮肤感到清新，加强刺激面部的血液循环，让肤色显得更加亮。洗脸后，用沾满保湿柔肤水的棉片在面部轻柔地横向擦拭，为皮肤加一层保护膜。

（二）中性皮肤

1. 特征

中性皮肤是健康理想的皮肤，水分、油分适中，皮肤酸碱度适中，皮肤光滑、细嫩、柔软、富于弹性、厚薄适中、红润而有光泽、毛孔细小、纹路排列整齐、皮沟纵横走向、对外界刺激不敏感，皮肤的pH为5.0～5.6，是最理想漂亮的皮肤，多见于青春发育期前的少女。青春期过后仍保持中性皮肤的很少。这种皮肤一般炎夏易偏油，冬季易偏干。

2. 保养重点

注意清洁、爽肤、润肤及按摩护理。注意每日补水、调节水油平衡的护理。

3. 护肤品选择

依皮肤年龄、季节选择，夏天选亲水性的护肤品，冬天选滋润性的护肤品，选择范围较广。

（三）油性皮肤

1. 特征

肤色较深、毛孔粗大、皮纹较粗、皮脂分泌旺盛、皮肤油腻光亮、皮纹较深、外观暗黄、肤色较深、皮肤偏碱性、弹性较佳、皮质厚硬不光滑、不容易起皱纹及衰老、对外界刺激不敏感。由于皮脂分泌过多，易吸收紫外线而变黑、易脱妆，易产生粉刺、暗疮、痤疮等，常见于青春发育期的青年人。油性皮肤的pH为5.6～6.6。

2. 保养重点

随时保持皮肤洁净清爽，少吃糖、咖啡、刺激性食物，适当补充维生素$B_2$、维生素$B_6$，以增加肌肤抵抗力，注意补水及皮肤深层清洁，控制油分的过度分泌。

3. 护肤品选择

使用油分较少、清爽、抑制皮脂分泌、收敛作用较强的护肤品，白天用温水洗面，选用适合油性皮肤的洗面奶，保持毛孔的通畅和皮肤清洁，暗疮处不可以化妆，不可使用油性护肤品，化妆用具应该经常地清洗或更换，更要注意适度地保湿，常用温水湿面，选用柔和的皂性洁面液，用指尖轻柔地按摩，然后再用温水清洁。

（四）混合性皮肤

1. 特征

混合性皮肤兼有油性皮肤和干性皮肤的特征，在面部T型区（前额、鼻、口周、下巴）呈油性状态，眼部及两颊呈干性状态，时有粉刺发生，80％的成年男性都是混合性皮肤。混合性皮肤多见于25～35岁的青年人。

2. 保养重点

按偏油性、偏干性、偏中性皮肤分侧重处理，在使用护肤品时先滋润较干的部位，再在其他部位用剩余量擦拭。注意适时补水、补充营养成分，调节皮肤的平衡。

3. 护肤品选择

夏天参考油性皮肤的选择，冬天参考干性皮肤的选择。

（五）敏感性皮肤

1. 特征

皮肤较敏感，皮脂膜薄，皮肤自身保护能力较弱，易出现红、肿、刺、痒、痛和脱皮、脱水现象，可见于上述各种类型的皮肤，对外界刺激很敏感，当受到外界刺激时会出现局部微红、红肿、痛并有刺痒等症状。

2. 保养重点

经常对皮肤进行保养。洗脸时，水不可以过热或过冷，要使用温和的洗面奶洗脸。早晨可选用防晒霜以避免日光伤害皮肤；晚上可用营养型化妆水增加皮肤的水分。在饮食方面要少吃易引起过敏的食物。皮肤出现过敏后要立即停止使用任何化妆品，并对皮肤进行观察和保养护理。

3. 护肤品选择

应先进行适应性试验，在无反应的情况下方可使用。切忌使用劣质化妆品或同时使用多种化妆品，并注意不要频繁更换化妆品。不能用含香料过多及过酸过碱的护肤品，含乙醇和果酸成分的产品对皮肤刺激大，应避免使用，而应选择适用于敏感性皮肤的化妆品。

（六）痤疮性皮肤

1. 特征

皮肤油腻，毛孔粗大，皮脂腺分泌过多而不能及时排出，积于毛囊内易出现黑头、白头及痤疮。黑头是由于皮脂积于毛囊内，毛囊口处的皮脂与灰尘及角质细胞混合凝成小脂栓，堵塞毛孔形成黑头粉刺；白头是由于皮脂积于毛囊内，与角化细胞混合形成硬块产生白头粉刺；痤疮是由于皮脂堵塞毛孔导致皮肤内缺氧，皮脂中含有大量的营养，使痤疮杆菌大量繁殖，堵塞毛囊，使毛囊发炎形成痤疮。多见于青春期，一般30岁以后大部分人可以自愈。

2. 保养重点

此类皮肤护理最重要的是做好清洁、保湿和防晒工作。清洁方面最常见的误区是以为洗脸要洗到皮肤紧绷才可以，其实这样反而会增加出油和痤疮症状。另外，碱性强的清洁产品会让痤疮杆菌的繁殖增加，从而使痤疮恶化。滋润型的洗面乳反而能使痤疮改善。

3. 护肤品选择

应选用温和的清洁产品每天多洗几次，温和地去除多余油脂而不紧绷。痤疮患者用药常会造成皮肤脱屑、刺激现象，可用含水分较多的保湿乳液。建议常选用含果酸或水杨酸的产品，低浓度的果酸可降低角质细胞的聚合力，改善毛周角化问题和皮肤粗糙，而且具有极佳的保湿性，既滋润又可预防痤疮。油性及痤疮型皮肤防晒可选用不致粉刺及专为痤疮皮肤制造的清爽型控油防晒乳液。

# 第三节　皮肤的生理功能

皮肤除了具有防护、吸收、分泌、排泄、感觉和调节体温等生理功能外，还参与各种物质的代谢；皮肤还是一个重要的免疫器官，除积极参与免疫反应外，还具有免疫监视的功能，使机体有一个稳定的内环境，能更好地适应外环境的各种变化。

## 一、皮肤的防护作用

皮肤是人体最大的器官，它完整地覆盖于身体表面，一方面防止体内水分、电解质和营养物质的丧失；另一方面可阻抑外界有害的或不需要的物质侵入，可使机体免受机械性、物理性、化学性和生物性等因素的侵袭，起到有效的防护作用，保持机体内环境的稳定。

### （一）对机械性损伤的防护

皮肤的屏障主要是角质层，它柔韧而致密，其保持完整性可有效地防护机械性损伤。经常摩擦和受压的部位角质层增厚，甚至形成胼胝，增强对机械性刺激的耐受力，如掌跖部。真皮部位的胶原纤维、弹力纤维和网状纤维交织如网，使皮肤具有一定的弹性和伸展性，抗拉能力增强。皮下脂肪具有软垫、缓冲作用，能抵抗冲击和挤压。皮肤的创伤通过再生而修复，保持皮肤的完整性，完成抗摩擦、受压、牵拉、冲撞、挤压等机械性损伤的作用。

### （二）对物理性损害的防护

皮肤角质层水量少，电阻较大，对低电压电流有一定的阻抗能力。潮湿的皮肤电阻下降，只有干燥皮肤电阻值的1/3，易受电击伤。皮肤对光线有反射和吸收作用，角质层细胞有反射光线和吸收短波紫外线（波长为180~280nm）的作用；棘细胞和基底细胞可吸收长波紫外线（波长为320~400nm）。黑色素细胞对紫外线的吸收作用最强，受紫外线照射后可产生更多的黑色素，并传递给角质形成细胞，增强皮肤对紫外线照射的防护能力。所以，有色人种对日光照射的耐受性比白种人高。

### （三）对化学性刺激的防护

皮肤的角质层是防止外来化学物质进入体内的第一道防线。角质细胞具有抗弱酸、弱碱的作用。但这种屏障能力是相对的，有些化学物质仍可通过皮肤进入体内，其弥散速度与化学物质的性质、浓度、在角质层的溶解度及角质层的厚度等因素有关，角质层的厚薄与对化学物质的屏障作用成正比。

正常皮肤表面有脂膜，pH 5.5~7.0，偏酸性，但不同部位的皮肤pH 4.0~9.6不等。皮肤对酸和碱有一定的缓冲能力，可以防护一些弱酸或弱碱性物质对机体的伤害。皮肤长期浸泡而浸渍、皮肤缺损引起的糜烂或溃疡、药物外用时间较长和用量较大，均能促使化学物质的吸收，甚至引起中毒。

## （四）对微生物的防御作用

致密的角质层和角质形成细胞间通过桥粒结构互相镶嵌状排列，能机械地防护一些微生物的侵入。角质层的代谢脱落同时也清除一些微生物的寄居。皮肤表面干燥和弱酸性环境对微生物生长繁殖不利。正常皮肤表面寄居的细菌如痤疮杆菌和马拉色菌可产生脂酶，进一步将皮脂中的甘油三酯分解成游离脂肪酸，对葡萄球菌、链球菌和白色念珠菌等有一定的抑制作用。青春期后，皮脂腺分泌某些不饱和脂肪酸如十一烯酸增多，可抑制真菌的繁殖，所以，白癣到青春期后会自愈。

## （五）防止体液过度丢失

致密的角质层以及皮肤多层的结构和表面的脂质膜能防止体液过度蒸发。但角质层深层含水量多，浅层含水量少，一些液体可通过浓度梯度的弥散而丢失。成人24h内通过皮肤丢失的水分240~480mL（不显性出汗）；如角质层全部丧失，水分经皮肤外渗丢失将增加10倍或更多。

## 二、皮肤的体温调节作用

机体内营养物质代谢释放出来的化学能，其中50%以上以热能的形式用于维持体温，其余不足50%的化学能则载荷于三磷酸腺苷（ATP），经过能量转化与利用，最终也变成热能，并与维持体温的热量一起，由循环血液传导到机体表层并散发于体外，因此，机体在体温调节机制的调控下使产热过程和散热过程处于动态平衡，即体热平衡，维持正常的体温。

皮肤对体温保持恒定具有重要的调节作用，一方面它作为外周感受器，向体温调节中枢提供外界环境温度的信息，另一方面又可作为效应器，通过物理性体温调节的方式保持体温恒定。皮肤中的温度感受器细胞可分热敏感受器和冷敏感受器，呈点状分布于全身，感受环境温度的变化，向下丘脑发送信息，使机体产生血管扩张或收缩、寒战或出汗等反应。皮肤表面积很大，成人可达1.5m²，为吸收和散发热量提供有利条件。皮肤血管的分布也有利于体温的调节，在真皮乳头下层形成动脉网，皮肤毛细血管异常弯曲，形成丰富的静脉丛，手、足、鼻、唇和耳部等皮肤有丰富的血管球。这些血管结构的特点使皮肤的血流变动很大。一般情况下，皮肤血流量占全身血流量的8.5%，但在热应激或血管完全扩张的情况下，皮肤血流量可增加10倍；在冷应激时，交感神经功能加强，血管收缩，皮肤血流暂时中断。皮下脂肪层广泛分布静脉丛，在收缩与完全扩张时血流量可相差40~100倍，另外，动脉丛与静脉丛之间由动静脉吻合相连，在热应激时，动静脉吻合开通，皮肤血流量增加而散热随之增多，有效地调节体温。

皮肤是热的不良导体，既可防止过多的体内热外散，又可防止过高的体外热传入，对维持机体正常功能所需要的较为恒定的体温起着十分重要的调节作用。如果外界温度与体温有过大差异时，皮肤就无法达到完全绝缘作用。

皮肤中含有冷感受器和热感受器。在实际生活中，当皮肤温度为30℃及以下时会产生冷觉，而当皮肤温度为35℃以上时则产生温觉。这些冷热感觉会将神经冲动传入丘脑下部的体温调节中枢，在体温调节中枢的控制下，通过增减皮肤的血流量、发汗、寒颤等，使体温维持在比较稳定的水平。

温差并不过大时，由真皮中血管的血液以其流动的大小来加以调节，外界温度若比体温低时（低于正常体温36～37℃），血液的流动量减少，皮肤表面收缩以防止热气散发。此时血液仅够供给皮肤细胞的营养。若外界温度比体温高时，血液的流动量可能增加至百倍，血管膨胀，皮肤变红，汗腺分泌大量汗液至皮肤表面以使汗液蒸发而使身体凉爽。然而人体的皮肤对于这些调节作用远较动物差，所以人体仍需靠衣物来保护。

热的扩散主要通过体表的热辐射、汗液的蒸发（主要是小汗腺的显性和不显性出汗）、皮肤周围空气对流和热传导进行的。当环境温度为21℃时，大部分的体热（70%）靠辐射、传导和对流的方式散热，少部分的体热（29%）则由蒸发散热；当环境温度升高时，皮肤和环境之间的温度差变小，辐射、传导和对流的散热量减小，而蒸发的散热作用增强；当环境温度等于或高于皮肤温度时，辐射、传导和对流的散热方式便不起作用，此时，蒸发就成为机体唯一的散热方式。人体蒸发散热有两种形式，即不感蒸发和可感蒸发。

其中汗液蒸发是环境温度过高时主要的散热方式，每毫升汗液蒸发约需要2.445kJ的热量，热应激情况下汗液分泌速度可达3～4L/h，散热率为基础条件下的10倍。夏季出汗多，可防止体温升高；冬季出汗少，可防止体温降低。有些疾病，如先天性汗腺缺乏或烧伤患者，患者排汗减少，调节体温作用失常，就会出现体温升高，感觉疲乏、不适。皮下脂肪组织有隔热的作用，可减少体热的散失。

人情绪激动时，由于血管紧张度增加，皮肤温度，特别是手的皮肤温度便显著降低。例如，手指的皮肤温度可从30℃骤降到24℃。情绪激动的原因解除后皮肤温度会逐渐恢复。此外，当发汗时，由于蒸发散热，皮肤温度也会出现波动。

## 三、皮肤的渗透能力和吸收作用

皮肤有渗透能力和吸收作用。因为它不是绝对严密的无通透性的屏障，故某些物质可以通过表皮而被真皮吸收影响全身。完整的皮肤能吸收脂溶性物质，如油脂（尤为动物性）、乙醇、醚等，但对水溶性物质吸收力很小，若皮肤损伤或发炎时其吸收力显著增强。

（一）皮肤的吸收途径

1. 细胞膜的吸收

皮肤接触到的物质（如动物油脂等）使角质层软化，由角质细胞膜渗透入角质层细胞，然后再透过表皮的其他各层。

2. 皮脂腺的吸收

少量大分子与不易透过的水溶性物质可以通过毛囊口、毛囊，再通过皮脂腺及毛囊壁进入真皮内，再从真皮向四周播散。

### 3. 细胞间隙的吸收

少量物质也可通过角质细胞间隙渗透而进入真皮，而汗孔很少有吸收作用。

### （二）影响皮肤吸收的因素

皮肤的渗透能力和吸收作用非常复杂，影响皮肤渗透能力和吸收作用的因素很多。

### 1. 皮肤的结构情况

人体不同部位的皮肤，在角质层的厚度、毛囊和皮脂腺的密度、皮下血管网的分布方面存在差异。因此，不同部位的皮肤吸收作用也不同。黏膜无角质层，吸收作用较强；婴儿角质层较薄，吸收作用较成人强；掌跖部角质层发达且无毛发和皮脂腺，吸收作用最弱。不同部位皮肤的吸收能力大小顺序一般是：阴囊＞前额＞大腿内侧＞上臂屈侧＞前臂＞掌跖。

另外，皮肤的损害可影响皮肤的屏障作用，增加皮肤的吸收能力。尤其是大面积损伤时可引起大量吸收，如硼酸大面积湿敷可引起中毒。皮肤的水合程度提高时吸收作用也会加强。实验证明，表皮角质层可以吸收较多的水分，如皮肤被水浸软后则吸收能力加强，故可采用包敷的方法使汗液蒸发减少，皮肤的水分会增加，因此皮肤的吸收作用加强，皮肤充血时吸收力也会加强。化妆品面膜就是基于这个道理而达到滋养面部皮肤的目的。此外，婴幼儿皮肤的角质层较薄，吸收作用较成人强，故应注意对某些化学物质吸收过多会引起的不良反应。

### 2. 物质的理化性质

物质的理化性质是影响皮肤吸收的重要因素。

（1）形态　固体物质不易被吸收，而气体则可渗透进入皮肤。

（2）溶解度　完整的皮肤只吸收很少的水分；单纯的水溶性物质如维生素C、B族维生素、葡萄糖等几乎不被皮肤吸收；电解质吸收不显著；而脂溶性物质和脂溶剂吸收较多。动物油脂的吸收比植物油多，矿物油不被吸收。

具有脂溶性的维生素A、维生素D、维生素E比较容易被皮肤吸收。雌性激素、睾丸激素、孕甾酮等激素类非常容易被吸收。可的松、氢化可的松等肾上腺皮质激素也同样容易被吸收。

化妆品的基质一般不被皮肤吸收，如凡士林、液状石蜡、硅油等完全或几乎不能被皮肤吸收。猪油、羊毛脂、橄榄油则能进入皮肤层、毛囊和皮脂腺。当基质中存在有表面活性剂时，表皮细胞膜的渗透性将增大，吸收量也将增加。经皮肤吸收的规律是：羊毛脂＞凡士林＞植物油＞液状石蜡。

（3）其他因素　能增加皮肤渗透性的物质如氮酮、丙二醇、乙醚、氯仿等有机溶剂可增加皮肤对物质的吸收。表面活性剂可起到润湿、乳化、增溶作用，有助物质与皮肤表面紧密接触，增加吸收。

3. 皮肤角质层水合程度

皮肤浸渍时可增加吸收。塑料薄膜封包用药比单纯搽药的吸收程度高出100倍。该方法可以提高疗效，但也增加中毒的可能，这除了封包后局部温度升高，汗液水分蒸发减少、角质层含水量增多也使吸收增加。因此，封包式湿敷、外用软膏或塑料薄膜封裹可以增加吸收，提高疗效，但应警惕不良作用的产生。

（三）化妆品中常见的可被皮肤吸收的物质

1. 乙醇

乙醇可穿透毛孔，挥发时带走皮肤大量水分，造成皮肤干燥、粗糙、变硬，多用于收缩水中。

2. 冰片

冰片可穿透毛孔，常用于中药面膜中，有辅助美白作用。可溶解皮脂膜，扩张毛细血管，造成皮肤干燥、粗糙、敏感、红血丝等问题。

3. 重金属

（1）铅　无铅不成粉。铅有很好的定妆效果，但可造成皮肤晦暗、无光泽，铅沉淀可形成色斑。

（2）汞　又称水银，有剧毒。常用于美白祛斑的产品中，可将皮肤表面的黑皮剥脱掉，造成皮肤变薄、敏感、干燥、粗糙，但沉淀在皮肤内可形成更严重的色斑。

4. 激素

（1）雄性激素　可抑制黑色素的分泌，常用于祛斑的产品中，但可促进毛发生成，使女性长胡须。

（2）雌性激素　可抑制皮脂腺分泌，常用于去痘的产品中，但可造成内分泌的失调、肥胖及女性第二特征的发育。

（3）糖皮脂激素　又称为毒品激素，多用于皮炎平、皮康王等药膏中，靠麻痹抗组胺起到抗敏作用，一旦停用，抗组胺恢复传导过敏信号功能，过敏现象更严重，最后可形成依赖性皮炎。

5. 乳化剂

乳化剂又称界面活性剂，常用于洗涤产品、合成化妆品中，渗透速度非常快，可乳化皮脂膜，使皮肤失去保护膜，造成皮肤干燥、粗糙、皱纹、色斑等问题；乳化剂可抑制胎儿小脑发育，造成胎儿脑畸形。

6. 磷脂质

磷脂质是一种载体技术，它的外膜是大豆磷脂质结构，与人体细胞外膜磷脂质结构相同，里面包裹着有效的营养成分，利用同性相溶的原理进入皮肤，给细胞输送有效的营养成分，使细胞恢复正常代谢，有效地改善干燥、皱纹、敏感、色斑等问题，使皮肤由内到外真正健康起来。

## 四、皮肤的分泌和排泄作用

皮肤具有分泌和排泄功能。汗腺分泌汗液，皮脂腺分泌皮脂。

（一）汗液的分泌与排泄

出汗有散热、润滑皮肤与酸化作用，同时在排泄废物和保持水与电解质平衡上更为重要。汗液主要由汗腺分泌，人体中的汗腺分小汗腺（外分泌汗腺）和大汗腺（内分泌汗腺）两种。

小汗腺有排汗功能。汗液无色透明，其成分主要是水，占99.0%～99.5%，其余是固体（有机物和无机物）。有机物中以乳酸及尿素最多，无机物中以氯化钠最多。此外还有钙、镁、钾、磷、铁等，也含有微量的多种氨基酸类。排汗有散热降温的作用，但大量排汗时钾、钠排出增多，易造成电解质紊乱；肾功能不全时如能增加排汗量，可以协助排泄体内代谢产物；有些药物可以从汗腺分泌和排泄出去；汗液可保持角质层的正常水分含量，使皮肤柔软、光滑、湿润；汗液中的乳酸可维持皮肤表面的pH。小汗腺的分泌细胞受交感神经的胆碱能性神经纤维支配，此外精神因素、吃辛辣食物、体温或外界温度增高都可增加排汗量。

大汗腺的分泌物为少量无菌性的乳状物，除含水分之外，有脂肪酸、中性脂肪、胆固醇和类脂质。有人认为大汗腺还可分泌一些有色物质（黄、棕、红、黑色等）。大汗腺分泌物排出后受细菌（主要是葡萄球菌）分解而产生有臭味的物质。大汗腺的排泄受神经内分泌调节，与体温调节无关，青春期后分泌旺盛。

（二）皮脂的分泌与排泄

皮脂腺主要分泌皮脂，其成分主要是甘油三酯，其次是固醇类等。皮脂有润泽毛发、防止皮肤干裂等作用。分泌的皮脂在腺体内存积，使排泄导管内的压力增加而从毛囊口排出。皮脂排出到皮肤表面，与该处的汗液和水乳化后可形成一层乳化薄膜，根据此膜的厚度及皮脂的黏稠度而产生一种抵抗皮脂排出的反压力。上述两种压力相互作用，调节着排出皮脂的多少。除去皮肤表面的皮脂后约3h可很快再排出皮脂，此后排出速度逐渐减慢，当表皮的皮脂达到某种厚度时则排出减到最低限度或完全停止。

皮脂排泄受年龄与性别的影响。青春期，性腺和肾上腺产生的雄性激素如睾酮等可促进皮脂腺增大，皮脂的形成与分泌增多；而雌性激素有抑制其分泌的作用。所以皮脂的分泌以青春期最为旺盛，到青春期后一段时间内比较稳定，到老年时又有下降。

环境温度越高，皮脂黏稠度越低，越易排除。皮肤表面的乳化脂膜，当其反压力与皮脂排出压力平衡时，皮脂排出变慢，而去掉脂膜分泌增多，所以油性皮肤不要过度清洗。

## 五、皮肤的感觉作用

皮肤内含有很多的神经末梢和特殊感受器，分布于表皮、真皮和皮下组织内，可感知体内外各种刺激并通过神经通路引起相应的神经反射。这些感觉就好像身体的预警机制，及时提醒我们采取措施，防范各种侵害，借助于皮肤的感觉作用，并与其他感觉器官配合，人类才能进行正常的生活。

正常皮肤内感觉神经末梢分为三种，即游离神经末梢、毛囊周围末梢神经网及特殊形状的囊状感受器。它们能分别传导六种基本感觉，即触觉、压觉、冷觉、温觉、痛觉、痒觉。

皮肤的感觉可以分为两类：一类是单一感觉，皮肤内的多种感觉神经末梢将不同的刺激转换成具有一定时空的神经动作电位，沿相应的神经纤维传入中枢，产生不同性质的感觉，如触觉、压觉、痛觉、冷觉和温觉；另一类是复合觉，即皮肤中不同类型感觉神经末梢共同感受的刺激传入中枢后，由大脑综合分析形成的感觉，如干、湿、光、糙、硬、软等。另外，有形体觉、两点辨别觉、定位觉、图形觉等。这些感觉经大脑分析判断做出有益于机体的反应。有的产生非意识反应，如手触到烫物的回缩反应，以免使机体进一步受到伤害。借助皮肤感觉作用，人类能积极地参与各项生产劳动。

作用于皮肤的能量达到一定的程度，使皮肤感受器起作用，产生皮肤感觉，这一最低程度的能量称为感觉阈值。它主要取决于感受器的阈值，但也受许多其他因素的影响。皮肤温度是能改变各种感觉阈值的主要因素。对某一温度的物体的感觉是冷还是热，与接触该物体时的皮肤温度有关。许多其他局部因素，如该处以前受刺激的多少、刺激是否作用于心理敏感区、皮肤的厚度及局部出汗量等，都可影响结果。恐惧、焦虑、暗示和以往经验可改变痛觉阈值。性别、年龄对此也有影响，温度阈值在女子较低，而振动阈值则在男子较低。

瘙痒是皮肤或黏膜的一种引起搔抓欲望的不愉快的感觉。瘙痒产生的机制尚不完全清楚，有人认为痒与痛由同一神经传导，或痛的阈下刺激产生瘙痒，搔抓至疼痛可减轻或抑制瘙痒，临床上应用拍打局部来解除瘙痒也是一个例证。但也有矛盾的情况，某些化学物质如吗啡可使疼痛消失，但可诱发或使瘙痒加剧。中枢神经系统的功能状态对瘙痒有一定的影响：精神安定或转移注意力可使瘙痒减轻；焦虑烦恼或对痒过度注意时瘙痒加重。

目前已发现许多因素与瘙痒有关，如机械性刺激、电刺激、酸、碱、植物的细刺、动物的纤毛及毒刺、皮肤的微细裂隙、代谢异常（如糖尿病黄疸等）、变态反应和炎症反应的化学介质（如组胺、蛋白酶、多肽等）均可引起瘙痒。为解除瘙痒感觉，必须避免上述各种刺激。

## 六、皮肤的代谢作用

皮肤能储存大量水分、脂肪、蛋白质、糖、维生素等物质，有活跃的代谢活动。皮肤的代谢包括两个方面：一方面是皮肤细胞自身的代谢，包括角质细胞的分裂和分化、色素颗粒的形成、毛发和指（趾）甲的生长、汗液和皮脂的分泌等；另一方面也参与全身的糖、蛋白质、脂类、水和电解质的代谢等。

（一）糖代谢

皮肤中糖类物质主要为糖原、葡萄糖和黏多糖等。皮肤含葡萄糖的量为60～80mg/100g，为血糖浓度的2/3，表皮中含量最高。在糖尿病时，皮肤中糖含量更高，易受真菌和细菌的感染。人体表皮细胞具有合成糖原的能力，在表皮细胞的光面内质网中存在合成糖原所需要的酶，主要通过单糖缩合及糖醛途径合成。人皮肤的糖原含量在胎儿期最高，成人后达低值。它们主要分布于表皮颗粒层及以下的角质形成细胞、外毛根鞘细胞、皮脂腺边缘的基底细胞和汗管的上皮细胞等处。

皮肤中的糖主要是提供所需能量，此外，可作为黏多糖、脂质、糖原、核酸和蛋白质等生物合成的底物。皮肤中的葡萄糖分解通过有氧氧化、无氧糖酵解及磷酸戊糖通路三条途径提供能量。皮肤中的无氧糖酵解在人体各组织中最快，这与表皮无血管而氧含量相对较低有关。

皮肤内黏多糖属于多糖，以单纯形式，或与多肽、脂肪或其他糖类结合呈复合物形式存在。其性质不稳定，易被水解。真皮内黏多糖最丰富，角质形成细胞间、基底膜带、毛囊玻璃膜、小汗腺分泌细胞等亦含较多黏多糖。真皮基质中的黏多糖主要为透明质酸、硫酸软骨素等，多与蛋白质结合形成蛋白多糖（或称黏蛋白）。后者与胶原纤维静电结合形成网状结构，对真皮及皮下组织起支持、固定的作用。这些蛋白多糖属多阴离子性巨分子，对水、盐代谢平衡有重要作用。黏多糖的合成及降解主要通过酶催化完成，但某些非酶类物质亦有作用，如氢醌、维生素$B_2$、维生素C等可降解透明质酸。某些内分泌因素亦可影响黏多糖代谢，如甲状腺功能亢进使透明质酸和硫酸软骨素含量在局部皮肤中增加，产生胫前黏液性水肿。

（二）蛋白质代谢

皮肤内的蛋白质主要有纤维蛋白、非纤维蛋白和球蛋白三类。纤维蛋白主要包括张力细丝、角蛋白、网状蛋白、弹力蛋白和胶原蛋白等。张力细丝分布于表皮细胞内外维持其张力；角质细胞中则含有大量软角蛋白，毛发、指（趾）甲中含有硬角蛋白，其中硬角蛋白胱氨酸含量高，对热稳定；网状蛋白交联形成细而分枝的网状纤维；弹力蛋白单体之间有较多的共价键使其富有弹性；胶原蛋白组成胶原纤维，是构成真皮的主要成分之一，使皮肤具有韧性和抗张能力。非纤维蛋白主要分布于真皮结缔组织的基质内和表皮下基膜带中，常和糖胺聚糖类结合形成黏蛋白，是基膜的主要成分。球蛋白为皮肤细胞不可缺少的组成成分，也是基底细胞中核糖核酸（RNA）和脱氧核糖核酸（DNA）的主要成分，在皮肤的新陈代谢中发挥着重要作用。

（三）脂类代谢

脂类包括脂肪（甘油三酯）和类脂及其衍生物。人体皮肤的脂类总量（包括皮脂腺、皮脂及表皮脂质）占皮肤总质量的3.5%～6%，最低为0.3%，最高可达10%。脂肪的主要功能是储存能量和氧化供能，类脂质是细胞膜结构的主要成分和某些生物活性物质合成的原料。表皮细胞在分化的各阶段，其类脂质的组成有显著差异，如由基底层到角质层，胆固醇、脂肪酸、神经酰胺含量逐渐增多而磷脂则逐渐减少。表皮中最丰富的必需脂肪酸为亚油酸和花生四烯酸。血液脂类代谢异常也可影响皮肤脂类代谢，如高脂血症可使脂质在真皮中局限性沉积形成皮肤黄瘤。真皮和皮下组织中含有丰富的脂肪，可通过$\beta$-氧化途径提供能量。脂肪合成主要在表皮细胞中进行。皮下组织是人体储存脂肪的主要场所，当机体需要时被动员供能。现代部分人由于能量摄入过多、体力活动减少，使大量脂肪堆积在皮下，影响形体与健康。类脂主要有磷脂、固醇类等，表皮细胞内含量比真皮高，皮脂腺分泌的脂类中含有其特有的蜡脂和角鲨烯。表皮内含丰富的7-脱氢胆固醇，经紫外线照射后可生成维生素D。

（四）水与电解质代谢

皮肤含水量因年龄和性别而异，正常成人皮肤含水量为体重的18%～20%，儿童的皮肤特别是婴幼儿的皮肤含水量更高。老年后含水量下降，细胞内液减少，这也是老年人皮肤松弛的原因之一。从性别角度看，女性皮肤含水量较男性高。人体中的水分主要储存于真皮内，为皮肤的各种生理功能提供了重要的内环境，并且对整个机体的水分调节起到一定的作用。当机体脱水时皮肤可提供其水分的5%～7%，以维持循环血容量的稳定。另外，皮肤也是人体水分排泄的主要途径之一。

皮肤中含有各种电解质，主要储存于皮下组织中。其中$Na^+$、$Cl^-$在细胞间液中含量较高，$K^+$、$Ca^{2+}$、$Mg^{2+}$主要分布于细胞内，它们对维持细胞间的晶体渗透压和细胞内外的酸碱平衡起着重要的作用；$K^+$还可激活某些酶，$Ca^{2+}$可维持细胞膜的通透性和细胞间的黏着力，$Zn^{2+}$缺乏可引起肠病性肢端皮炎等疾病。

（五）黑色素代谢

黑色素是由黑色素细胞合成的一种蛋白质生物衍生物，对生物的成长、防卫和防御紫外线危害起重要作用。生物体内的黑色素分为真黑色素、赤褐素、异黑色素3种。通常所说的黑色素指真黑色素，呈褐色或黑色，广泛存在于动物界，又称动物黑色素，因其含有吲哚，亦称吲哚黑色素。赤褐素呈黄红色，存在于动物的红色毛囊、羽毛、皮毛等处。异黑色素存在于植物中，如果实、种子皮等处。人体皮肤中分布的黑色素属于真黑色素。

皮肤黑色素代谢过程包括黑色素的合成、转运、降解及其调控。黑色素细胞内的酪氨酸酶通过氧化酪氨酸成为多巴，并使多巴进一步氧化成多巴醌，逐渐形成黑色素体，完成黑色素化。黑色素细胞将成熟的黑色素体通过其树突分泌入邻近的角质形成细胞，随着角质形成细胞的不断分化，黑色素体不断向上转运最终脱落于皮面。因此，整个黑色素代谢过程包括4个方面，即黑色素细胞内黑色素体的形成，黑色素体的黑色素化，黑色素体被分泌到角质形成细胞内以及角质细胞内，黑色素体的转运、降解或排出。黑色素代谢受多种因素影响，如角质形成细胞、内皮素、酪氨酸酶、微量元素、内分泌因素和紫外线照射等。如果代谢异常，就会导致黑色素合成速度、数量、分布的异常，而引起色素代谢障碍性皮肤病。

影响黑色素代谢的因素如下。

1. 日晒

紫外线是对黑色素代谢影响最大的外部因素。紫外线照射可以使黑色素细胞内与黑色素合成相关的蛋白激酶活性增加，使黑色素细胞对促黑色素细胞激素（MSH）反应性增加，使维生素$D_3$增加，从而酪氨酸酶活性增加，引起黑色素合成增加。强烈的紫外线照射可使皮肤产生炎症反应，花生四烯酸（AA）、前列腺素（PG）、白三烯（LT）、神经细胞生长因子（NGF）、碱性成纤维细胞生长因子（BFGF）、白细胞介素-1（IL-1）和内皮素（ET）、一氧化氮（NO）等炎症因子增加，导致黑色素合成增加，紫外线照射还可以诱导皮肤的活性氧族，使体内氧自由基增多，表皮内巯基（—SH）氧化、—SH消耗增加，使黑色素生成增加。同时，紫外线还可使表皮内的黑色素小体迅速重新分布，将黑色素集中到日晒部位，引起色素沉着。因此，在治疗色素增加性疾病时，应将防晒贯穿于整个治疗过程中。

2. 内分泌和神经因素

内分泌、神经因素对黑色素代谢的调节较为复杂，有许多环节尚未完全清楚，比较肯定的因素有：

（1）促黑色素细胞激素（MSH）　垂体MSH与黑色素细胞膜上的受体结合可激活腺苷环化酶，使环磷酸腺苷（cAMP）水平上升，从而增强酪氨酸酶的活性，使黑色素生成增加。MSH常受肾上腺皮质激素及交感神经的影响。

（2）肾上腺皮质激素　在一般情况下，可抑制垂体MSH的分泌，但肾上腺皮质激素含量增多，反过来又可以刺激垂体MSH的分泌。因此，在祛斑美容治疗中，早期可在医师处方中适当使用软性糖皮质激素，但使用时间不宜过长，以免造成MSH增强，使黑色素生成增多。

（3）性激素　雌性激素可以增强酪氨酸酶的氧化作用，使黑色素增加。适当增加雄性激素可能有利于黑色素生成的减少。

（4）甲状腺激素　可促进酪氨酸即黑色素的氧化过程，在经过常规治疗的色素增加性疾病效果不佳时，要注意检查甲状腺的功能，治疗甲状腺疾病。

（5）神经因素　副交感神经兴奋可通过激活垂体MSH分泌，使黑色素生成增多，交感神经兴奋可使黑色素生成减少。因此，在祛斑美容治疗中，应保证患者有充足的睡眠和休息，才能避免副交感神经兴奋。

3. 维生素及氨基酸

某些维生素增多能使黑色素生成增加，如复合维生素B、泛酸、叶酸参与了黑色素形成，其含量增多，可引起色素增加。因此，在祛斑美容治疗中，应该避免口服B族维生素，而在色素减少性疾病，如白癜风的治疗中可以使用B族维生素。还有一些维生素的增加则能使黑色素生成减少，如维生素C为还原剂，维生素E具有抗氧化作用，二者均可抑制黑色素生成。因此，在祛斑美容治疗中，可以使用维生素C及维生素E，而在色素减少性疾病，如白癜风的治疗中应该避免使用维生素C及维生素E。

氨基酸中的酪氨酸、色氨酸、赖氨酸参与了黑色素的形成，使黑色素增加。因此，在色素减少性疾病，如白癜风治疗中可以使用该类氨基酸。谷胱甘肽、半胱氨酸为酪氨酸酶中铜离子的络合剂，其含量增多，可减少黑色素生成。在祛斑美容治疗中，可使用谷胱甘肽、半胱氨酸。

### 4. 细胞因子

角质形成细胞表达的BFGF、干细胞生长因子（SCF）、ET及LT等均能直接作用黑色素细胞，促进其增殖并合成黑色素。IL-6、TNF能抑制黑色素细胞产生黑色素，因此，在祛斑美容治疗过程中，应减少使用含BFGF、SCF、ET的美容产品，可考虑使用含IL-6、肿瘤坏死因子（TNF）的美容产品，ET的拮抗剂也可作为祛斑药物之一。

### 5. 微量元素

影响黑色素代谢的主要微量元素是铜、锌离子，它们在黑色素合成中起辅助作用，酪氨酸酶催化氨酸形成黑色素的能力与铜离子数量成正比，因此，在治疗色素增加性疾病时，尽量减少铜离子的活性。而在治疗色素减退性疾病时，需要增加铜离子的含量。

### 6. 微生态失衡

褐斑患者的皮肤表面的暂住菌，如棒状菌及产色素微球菌明显增加，尤其是产生褐色、橘黄色的微球菌显著增加。并且，温度升高时这些细菌产生的色素会明显增多，这可能是黄褐斑在春夏季颜色明显加深、而冬季明显减轻，甚至消失的原因。

### 7. 疾病和创伤

炎症反应及皮肤受创可使表皮内黑色素生成增加。炎症过程中细胞产生的ET、PG、AA、LT等炎症因子促进黑色素细胞合成。因此，痤疮等炎症性皮肤病治疗后、皮肤磨削术后、激光治疗后都可能产生炎症后的色素沉着，需加强疾病的治疗及术后的色素沉着的治疗。由于内分泌疾病可影响肾上腺皮质功能减退或亢进，从而导致色素代谢的异常，卵巢囊肿等生殖道疾病也会使肤色异常，对于色素沉着疾病需考虑是否伴有内分泌疾病及排除生殖系统的疾病。

### 8. 光敏性食物或药物

某些光敏食物可增加皮肤对日光的敏感性，诱发黑色素合成增加，如菠菜、黑木耳、香菇、芹菜、胡萝卜、荠菜、柠檬、无花果等。常见的光敏性药物有口服避孕药、雌性激素、磺胺类及衍生物、口服降糖药、镇静及催眠二甲胺吩噻嗪类药物（氯丙嗪、异丙嗪等）、利尿药、某些组胺类药物（氯米那敏、苯海拉明）、解热镇痛药、抗生素类（四环素、灰黄霉素等）、安定类（利眠灵）、某些中药（荆芥、防风、沙参、独活、白鲜皮、白芷、补骨脂、芸香等）。因此，在治疗色素增加性皮肤病时应尽量避免这些食物及药物。

## 七、皮肤的免疫作用

皮肤是人体与外界环境直接相连的组织器官，与体内又有密切联系。由于其结构和功能的特殊性，它具有很强的非特异性免疫防御能力，是人体抵御外界环境有害物质的第一道防线，它能有效地防御物理性、化学性、生物性等有害物质对机体的刺激和侵袭，对人体适应于周围环境、健康的生长发育和生存起了十分重要的作用。长期以来人们认为它们的功能仅仅是组成机体的外表屏障，保持着皮肤生化及物理的完整性。即使与免疫反应有关，也仅仅认为它起到了免疫反应的场所及靶器官的被动地位和真皮部的非特异性免疫成分的作用。1986年Bos提出了"皮肤免疫系统（skin immune system）"的概念，1993年Nickoloff提出了"真皮免疫系统"的概念，进一步补充了Bos的观点。随着生物学和医学免疫学的不断发展，对皮肤与特异性免疫之间的相互作用和影响有了深入地研究，皮肤不仅具有很强的非特异性免疫防御能力，而且具有非常重要的特异性免疫功能。近年来的研究表明皮肤是一独特的免疫器官，具有独特的免疫功能，"皮肤免疫系统"的概念已经确立包括固有免疫和获得性免疫两个免疫系统，各皮肤免疫系统又分别包括免疫细胞和免疫分子两部分。

（一）皮肤的固有免疫

皮肤固有免疫的细胞主要有自然杀伤细胞（NK细胞）、自然杀伤T细胞（NKT细胞）、树突状细胞（DCs）、中性粒细胞、黑色素细胞和角质形成细胞，主要的免疫分子包括：炎症前细胞因子，抗微生物肽如防御素、抗菌肽（cathelicidins）。细菌产物受体如Toll样变体（TLRs）、C-型凝肌素（甘露聚糖结合凝集素）补体和补体调节蛋白。

固定在皮肤组织中的单核细胞称为巨噬细胞，激活了的单核细胞和巨噬细胞能生成并释放多种细胞毒素、干扰素和白细胞介素，参与机体防御机制，还产生一些能促进内皮细胞和平滑肌细胞生长的因子。在炎症周围单核细胞能进行细胞分裂，并包围吞噬异物。单核巨噬细胞除了具有吞噬功能外，它们可被激活。激活的单核巨噬细胞可释放各种生物活性物质，有利于吞噬和杀伤病原微生物，但生物活性物质过多也可导致组织损伤和纤维化。

正常皮肤的DCs包括未成熟朗格汉斯细胞和真DCs，DCs连接固有免疫和适应性免疫，是适应性免疫的启动者。

（二）皮肤的适应性免疫

皮肤的适应性免疫亦由免疫细胞和免疫分子两大部分组成。细胞成分包括朗格汉斯细胞、DCs、T细胞、粒细胞、肥大细胞、内皮细胞等；免疫分子主要包括一些细胞因子。

1. 淋巴细胞及亚群

根据细胞成长发育的过程和功能的不同，淋巴细胞分成T细胞和B细胞两类。在功能上T细胞主要与细胞免疫有关，B细胞则主要与体液免疫有关。人类皮肤免疫系统的主要淋巴细胞是T细胞，正常人皮肤中存在大量T细胞，90%以上局限于真皮血管周围，主要分布在真皮乳头毛细血管周围。约有一半的T细胞为CD4$^+$CD45RO$^+$标记的记忆T细胞的免疫表型，其余为CD8$^+$T细胞。淋巴细胞中只有T细胞能再循环至皮肤器官。T细胞亲表皮性与皮肤归巢受体——皮肤淋巴细胞相关抗原（CLA）有关。

2. 朗格汉斯细胞

朗格汉斯细胞为一种来源于骨髓的树突状细胞，分布在表皮基底层上方及附属器上皮。定居在正常人表皮内的朗格汉斯细胞尚未成熟，只有进入真皮或引流淋巴结后才拥有它的全部免疫功能。表皮朗格汉斯细胞是皮肤主要的抗原呈递细胞。朗格汉斯细胞一方面控制角质形成细胞的角化过程，另一方面参与皮肤免疫反应，尤其在表皮中它能摄取、处理和呈递抗原、控制T细胞迁移。朗格汉斯细胞还能分泌T细胞反应过程中所需的重要细胞因子，并参与免疫调节、免疫监视、免疫耐受、皮肤移植物排斥反应等（图2-5）。

3. 中性粒细胞

中性粒细胞帮助机体抵御微生物病原体的感染，当炎症发生时，它们被趋化因子吸引到炎症部位，消灭、防止病原微生物在体内扩散。中性粒细胞的细胞膜能释放出一种不饱和脂肪酸——AA，引起炎症反应和疼痛，并影响血液凝固过程，同时还起到预警动员的效果。

4. 嗜碱性粒细胞

嗜碱性粒细胞释放的组胺与某些异物（如花粉）引起过敏反应的症状有关。此外，嗜碱性粒细胞被激活时还释放嗜酸性细胞趋化因子A（eosinophile chemotactic factor A）的多肽，这种因子能把嗜酸性粒细胞吸引过来，聚集于局部与限制和调节碱性粒细胞在过敏反应中的作用。

5. 嗜酸性粒细胞

嗜酸性粒细胞参与机体对寄生虫的免疫反应。嗜酸性粒细胞可借助于细胞表面的Fc受体和C3受体黏着于寄生虫上，并且利用细胞溶酶体内所含的过氧化物酶等酶攻击和损伤寄生虫体。

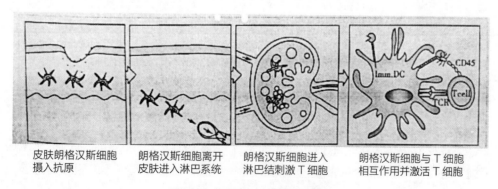

| 皮肤朗格汉斯细胞摄入抗原 | 朗格汉斯细胞离开皮肤进入淋巴系统 | 朗格汉斯细胞进入淋巴结刺激T细胞 | 朗格汉斯细胞与T细胞相互作用并激活T细胞 |

图2-5 朗格汉斯细胞激活T细胞

### 6. 肥大细胞

肥大细胞在结缔组织中广泛分布，肥大细胞表面存在有免疫球蛋白IgE的Fc受体，在对食物、昆虫叮咬、药物过敏反应及在寄生虫性炎症反应中起重要作用。肥大细胞通过脱颗粒或转颗粒作用，可释放大量生物活性物质如组胺、肝素和多种细胞因子，释放后导致一些炎症如充血、风团等。肥大细胞主要通过两种机制识别病原体，即调理素依赖性和非调理素依赖性。

另外，细胞释放的介质包括组胺和5-羟色胺（5-HT）、花生四烯酸、超氧阴离子、过氧化氢和羟自由基，以及一些细胞因子如IL-2、IL-4、IL-10、TGF-$\beta$、IL-12、GM-CSF、M-CSF、G-CSF和干细胞生长因子在皮肤免疫反应中亦发挥重要作用。

### （三）皮肤免疫系统的分子成分

#### 1. 细胞因子

表皮内多种细胞均可在适宜刺激下（如抗原、紫外线、细菌产物以及物理创伤等）合成和分泌细胞因子，后者不仅在细胞分化、增殖、活化等方面有重要作用，而且还参与免疫自稳机制和病理生理过程。细胞因子不仅可在局部发挥作用，而且可通过激素样方式作用于全身。

#### 2. 黏附分子

黏附分子（adhesion molecules）是介导细胞与细胞间或细胞与基质间相互接触或结合的一类分子，而这种接触或结合是完成许多生物学过程的先决条件。黏附分子大多为糖蛋白，少数为糖脂，按其结构特点可分为4类：①整合素家族（integrin family）；②免疫球蛋白超家族（immunoglobulin superfamily）；③选择素家族（selectin family）；④钙黏素家族（cadherin family）。在某些病理状态下，黏附分子表达增加，可使血清中可溶性黏附分子（如可溶E-选择素、P-选择素、VCAM-1和CAM-1等）水平显著升高，因此后者可作为监测某些疾病的指标。

#### 3. 其他分子

皮肤表面存在分泌型IgA，后者在皮肤局部免疫中通过阻碍黏附、溶解、调理吞噬、中和等方式参与抗感染和抗过敏；补体可通过溶解细胞、免疫吸附、杀菌和过敏毒素及促进介质释放等参与特异性和非特异性免疫反应；皮肤神经末梢受外界刺激后可释放感觉神经肽如降钙素基因相关肽（CGRP）、P物质（SP）、神经激酶A等，对中性粒细胞、巨噬细胞等具有趋化作用，导致损伤局部产生风团和红斑反应。

### （四）影响皮肤免疫的因素

#### 1. 紫外线

紫外线（UV）照射可引起朗格汉斯细胞的形态结构、数量及功能发生一定程度的改变，这是皮肤免疫系统产生抑制的先决条件。UV通过使LC对Th1细胞的抗原呈递功能下调，最终抑制了Th1介导的迟发型超敏反应及接触性超敏反应等细胞免疫应答的发生。UV照射后，在LC数量降低的同时，一系列炎症细胞开始移入表皮，常见的为巨噬细胞，这可能与UV照射引起角质形成细胞表面ICAM-1和E-选择素表达上调，吸引炎症细胞素聚集有关。另外，UV照射可干扰肥大细胞膜对脱颗粒介质的正常反应性，使各种生物活性物质如组胺等释放减少。但较大剂量UV照射可直接损伤肥大细胞的细胞膜，使大量生物活性物质释放，引起局部血管扩张。

大量研究证实，表皮内具有细胞因子释放功能的细胞主要是角质形成细胞和LC，这些细胞因子在皮肤内形成一个复杂的相互作用的网络，共同完成对皮肤免疫系统的影响。尽管UV照射可刺激IL-1家族整体水平上升，但IL-1受体拮抗剂（IL-1ra）上升幅度更大，所以，由IL-1α介导的皮肤免疫反应最终还是受到了抑制。UV照射后，由角质形成细胞、黑色素细胞和浸润表皮的巨噬细胞产生的IL-10增多，由树突状细胞（包括LC）、角质形成细胞、单核细胞和巨噬细胞等分泌的IL-12是UV引起免疫抑制的主要调节因子之一，可诱导Th1型特异性免疫反应。UV对接触性变态反应的抑制主要受TNF-α介导，TNF受体缺失使得UV对接触性变态反应的抑制作用下调。

### 2. 皮肤衰老

随年龄的增大，皮肤逐渐进入衰老期。老年人皮肤中T细胞CD4SRA+T（天然）细胞转变为记忆CD45RO+T细胞增多。老龄时皮肤T细胞分泌的细胞因子种类发生变化，IL-2水平下降，IFN-γ和IL-4水平升高。NK细胞在老化过程中数量和活性均降低。B细胞的绝对值虽然没有变化，但功能发生紊乱，自身抗体增多。同时，角质形成细胞IL-1的产生显著减少。皮肤老化导致老年人对感染的易感性增加，恶性肿瘤发生率增加。

### 3. 皮肤瘢痕

皮肤瘢痕的形成主要与真皮中的细胞外基质有关。细胞外基质的代谢是一个连续、复杂的过程，受多种因素的调节。细胞外基质的合成主要受纤维源性细胞的调控，包括血小板源性生长因子（PDGF）、胰岛素样生长因子-1（IGF-1）、转化生长因子-β（TGF-β）及碱性成纤维细胞生长因子（bFGF），其中最受瞩目的是TGF-β。TGF-β通过增加胶原纤维连接蛋白、糖胺多糖的合成、增加蛋白酶抑制剂以减少蛋白酶的作用，从而加速组织修复。其主要作用是促使胶原成分的大量合成。但当严重创伤、反复感染等使TGF大量分泌、持续存在时，便会引起细胞外基质的过度沉积，导致病理性瘢痕的发生。PDGF通过刺激巨噬细胞及成纤维细胞的大量增殖，诱导其他细胞因子的释放，扩大急性炎症反应，并直接刺激糖胺聚糖的大量生成。

皮肤是人体免疫系统的重要组成部分，皮肤免疫反应的启动阶段（致敏期）及效应阶段（激发期）均需要多种细胞和细胞因子的参与。皮肤的各种免疫分子和免疫细胞共同形成一个复杂的网络系统，并与体内其他免疫系统相互作用，共同维持着皮肤微环境和机体内环境的稳定。

# 第三章
# 人体组成与营养

人类对美的诠释有很多种，其中健康与美丽的和谐统一是最完美的，二者均离不开营养的作用。蛋白质、脂类、碳水化合物（又称糖类）、维生素、矿物质、水6大类营养素既是健康的物质基础，也是美丽的物质基础。任何一种营养素缺乏、过量或者代谢异常，均可成为致病因素，从而影响人体健康和形体健美。人体在分子水平上也是由水、蛋白质、脂类、碳水化合物、维生素和矿物质6大类物质组成的，其中以水、蛋白质、脂类3种分子最多，它们占人体体重的百分比分别为65%、17%和14%。体内6大类物质之间的比例保持动态平衡，但是在体内的不同部分（器官与组织）或部位，6大类物质的比例不同，各种物质所起的作用也不尽相同。本章将从皮肤、肌肉、骨骼、血液、肝脏入手，探究人体组织与营养的关系。

## 第一节　皮肤组织与营养

皮肤是机体的外在器官，它既是保护机体免受损害的第一道屏障，也是各种外来损害因素的第一位受害者，机体内部各系统和器官的功能状态反过来可以影响皮肤的状态与功能，因此皮肤是一面反映人体整体健康的"镜子"。判断皮肤是否健康的标准主要包括皮肤的色泽（肤色）、光洁度、纹理、湿润度、弹性及其功能。皮肤差异的产生主要与遗传、性别、年龄、内分泌变化、营养健康状况及后天保养等因素有关。皮肤的组成成分主要有水、蛋白质、脂类、矿物质和糖类（表3-1），其中蛋白质和水对皮肤的健康起着重要作用。

表3-1　健康成人皮肤组成

| 成分 | 比例 /% |
| --- | --- |
| 水 | 60 ~ 75 |
| 蛋白质（主要是胶原蛋白） | 30 ~ 35 |
| 脂类 | 2.5 ~ 3.0 |
| 矿物质 | 0.3 ~ 0.5 |
| 糖类 | 2 |

## 一、蛋白质

组成皮肤的蛋白质可分为两种：纤维蛋白和球状蛋白。

### （一）纤维蛋白

分布在皮肤内的纤维蛋白（fibrous protein）有角蛋白、张力丝、胶原蛋白、网状蛋白和弹性蛋白。

（1）角蛋白（keratin）　是皮肤角质化过程中产生的蛋白，又称角朊。角蛋白分为软质角蛋白（如表皮角质层蛋白）和硬质角蛋白［如毛发、指（趾）甲］，能对皮肤起到保护作用。位于皮肤最外面的是表皮，表皮主要由角蛋白构成。角蛋白的周期性很强，生成后27～28天就变成角质脱离人体，这就是人们日常生活中看到的身上掉下来的皮屑。

（2）张力丝（tonofilament）　具有与角蛋白相似的坚韧性和弹性，以维护表皮与毛发各层细胞之间内外张力的平衡。

（3）胶原蛋白（collagen）　又称胶原，是人体皮肤的主要组成成分。皮肤内胶原蛋白的类型及含量随年龄变化而变化，见表3-2。成人皮肤中的胶原蛋白占皮肤干重的70%～80%，其中Ⅰ型胶原蛋白占80%左右，其他类型占很小比例。胶原蛋白可在结缔组织、弹性蛋白及多糖蛋白相互交织形成的网状结构中产生一定的机械强度，可作为承托人体曲线、体现挺拔体态的物质基础。

皮肤是储存水分的重要器官之一，其储水量仅次于肌肉。女性皮肤的储水量较男性多。

表3-2　不同年龄皮肤胶原蛋白组成的变化

| 不同年龄皮肤 | 胶原蛋白类型 | |
| --- | --- | --- |
| | Ⅰ型 | Ⅲ型 |
| 儿童 | 30% | 70% |
| 青年 | 逐渐增多 | 减少 |
| 成年 | 为主 | 很少 |

（4）网状蛋白（reticulon protein）　网状蛋白数量较少，与胶原蛋白共同维持皮肤的定型，对酸、碱和消化酶的耐受性较强。

（5）弹性蛋白（elastin）　弹性蛋白是一种存在于皮肤内的结合纤维蛋白质，相当于肌肤支架的"黏合剂"，是防止肌肤老化的必要生理活性成分，能紧缩和稳固皮肤中的支架结构、提高肌肤弹性和紧缩毛孔，在对抗肌肤弹力衰退方面发挥着重要作用。

### （二）球状蛋白

球状蛋白（globular protein）又称核蛋白，是皮肤细胞的一种重要组成成分，由蛋白质与核酸组成，参与蛋白质的合成。

## 二、水

皮肤是储存水分的重要器官之一，其储水量仅次于肌肉。正常情况下，皮肤中的水分占人体所含水分的18%～20%，大部分水分储存于真皮内。女性皮肤的储水量较男性多。

皮肤中的水分同样保持动态平衡：一方面不断通过毛细血管壁从体内摄取，另一方面又不断地通过显性（出汗）及非显性（蒸发）方式排出体外。

正常角质层含水量为10%～20%，以维持皮肤的柔软和弹性。当外界相对湿度低于60%时，皮肤角质层含水量可降到10%以下，此时皮肤会出现干涩的紧绷感，皮肤表面会有细小的脱屑，继而会形成细小的皱纹。长期缺水的皮肤会干裂而变得敏感。此时外用任何天然油类阻止水分的蒸发，均不能改变其干燥现象，只有预先给予水后，再行外用，才能有效改善皮肤缺水的状况。

水对皮肤非常重要，但人体每时每刻都在不自觉地"失水"，因此补水保湿也是美容的重要内容之一。补水是直接补给皮肤角质细胞所需的水分，滋润肌肤；保湿则是防止肌肤水分的蒸发，在滋润肌肤的同时，改善微循环，增强肌肤湿润度。正确的补水保湿的顺序应该是先补水再保湿。皮肤补水的作用机制见图3-1（Darrow-Yannet图）。

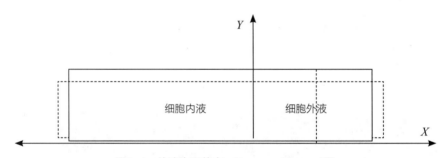

图3-1　体液生理状态：Darrow-Yannet图

Y轴代表渗透压，X轴代表细胞内、外液容量。细胞在高渗情况下皱缩、低渗情况下圆润。当人体皮肤暴露于水中时，水分进入表皮细胞内，细胞内渗透压下降，Y轴变小；细胞体积变大，X轴增大，于是皮肤皱纹减少或消失。由于人体正常的生理调节功能，为了维持细胞内渗透压的正常，皮肤表面低渗的细胞会将多余的水分传递给深部的其他细胞，表面细胞因此恢复常态，于是皮肤皱纹又重新出现。研究发现，这一过程持续30～40min，也就是说，通过补水美容使皱纹消失后30～40min内皮肤皱纹会重新出现。

## 三、皮肤老化

皮肤老化是内源性和外源性综合因素共同作用的结果，是人体衰老的外在表现。皮肤老化的内因是人体的老化，又称为自然老化或时程老化。随着年龄增长，体内合成胶原蛋白的成纤维细胞合成能力下降，胶原蛋白三股螺旋之间的共价交联增多，胶原纤维交联固化，可溶性胶原减少，细胞间黏多糖减少。皮肤表皮明显变薄，呈半透明状，伴有老年斑。由于结缔组织的强度和弹性下降，皮脂腺分泌油脂减少，皮肤干燥、脱屑、失去弹性。

皮肤老化的外因是环境因素，其中最主要的是光线对皮肤的光化性损伤作用，称为光老化；其他因素如吸烟、环境污染、生活习惯等均可能影响皮肤老化进程。研究发现，90%以上的皮肤提前老化与不当的阳光暴晒有关。人体暴露在强烈阳光下仅仅2min，皮肤内的胶原蛋白就会被分解断裂。因为紫外线会促进胶原酶（一种分解胶原蛋白的酶）的大量分泌。胶原酶可分解已经老化的胶原蛋白，有益于新陈代谢；但是过量紫外线照射会导致胶原酶的分泌过剩，进而导致胶原蛋白分解过度。此外，过量的紫外线还会增加促进细胞老化的氧自由基的生成，也会破坏皮肤内的胶原蛋白。

### 四、保持皮肤健康

有益皮肤健康的正确饮食习惯应该是均衡、定时、定量。营养过剩或营养不足都会影响皮肤新陈代谢，对皮肤有不良的影响，所以每一个人都应注重维持良好的饮食习惯，遵循以下膳食原则：摄入足够的蛋白质、适量的脂肪，多吃新鲜蔬菜和水果，以全麦代替精制的面粉食品，摄入足够的纤维，多吃天然的糖分，少吃高盐分的食物，多喝水，均衡摄取多种食物，摄取足够的维生素和矿物质。

胶原蛋白是皮肤护理中的常用活性成分，也可作为一种营养补充剂，其具有以下主要功能：①为细胞的生长提供基础条件；②修复因胶原病受损伤的胶原纤维；③促进创伤修复、伤口愈合；④促进骨质的钙化；⑤抑制肿瘤的发生及转移；⑥防衰老，美容。

日本营养专家建议，胶原蛋白的安全使用量是2~5g/d，胶原多肽（collagen peptide）是10g/d，建议与维生素C一起服用。医学美容则是将经过特殊工艺处理的胶原蛋白注射到人体的真表层，直接补充胶原蛋白。这样可以舒展面部出现的皱纹，修复由于痤疮留下的面部瘢痕。胶原蛋白还可以制成面膜或化妆品。

## 第二节 肌肉组织与营养

皮肤位于人体表层，关乎个人形象，人们常常将注意力集中在皮肤上，对其呵护备至是很自然的事。但恰如一栋宏伟美观的大厦必须建立在坚固的地基与结构基础上一样，人体外在美同样要求建立在人体结构的坚固与健康的基础之上。求美者切不可以为皮肤就是一切，只做"表面文章"而忽视了深层次的架构问题。

皮肤下是肌肉，皮肤需要肌肉的衬垫，肌肉老化或萎缩、减少或松弛，皮肤也必定松弛；肌肉僵硬或僵直，皮肤也自然会失去弹性和光泽。故欲求皮肤美，必须重视肌肉美。

怎样才算肌肉美？日本专家大门一夫提出的衡量标准是：富有弹性，能显示出人体形态的强健、协调，全身肌肉均衡、发达，体态丰满，没有臃肿感。过胖或过瘦、肌肉松软、肩臂细小无力，以及由于某种原因造成身体某部分肌肉过于瘦弱或肥大，都不能称作美。肌肉美的两大特点为结实和弹性好；松弛与僵硬是肌肉美的大敌。

全身肌肉质量占人体体重的比例：男性为40%，女性为35%；肌肉的化学组成约3/4是水，约1/4是固体物质，其中最主要的成分为蛋白质。骨骼肌的组成成分如图3-2所示。

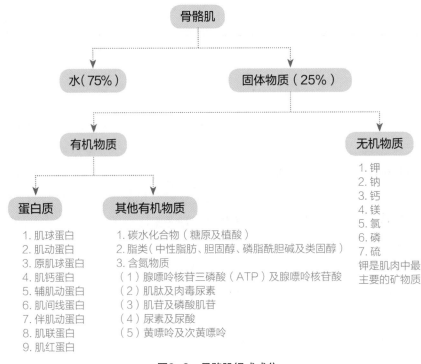

图3-2　骨骼肌组成成分

## 一、蛋白质

驱动人体的根本动力是肌肉，组成肌肉组织的基本物质是胶原蛋白，尤其肌腱，几乎都是由胶原蛋白构成的。肌腱是将骨骼肌与骨骼相连接的组织，是驱动身体的最关键组织。人体的肌肉从30岁时开始减少，人体中的胶原蛋白也随着年龄而变化，见表3-3。

表3-3　人体胶原蛋白随年龄变化的情况

| 年龄段 | 体内胶原蛋白含量 |
| --- | --- |
| 0 ~ 19 岁 | 逐渐增加 |
| 20 ~ 29 岁 | 保持不变 |
| 30 ~ 49 岁 | 胶原蛋白含量递减，从 30 岁起，肌肉总量开始下降 |
| 50 ~ 59 岁 | 大幅减少 |
| 60 ~ 69 岁 | 真皮层厚度平均较年轻时降低 25% ~ 30%，女性变化尤为明显 |
| 70 岁以上 | 最小含量 |

在人体肌肉内，除了水，蛋白质是其中最主要的成分。对肌肉来说，蛋白质具有以下作用。

1. 肌肉组成与生长

肌肉中，蛋白质主要有3类：肌原纤维蛋白、肌浆蛋白、结缔组织和细胞器内所含的蛋白质，这些都是肌肉组成与生长所必需的结构蛋白质和功能蛋白质。

2. 肌肉能量的供给

正常情况下，蛋白质不作为肌肉能源物质，其主要功能在于构建肌肉和新陈代谢。但是当肝糖原储存量降低及脂肪消耗过量时，机体便转以氨基酸作为能量，因此也会对肌肉的力量和耐力产生负面影响。

3. 肌肉的修复

肌肉的不断运动，会让肌肉受到磨损，使肌细胞膜产生微小孔洞，健康肌细胞可释放许多小囊泡，将重要的化学物质送到破损处，自行修复破洞。研究发现，肌细胞的这种修复速度快得惊人，10 ~ 30s就能将破洞修补好。

每个人都需要强健的肌肉，只有肌肉强健才有良好的肌肉力量，才能保护身体关节，更重要的是能够帮助维持正确的姿势，减轻因长时间工作、学习造成的不适现象。蛋白质的适量补充以及日常的锻炼，可以让肌肉更健康。日常饮食上应注意增加优质蛋白质的摄入，如肉类和乳类，有助于改善和维持肌肉的结构及功能。因蛋白质不足引起的肌无力、肌萎缩患者可通过食用蛋白质补充品如乳清蛋白来改善治疗效果。

## 二、水

肌肉组织含水量为75%，适当摄取水分不但能保证肌肉的正常收缩，而且能维持理想的肌肉张力。水分不仅能够帮助肌肉更好地进行收缩，还能阻止减重时易发生的肌肉退化。此外，水分具有清除肌细胞产生的废物、运送营养物质的作用，并减少肌肉恢复的时间。

即使是少量的体液损失也会影响肌肉的功能，丢失占体重2%~4%的水分，会导致肌肉强度减少21%、需氧量减少48%。肌肉中溶解的电解质通过细胞的传递，产生神经电信号刺激肌肉收缩。如果水和电解质的含量降低，肌肉强度和控制力就会减弱。含水丰富的肌肉细胞内，蛋白质的合成增加、分解减少；反之，肌肉细胞脱水会抑制蛋白质的合成，促进蛋白质的分解。

# 第三节　骨骼组织与营养

骨质是由骨基质（有机物）和骨矿物质（无机物）构成的。骨基质的主要成分是胶原蛋白（90%以上）；骨矿物质的主要成分是羟基磷酸钙和少量的羟基磷酸镁。骨质成分构成比例如表3-4所示。

表3-4　骨质成分构成比例

| 成分 | 比例 |
| --- | --- |
| 胶原蛋白 | 25% |
| 钙质 | 25% |
| 水、矿物质、糖类 | 50% |

骨质的生成，首先是合成胶原蛋白（Ⅰ型和Ⅲ型胶原蛋白，成人主要是Ⅰ型胶原蛋白，婴幼儿则以Ⅲ型胶原蛋白为主），胶原蛋白纤维织成基质网，钙和磷以羟基磷酸钙的形式沉积黏附在胶原蛋白基质网的网膜空隙中。胶原蛋白纤维基质网就像钢筋架，形成基本结构且具有韧性，但是缺乏强度；而羟基磷酸钙就像混凝土，沉积黏附在"钢筋架"上以后，使整个结构不但具有韧性，还具有强度。所以人体骨骼既有韧性又有硬度和强度。

骨质的结构可分为皮质骨和松质骨：皮质骨决定骨的硬度，松质骨决定骨的强度和弹性。

骨组织看起来似乎是静态的，其实骨组织也处于不断的新陈代谢之中——不断地更新，即骨的重构。随着年龄的变化，骨骼中有机物和无机物所占的比例有所不同（表3-5），儿童及青少年的骨骼中，有机物的含量比无机物多，因此他们的骨骼柔韧度及可塑性比较高；老年人的骨骼中，无机物的含量比有机物多，因此他们的骨骼脆性比较高，容易折断。人体骨质减少到一定程度，就不能保持骨质结构的完整性了。骨总量的丢失，首先是骨胶原的劣化和减少，使承载钙、磷的基础变得薄弱。没有足够的骨胶原，羟基磷酸钙就无处沉积。

表3-5　不同年龄段的骨骼变化情况

| 年龄段 | 骨骼变化情况 |
| --- | --- |
| 0 ~ 19 岁 | 骨质生长发育阶段 |
| 20 ~ 29 岁 | 骨质仍在不断地增加 |
| 30 ~ 39 岁 | 骨质密度含量达到最高水平 |
| 40 岁以上 | 骨质开始逐渐减少 |

骨质中的胶原赋予骨骼弹性和抗折性，人体骨骼是依靠其中相互交叉的胶原蛋白保持硬度和弹性的。人体在遭受具有破坏性的外力冲击和压迫时，胶原蛋白之间的相互结合就会被破坏，从而使骨骼发生断裂。破坏性的外力消失后，胶原蛋白会自行修复相互之间的结合，也就是骨伤愈合。由此可以看出，骨质的强弱、修复功能的优劣，都与人体胶原蛋白的含量有关。

钙是人体中含量最丰富的元素之一，亦是骨骼中最重要的营养素，占人体体重的1.5% ~ 2.0%，其中约99%储存于骨骼、牙齿中，而血钙仅占1%左右。青少年骨骼正处于生长期，需要供给大量钙质，如果钙摄入不足，会导致明显的生长发育不良等。从20岁开始，人体内的钙以每年1%的速度丢失；30岁时，人已经丢失10%的钙；50岁时，人体丢失的钙已达到30%左右，此时可能造成骨质疏松；70岁时，钙的丢失达到了50%，极易造成骨折。岁数越大，骨质疏松就越严重，所以治疗老年性骨折已成为全世界医学界的难题。

维持健康的骨骼，既要补充胶原蛋白，又要补充钙质。在适量补充这两种物质的同时，如何加强利用也是关键。"吸收"只是维持骨钙-血钙平衡，使人体钙丢失速度减慢，因此属于"存量"水平；"利用"可增加骨密度，从而达到"增量"水平。骨骼对钙质的利用，除了要有充分的钙质来源，还需要维生素、蛋白质等物质的辅助作用。50岁以下成人每日应摄入800mg的钙，生长发育期的学生、50岁以上的中老年人以及处于特殊生理阶段（如妊娠、哺乳）的妇女，每日需要摄入1000 ~ 1200mg的钙。人体自身不能合成钙，全部需要通过饮食来获取。乳及乳制品，虾、鱼、蟹等水生动物及其制品，海带、紫菜、海藻等海生植物，芝麻及其制品，坚果，豆类及绿色蔬菜含钙丰富，是优质的钙的来源。受多种因素的影响，钙的吸收率较低，一般在30% ~ 40%。

# 第四节　血液与营养

关于人体体液分布，有3个"2/3"，即：人体2/3的体重为水的质量；人体2/3的水在细胞内液，1/3的水在细胞外液；2/3的细胞外液为组织间液，1/3的细胞外液在血管内。

人类血液占体重的6%～8%，其含量有性别差异：男性平均为5000mL；女性略少，约为4500mL。新生儿的血液量只有450mL，随着年龄增长，血液量也逐渐增加，至青春期可达到5000mL。

血液由两种成分组成：血细胞（红细胞、白细胞、血小板）和血浆，前者占45%，后者占55%。

## 一、血浆

血浆为浅黄色液体，其中水分占92%～93%，固体物质占7%～8%，固体物质包括有机物质和无机物两大类（图3-3）。

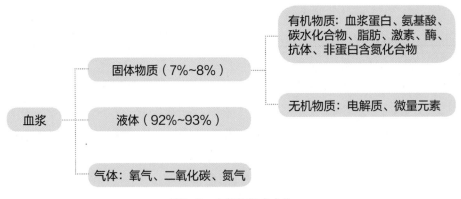

图3-3　血浆的组成成分

### （一）蛋白质

血浆中的蛋白质包括清蛋白（35～50g/L）、球蛋白（20～35g/L）和纤维蛋白原（2～4g/L）等。血浆蛋白质的主要功能如下：

（1）形成血浆胶体渗透压　清蛋白相对分子质量最小，含量最多，对于维持正常血浆胶体渗透压起主要作用。当肝脏合成减少或经尿大量排出体外时，血浆清蛋白含量下降，胶体渗透压也下降，从而导致全身水肿。

（2）免疫作用　球蛋白包括$\alpha_1$、$\alpha_2$、$\beta$和$\gamma$等类型，其中$\gamma$（丙种）球蛋白含有多种抗体，能与抗原（如细菌、病毒或异种蛋白）结合，从而帮助机体消除致病因素。补体也是血浆中的一种蛋白质，它可与免疫球蛋白结合，共同作用于病原体或异物，破坏其结构，具有溶菌或溶细胞的作用。

（3）运输作用　血浆中的蛋白质可与多种物质结合成复合物，如一些激素、维生素，$Ca^{2+}$和$Fe^{2+}$可与球蛋白结合，许多药物和脂肪酸则与清蛋白结合而实现在血液中运输。此外，血液中还有许多酶类，如蛋白酶、脂肪酶和转氨酶等，都可通过血浆的运输被送到各种组织细胞中。

（4）凝血作用　血浆中的纤维蛋白原和凝血酶等因子是引起血液凝固的成分。

（5）维持酸碱平衡　　血浆蛋白质，特别是清蛋白在维持酸碱平衡中发挥着重要作用。

## （二）脂类与碳水化合物

血浆中所含的脂肪类物质，统称血脂，包括磷脂、甘油三酯和胆固醇等。这些物质是构成细胞成分、合成激素等物质的原料。血脂含量与脂肪代谢有关，也受食物中脂肪含量的影响。

血浆中含的糖类主要是葡萄糖，简称血糖。其含量与糖代谢密切相关。正常人的血糖含量比较稳定，为4.44～6.66mmol/L（80～120mg/dL）。血糖过高称高血糖，过低称低血糖，都可导致机体功能障碍。

## （三）无机盐

血浆中的无机物，绝大部分以离子状态存在。阳离子以$Na^+$浓度最高，此外还有$K^+$、$Ca^{2+}$和$Mg^{2+}$等；阴离子以$Cl^-$浓度最高，$HCO_3^-$次之，此外还有$HPO_4^{2-}$和$SO_4^{2-}$等。各种离子都有其特殊的生理功能。如NaCl对维持血浆晶体渗透压和保持机体血量有重要作用。血浆$Ca^{2+}$参与很多重要的生理活动，如维持神经肌肉的兴奋性，在肌肉兴奋收缩耦联中起着重要作用。血浆中还有微量的铜、铁、锰、锌、钴和碘等元素，是构成某些酶类、维生素或激素的必要原料，与某些生理功能有关。

# 二、血细胞

## （一）红细胞

正常成熟的红细胞没有细胞核，也没有高尔基复合体和线粒体等细胞器，所以红细胞不能进行三羧酸循环。红细胞内含有丰富的血红蛋白，血红蛋白约占细胞质量的32%，水占64%，其余4%为脂类、糖类和各种电解质。

红细胞的主要功能是运输氧气和二氧化碳，将氧气从肺运输到组织，又将二氧化碳从组织运输到肺；此外还在酸碱平衡中起一定的缓冲作用；并参与血型的区分。前两项功能都是通过红细胞中的血红蛋白来实现的。如果红细胞破裂，血红蛋白被释放并溶解于血浆中，即丧失上述功能，血红蛋白由珠蛋白和亚铁血红素结合而成，血液呈红色就是因为其中含有亚铁血红素。

## （二）白细胞

白细胞是机体防御系统的重要组成部分。它可通过吞噬和产生抗体等方式来抵御和消灭入侵的病原微生物。包括粒细胞（中性粒细胞、嗜酸性粒细胞和嗜碱性粒细胞）以及单核细胞和淋巴细胞。白细胞主要功能如下：

（1）吞噬作用　　吞噬作用是生物体最古老，也是最基本的防卫机制之一。如果其要消灭的对象无特异性，则在免疫学中称为非特异性免疫作用。中性粒细胞和单核细胞的吞噬作用很强，嗜酸性粒细胞虽然游走性很强，但吞噬能力较弱。

（2）特异性免疫功能　　淋巴细胞也称免疫细胞，在机体特异性免疫过程中起主要作用。淋巴细胞针对某一种特异性抗原，产生与之相对应的抗体或进行局部细胞反应，从而消除特异性抗原。根据发生和功能的差异，可将淋巴细胞分为T淋巴细胞和B淋巴细胞两类，T淋巴细胞起细胞免疫作用，B淋巴细胞起体液免疫作用。

（三）血小板

血小板无色、无核，但有复杂的结构和组成。血小板膜为附着或镶嵌有蛋白质的双分子层脂膜，膜中含有多种糖蛋白，其中糖蛋白Ⅰb与黏附作用有关，糖蛋白Ⅱb/Ⅲa与聚集作用有关，糖蛋白Ⅴ是凝血酶的受体。血小板膜外附着着由血浆蛋白、凝血因子以及与纤维蛋白溶解系统有关的分子组成的血浆层（血小板的外覆被）。血小板内散在着两种颗粒：α颗粒和致密颗粒，α颗粒中含有纤维蛋白原、酸性水解酶等，致密颗粒中含有钙离子、抗血纤维蛋白酶等。血小板具有促进止血、加速凝血、营养和支持血管等作用。

# 第五节　肝脏与营养

肝脏是消化系统最重要的脏器之一，是体内的主要代谢器官、各种物质代谢的中心，有合成、储存、分解、排泄、解毒和分泌等多种功能。各种营养素被肠道吸收后，由血液运送到肝脏发生生化反应，变成机体可利用的物质，提供机体活动所需要的能量。故肝脏发生病变时，机体的新陈代谢，特别是营养代谢会发生障碍。

## 一、肝脏与碳水化合物代谢

肝脏是碳水化合物储存及分布的中心部位。肝脏通过4个主要途径来维持碳水化合物代谢的平衡：糖原储存、糖原异生、糖原分解和糖脂转化。维持血糖的恒定，是肝脏碳水化合物代谢中的主要作用。

## 二、肝脏与脂肪代谢

肝脏为甘油三酯、磷脂及胆固醇代谢的场所，肝脏分泌的胆汁酸盐，可促进脂肪的乳化及吸收，并活化脂肪酶，促进脂溶性维生素如维生素A、维生素D、维生素E、维生素K等的吸收。

## 三、肝脏与蛋白质代谢

肝脏是合成蛋白质的主要场所，人体每天合成清蛋白12～18g。食物中的蛋白质，在胃肠道经各种蛋白酶的作用分解成氨基酸，氨基酸从门静脉被输送到肝脏，其中80%的氨基酸在肝脏中合成蛋白质，如急性期反应蛋白、血浆蛋白及某些补体成分等。

## 四、肝脏与维生素代谢

肝脏能储存多种维生素，如维生素A、维生素D、维生素K、维生素$B_2$、维生素$B_6$、维生素B$_{12}$、烟酸等在体内主要储存于肝脏。其中，肝脏中维生素A的含量占体内总量的95%。肝脏除了分泌胆汁酸盐协助脂溶性维生素的吸收外，还直接参与多种维生素的代谢转化。如将$\beta$-胡萝卜素转变为维生素A，将维生素D$_3$转变为25-（OH）D$_3$。多种维生素在肝脏参与辅酶的合成，例如将烟酸合成烟酰胺腺嘌呤二核苷酸（NAD$^+$）及烟酰胺腺嘌呤二核苷酸磷酸（NADP$^+$），泛酸合成辅酶A，维生素B$_6$合成磷酸吡哆醛，维生素B$_2$合成黄素腺嘌呤二核苷酸（FAD），以及维生素B$_1$合成硫胺素焦磷酸酯（TPP）等，对机体内的物质代谢起着重要作用。

## 五、肝脏与激素代谢

　　肝脏能将许多激素分解，使其失去活性，称为激素的"灭活"。严重肝病患者不能有效地灭活雌性激素，使之在肝内积蓄，可引起性征改变，如男性乳房发育；雌性激素还能扩张小动脉，使局部小血管扩张、扭曲形成蜘蛛痣；引起醛固酮和糖皮质激素灭活障碍，使水和钠在体内潴留，引起水肿。

# 第四章
# 营养素与美容

## 第一节　概述

从字面上讲，"营"就是谋求的意思，"养"是养生的意思，合起来就是谋求养生。对人来说，营养就是从外界摄取食物，经过消化吸收和代谢，利用身体需要的物质以维持生命活动的整个过程。营养的核心是"平衡合理"。平衡合理营养是个综合性概念，它既要通过膳食调配提供满足人体生理需要的能量和各种营养素，又要考虑合理的膳食搭配和烹调方法，以利于各种营养物质的消化、吸收与利用。

### 一、营养素的基本概念

#### （一）营养素

营养素是机体为了维持生存、生长发育、体力活动和健康，以食物的形式摄入的一些需要的物质。食物中所含营养素种类繁多，可概括为六大类：蛋白质、脂类、碳水化合物、矿物质、维生素和水，现在将碳水化合物中不能被消化吸收的膳食纤维独立出来称为第七类营养素。中国营养学会膳食营养素参考摄入量（DRIs）委员会将营养素做了以下分类。

宏量营养素：蛋白质、脂类、碳水化合物（糖类）；这些营养素因为需要量多，在膳食中所占的比重大，称为宏量营养素。另外，这三种营养素在体内经过氧化分解能释放能量，满足机体对能量的需要，所以又被称为三大产能营养素。

微量营养素：矿物质（包括常量元素和微量元素）、维生素（包括脂溶性维生素和水溶性生素）；这些营养素因为需要量较少，在膳食中所占比重也少，称为微量营养素。

除了以上营养素外，食物中还含有许多其他成分，如水、膳食纤维和若干生物活性物质。这些成分被划分为其他膳食成分，也具有重要的生理功能或一定的保健作用。

#### （二）营养素的消化与吸收

##### 1. 营养素的消化

大多数食物在原始状态下是不能被人体所利用的。食物中所含有的人体必需营养成分中，水、矿物质和维生素一般由消化系统直接吸收，而糖类、脂类、蛋白质等结构复杂的大分子物质不能直接被人体吸收和利用，它们必须经过消化道的物理和化学变化，成为结构简单的易溶于水的小分子物质，才能被人体吸收。这种在消化道内将食物由大分子变为小分子，进行化学分解，成为可以吸收的物质的过程，即为食物的消化。糖类、脂类、蛋白质在消化的过程中，分解为单糖、脂肪酸和甘油、氨基酸等小分子，以有利于被吸收。

2. 营养素的吸收

吸收就是消化道管腔内的物质透过消化管黏膜进入血液和淋巴的过程。消化道的不同部位都有不同程度的吸收功能。碳水化合物必须经过消化、水解为单糖后才能被吸收。单糖的吸收主要在小肠内，到回肠末端几乎已完全被吸收。脂肪的吸收主要在小肠内，脂肪消化分解后的产物——甘油能溶于水，直接被吸收。脂肪酸受胆盐的作用，变成水溶物后才被吸收。蛋白质在小肠内被消化分解为多肽和氨基酸再被吸收，两者的吸收机制互不干扰，吸收后经过小肠绒毛内的毛细血管而进入血液循环。水和矿物质能直接被吸收。

## 二、膳食营养素供给量与膳食营养素参考摄入量

### （一）膳食营养素供给量

膳食营养素供给量（RDAs）是指在营养生理需要量的基础上，按食物的生产水平和人们的饮食习惯，并考虑人体应激、个体差异、食物烹调损失、消化吸收率等因素所设置的热能和各种营养素的适宜数量。RDAs略高于营养生理需要量。

### （二）膳食营养素参考摄入量

人体需要的各种营养素都需要从每天的饮食中获得，因此必须科学地安排每日的膳食以提供数量及质量适宜的营养素。为了帮助个体和人群安全地摄入各种营养素，避免可能产生的营养不足或营养过多的危害，营养学家根据有关营养素需要量的知识，提出了适用于各年龄、性别及劳动、生理状态人群的膳食营养素参考摄入量，并对如何使用这些参考值来评价膳食质量和发展膳食计划提出了建议。

膳食营养素参考摄入量（DRls）是一组每日平均膳食营养素摄入量的参考值，它是在推荐膳食营养素供给量（RDAs）基础上发展起来的，初期包括四个指标，即平均需要量（EAR）、推荐摄入量（KNI）、适宜摄入量（AI）和可耐受最高摄入量（UL），2013年修订版增加了与慢性非传染性疾病有关的三个指标：宏量营养素可接受范围、预防非传染性慢性病的建议摄入量和特定建议值。

1. 平均需要量（EAR）

EAR是群体中各个体需要量的平均值，是根据个体需要量的研究资料计算得到的。EAR是可满足某一特定性别、年龄及生理状况群体中半数个体的需要量的摄入水平。这一摄入水平能够满足该群体中50%的成员的需要，不能满足另外50%的个体对该营养素的需要。

2. 推荐摄入量（RNI）

RNI相当于传统使用的膳食营养素参考摄入量（RDA），是可以满足某一特定性

别、年龄及生理状况群体中绝大多数个体需要的摄入水平。长期摄入RNI水平，可以保证组织中有适当的储备。

RNI是以EAR为基础制定的。如果已知EAR的标准差，则将RNI定为EAR加2个标准差，即RNI＝EAR+2SD。

一个群体的平均摄入量达到RNI水平时，人群中有缺乏可能的个体仅占2%～3%，也就是绝大多数个体都没有发生缺乏症的危险，所以也将RNI称为"安全摄入量"。摄入量超过"安全摄入量"并不表示有什么风险。

3. 适宜摄入量（AI）

当某种营养素的个体需要量研究资料不足而不能计算EAR，因而不能求得RNI时，可设定适宜摄入量AI来代替RNI。AI是通过观察或实验获得的健康人群某种营养素的摄入量。例如纯母乳喂养的足月产健康婴儿，从出生到4～6个月，他们的营养素全部来自母乳。母乳中供给的各种营养素量就是他们的AI值。AI的主要用途是作为个体营养素摄入量的目标。

AI和RNI的相似之处是二者都用作个体摄入量的目标，能够满足目标人群中几乎所有个体的需要。AI和RNI的区别在于AI的准确性远不如RNI，可能明显地高于RNI，因此使用AI时要比使用RNI更加小心。

4. 可耐受最高摄入量（UL）

UL是平均每日可以摄入该营养素的最高量。这个摄入水平对一般人群中的几乎所有个体都不至于损害健康，但并不表示可能是有益的。对大多数营养素而言，健康个体摄入量超过RNI和AI水平不会有更多的益处，UL并不是一个建议的摄入水平。当摄入量超过UL而进一步增加时，损害健康的危险性随之增大。对许多营养素来说，当前还没有足够的资料来制定其UL值，所以没有UL值并不意味着过多摄入这些营养素没有潜在的风险。鉴于营养素强化食品和膳食补充剂的日渐发展，需要制定UL来指导安全消费。

5. 宏量营养素可接受范围（AMDR）

宏量营养素可接受范围是指脂肪、蛋白质和碳水化合物理想的摄入量范围，该范围可以提供这些必需营养素的需要，并且有利于降低慢性病的发生危险，常用占能量摄入量的百分比表示。

蛋白质、脂肪和碳水化合物都属于在体内代谢过程中能够产生能量的营养素，因此被称为产能营养素（energy source nutrient）。它们属于人体的必需营养素，但摄入过量又可能导致机体能量储存过多，增加某些慢性病的发生风险。因此有必要提出既能预防营养素缺乏，同时又减少摄入产能营养素过量导致慢性病风险的AMDR。

传统上AMDR常以某种营养素摄入量占摄入总能量的比例来表示，其显著的特点之一是具有上限和下限。如果一个个体的摄入量高于或低于推荐的范围，可能引起罹患慢性病的风险增加，或引起必需营养素缺乏的可能性增加（IOM，2005；Otten et al.，

2006；Paik，2008）。

6. 预防非传染性慢性病的建议摄入量（PI-NCD，简称建议摄入量，PI）

预防非传染性慢性病的建议摄入量是以非传染性慢性病的一级预防为目标提出的必需营养素的每日摄入量。当NCD易感人群某些营养素的摄入量达到或接近PI时，可降低他们的NCD发生风险。

7. 特定建议值

近几十年中营养学领域的很多研究是观察某些传统营养素以外的食物成分的健康效应。一些营养流行病学资料以及人体干预研究结果证明了某些食物成分，其中多数属于食物中的生物活性成分，具有改善人体生理功能、预防慢性疾病的生物学作用。

中国居民膳食营养素参考摄入量提出的特定建议值（SPL）专用于营养素以外的其他食物成分，一个人每日膳食中这些食物成分的摄入量达到这个建议水平时，有利于维护人体健康。

# 第二节 蛋白质与美容

蛋白质是化学结构复杂的一类有机化合物，是人体的必需营养素之一。生命的产生、存在和消亡都与蛋白质有关，蛋白质是生命的物质基础，没有蛋白质就没有生命。

## 一、蛋白质的元素组成及氮折算成蛋白质的折算系数

（一）蛋白质的元素组成

蛋白质是自然界中一大类有机物质，从各种动、植物组织中提取出的蛋白质，经元素分析，其组成为：碳（50%～55%）、氢（6.7%～7.3%）、氧（19%～24%）、氮（13%～19%）及硫（0～4%）；有些蛋白质还含有磷、铁、碘、锰及锌等元素。由于碳水化合物和脂肪中仅含碳、氢、氧，不含氮，所以蛋白质是人体氮的唯一来源，碳水化合物和脂肪不能代替。

（二）氮折算成蛋白质的折算系数

大多数蛋白质的含氮量相当接近，平均约为16%。因此在任何生物样品中，每克氮相当于6.25g蛋白质（即100÷16），其折算系数为6.25。只要测定生物样品中的含氮量，就可以算出其中蛋白质的大致含量：

样品中蛋白质的百分含量（g%）＝样品中含氮量（g）×6.25×100%

但不同蛋白质的含氮量是有差别的，故折算系数不尽相同，见表4-1。

表4-1 氮折算成蛋白质的折算系

| 食物 | 折算系数 | 食物 | 折算系数 |
|---|---|---|---|
| 全小麦 | 5.83 | 芝麻、葵花子 | 5.30 |
| 小麦胚芽 | 6.31 | 杏仁 | 5.18 |
| 大米 | 5.95 | 花生 | 5.46 |
| 燕麦 | 5.83 | 大豆 | 5.71 |
| 大麦及黑麦 | 5.83 | 鸡蛋（全） | 6.25 |
| 玉米 | 6.25 | 肉类和鱼类 | 6.25 |
| 小米 | 6.31 | 乳及乳制品 | 6.38 |

## 二、氨基酸

氨基酸是组成蛋白质的基本单位，是分子中具有氨基和羧基的一类化合物，具有共同的基本结构，是羧酸分子的α碳原子上的氢被一个氨基所取代的化合物，故又称α-氨基酸。

### （一）氨基酸的分类

氨基酸按化学结构式分为脂肪族氨基酸、芳香族氨基酸和杂环氨基酸。在营养学上根据氨基酸的必需性分为必需氨基酸、非必需氨基酸和条件必需氨基酸。

必需氨基酸是指不能在体内合成或合成速度不够快，必须由食物供给的氨基酸；而能在体内合成的氨基酸则称为非必需氨基酸。非必需氨基酸并非体内不需要，只是可在体内合成，食物中缺少了也无妨。半胱氨酸和酪氨酸在体内可分别由甲硫氨酸和苯丙氨酸转变而成，如果膳食中能直接提供这两种氨基酸，则人体对甲硫氨酸和苯丙氨酸的需要量可分别减少30%和50%。所以半胱氨酸和酪氨酸称为条件必需氨基酸或半必需氨基酸。在计算食物必需氨基酸组成时，常将甲硫氨酸和半胱氨酸、苯丙氨酸和酪氨酸合并计算。

迄今为止，已知人体的必需氨基酸有9种，见表4-2。

表4-2 人体的必需氨基酸

| 必需氨基酸 | | 非必需氨基酸 | | 条件必需氨基酸 | |
|---|---|---|---|---|---|
| 异亮氨酸 | （Ile） | 天冬氨酸 | （Asp） | 半胱氨酸 | （Cys） |
| 亮氨酸 | （Leu） | 天冬酰胺 | （Asn） | 酪氨酸 | （Tyr） |
| 赖氨酸 | （Lys） | 谷氨酸 | （Glu） | | |
| 甲硫氨酸 | （Met） | 谷氨酰胺 | （Glu） | | |
| 苯丙氨酸 | （Phe） | 甘氨酸 | （Gly） | | |

续表

| 必需氨基酸 | | 非必需氨基酸 | | 条件必需氨基酸 |
|---|---|---|---|---|
| 苏氨酸 | （Thr） | 脯氨酸 | （Pro） | |
| 色氨酸 | （Trp） | 丝氨酸 | （Ser） | |
| 缬氨酸 | （Val） | 精氨酸 | （Arg） | |
| 组氨酸 | （His） | 胱氨酸 | （Cys-cys） | |
| | | 丙氨酸 | （Ala） | |

## （二）氨基酸模式及限制氨基酸

氨基酸模式是指某种蛋白质中各种必需氨基酸的构成比例，即根据蛋白质中必需氨基酸含量，以含量最少的色氨酸为1计算出的其他氨基酸的相应比值。几种食物蛋白质和人体蛋白质氨基酸模式见表4-3。通常以人体必需氨基酸需要量模式作为参考蛋白质，用以评价食物蛋白质的营养价值。

表4-3 几种食物蛋白质和人体蛋白质氨基酸模式

| 氨基酸 | 全鸡蛋 | 牛乳 | 牛肉 | 大豆 | 面粉 | 大米 | 人体 |
|---|---|---|---|---|---|---|---|
| 异亮氨酸 | 3.2 | 3.4 | 4.4 | 4.3 | 3.8 | 4.0 | 4.0 |
| 亮氨酸 | 5.1 | 6.8 | 6.8 | 5.7 | 6.4 | 6.3 | 7.0 |
| 赖氨酸 | 4.1 | 5.6 | 7.2 | 4.9 | 1.8 | 2.3 | 5.5 |
| 甲硫氨酸＋半胱氨酸 | 3.4 | 2.4 | 3.2 | 1.2 | 2.8 | 2.8 | 2.3 |
| 苯丙氨酸＋酪氨酸 | 5.5 | 7.3 | 6.2 | 3.2 | 7.2 | 7.2 | 3.8 |
| 苏氨酸 | 2.8 | 3.1 | 3.6 | 2.8 | 2.5 | 2.5 | 2.9 |
| 缬氨酸 | 3.9 | 4.6 | 4.6 | 3.2 | 3.8 | 3.8 | 4.8 |
| 色氨酸 | 1.0 | 1.0 | 1.0 | 1.0 | 1.0 | 1.0 | 1.0 |

注：早期因对组氨酸是否为成人必需氨基酸尚不明确，故未计组氨酸。

食物蛋白质的必需氨基酸组成与参考蛋白质相比较，缺乏较多的氨基酸称限制氨基酸，缺乏最多的一种称第一限制氨基酸。由于该种氨基酸缺乏或不足，限制或影响了其他氨基酸的利用，从而降低了食物蛋白质的营养价值。食物蛋白质氨基酸组成与人体必需氨基酸需要量模式接近的食物在体内的利用率就高，反之则低。例如，动物蛋白质中的蛋、乳、肉、鱼等以及大豆蛋白的氨基酸组成与人体必需氨基酸需要量模式较近，所含的必需氨基酸在体内的利用率较高，故称为优质蛋白质。其中鸡蛋蛋白质的氨基酸组成与人体蛋白质氨基酸模式最为接近，在比较食物蛋白质营养价值时常作为参考蛋白质。而在植物蛋白质中，赖氨酸、甲硫氨酸、苏氨酸和色氨酸含量相对较低，所以营养价值也相对较低。

## 三、蛋白质的分类

蛋白质的化学结构非常复杂，大多数蛋白质的化学结构尚未阐明，因此无法根据蛋白质的化学结构进行分类。在营养学上常按营养价值分类。

### 1. 完全蛋白质

完全蛋白质指所含必需氨基酸种类齐全、数量充足、比例适当，不但能维持成人的健康，并能促进儿童生长发育的蛋白质，如乳类中的酪蛋白、乳清蛋白，蛋类中的卵白蛋白、卵磷蛋白，肉类中的清蛋白、肌蛋白，大豆中的大豆蛋白，小麦中的麦谷蛋白，玉米中的谷蛋白等。

### 2. 半完全蛋白质

半完全蛋白质指所含必需氨基酸种类齐全，但有的数量不足、比例不适当，可以维持生命，但不能促进生长发育的蛋白质，如小麦中的麦胶蛋白等。

### 3. 不完全蛋白质

不完全蛋白质指所含必需氨基酸种类不全，既不能维持生命，也不能促进生长发育的蛋白质，如玉米中的玉米胶蛋白、动物组织和肉皮中的胶质蛋白、豌豆中的豆球蛋白等。

## 四、蛋白质的消化、吸收和代谢

### （一）蛋白质的消化

蛋白质未经消化不易吸收。一般食物蛋白质水解成氨基酸及小肽后方能被吸收。由于唾液中不含水解蛋白质的酶，所以食物蛋白质的消化从胃开始，但主要在小肠。

胃内消化蛋白质的酶是胃蛋白酶。胃蛋白酶是由胃黏膜主细胞合并分泌的胃蛋白酶原经胃酸激活而生成的；胃蛋白酶也能再激活胃白酶原生成新的胃蛋白酶。胃蛋白酶最适宜作用的pH为1.5～2.5。胃蛋白酶对乳中的酪蛋白有凝乳作用，这对婴儿较为重要，因为乳液凝成乳块后在胃中停留时间延长，有利于充分消化。

食物在胃内停留时间较短，蛋白质在胃内消化很不完全，消化产物及未被消化的蛋白质在小肠内经胰液及小肠黏膜细胞分泌的多种蛋白酶及肽酶的共同作用，进一步水解为氨基酸。所以，小肠是蛋白质消化的主要部位。蛋白质在小肠内消化主要依赖于胰腺分泌的各种蛋白酶，可分为两类。

（1）内肽酶　可以水解蛋白质分子内部的肽键，包括胰蛋白酶、糜蛋白酶和弹性蛋白酶。

（2）外肽酶　可将肽链末端的氨基酸逐个水解，包括氨基肽酶和羧基肽酶。

### （二）蛋白质的吸收

蛋白质经过小肠腔内的消化，被水解为可被吸收的氨基酸和2～3个氨基酸的小肽。

过去认为只有游离氨基酸才能被吸收，现在发现2~3个氨基酸的小肽也可以被吸收。被吸收的氨基酸通过肠黏膜细胞进入肝门静脉而被运送到肝脏和其他组织或器官被利用。也有报道，少数蛋白质大分子和多肽亦可被直接吸收。

### （三）蛋白质的分解与合成

进食正常膳食的健康人每日从尿中排出的氮约12g。若摄入的膳食蛋白质增多，随尿排出的氮也增多；若减少，则随尿排出的氮也减少；完全不摄入蛋白质或禁食一切食物时，每日仍随尿排出氮2~4g。这些事实证明，蛋白质不断在体内分解成为含氮废物，并随尿排出体外。

氨基酸分解代谢的最主要反应是脱氨基作用。氨基酸脱氨基后生成的$\alpha$-酮酸进一步代谢；经氨基化生成非必需氨基酸，转变成碳水化合物及脂类，氧化供给能量。

氨基酸脱氨基作用产生的氨，在正常情况下主要在肝脏合成尿素而解毒，只有少部分氨在肾脏以铵盐的形式由尿排出。

蛋白质分解的同时也不断在体内合成，以补偿分解。蛋白质生物合成是一个极其复杂的过程，即根据特定基因上所携带的遗传信息，经转录、翻译等一系列过程，以各种氨基酸为原料装配成蛋白质。如此，蛋白质在体内不断分解、不断合成，在健康成人体内维持动态平衡。

### （四）氮平衡的基本概念及其意义

氮平衡（nitrogen balance）是指氮的摄入量和排出量的关系。通常采用测定氮的方法，推算蛋白质含量。氮平衡常用于蛋白质代谢、机体蛋白质营养状况评价和蛋白质需要量研究。氮的摄入量和排出量的关系可用式（4-1）表示：

$$B=I-(U+F+S) \tag{4-1}$$

式中　　$B$——氮平衡；

　　　　$I$——摄入氮；

$U$、$F$、$S$——排出氮（$U$——尿氮；$F$——粪氮；$S$——皮肤氮）。

当摄入氮和排出氮相等时为零氮平衡，健康成人应维持零氮平衡并富余5%。如摄入氮多于排出氮则为正平衡，儿童处于生长发育期、妇女怀孕、疾病恢复时，以及运动、劳动等需要增加肌肉时均应保证适当的正氮平衡，以满足机体对蛋白质的需要。摄入氮少于排出氮则为负氮平衡，人在饥饿、疾病及老年时等，一般处于负氮平衡，但应尽量避免。

## 五、蛋白质的生理功能

### （一）构成机体组织

蛋白质是构成机体组织、器官的重要成分，人体各组织、器官无一不含蛋白质。在人体的瘦组织中，如肌肉组织和心、肝、肾等器官均含有大量蛋白质；骨骼、牙齿，乃至指、趾也含有大量蛋白质；细胞中除水分外，蛋白质约占细胞内物质的80%。因此，构成机体组织、器官的成分是蛋白质最重要的生理功能。身体的生长发育可视为蛋白质的不断积累过程。这对生长发育期的儿童尤为重要。

人体内各种组织细胞的蛋白质始终在不断更新。例如，人血浆蛋白质的半衰期约为10d，肝中大部分蛋白质的半衰期为1~8d，某些蛋白质的半衰期很短，只有数秒钟。只有摄入足够的蛋白质才能维持更新。身体受伤后也需要蛋白质作为修复材料。

**（二）调节生理功能**

机体生命活动之所以能够有条不紊地进行，有赖于多种生理活性物质的调节。而蛋白质在体内是构成多种具有重要生理活性物质的成分，参与调节生理功能。例如，核蛋白构成细胞核并影响细胞功能；酶蛋白具有促进食物消化、吸收和利用的作用；免疫蛋白具有维持机体免疫功能的作用；收缩蛋白，如肌球蛋白具有调节肌肉收缩的功能；血液中的脂蛋白、运铁蛋白、视黄醇结合蛋白具有运送营养素的作用；血红蛋白具有携带、运送氧的功能；清蛋白具有调节渗透压、维持体液平衡的功能；由蛋白质或蛋白质衍生物构成的某些激素，如垂体激素、甲状腺素、胰岛素及肾上腺素等都是机体的重要调节物质。

**（三）供给能量**

蛋白质在体内分解成氨基酸后，经脱氨基作用生成的$\alpha$-酮酸，可以直接或间接经三羧酸循环氧化分解，同时释放能量，是人体能量来源之一。但是，蛋白质的这种功能可以由碳水化合物、脂肪所代替。因此，供给能量是蛋白质的次要功能。

**（四）提供特殊氨基酸**

蛋白质中甲硫氨酸是体内最重要的甲基供体，很多含氮物质如肌酸、松果素、肾上腺素、肉碱等在生物合成时须由甲硫氨酸提供甲基。此外，甲基化在蛋白质和核酸的修饰加工方面也极为重要。牛磺酸是一种氨基磺酸，在出生前后中枢神经系统和视觉系统发育中起关键作用。精氨酸能增加淋巴因子的生成与释放、刺激病人外周血单核细胞对促细胞分裂剂的胚胎细胞样转变等，以增强免疫功能。

## 六、缺乏与过量的危害

### 1. 蛋白质缺乏

人体蛋白质丢失>20%时，生命活动就会被迫停止。这种情况见于贫穷和饥饿引起的人群和久病的恶液质患者。蛋白质缺乏的临床表现为疲倦、体重减轻、贫血、免疫和应激能力下降、血浆蛋白质含量下降，尤其是清蛋白降低，并出现营养性水肿。蛋白质缺乏在成人和儿童中都有发生，但处于生长阶段的儿童更为敏感，易患蛋白质-能量营养不良。一般分为消瘦型、水肿型和混合型。消瘦型主要由能量严重不足所致，临床表现为消瘦、皮下脂肪消失、皮肤干燥松弛、体弱无力等；水肿型是指能量摄入基本满足而蛋白质严重不足，以全身水肿为其特点，患者虚弱、表情淡漠、生长滞缓、头发变色变脆易脱落、易感染其他疾病；混合型是指蛋白质和能量同时缺乏，临床表现为上述两型之混合。轻度的蛋白质缺乏主要影响儿童的体格生长，导致低体重和生长发育迟缓。

2. 蛋白质过量

有研究显示健康成人摄入1.9~2.2g/（kg·d）蛋白质膳食一段时期，会产生胰岛素敏感性下降、尿钙排泄量增加、肾小球滤过率增加、血浆谷氨酸浓度下降等代谢变化，有人在猪的实验中发现与正常组（蛋白质供能比15%）相比，摄入蛋白质供能35%的高蛋白膳食8个月后出现肾脏损害，表现为肾小球容积增大60%~70%，组织性纤维化增加55%，肾小球硬化增加30%。

## 七、食物蛋白质的营养评价

（一）食物蛋白质的含量

食物蛋白质含量是评价食物蛋白质营养价值的一个重要方面。蛋白质含氮量比较恒定，故测定食物中的总氮乘以6.25，即得蛋白质含量。

（二）蛋白质的消化率

蛋白质的消化率是评价食物蛋白质营养价值的生物学方法之一，是指在消化道内被吸收的蛋白质占摄入蛋白质的百分数，是反映食物蛋白质在消化道内被分解和吸收程度的一项指标。一般采用动物实验或人体试验测定，根据是否考虑内源粪代谢氮因素，可分为表观消化率和真消化率两种方法。

（1）蛋白质表观消化率　即不计内源粪代谢氮的蛋白质消化率。通常以动物或人体为试验对象，在试验期内，测定试验对象摄入的食物氮（摄入氮）和从粪便中排出的氮（粪氮），然后按式（4-2）计算：

$$蛋白质表观消化率（\%）＝[（摄入氮-粪氮）/摄入氮]\times100\% \quad （4\text{-}2）$$

（2）蛋白质真消化率　考虑内源粪代谢氮时的消化率。粪中排出的氮实际上有两个来源：一是来自未被消化吸收的食物蛋白质；二是来自脱落的肠黏膜细胞以及肠道细菌等所含的氮。通常以动物或人体为试验对象，首先设置无氮膳食期，即在试验期内给予无氮膳食，并收集无氮膳食期内的粪便，测定氮含量，即为粪代谢氮；然后再设置被测食物蛋白质试验期，试验期内再分别测定摄入氮和粪氮；从被测食物蛋白质试验期的粪氮中减去无氮膳食期的粪代谢氮，才是摄入食物蛋白质中真正未被消化吸收的部分，蛋白质真消化率计算公式如式（4-3）所示：

$$蛋白质真消化率（\%）＝\{[摄入氮-（粪氮-粪代谢氮）]/摄入氮\}\times100\%（4\text{-}3）$$

由于粪代谢氮测定十分烦琐，且难以准确测定，故在实际工作中常不考虑粪代谢氮，特别是当膳食中的膳食纤维含量很少时，可不必计算代谢氮。当膳食中含有多量膳食纤维时，成年男子的粪代谢氮值，可按每天每千克体重12mg计算。

食物蛋白质消化率受到蛋白质性质、膳食纤维、多酚类物质和酶反应等因素影响。一般动物性食物的消化率高于植物性食物。如鸡蛋和牛乳蛋白质的消化率分别为97%和95%，而玉米和大米蛋白质的消化率分别为85%和88%。

（三）蛋白质利用率

蛋白质利用率是食物蛋白质营养评价常用的生物学方法，指食物蛋白质被消化吸收后在体内被利用的程度。测定方法很多，大体上可以分为两大类：一类是以体重增加为基础的方法；另一类是以氮在体内储留为基础的方法。以下介绍几种常用方法。

1. 蛋白质功效比值（PER）

蛋白质功效比值是以体重增加为基础的方法，是指实验期内，动物平均每摄入1g蛋白质时所增加的体重克数。例如，常作为参考蛋白质的酪蛋白的PER为2.8，即指每摄入1g酪蛋白，可使动物体重增加2.8g。一般选择初断乳的雄性大鼠，用含10%被测蛋白质饲料喂养28d，逐日记录进食量，每周称量体重，然后按式（4-4）计算蛋白质功效比值。

$$PER＝实验期内动物体重增加量（g）／实验期内蛋白质摄入量 \qquad （4-4）$$

由于同一种食物蛋白质在不同实验室所测得的PER重复性常不佳，为了便于结果的相互比较，通常设酪蛋白（参考蛋白质）对照组，即以酪蛋白的PER为2.5，并将酪蛋白对照组PER换算为2.5，然后校正被测蛋白质（实验组）PER。

$$被测蛋白质PER＝（实验组蛋白质功效比值／对照组蛋白质功效比值）×2.5$$

几种常见食物蛋白质PER：全鸡蛋3.92、牛乳3.09、鱼4.55、牛肉2.30、大豆2.32、精制面粉0.60、大米2.16。

2. 生物价（BV）

生物价是反映食物蛋白质消化吸收后，被机体利用程度的一项指标。生物价越高，说明蛋白质被机体利用率越高，即蛋白质的营养价值越高，最高值为100。通常采用动物实验或人体试验。实验期内动物食用含被测蛋白质的合成饲料，收集实验期内动物饲料和粪、尿样品，测定氮含量；得粪代谢氮和尿内源氮数据（人体试验时可按成人全日尿内源氮2～2.5g，粪代谢氮0.91～1.2g计）；然后按式（4-5）计算被测食物蛋白质的生物价。

$$BV＝储留氮／吸收氮×100$$
$$储留氮＝吸收氮－（尿氮－尿内源氮） \qquad （4-5）$$
$$吸收氮＝摄入氮－（粪氮－粪代谢氮）$$

生物价是评价食物蛋白质营养价值较常用的方法。常见食物蛋白质生物价见表4-4。

表4-4　常见食物蛋白质的生物价

| 蛋白质 | 生物价 | 蛋白质 | 生物价 |
|---|---|---|---|
| 鸡蛋蛋白质 | 94 | 熟大豆 | 64 |
| 鸡蛋清 | 83 | 扁豆 | 72 |
| 鸡蛋黄 | 96 | 蚕豆 | 58 |
| 脱脂牛乳 | 85 | 白面粉 | 52 |
| 鱼 | 83 | 小米 | 57 |
| 牛肉 | 76 | 玉米 | 60 |
| 猪肉 | 74 | 白菜 | 76 |
| 大米 | 77 | 红薯 | 72 |
| 小麦 | 67 | 马铃薯 | 67 |
| 生大豆 | 57 | 花生 | 59 |

（四）氨基酸分

氨基酸分（AAS）亦称蛋白质化学分，是目前广为应用的一种食物蛋白质营养价值评价方法，不仅适用于单一食物蛋白质的评价，还可用于混合食物蛋白质的评价。该法的基本步骤是将被测食物蛋白质的必需氨基酸组成与推荐的理想蛋白质或参考蛋白质氨基酸模式进行比较，并按式（4-6）计算氨基酸分。

AAS＝被测食物蛋白质每克氮或蛋白质氨基酸含量（mg）/参考蛋白质每克氮或蛋白质氨基酸含量（mg）×100　　　　　　　　　　　　　（4-6）

参考蛋白质可采用WHO人体必需氨基酸模式。首先将被测食物蛋白质中必需氨基酸与参考蛋白质中的必需氨基酸进行比较，比值最低者为限制氨基酸。由于限制氨基酸的存在，使食物蛋白质的利用受到限制。被测食物蛋白质的第一限制氨基酸与参考蛋白质中同种必需氨基酸的比值即为该种蛋白质的氨基酸分。

例如，1g某谷类蛋白质中赖氨酸、苏氨酸和色氨酸含量分别为23、25和13mg，而1g参考蛋白质中这三种氨基酸含量分别为58、34和11mg，按式（4-6）则可计算出赖氨酸的比值最低为0.4，故赖氨酸为第一限制氨基酸，该谷类的氨基酸分为40。

氨基酸评分的方法比较简单，但没有考虑食物蛋白质的消化率。故近年美国食品与药品管理局（FDA）提出一种新方法，即经消化率修正的氨基酸分（PDCAAS）。其计算公式如下式（4-7）：

PDCAAS＝氨基酸分×真消化率　　　　　　（4-7）

## 八、蛋白质的互补作用

两种或两种以上食物蛋白质混合食用，其中所含有的必需氨基酸取长补短，相互补充，达到较好的比例，从而提高蛋白质利用率的作用称为蛋白质互补作用。例如，玉米、小米、大豆单独食用时，其生物价分别为60、57、64，如按40%、40%、20%的比例混合食用，其生物价提高到73；如将玉米、面粉、大豆混合食用，蛋白质的生物价也会提高，这是因为玉米、面粉的蛋白质中赖氨酸含量较低，甲硫氨酸相对较高；而大豆中的蛋白质恰恰相反，混合食用时赖氨酸和甲硫氨酸两者可相互补充；若在植物性食物的基础上再添加少量动物性食物，蛋白质的生物价还会提高，如面粉、小米、大豆、牛肉单独食用时，其蛋白质的生物价分别为67、57、64、76，若按31%、46%、8%、15%的比例混合食用，其蛋白质的生物价可提高到89。可见动、植物性混合食用比单纯植物还要好，具体数据见表4-5。

表4-5　几种食物混合后蛋白质的生物价

| 食物名称 | 单独食用 BV | 混合食用所占比例 /% | |
| --- | --- | --- | --- |
| | | 方案 1 | 方案 2 |
| 小麦 | 67 | — | 31 |
| 小米 | 57 | 40 | 46 |
| 大豆 | 64 | 20 | 8 |
| 玉米 | 60 | 40 | — |
| 牛肉干 | 76 | — | 15 |
| 混合食用 BV | — | 73 | 89 |

若以氨基酸分为指标，亦明显可见蛋白质的互补作用。例如，谷类、豆类氨基酸分为44和68，若按谷类67%、豆类22%、乳粉11%的比例混合评分，氨基酸分可达88，见表4-6。我国北方居民许多食物的传统食用方法，从理论和实践上证明都是合理和科学的。

表4-6　几种食物混合后蛋白质的氨基酸分

| 蛋白质来源 | 蛋白质氨基酸含量 /% | | | | 氨基酸分（限制氨基酸） |
| --- | --- | --- | --- | --- | --- |
| | 赖氨酸 | 含硫氨基酸 | 苏氨酸 | 色氨酸 | |
| WHO 标准 | 5.5 | 3.5 | 4.0 | 1.0 | 100 |
| 谷类 | 2.4 | 3.8 | 3.0 | 1.1 | 44（赖氨酸） |
| 豆类 | 7.2 | 2.4 | 4.2 | 1.4 | 68（含硫氨基酸） |
| 乳粉 | 8.0 | 2.9 | 3.7 | 1.3 | 83（含硫氨基酸） |
| 混合食用 | 5.1 | 3.2 | 3.5 | 1.2 | 88（苏氨酸） |

为充分发挥食物蛋白质的互补作用，在调配膳食时，应遵循以下三个原则：

第一，食物的生物学种属越远越好，如动物性和植物性食物之间的混合比单纯植物性食物之间的混合要好。

第二，搭配的种类越多越好。

第三，食用时间越近越好，同时食用最好，因为单个氨基酸在血液中的停留时间约4h，然后到达组织器官，再合成组织器官的蛋白质，而合成组织器官蛋白质的氨基酸必须同时到达才能发挥互补作用，合成组织器官蛋白质。

## 九、蛋白质推荐摄入量及食物来源

### （一）蛋白质推荐摄入量

理论上成人每日摄入30g蛋白质即可满足零氮平衡，但从安全性和消化吸收等因素考虑，成人按0.8g/（kg·d）摄入蛋白质为宜。我国由于以植物性食物为主，所以成人蛋白质推荐摄入量为1.16g/（kg·d）。按能量计算，蛋白质摄入量应占总能量摄入量的10%~12%，儿童和青少年为12%~14%。中国营养学会提出的成年男子、轻体力劳动者蛋白质推荐摄入量为75g/d。

### （二）蛋白质的主要食物来源

蛋白质的食物来源可分为植物蛋白质和动物蛋白质两大类。植物蛋白质中，谷类含蛋白质10%左右，蛋白质含量不算高，但由于是人们的主食，所以仍然是膳食蛋白质的主要来源。豆类含有丰富的蛋白质，特别是大豆含蛋白质高达36%~40%，氨基酸组成也比较合理，在体内的利用率较高，是植物蛋白质中非常好的蛋白质。

蛋类含蛋白质11%~14%，是优质蛋白质的重要来源。乳类（牛乳）一般含蛋白质3.0%~3.5%，是婴幼儿除母乳外蛋白质的最佳来源。

肉类包括禽、畜和鱼的肌肉。新鲜肌肉含蛋白质15%~22%，肌肉蛋白质营养价值优于植物蛋白质，是人体蛋白质的重要来源。

为改善膳食蛋白质质量，在膳食中应保证有一定数量的优质蛋白质。一般要求动物蛋白质和大豆蛋白应占膳食蛋白质总量的30%~50%。

常见食物蛋白质含量见表4-7。

### 表4-7　常见食物蛋白质含量　　　　单位：g/100g

| 食物 | 蛋白质 | 食物 | 蛋白质 |
| --- | --- | --- | --- |
| 小麦粉（标准粉） | 11.2 | 大豆 | 35.0 |
| 粳米（标一） | 7.7 | 绿豆 | 21.6 |
| 籼米（标一） | 7.7 | 赤小豆（小豆） | 20.2 |
| 玉米（黄、干） | 8.7 | 花生仁（生） | 24.8 |
| 玉米面（黄） | 8.1 | 猪肉（肥瘦） | 13.2 |

续表

| 食物 | 蛋白质 | 食物 | 蛋白质 |
|------|--------|------|--------|
| 小米 | 9.0 | 牛肉（肥瘦） | 19.9 |
| 高粱米 | 10.4 | 羊肉（肥瘦） | 19.0 |
| 马铃薯（土豆、洋芋） | 2.0 | 鸡（平均） | 19.3 |
| 甘薯（山芋、红薯） | 0.2 | 鸡蛋（平均） | 13.3 |
| 蘑菇（干） | 21.1 | 草鱼（白鲩） | 16.6 |
| 紫菜（干） | 26.7 | 牛乳（平均） | 3.0 |

## 十、人体蛋白质营养状况评价

### 1. 膳食蛋白质摄入量

膳食蛋白质摄入量是评价机体蛋白质营养状况的背景材料或参考材料，与机体蛋白质营养状况评价指标结合起来，有助于正确判断机体蛋白质营养状况。

### 2. 身体测量

身体测量是鉴定机体蛋白质营养状况的重要依据，生长发育状况评定所采用的身体测量指标主要包括体重、身高、上臂围、上臂肌圆、上臂肌面积、胸围以及生长发育指数等。

### 3. 生化检验

生化检验常用血液蛋白质和尿液相关指标。血液蛋白质有血清清蛋白、前清蛋白、血清运铁蛋白、纤维结合蛋白、视黄醇结合蛋白，其正常参考值见表4-8。尿液常用指标有尿肌酐、尿三甲基组氨酸、尿羟脯氨酸等。

### 表4-8 血液蛋白质评价指标及正常参考值

| 血液蛋白质 | 正常参考值 |
|-----------|-----------|
| 血清清蛋白 | 35 ~ 55g/L |
| 前清蛋白 | 200 ~ 500mg/L |
| 血清运铁蛋白 | 2 ~ 4g/L |
| 纤维结合蛋白 | 200 ~ 280mg/L |
| 视黄醇结合蛋白 | 40 ~ 70g/L |

## 十一、蛋白质与美容保健

### （一）蛋白质是构成皮肤的重要成分

#### 1. 蛋白质是构成毛发和指（趾）甲的主要成分

蛋白质是指（趾）甲和头发的重要组成部分，毛发和指（趾）甲主要由角蛋白构成，它们提供头发生长所需的营养成分。构成角蛋白的氨基酸主要有胱氨酸、半胱氨酸等。各种氨基酸通过螺旋式、弹簧式的结构相互缠绕交联，形成角蛋白的强度和柔韧，从而赋予了头发和指（趾）甲所独有的刚韧性能。摄入充足时可以头发乌黑、发亮、光滑而有弹性、不分叉、不脱发。头发的生长速度较快，每天生长0.27～0.4mm，指（趾）甲平均每星期长0.5～1.2mm。如果缺乏蛋白质时，头发和指（趾）甲生长速度减慢，失去光泽，也会伴脱发现象。肠黏膜及分泌消化液的腺体首先受累，引起消化不良，进而会导致腹泻、失水失盐等，使皮肤失去光泽与弹性。长此以往会使机体营养不良和贫血等，此时会出现面色苍白、皮肤失去光滑，影响容貌美和精神气质。黑米、黑豆、黑芝麻、燕麦、面粉、黄豆、花生、葵花子、西瓜子、南瓜子、鱼、虾等食物中一般都含有比较丰富的胱氨酸和半胱氨酸，可以经常选用。

　　2. 蛋白质是构成皮肤的主要成分

　　蛋白质不仅是人体器官生长发育必需的营养物质，也是皮肤组织中许多活性细胞及组织的构成成分，包括酶、腺体、胶原蛋白、弹性蛋白等。皮肤的生长修复和营养均离不开蛋白质。蛋白质营养充足可以维持皮肤弹性、保湿除皱，使肌肤充盈，具有弹性与润泽，细腻光滑，皱纹舒展，呈现质感和透明感，并有效防止皮肤老化。此外胶原蛋白可润泽头发。缺乏胶原蛋白会导致头发分叉，指（趾）甲易断裂灰暗、无光泽。含丰富胶原蛋白的食物有猪蹄、猪皮等。长期蛋白质摄入不足，不但会影响肌体器官功能，降低抵抗力，而且会导致皮肤的生理功能减退，弹性降低，失去光泽，出现皱纹。成人每日膳食中蛋白质摄入量不应少于1g/kg。鸡肉、兔肉、鱼类、鸡蛋、牛乳、豆类及其制品等均含有优质蛋白质，经常食用既有利于体内蛋白质的补充，又有利于美容护肤。

（二）蛋白质参与皮肤的新陈代谢活动

　　皮肤每天进行新陈代谢，由于角质层脱落而失去蛋白质。人体若缺乏蛋白质，不仅可导致发育迟缓、消瘦、憔悴，还会导致皮肤粗糙、弹性降低、松弛、产生皱纹。此外头发稀疏失去光泽、干枯易断，也与蛋白质不充足有关。

　　皮肤每天都处于新陈代谢状态，在这个过程中，皮肤会由于角质层脱落而失去蛋白质，所以必须加以补充。尽管我们说碱性食品有益于美容，但如果只食用蔬菜，也会使皮肤的组织细胞退化、功能减退。因为，皮肤的营养成分是以蛋白质为中心的，当它缺乏时不要说皮肤，就连整个体质也要减弱，蛋白质能够促进生长发育，构成生长与修补身体组织、维持血管内的正常流通，并补充代谢的消耗，同时还供给身体以能量。

（三）蛋白质与吸收紫外线的关系

　　氨基酸的一个重要光学性质是对光有吸收作用。氨基酸在可见光区域均无光吸收，但在远紫外区（<220nm）均有光吸收，其中苯丙氨酸、酪氨酸、色氨酸三种氨基酸在近紫外区（220～300nm）也具有光吸收能力，苯丙氨酸最大光吸收在259nm，酪氨酸在278nm，色氨酸在279nm，多数食物蛋白质中一般都含有这三种氨基酸残基，所以其最大光吸收在大约280nm波长处。这些氨基酸充足就可保护紫外线对皮下组织的影响。

日晒会使角质层增厚，此为防护紫外线的保护性反应。皮肤和毛发表面凹凸不平，部分细胞呈剥离状态，可反射光线，减少可见光的损害。

### （四）蛋白质的重要生理功能与美容

#### 1. 蛋白质参与视觉功能的维护

在暗光条件下，人体视觉上皮的杆状细胞中视黄醇（维生素A）和视蛋白结合形成视紫红质，是暗光下视物的感光物质。如果缺乏维生素A和蛋白质时，不仅诱发夜盲症，使眼睛失去神采，严重时还会引起角膜上皮细胞脱落、全身表皮组织毛囊角化等病症。

#### 2. 提高免疫力

蛋白质是免疫的物质基础，抗体的合成、免疫细胞的增殖等都需要蛋白质。所以补充蛋白质可以提高免疫力，增强对外来病毒及细菌侵袭的抗感染能力。蛋白质和（或）氨基酸缺少时免疫系统就会处于迟钝状态。另外，某些氨基酸能够激活巨噬细胞的吞噬功能，增强淋巴系统的排毒解毒功能，有效阻断外界有害物质对皮肤的侵害，提高皮肤抗过敏能力，并对体内有害物质及老化细胞分解排泄。

#### 3. 有助于减肥

补充足够的氨基酸可以增加去甲肾上腺素的量，提高交感神经的兴奋性，促进脂肪燃烧转化成能量，有利于减肥。

#### 4. 维护皮肤弹性

部分氨基酸可与麸皮内二价金属离子发生螯合反应，阻止过多的二价金属离子与皮肤中的胶原蛋白发生交联作用，维持足够的胶原纤维和弹性纤维，使皮肤柔滑细腻、富有弹性。

#### 5. 参与酶的合成

机体中参与抗氧化的酶类如超氧化物歧化酶（SOD）、过氧化物酶、谷胱甘肽等，可以祛除皮肤细胞过剩的自由基，有效延缓皮肤衰老，它们的本质就是蛋白质。

#### 6. 增强肌肉力量

补充氨基酸有助于锻炼肌肉，提高运动耐力。肌肉是身体中保持运动的组织，肌肉之所以可以活动，是由于其中的氨基酸在发挥作用。这些氨基酸可以抑制肌肉的分解，促进肌肉的合成，从而达到健身和提高运动耐力的作用。同时，这些氨基酸还可阻止运动后中枢神经系统疲劳的发生。因此，提高运动耐力、加强锻炼、防止肌肉衰老，补充氨基酸是非常重要的。

#### 7. 精氨酸参与尿素合成

精氨酸参与鸟氨酸循环，丙氨酸、谷氨酰胺参与氨的运输，在合成尿素过程中都发挥着重要作用，而通过汗液排出的少量尿素是皮肤自然保湿因子的成分。

#### 8. 有助于皮肤美白

皮肤白不白主要取决于黑色素细胞合成黑色素的能力。在人的表皮基底层细胞间分布着黑色素细胞，它含有的酪氨酸酶可以将酪氨酸氧化成多糖，中间再经过一系列的代谢过程，最后便可生成黑色素。黑色素生成越多，皮肤就越黝黑；反之，则皮肤就越白皙。酪氨酸酶具有独特的双重催化功能，是生物体内黑色素合成的关键酶，与人的衰老有密切关系。其异常过量表达可导致人体的色素沉着性疾病。酪氨酸酶抑制剂可以治疗目前常见的色素沉着性皮肤病，如雀斑、黄褐斑、老年斑。市场上流行的美白化妆品中的熊果苷、维生素C衍生物、曲酸（5-羟基-2-羟甲基-1，4-吡喃酮，能抑制酪氨酸酶的合成，因此可以强烈抑制皮肤黑色素的形成，而且安全无毒，不会产生白斑后遗症，所以已被配入化妆水、面膜、乳液、护肤霜中，制成能有效治疗雀斑、老年斑、色素沉着、粉刺等的高档美白化妆品）及其衍生物、绿茶及甘草提取物等均为酪氨酸酶抑制剂，主要是通过抑制酪氨酸酶的活性而达到抑制黑色素合成，进而发挥美白的作用。

当然蛋白质的摄入也不是越多越好，如果蛋白质摄入过多，在体内可产生含磷酸根的酸性物质，也会对皮肤产生刺激作用，甚至出现面疱、痤疮等，引起皮肤早衰，并加重肝、肾负担，不利于健康。所以应避免蛋白质食用过多，应食用混合膳食，努力提高蛋白质的利用率，减少蛋白质引起的皮肤衰老及多皱现象。从蛋白质的选择上，动植物性食物合理搭配，优质蛋白占1/3以上。

9. 减少皱纹的产生

胶原蛋白是人体中一种非常重要的高分子蛋白质，主要存在于人体皮肤、骨骼、牙齿、肌腱等部位，其主要的生理功能是作为结缔组织的黏合物质，对于皮肤而言，它与弹力纤维共同构成网状支撑体，为真皮层提供稳定、有力的支撑。随着年龄的增长，人体内的胶原蛋白会逐渐流失，网状支撑体也会变厚变硬、失去弹性，当真皮层的弹性与保水度降低时，表皮即会形成松垮的皱纹。

# 第三节　脂类与美容

脂类是脂肪和类脂的总称，是一大类具有重要生物学作用的化合物。其共同特点是溶于有机溶剂而不溶于水。正常人体内，按体重计算，脂类为14%～19%；肥胖者达30%以上。

## 一、脂类的组成和分类

### （一）脂肪

这里所说的脂肪即中性脂肪，由一分子甘油和三分子脂肪酸组成，故称三酰甘油或甘油三酯，约占脂类的95%。脂肪大部分分布在皮下、大网膜、肠系膜以及肾周围等脂肪组织中，常以大块脂肪组织形式存在，这些部位通常称脂库。人体脂肪含量常受营养状况和体力活动等因素的影响而有较大变动，多吃碳水化合物和脂肪，其含量增加，饥饿则减少。当机体能量消耗较多而食物供应不足时，体内脂肪就大量动员，经血循环运输到各组织，被氧化消耗。因其含量很不恒定，故有"可变脂"或"动脂"之称。

（二）脂肪酸

脂肪酸是构成甘油三酯的基本单位。常见的分类如下。

（1）按脂肪酸碳链长度分类　分为长链脂肪酸（含14个碳以上）、中链脂肪酸（含6～12个碳）和短链脂肪酸（含2～6个碳）。

（2）按脂肪酸饱和程度分类　分为饱和脂肪酸（SFA），其碳链中不含双键；单不饱和脂肪酸（MUFA），其碳链中只含一个不饱和双键；多不饱和脂肪酸（PUFA）。

（3）按脂肪酸空间结构分类　分为顺式脂肪酸，其联结到双键两端碳原子上的两个氢原子都在链的同侧；反式脂肪酸，其联结到双键两端碳原子上的两个氢原子在链的不同侧。

天然食物中的油脂，其脂肪结构多为顺式脂肪酸。人造黄油是植物油经氢化处理后而制成的，在此过程中，植物油的双键与氢结合变成饱和键，并使其形态由液态变为固态，同时其结构也由顺式变为反式。研究表明，反式脂肪酸可以使血清低密度脂蛋白胆固醇（LDL-C）升高，而使高密度脂蛋白胆固醇（HDL-C）降低，因此有增加心血管疾病的危险性，所以目前不主张多食用人造黄油。

（4）按不饱和脂肪酸第一个双键的位置分类　脂肪酸分子上的碳原子用阿拉伯数字编号定位通常有两种系统。$\triangle$编号系统从羧基碳原子算起；$n$或$\omega$编号系统则从离羧基最远的甲基端碳原子算起。分为$n$-3系、$n$-6系、$n$-7系、$n$-9系，或$\omega$-3、$\omega$-6、$\omega$-7、$\omega$-9系列脂肪酸。不饱和脂肪酸甲基端的碳原子称为$n$碳（或$\omega$碳），如果第一个不饱和键所在$n$碳原子的序号是3，则为$n$-3或$\omega$-3系脂肪酸，依此类推。

| 示例： | $CH_3$—$CH_2$—$CH_2$—$CH_2$—$CH_2$—$CH_2$—$CH_2$—$CH_2$—$CH_2$—COOH | | | | | | | | | |
|---|---|---|---|---|---|---|---|---|---|---|
| $\triangle$号系统 | 10 | 9 | 8 | 7 | 6 | 5 | 4 | 3 | 2 | 1 |
| $n$或$\omega$编号系统 | 1 | 2 | 3 | 4 | 5 | 6 | 7 | 8 | 9 | 10 |

各种脂肪酸的结构不同，功能也不一样，对它们的一些特殊功能的研究，也是营养学上的重要研究与开发的领域。一般来说，人体细胞中不饱和脂肪酸的含量至少是饱和脂肪酸的2倍，但各种组织中两者的组成有很大差异，并在一定程度上与膳食中脂肪的种类有关。

（三）类脂

类脂主要有磷脂、糖脂、类固醇等。

1. 磷脂

磷脂是含有磷酸根、脂肪酸、甘油和氮的化合物。体内除甘油三酯外，磷脂是最多的脂类，主要形式有甘油磷脂、磷脂酰胆碱、神经鞘磷脂等。甘油磷脂存在于各种组织、血浆，并有少量储于体质库中。它是构成细胞膜的物质，并与机体的脂肪运输有关。卵磷脂又称为磷脂酰胆碱，存在于蛋黄和血浆中。神经鞘磷脂存于神经鞘。

2. 糖脂

糖脂是含有碳水化合物、脂肪酸和氨基乙醇的化合物。糖脂包括脑苷脂类和神经苷脂。糖脂也是构成细胞膜所必需的。

3. 类固醇及固醇

类固醇是含有环戊烷多氢菲的化合物。类固醇中含有自由羟基者视为高分子醇，称为固醇。常见的固醇有动物组织中的胆固醇和植物组织中的谷固醇。

类脂在体内的含量较恒定，即使肥胖患者，其含量也不增多；反之，在饥饿状态也不减少，故有"固定脂"或"不动脂"之称。

## 二、脂类的消化和吸收

### （一）脂肪的消化和吸收

食物进入口腔后，脂肪的消化就已开始，唾液腺分泌的脂肪酶可水解部分食物脂肪，但这种消化能力很弱。婴儿口腔中的脂肪酶则可有效地分解乳中短链和中链脂肪酸。脂肪的消化在胃内也有限，主要消化场所是小肠。来自胆囊中的胆汁首先将脂肪乳化，胰腺和小肠分泌的脂肪酶将甘油三酯水解生成游离脂肪酸和甘油单酯。

脂肪水解后的小分子，如甘油、短链和中链脂肪酸很容易被小肠细胞吸收直接进入血液。甘油单酯和长链脂肪酸被吸收后先在小肠细胞中重新合成甘油三酯，并和磷脂、胆固醇以及蛋白质形成乳糜微粒，由淋巴系统进入血液循环。血液中的乳糜微粒是一种颗粒最大、密度最低的脂蛋白，是食物脂肪的主要运输形式，随血液流遍全身以满足机体对脂肪和能量的需要，最终被肝脏吸收。食物脂肪的吸收率一般在80%以上，最高的如菜子油可达99%。

### （二）类脂的消化和吸收

磷脂的消化吸收与甘油三酯相似。胆固醇则可直接被吸收，如果食物中的胆固醇和其他脂类呈结合状态，则先被水解成游离的胆固醇再被吸收。

## 三、脂类的生理功能

### （一）脂肪

1. 供给能量

脂肪是人体能量的重要来源，每克脂肪在体内氧化可供给能量37.66kJ（9kcal）。脂肪酸是细胞的重要能量来源，脂肪酸经$\beta$-氧化有节奏地释放能量供给生命细胞应用，$\beta$氧化在细胞线粒体经酶催化进行。如棕榈酸经完全氧化成乙酸，再分解为二氧化碳和水，在此过程中产生三磷酸腺苷（ATP）。ATP是高能化合物，是细胞化学能的来源。

2. 促进脂溶性维生素吸收

脂肪是脂溶性维生素的溶媒，可促进脂溶性维生素的吸收。另外，有些食物脂肪含有脂溶性维生素，如鱼肝油、奶油含有丰富维生素A和维生素D。

### 3. 维持体温、保护脏器

脂肪是热的不良导体，在皮下可阻止体热散失，有助于御寒。在器官周围的脂肪，有缓冲机体被冲击的作用，可固定和保护器官。

### 4. 增加饱腹感

脂肪在胃内停留时间较长，使人不易感到饥饿。

### 5. 提高膳食感官性状

脂肪可使膳食增味添香。

## （二）类脂

类脂主要功能是构成身体组织和一些重要的生理活性物质。例如，磷脂与蛋白质结合形成的脂蛋白是细胞膜和亚细胞器膜的重要成分，对维持膜的通透性有重要作用；鞘磷脂是神经鞘的重要成分，可保持神经鞘的绝缘性；脑磷脂大量存在于脑白质，参与神经冲动的传导；胆固醇是所有体细胞的构成成分，并大量存在于神经组织；胆固醇还是胆酸、7-脱氢胆固醇和维生素$D_3$、性激素、黄体酮、前列腺素、肾上腺皮质激素等生理活性物质和激素的前体物，是机体不可缺少的营养物质。

## （三）必需脂肪酸

必需脂肪酸（EFA）是指机体不能合成，必须从食物中摄取的脂肪酸。早期认为亚油酸（$C_{18:2}$）、亚麻酸（$C_{18:3}$）和花生四烯酸（$C_{20:4}$）是必需脂肪酸。现在认为必需脂肪酸是$\alpha$-亚油酸和$\alpha$-亚麻酸两种。亚油酸作为其他$n$-6系列脂肪酸的前体，可在体内转变生成$\gamma$-亚麻酸、花生四烯酸等$n$-6系的长链多不饱和脂肪酸。$\alpha$-亚麻酸则作为$n$-3系脂肪酸的前体，可转变生成二十碳五烯酸（EPA）、二十二碳六烯酸（DHA）等$n$-3系脂肪酸。

必需脂肪酸在体内有多种生理功能，主要有如下几项。

### 1. 构成线粒体和细胞膜的重要组成成分

必需脂肪酸参与磷脂的合成，并以磷脂的形式存在于线粒体和细胞膜中。人体缺乏必需脂肪酸时，细胞对水的通透性增加，毛细血管的脆性和通透性增高，皮肤出现水代谢紊乱，出现湿疹样病变。

### 2. 合成前列腺素的前体

前列腺素存在于许多器官中，有多种多样生理功能，如抑制甘油三酯水解、促进局部血管扩张、影响神经刺激的传导等，作用于肾脏影响水的排泄等。

### 3. 参与胆固醇代谢

胆固醇需要和亚油酸形成胆固醇亚油酸酯后，才能在体内转运，进行正常代谢。如果必需脂肪酸缺乏，胆固醇则与一些饱和脂肪酸结合，由于不能进行正常转运代谢，而在动脉沉积，形成动脉粥样硬化。

4. 参与动物精子的形成

膳食中长期缺乏必需脂肪酸，动物可出现不孕症，授乳过程也可发生障碍。

5. 维护视力

α-亚麻酸的衍生物DHA，是维持视网膜光感受体功能所必需的脂肪酸。α-亚麻酸缺乏时，可引起光感感受器细胞受损，视力减退。此外，长期缺乏亚麻酸时，对调节注意力和认知过程也有不良影响。

但是，过多地摄入必需脂肪酸，也可使体内氧化物、过氧化物等增加，同样对机体产生不利影响。

## 四、膳食脂肪参考摄入量及脂类的主要食物来源

### （一）膳食脂肪和脂肪酸适宜摄入量

根据目前的研究资料，尚难确定人体脂肪的最低需要量。原因是脂肪的需要量易受饮食习惯、季节和气候的影响，变动范围较大，特别是脂肪在体内供给的能量，也可由碳水化合物来供给。现有资料表明，满足人体需要的脂肪量是很低的，即使为了供给脂溶性维生素、必需脂肪酸以及保证脂溶性维生素的吸收等作用，所需脂肪亦不多，一般成人每日膳食中有50g脂肪即能满足。关于人体必需脂肪酸的需要量，是一个尚在研究中的问题。有研究表明，亚油酸摄入量占总能量的2.4%，α-亚麻酸占0.5%～1%时，即可预防必需脂肪酸缺乏症。

中国营养学会参考各国不同人群脂肪推荐摄入量（RNI），结合我国膳食结构的实际，提出成人膳食脂肪适宜摄入量（AI），见表4-9。

表4-9　中国成人膳食脂肪适宜摄入量（AI）　　　　单位：%E

| 人群 | 脂肪 | 饱和脂肪酸（SFA） | 单不饱和脂肪酸（MUFA） | 多不饱和脂肪酸（PUFA） | $n\text{-}6$：$n\text{-}3$ |
| --- | --- | --- | --- | --- | --- |
| 成人 | 20～30 | <10 | 10 | 10 | （4～6）：1 |

注：%E 表示脂肪能量占总能量的百分比。
资料来源：中国营养学会，《中国居民膳食营养类参考摄入量（2013版）》，2014。

### （二）脂类的主要食物来源

人类膳食脂肪主要来源于动物的脂肪和肉类以及坚果和植物的种子。天然食物中含有多种脂肪酸，多以TG形式存在。动物性脂肪如牛油、奶油、猪油所含SFA的比例高于植物性脂。大多数动物脂肪含40%～60%的SFA、30%～50%的MUFA及少量的PUFA；而植物油则含10%～20%的SFA，80%～90%的UFA。但亦有例外，如椰子油中月桂酸（$C_{12:0}$）和豆蔻酸（$C_{14:0}$）的比例超过90%，而MUFA、PUFA的比例分别为5%和1%～2%多数植物油中含有较高的PUFA，如红花油含75%的亚油酸（$C_{18:2}$，$n\text{-}6$），葵花子油、豆油、玉米油中亚油酸含量在50%以上，γ—亚麻酸（$C_{18:3}$，$n\text{-}6$）仅存在

于母乳和特殊植物油中（如月见草油），ARA仅少量存在于瘦肉、蛋、鱼等食物中。一般植物油中n-3PUFA（α-亚麻酸）含量较低，只有少数植物油中量较高，如亚麻子油中约含50%，紫苏油中约含60%，核桃油中含量超过12%。EPA和DHA主要在冷水域的水生物种，特别是单细胞藻类中合成，三文鱼、鲜鱼、凤尾鱼等以单细胞藻类为食的深海鱼在其脂肪中含有较多的EPA和DHA。

常见食物中脂肪含量见表4-10。

表4-10　常见食物中脂肪含量　　　　　　　单位：g/100g

| 食物 | 含量 | 食物 | 含量 | 食物 | 含量 |
|---|---|---|---|---|---|
| 黄油 | 98.0 | 芝麻酱 | 52.7 | 牛肉干 | 40.0 |
| 奶油 | 97.0 | 酱汁肉 | 50.4 | 维生素饼干 | 39.7 |
| 酥油 | 94.4 | 腊肉（生） | 48.8 | 北京烤鸭 | 38.4 |
| 猪肉（肥） | 88.6 | 马铃薯片（油炸） | 48.4 | 猪肉（肥瘦） | 37.0 |
| 松子 | 70.6 | 腊肠 | 483 | 鸡蛋粉（全蛋粉） | 36.2 |
| 猪肉（猪脖） | 60.5 | 羊肉干 | 46.7 | 咸肉 | 36.0 |
| 猪肉（肋条肉） | 59.0 | 奶皮子 | 42.9 | 肉鸡（肥） | 35.4 |
| 核桃 | 58.8 | 炸素虾 | 44.4 | 鸭蛋黄 | 33.8 |
| 鸡蛋黄粉 | 55.1 | 香肠 | 40.7 | 春卷 | 33.7 |
| 花生酱 | 53.0 | 巧克力 | 40.1 | 麻花 | 31.5 |

胆固醇只存在于动物性食物中，畜肉中胆固醇含量大致相近，肥肉比瘦肉高，内脏又比肥肉高，脑中含量最高，一般鱼类的胆固醇和瘦肉相近。常见食物中胆固醇含量见表4-11。

表4-11　常见食物中胆固醇含量　　　　　　单位：mg/100g

| 食物名称 | 含量 | 食物名称 | 含量 | 食物名称 | 含量 | 食物名称 | 含量 |
|---|---|---|---|---|---|---|---|
| 猪脑 | 2571 | 黄油 | 296 | 鲫鱼 | 130 | 香肠 | 82 |
| 咸鸭蛋黄 | 2110 | 猪肝 | 288 | 海蟹 | 125 | 瘦猪肉 | 81 |
| 羊脑 | 2004 | 河蟹 | 267 | 肥猪肉 | 109 | 肥瘦猪肉 | 80 |
| 鸭蛋黄 | 1576 | 对虾 | 193 | 鸡肉 | 106 | 鲳鱼 | 77 |
| 鸡蛋黄 | 1510 | 猪蹄 | 192 | 甲鱼 | 101 | 带鱼 | 76 |
| 松花蛋黄 | 1132 | 基围虾 | 181 | 金华火腿 | 98 | 鹅肉 | 74 |
| 咸鸭蛋 | 647 | 猪大排 | 165 | 鸭肉 | 94 | 红肠 | 72 |
| 松花蛋 | 608 | 猪肚 | 165 | 猪油 | 93 | 海鳗 | 71 |

续表

| 食物名称 | 含量 | 食物名称 | 含量 | 食物名称 | 含量 | 食物名称 | 含量 |
|---|---|---|---|---|---|---|---|
| 鸡蛋 | 585 | 蛤蜊 | 156 | 肥瘦羊肉 | 92 | 海参 | 62 |
| 虾皮 | 428 | 肥羊肉 | 148 | 草鱼 | 86 | 瘦羊肉 | 60 |
| 鸡肝 | 356 | 蚌肉 | 148 | 鲈鱼 | 86 | 兔肉 | 59 |
| 羊肝 | 349 | 猪大肠 | 137 | 螺蛳 | 86 | 瘦牛肉 | 58 |
| 干贝 | 348 | 熟腊肉 | 135 | 马肉 | 84 | 火腿肠 | 57 |
| 牛肝 | 297 | 肥牛肉 | 133 | 肥瘦牛肉 | 84 | 鲜牛乳 | 15 |

胆固醇除来自食物外，还可由人体组织合成。人体组织合成胆固醇主要部位是肝脏和小肠。此外，产生类固醇激素的内分泌腺体，如肾上腺皮质、睾丸和卵巢，也能合成胆固醇。胆固醇合成的全部反应都在胞浆内进行，而所需的酶大多数是定位于内质网。

肝脏是胆固醇代谢的中心，合成胆固醇的能力很强，同时还有使胆固醇转化为胆汁酸的特殊功能，而且血浆胆固醇和种种脂蛋白所含的胆固醇的代谢皆与肝脏有密切的关系。人体每天可合成胆固醇1~1.2g，而肝脏占合成量的80%。

肝脏合成胆固醇是一个非常复杂的过程，经过许多步骤，涉及多种酶类，且有些过程至今未完全阐明。

## 五、脂类与美容保健

### （一）脂肪是皮下组织的重要组成部分

脂肪是人类必需的营养素之一，它能维持人体的温度、固定组织和保护器官。人体内适当储存脂肪，有利于保持皮肤中的水分，保障健美的体型，使皮肤光亮润泽，富于弹性，利于消除和推迟皮肤皱纹的出现。

脂溶性维生素如维生素E、维生素D和维生素A等在机体抗氧化、增强免疫、维护上皮组织健康方面起着重要作用，在美容方面显得尤其重要（见第七章）。而这些脂溶性维生素的吸收必须借助脂肪的参与。如果长期不摄入脂类食品，便会出现脂溶性维生素缺乏、蛋白质及糖类代谢障碍，引起躯体发育缓慢、骨骼生长障碍、大脑反应迟钝、免疫功能低下、内分泌系统异常及生育功能丧失等，还可引起皮肤粗糙、失去弹性。当脂肪摄入量超过人体需要量时，会引起血管壁的粥样硬化，影响皮肤营养的供给，从而促使皮肤老化；过量的脂肪会从皮肤的皮脂腺孔排出皮肤表面或储存于毛孔内，而毛孔内的脂肪又常是螨虫和化脓菌繁殖的地方，故脂肪摄入过多易长粉刺、毛囊炎及酒糟鼻，甚至引起脂溢性脱发等。

膳食中的脂肪分为两种，一种为动物脂肪，另一种是植物脂肪。虽然植物脂肪含有较多的不饱和脂肪酸，特别是人体不能合成的必需脂肪酸如亚油酸、亚麻酸，不仅不诱发冠心病，而且可降低血清胆固醇，并有强身壮体、滋润皮肤、抗皮肤衰老等作用。但从美容的角度分析，脂肪对于人体是不能过少但也不可过多，每日不应超过50g。膳食脂肪最好由多种类型构成才有利于健康，从来源上应当以植物脂肪为主；从脂肪酸的性质方面，饱和脂肪酸、单不饱和脂肪酸、多不饱和脂肪酸之间的比例最好是1：1：1，虽然不饱和脂肪酸较饱和脂肪酸好，但并非越多越好。如果不饱和脂肪摄入过多，在体内会形成更多的脂质过氧化物，对血管内皮、表皮组织都有明显的损伤，爱美的女士，尤其是减肥的人群更不能"谈脂色变"，要保证适当的摄入量即可。

（二）磷脂

磷脂是甘油三酯分子中一分子或两分子的脂肪酸被含磷酸的其他基团取代后的产物。与美容关系密切的是磷脂酰胆碱，在鱼头、鱼籽、大豆、蛋黄中含量比较丰富。磷脂酰胆碱的分子以甘油为骨架，有两条碳链，为疏水性，另一端则为磷酸连接的含胆碱的基团，为亲水性。天然磷脂酰胆碱的同一分子既带有疏水基团又带有亲水基团，是典型的"双家分子"，是难得的天然表面活性剂，在美容方面具有独特的效用。

磷脂酰胆碱是构成膜性结构——磷脂双分子层的原料，磷脂双分子层不仅为细胞提供了一个稳定的环境，使生命活动能有序进行，而且它是一个选择透过性膜，使细胞可以有选择性地吸收生命活动需要的养分，并与其他组织和细胞之间进行信息、物质交流。如果缺乏磷脂酰胆碱，膜性结构就会受到损伤，影响细胞内环境的稳定，降低皮肤细胞的再生能力，严重时细胞就会皱缩、死亡、脱落，导致皮肤粗糙、有皱纹。

磷脂酰胆碱是细胞膜的重要成分，并且能维持和激发细胞活力。天然磷脂酰胆碱富含不饱和脂肪酸，在和皮肤接触过程中，因为脂质交换，替代细胞膜上饱和的磷脂酰胆碱，增加磷脂酰胆碱双层膜的流动性，更好发挥细胞膜上的蛋白质等活性基团的作用。因此皮肤色泽光鲜、健康。磷脂酰胆碱能够乳化和分解脂肪，在皮肤中发挥角质溶解剂的作用，更新表皮细胞，使皮肤表皮的黑色素颗粒脱落，嫩白皮肤，参与护肤与皮损修复。

磷脂酰胆碱具有深层保湿作用。磷脂酰胆碱具有吸湿性，并容易渗透入皮肤中，可束缚皮肤中的水分，防止皮肤脱水干燥。磷脂酰胆碱渗入角质层补充脂质，可以修复或保护其结构的完整性。磷脂酰胆碱具有一定的解毒作用，正常人体内各有许多毒素，特别是在肠道内，当这些毒素含量高时便会随着血液循环沉积在皮肤上，从而形成色斑或青春痘。磷脂酰胆碱是一种天然的解毒剂，它能分解体内过多的毒素，脸上的斑点和青春痘就会慢慢消失；卵磷脂的亲水性特点还可以增加血红蛋白的数量，能为皮肤提供充分的水分和氧气，使皮肤细腻光滑，延缓肌肤的衰老。另外，磷脂酰胆碱所含的肌醇还是毛发的主要营养物，能抑制脱发，使白发慢慢变黑。

正是由于磷脂酰胆碱具有乳化性能，使泡沫稳定，分散性好，促进有效成分渗透，产生保湿和抗氧化等作用，许多化妆品中都会使用磷脂酰胆碱，既可改善润湿感、营养效果、涂抹感及附着效果，又可改善皮肤触感，降低油腻性，提高保水性，是化妆品的重要添加剂。如在肥皂、洗发香波、护肤膏、雪花膏、高级浴液、护手霜、发蜡、口红、护发素、防晒油等高级化妆品中均可使用磷脂酰胆碱。磷脂酰胆碱制作的高档化妆品具有抗氧化、渗透保湿等作用，是其他化妆品无法替代的产品。而且随着人们对磷脂酰胆碱研究的不断深入和科学技术的不断发展，磷脂酰胆碱在化妆品中的作用越来越重要。

## （三）胆固醇

胆固醇广泛存在于动物体内，尤以脑及神经组织中最为丰富，在肾、脾、皮肤、肝和胆汁中含量也高。胆固醇是动物组织细胞所不可缺少的重要物质，它不仅参与形成细胞膜，而且是合成胆汁酸、维生素D及甾体激素的原料，并通过这些产物在机体中发挥相应的作用。

胆固醇作为细胞膜的基本组成成分，占质膜脂类的20%以上。给动物喂食缺乏胆固醇的食物，动物的红细胞脆性增加，容易引起细胞的破裂，显然忌食含胆固醇的食物易造成贫血。研究表明，温度高时胆固醇能阻止双分子层的无序化；温度低时又可干扰其有序化，阻止液晶的形成，保持其流动性。因此可以想象要是没有胆固醇，细胞就无法维持正常的生理功能，生命也将终止。但长期大量摄入胆固醇也不利于身体健康，会使血清中的胆固醇含量升高，增加患心血管疾病的风险。所以科学的饮食方法是提倡适量摄入胆固醇。

## （四）脂肪酸

这里讨论的脂肪酸主要是指多不饱和脂肪酸，包括亚油酸、$\gamma$-亚麻酸（GLA）、DHA、EPA等。坚果、油料作物种子、深海鱼油等都含有不同形式的不饱和脂肪酸。我们每天所用的食用油脂给人体提供了大量有用的生理学脂类，它们不仅有相应的生理功能，在皮肤健康与美容方面也有特殊的功效，这些功效的发挥则完全归功于其对细胞膜结构和功能的调节。

摄入充足不饱和脂肪酸（包括必需脂肪酸）可以增加细胞膜的流动性，加强和修复细胞膜的天然屏障功能，减少经皮肤水分损失，改善皮肤保湿状态，防护环境有害物质，增加有益的消炎和抗炎成分，并且缓解皮肤病。

必需脂肪酸（EFAs）在抗老化成分中的作用也是非常明显的。在老化的皮肤中，生理学变化主要表现在皮肤屏障功能的异常，即皮肤的通透性改变。EFAs缺乏通常与EFAs异常的新陈代谢有关（如低活性的$\delta$-6脱氢酶），从而使其抵抗疾病的能力降低，受伤后屏障功能恢复减慢，经皮肤水分损失异常，限制了皮肤正常的功能，并且导致严重的皮肤干燥病、药物渗透性异常和接触性皮炎易感性的增强。这种效果在光老化的皮肤上表现得更加严重。通过对皮肤屏障功能的改善，EFAs可以恢复皮肤功能正常化和改善老化皮肤的外观。

多不饱和脂肪酸能防护紫外线照射引起的皮肤损伤。皮肤短期暴露于紫外辐射中会导致晒伤和光过敏，长期则会引起皮肤光老化和癌症。而且紫外辐射会引起脂肪酸的变异，激活皮肤中的酶，使精氨琥珀酸（AA）衍生的前列腺素（PG）产物增加，导致皮肤发炎。

EPA和CLA与环氧合酶基底通过竞争作用来减少AA的产生和PG的合成，并生成具有抗炎效果的PGs和LTs。CLA中含有多种油类（如琉璃苣油和月见草油）和EPA（如鱼油），可减轻皮肤对紫外线的反应，降低紫外线导致的红斑并且能预防晒伤。经过1~6个月口服鱼油和月见草油试验证实可以减少红斑的产生。而另一组对关节炎患者的测验则进一步表明：GLA补充给药法可以明显地降低紫外线损伤。正是由于EFAs具有润湿、防护等多种效用，特别是在外用剂型和内服剂型方面，EFA越来越多地应用于皮肤护理产品、美容产品和疗效化妆品中，这类特殊的营养成分带来的好处已经深入人心。

（五）脂溢性脱发

脂溢性脱发是在皮脂溢出过多的基础上发生的一种脱发，常伴有头屑增多、头皮油腻痛痒明显。多发生于皮脂腺分泌旺盛的青壮年，头发细软，有的伴有头皮脂溢性皮炎，开始逐渐自头顶部开始，发展蔓延及额部。头皮油腻而亮红，橘黄色油性痂。脂溢性脱发的治疗须首先注重头发的保健护理，少食油腻及辛辣食物，勤于洗头，局部用药去除油脂，减少皮屑，消炎止痒。

# 第四节　碳水化合物与美容

碳水化合物是一大类有机化合物。其化学本质为多羟醛或多羟酮及其一些衍生物。

## 一、碳水化合物的分类

根据FAO/WHO的最新报告，综合化学、生理和营养学的考虑，碳水化合物根据聚合度（DP）可分为糖、寡糖和多糖三类，见表4-12。

表4-12　碳水化合物的分类

| 分类（糖分子聚合度） | 亚组 | 组成 |
| --- | --- | --- |
| 糖（1~2） | 单糖 | 葡萄糖、半乳糖、果糖 |
| | 双糖 | 蔗糖、乳糖、麦芽糖、海藻糖 |
| | 糖醇 | 山梨醇、甘露糖醇 |
| 寡糖（3~9） | 异麦芽低聚寡糖 | 麦芽糊精 |
| | 其他寡糖 | 棉籽糖、水苏糖、低聚果糖 |
| 多糖（≥10） | 淀粉 | 直链淀粉、支链淀粉、变性淀粉 |
| | 非淀粉多糖 | 纤维素、半纤维素、果胶、亲水胶质物（hydrocolloids） |

资料来源：FAO/WHO，1998。

## 二、碳水化合物的消化和吸收

### （一）碳水化合物的消化

由于食物在口腔停留时间短暂，以致口腔唾液淀粉酶对碳水化合物的消化作用不大。胃液不含任何能水解碳水化合物的酶，其所含的胃酸对碳水化合物只可能有微小或极局限的水解，故碳水化合物在胃中几乎完全没有消化。碳水化合物的消化主要在小肠中进行。小肠内消化分为肠腔消化和小肠黏膜上皮细胞表面上的消化。极少部分非淀粉多糖可在结肠内通过发酵消化。

肠腔中的主要水解酶来自胰液的α-淀粉酶，称胰淀粉酶（amylopsin），可使淀粉变成麦芽糖、麦芽三糖（约占65%）、异麦芽糖、α-临界糊精及少量葡萄糖等。淀粉在口腔及肠腔中消化后的上述各种中间产物可以在小肠黏膜上皮细胞表面进一步彻底消化，最后消化成大量的葡萄糖及少量的果糖及半乳糖。小肠内不被消化的碳水化合物到达结肠后，被结肠菌群分解，产生氢气、甲烷气、二氧化碳和短链脂肪酸等，这一系列过程称为发酵。发酵也是消化的一种方式。所产生的气体经体循环转运，经呼气和直肠排出体外，其他产物如短链脂肪酸被肠壁吸收并被机体代谢。

### （二）碳水化合物的吸收

糖吸收的主要部位是在小肠的空肠。单糖首先进入肠黏膜上皮细胞，再进入小肠壁的毛细血管，并汇合于门静脉而进入肝脏，最后进入大循环，运送到全身各个器官。在吸收过程中也可能有少量单糖经淋巴系统而进入大循环。

单糖的吸收过程不仅仅是被动扩散吸收，也是一种耗能的主动吸收。目前普遍认为，在肠黏膜上皮细胞刷状缘上有一特异的运糖载体蛋白，不同的载体蛋白对各种单糖的结合能力不同，有的单糖甚至完全不能与之结合，故各种单糖的相对吸收速率也就各异。

## 三、碳水化合物的生理功能

#### 1. 储存和提供能量

膳食碳水化合物是人类最经济和最主要的能量来源。每克葡萄糖在体内氧化可以产生16.7kJ（4kcal）能量。在维持人体健康所需要的能量中，55%～65%由碳水化合物提供。糖原是肌肉和肝脏碳水化合物的储存形式，肝脏约储存机体内1/3的糖原。一旦机体需要，肝脏中的糖原即分解为葡萄糖以提供能量。碳水化合物在体内释放能量较快，供能也快，是神经系统和心肌的主要能源，也是肌肉活动时的主要燃料，对维持神经系统和心脏的正常供能、增强耐力、提高工作效率都有重要意义。

#### 2. 构成机体组织及重要生命物质

碳水化合物是构成机体组织的重要物质，并参与细胞的组成和多种活动。每个细胞都有碳水化合物，其含量为2%～10%，主要以糖脂、糖蛋白和蛋白多糖的形式存在，分布在细胞膜、细胞器膜、细胞质以及细胞间基质中。糖和脂形成的糖脂是细胞与神经组织的结构成分之一。除每个细胞都有碳水化合物外，糖结合物还广泛存在于各组织中。

脑和神经组织中含大量糖脂，主要分布在髓鞘上。肾上腺、胃、脾、肝、肺、胸腺、视网膜、红细胞、白细胞等都含糖脂。糖蛋白（如黏蛋白与类黏蛋白）是构成软骨、骨骼和眼球的角膜、玻璃体的组成成分；消化道、呼吸道分泌的黏液中有糖蛋白；骨和腱中的类黏蛋白，血浆中的前清蛋白，$\alpha_1$-、$\alpha_2$-、$\beta$-、$\gamma$-球蛋白，凝血酶原、纤维蛋白原、运铁蛋白，激素中的甲状腺素、促甲状腺激素、促卵腺激素、促红细胞生成素，酶中的蛋白酶、核酸酶、水解酶等都是糖蛋白。蛋白多糖则存在于骨、软骨、肌腱、韧带、角膜、皮肤、血管、脐带、关节液、玻璃液中。结缔组织的细胞间基质，主要是胶原和蛋白多糖所组成。核糖核酸和脱氧核糖核酸二种重要生命物质均含有D-核糖，即五碳醛糖。一些具有重要生物活性的物质如抗体、酶和激素的组成成分，也有碳水化合物参与。

### 3. 节约蛋白质

机体需要的能量，主要由碳水化合物提供。当膳食中碳水化合物供应不足时，机体为了满足自身对葡萄糖的需要，则通过糖原异生作用将蛋白质转化为葡萄糖供给能量；而当摄入足够量的碳水化合物时则能预防体内膳食蛋白质消耗，不需要动用蛋白质来供能，即碳水化合物具有节约蛋白质作用。碳水化合物供应充足，体内有足够的ATP产生，也有利于氨基酸的主动转运。

### 4. 抗生酮作用

脂肪在体内分解代谢，需要葡萄糖的协同作用。脂肪酸被分解所产生的乙酰基需要与草酰乙酸结合进入三羧酸循环，而最终被彻底氧化和产生能量。当膳食中碳水化合物供应不足时，草酰乙酸供应相应减少，体内脂肪或食物脂肪被动员并加速分解为脂肪酸来供应能量。在这一代谢过程中，脂肪酸不能彻底氧化而产生过多的酮体，酮体不能及时被氧化而在体内蓄积，以致产生酮血症和酮尿症。膳食中充足的碳水化合物可以防止上述现象的发生，因此称为碳水化合物的抗生酮作用。

### 5. 解毒

碳水化合物经糖醛酸途径代谢生成的葡萄糖醛酸，是体内一种重要的结合解毒剂，在肝脏中能与许多有害物质如细菌毒素、酒精、砷等结合，以消除或减轻这些物质的毒性或生物活性，从而起到解毒作用。

### 6. 增强肠道功能

非淀粉多糖类，如纤维素、果胶、抗性淀粉、功能性低聚糖等，虽然不能在小肠消化吸收，但能刺激肠道蠕动，增加结肠的发酵，增强肠道的排泄功能。

近年来已证实某些不消化的碳水化合物在结肠发酵时，有选择性地刺激肠道菌的生长，特别是某些益生菌群的增殖，如乳酸杆菌、双歧杆菌。益生菌可提高人体消化系统功能，尤其是肠道功能。不被消化的碳水化合物常被称为"益生元"（prebiotics），如低聚果糖、菊粉、非淀粉多糖、抗性淀粉等。

## 四、膳食碳水化合物参考摄入量与食物来源

### 1. 膳食参考摄入量

人体对碳水化合物的需要量，常以占总能量的百分比来表示。中国营养学会根据目前我国膳食碳水化合物的实际摄入量和FAO/WHO的建议，建议膳食碳水化合物的参考摄入量为占总能量摄入量的55%～75%。对碳水化合物的来源也作出要求，即应包括复合碳水化合物淀粉、不消化的抗性淀粉、非淀粉多糖和低聚糖等碳水化合物；限制纯能量食物如糖的摄入量，以保障人体能量和营养素的需要及改善胃肠道环境和预防龋齿的需要。

### 2. 食物来源

膳食中淀粉的来源主要是粮谷类和薯类食物。粮谷类一般含碳水化合物60%～80%，薯类含量为15%～29%，豆类为40%～60%。

各类常见富含食物中碳水化合物的含量见表4-13。

表4-13　常见食物中碳水化合物的含量　　　　单位：g/100g

| 种类 | 碳水化合物 | 总膳食纤维 | 淀粉 | 糖 |
| --- | --- | --- | --- | --- |
| 白糖 | 99.9 | — | — | — |
| 蜂蜜 | 75.6 | — | — | — |
| 稻米 | 77.9 | 3.5 | 80.1 | 1.0 |
| 小麦 | 75.2 | 12.6 | 61.8 | 2.1 |
| 玉米（黄） | 73.0 | 11.0 | 7.1 | 1.6 |
| 小米 | 75.1 | 8.5 | 60.0 | 4.0 |
| 大麦 | 73.3 | 17.3 | 62.2 | 1.8 |
| 燕麦 | 72.8 | 10.3 | 72.8 | 1.2 |
| 麸皮 | 61.4 | 31.6 | 75.9 | — |
| 木薯 | 27.8 | — | — | — |
| 粉条 | 84.2 | — | — | — |
| 藕粉 | 93.0 | — | — | — |
| 甘薯 | 25.2 | 15.6 | 5.0 | — |
| 土豆 | 17.2 | 16.6 | 0.6 | — |
| 芋头 | 26.2 | 2.5 | 1.1 | — |
| 黄豆 | 34.2 | 15.5 | — | — |
| 黑豆 | 33.6 | 10.2 | — | — |
| 绿豆 | 62.0 | 6.4 | — | — |
| 赤小豆 | 36.4 | 7.7 | — | — |
| 花生 | 12.5 | 6.3 | 6.2 | — |

糖是哺乳动物乳腺分泌的一种特有的碳水化合物，一般仅存在于乳制品中。乳糖在不同种动物乳中的浓度：人乳为7.0%；牛乳为4.7%；马乳为2.6%；绵羊乳为4.4%；山羊乳为4.6%。

单糖和双糖的来源主要是蔗糖、糖果、甜食、糕点、甜味水果、含糖饮料和蜂蜜等。

## 五、血糖生成指数（GI）

食物血糖生成指数，简称血糖指数，指餐后不同食物血糖耐量的在基线内面积与标准糖（葡萄糖）耐量面积之比，以百分比表示。

GI＝（某食物在食后2h血糖曲线下面积/相当含量葡萄糖在食后2h血糖曲线下面积）×100%

GI是用以衡量某种食物或某种膳食组成对血糖浓度影响的一个指标。GI高的食物或膳食，表示进入胃肠后消化快、吸收完全，葡萄糖迅速进入血液，血糖浓度波动大；反之则表示在胃肠内停留时间长，释放缓慢，葡萄糖进入血液后峰值低，下降速度慢，血糖浓度波动小。

无论对健康人还是糖尿病病人来说，保持一个稳定的血糖浓度、没有大的波动才是理想状态，而达到这个状态就是合理地利用低GI食物。而高GI食物，进入胃肠后消化快、吸收率高，葡萄糖进入血液后峰值高、释放快。食物GI可作为糖尿病患者选择多糖类食物的参考依据，也可广泛用于高血压病人和肥胖者的膳食管理、居民营养教育，甚至扩展到运动员的膳食管理、食欲研究等。常见糖类的GI见表4-14，某些常见食物的GI见表4-15。

表4-14　常见糖类的GI　　　　　　　　单位：%

| 糖类 | GI | 糖类 | GI |
|---|---|---|---|
| 葡萄糖 | 100 | 麦芽糖 | 105.0 ± 5.7 |
| 蔗糖 | 65.0 ± 6.3 | 绵白糖 | 83.8 ± 12.1 |
| 果糖 | 23.0 ± 4.6 | 蜂蜜 | 73.5 ± 13.3 |
| 乳糖 | 46.0 ± 3.2 | 巧克力 | 49.0 ± 8.0 |

表4-15　常见食物的GI　　　　　　　　单位：%

| 食物名称 | GI | 食物名称 | GI | 食物名称 | GI |
|---|---|---|---|---|---|
| 馒头 | 88.1 | 玉米粉 | 68.0 | 葡萄 | 43.0 |
| 熟甘薯 | 76.7 | 玉米片 | 78.5 | 柚子 | 25.0 |

续表

| 食物名称 | GI | 食物名称 | GI | 食物名称 | GI |
|---|---|---|---|---|---|
| 熟土豆 | 66.4 | 大麦粉 | 66.0 | 梨 | 36.0 |
| 面条 | 81.6 | 菠萝 | 66.0 | 苹果 | 36.0 |
| 大米饭 | 83.2 | 闲趣饼干 | 47.1 | 藕粉 | 32.6 |
| 烙饼 | 79.6 | 荞麦 | 54.0 | 鲜桃 | 28.0 |
| 苕粉 | 34.5 | 甘薯（生） | 54.0 | 扁豆 | 38.0 |
| 南瓜 | 75.0 | 香蕉 | 52.0 | 绿豆 | 27.2 |
| 油条 | 74.9 | 猕猴桃 | 52.0 | 四季豆 | 27.0 |
| 荞麦面粉 | 59.3 | 山药 | 51.0 | 面包 | 87.9 |
| 西瓜 | 72.0 | 酸乳 | 48.0 | 可乐 | 40.3 |
| 小米 | 71.0 | 牛乳 | 27.6 | 大豆 | 18.0 |
| 胡萝卜 | 71.0 | 柑橘 | 43.0 | 花生 | 14.0 |

## 六、碳水化合物与美容保健

碳水化合物是由碳、氢、氧三种元素组成的一大类化合物，是具有糖类结构和性质的化合物，亦称糖类。植物利用阳光进行光合作用，将自然界的水、空气和二氧化碳合成糖，被人类摄取利用，是世界上大部分人类从膳食中取得热能最经济最主要的来源。糖类有提供膳食纤维、解毒、促进肠道蠕动等作用，对于控制体重和美容保健方面有着重要的意义。

（一）排毒养颜

1. 促进排便

人体便秘时粪便潴留在肠道，有害物质反被身体吸收，会引起胃肠神经功能紊乱而导致食欲缺乏、腹部胀满、嗳气、口苦、肛门排气（放屁）等。粪便的长期潴留会因为毒素的反吸收导致脸上长斑、长痘、面色灰暗等一些损美性疾病。而糖类中的很多成分如膳食纤维、低聚糖等都具有促进排便的作用，机制包括使粪便因含水较多体积增加、变软、刺激和加强肠蠕动、营养肠道等，最终使消化吸收和排泄功能得到加强，发挥"清道夫"的作用，以减轻直肠内压力，降低粪便在肠道中停留的时间，最终达到排毒及美容养颜的作用。

2. 解毒作用

糖类代谢过程中产生的葡糖醛酸残基在肝脏参与重金属等某些物质的解毒，肝糖原不足时动物对四氯化碳、乙醇、砷等有害物质及对伴有细菌毒素疾病的抵抗力显著下降，摄入足够的糖类，保持肝脏含有丰富的糖原，既可保护肝脏本身免受有害因素的毒害，又能保持肝脏正常的解毒功能。

## （二）控制体重

糖类是供给机体热能的主要来源，所以人体活动的热能有70%是由其供应的。但如果糖类摄入过多，超过机体需要时，多余的能量就会在肝脏中转化为中性脂肪进入血液循环，大部分又转变为皮下脂肪储存体内，使体重增加，导致肥胖发生，影响体形。糖类包括两大类，一类是人体能够消化吸收的多糖，主要是指淀粉；另一类是人体不能消化吸收的多糖，种类很多，主要包括膳食纤维、抗性淀粉、低聚糖类等。这类物质不能被人体消化酶所分解，不能直接给人体提供能量，但能够通过增强饱腹感、促进排便、抑制脂肪酸的吸收、促进能量代谢、抑制淀粉酶的活性等起到控制体重的作用。

近年研究比较多的是膳食纤维，全麦面、豆类、水果和蔬菜中含有丰富的纤维素，增加了食物的体积，使人易产生饱腹感，从而减少摄入的食物量，避免摄食过多引起能量过剩而导致肥胖。同时膳食纤维还能够抑制淀粉酶的作用，延缓糖类的吸收，降低空腹和餐后血糖水平。果胶等能抑制脂肪的吸收，有助于肥胖、糖尿病和高脂血症的预防。

## （三）提高免疫力和抗辐射

近年研究发现多糖是有效的免疫活性调节剂，其中的一部分还具有抗辐射等保健作用，其美容功能将在保健食品部分详述。

## （四）与糖类相关的健康问题

### 1. 糖类与龋齿

龋齿俗称"虫牙""蛀牙"，是人类发病率极高的疾病，在我国的发病率较高。患龋病时会使咀嚼功能降低，影响营养摄入，对颌面部和全身的生长发育造成影响。另外，也影响美观和正确发音，给患者心理造成一定影响。在龋齿形成过程中，饮食是细菌的重要作用物。食物中含有大量的糖，这些物质既供给菌斑中细菌生活和活动的能量，又通过细菌代谢作用使糖酵解产生有机酸，酸长期滞留在牙齿表面和窝沟中，使釉质脱矿破坏，继之某些细菌又使蛋白质溶解形成龋洞。致龋的糖类很多，最主要的是蔗糖。因此要预防虫牙，保持牙齿健康，吃糖后要马上漱口、刷牙，防止糖在口中残留，特别是睡前不吃糖。

### 2. 糖类与抗生酮作用

部分肥胖者，尤其是女性肥胖者，在减肥的过程中方法不当，糖类限制过于严格或者不食用主食，结果使脂肪分解过多过快，产生大量酮体，超过机体代谢速度，此时会出现烦渴、尿多、明显脱水、极度乏力、恶心呕吐、食欲低下等，从美容的角度，由于失水较多会表现为皮肤干燥、弹性减低、眼球下陷等现象。这时患者呼吸常深而快，呼出气中带有烂苹果味。

### 3. 糖类与食糖性脱发

糖在人体的新陈代谢过程中形成大量的酸素，可破坏B族维生素，扰乱头发的色素代谢，致使头发逐渐因失去黑色的光泽而枯黄。过多的糖在体内可使皮脂增多，诱发头皮发生脂溢性皮炎，继而大量脱发。

　　糖类是人体最主要的热量来源，如果糖类摄入不足，则摄入的蛋白质会大量地作为热源被消耗掉，不能充分发挥这些优质蛋白质的营养作用。还因蛋白质代谢产生过量的磷酸根、硫酸根等酸性物质，对皮肤有较强的刺激作用，会引起皮肤早衰；如果摄入糖类太多，又会引起肥胖症和血脂增高，不利于体形健美，故应适当控制。

## 七、食物来源与参考摄入量

　　糖类主要来源于植物性食物，如谷类含量为70%～75%、薯类含量为20%～25%，根茎类、蔬菜、豆类含量为30%～60%。坚果类也含有比较丰富的糖。另外有食糖，主要是蔗糖，提供双糖和单糖；蔬菜、水果也含有单糖；乳糖则主要存在于人和动物的乳汁中。

　　糖类的摄入量取决于机体对能量的需要，保持充足糖类的摄入，提供合适比例的能量是很重要的。已证明食糖占总能量的比例大于80%和小于40%都对健康不利。按我国人民的饮食习惯，糖类供能所占比例为50%～65%，且应有不同来源，包括复合糖类淀粉、不消化的抗性淀粉、非淀粉多糖、低聚糖等。蔗糖等精制糖摄取后迅速吸收，机体难以尽快将其氧化分解并加以利用，易于转化为脂肪形式储存下来。一般认为精制糖摄入不宜过多，不能超过总能量的10%，成人以25g/d为宜。

# 第五节　矿物质与美容

　　人体内的元素除碳、氢、氧、氮以有机的形式存在外，其余的统称为矿物质。矿物质分为常量元素和微量元素，共有20多种，其中体内含量较多（>0.01%体重）、每日膳食需要量都在100mg以上者称为常量元素，有钙、镁、钾、磷、钠、氯共6种。

　　矿物质的生理功能主要是：构成机体组织的重要组分，如骨骼、牙齿中的钙、磷、镁，蛋白质中的硫、磷等；细胞内外液的成分，如钾、钠、氯与蛋白质一起，维持细胞内外液适宜渗透压，使机体组织能储存一定量的水分；维持体内酸碱平衡，如钾、钠、氯离子和蛋白质的缓冲作用；参与构成功能性物质，如血红蛋白中的铁、甲状腺素中的碘、超氧化物歧化酶中的锌、谷胱甘肽过氧化物酶中的硒等；维持神经和肌肉的正常兴奋性及细胞膜的通透性。

## 一、常量元素

### （一）钙

　　钙约占体重的2%。成人体内含钙总量约为1200g，其中约99%集中在骨骼和牙齿，存在形式主要为羟磷灰石；约1%的钙常以游离的或结合的离子状态存在于软组织、细胞外液及血液中，统称为混溶钙池。

1. 生理功能

（1）形成和维持骨骼和牙齿的结构 钙是骨骼和牙齿的重要成分。体内的钙约99%集中在骨骼及牙齿，主要以羟磷灰石 $[Ca_{10}(POA)_6(OH_2)]$ 及磷酸钙 $[Ca_3(PO_4)_2]$ 两种形式存在。成骨细胞与黏多糖等构成骨基质，羟磷灰石及磷酸钙沉积于骨基质，形成骨骼及牙齿。

骨钙的更新速率随年龄的增长而减慢，幼儿的骨骼每1~2年更新一次，成人更新一次则需10~12年。男性18岁以后，女性更早一些，骨的长度开始稳定，但骨的密度仍继续增加若干年。40岁以后骨中的矿物质逐渐减少，转换速率为每年0.7%，绝经后妇女骨吸收不占优势。妇女绝经以后，骨质丢失速度加快，骨密度降低到一定程度时，就不能保持骨骼结构的完整，甚至压缩变形，以致在很小外力下即可发生骨折，即为骨质疏松症（osteoporosis）。

（2）维持肌肉和神经的正常活动 钙离子与神经和肌肉的兴奋、神经冲动的传导、心脏的正常搏动等生理活动有密切的关系。如血清钙离子浓度降低时，肌肉、神经的兴奋性增高，可引起手足抽搐；而钙离子浓度过高时，则损害肌肉的收缩功能，引起心脏和呼吸衰竭。

（3）参与血凝过程 钙有激活凝血酶原使之变成凝血酶的作用。

（4）其他 钙在体内还参与调节或激活多种酶的活性作用，如ATP酶、脂肪酶、蛋白质分解酶、钙调蛋白等。钙对细胞的吞噬、激素的分泌等也有影响。

2. 消化吸收与代谢

（1）消化吸收膳食中不利于钙吸收的因素有，谷物中的植酸，某些蔬菜（如菠菜、苋菜、竹笋等）中的草酸，过多的膳食纤维、碱性磷酸盐、脂肪等。抗酸药、四环素、肝素也不利于钙的吸收。蛋白质摄入过高，增加肾小球滤过率，降低肾小管对钙的再吸收，使钙排出增加。

钙的吸收与年龄有关，随年龄增长其吸收率下降。婴儿钙的吸收率超过50%，儿童约为40%，成人只为20%左右。一般在40岁以后，钙吸收率逐渐下降。但在人体对钙的需要量大时，钙的吸收率增加，妊娠、哺乳和青春期，钙的需要量最大，因此钙的吸收率增高；需要量小时，吸收率降低。

（2）代谢 人体摄入的钙主要通过肠道和泌尿系统排泄，少量通过皮肤经汗液排泄。按推荐的摄入量，成人每日摄入800mg钙，200~300mg钙经肠道吸收进入血液，100~200mg经尿液排出，吸收的钙经粪便再排出100~150mg，另有50~60mg的钙由汗液、头发和指甲排出。女性在哺乳期，由乳汁排出钙150~230mg/d。

肠道排出的钙包括两部分。一部分为膳食中未吸收的钙。该部分的钙量主要与钙摄入的总量与方式和影响钙吸收的因素有关。另一部分为已吸收进入血循环的钙经消化液或脱落细胞被排入消化道，部分随食物钙一起重吸收进入血循环，未吸收的部分则随粪便排出体外，这部分钙称为内源性粪钙，内源性粪钙的排出日均100~150mg，排出量与血钙浓度有关，消化液中钙的重吸收与膳食钙受相同因素的影响。

皮肤对钙的排泄主要受出汗量和血钙浓度的影响。成人每日通过皮肤排出的钙 50~60mg。

**3. 膳食参考摄入量**

中国营养学会提出的成人钙推荐摄入量（RNI）为800mg/d膳食中的钙主要在pH较低的小肠上段吸收，需有活性维生素D〔1，25-（OH）$_2$D$_3$〕参与。适量维生素D、某些氨基酸（赖氨酸、精氨酸、色氨酸）、乳糖和适当的钙、磷比例，均有利于钙吸收。

**4. 缺乏或过量的危害**

（1）钙缺乏的危害 钙摄入量过低可致钙缺乏症，主要表现为骨骼的病变，即儿童时期的佝偻病（Rickets）和成人的骨质疏松症。

①血钙过低：正常生理状态下，机体不会出现体液和细胞内液钙的缺乏或过量。病理状态下可出现血钙过低，并导致神经的过度兴奋，引起腓肠肌和其他部位肌肉痉挛等。

②骨骼钙化不良与骨质疏松：钙缺乏症也主要表现为骨钙营养不良。生长期儿童需要较多的钙，长期缺钙则导致骨骼钙化不良，生长迟缓，新骨结构异常，严重者出现骨骼变形和佝偻病。佝偻病在中国南方地区发生率达20%，北方地区更高达50%。其原因除钙缺乏外，还由于维生素D缺乏导致钙吸收和利用不良所致。因此，婴幼儿、孕妇和乳母等钙需要量大的人群应摄入或补充足量的钙与维生素D。成人钙缺乏可导致骨质疏松，其表现为骨骼中骨质的基本单位减少，骨皮质变薄，骨小梁变细和减少，从而引起骨骼的承重能力降低，在正常外力作用下即可骨折。由于人体各部位骨骼的骨质分布并不均衡，前臂骨、椎骨（尤其是腰椎）、股骨颈和股骨粗隆是骨质较薄弱的部位，容易发生骨质疏松性骨折。骨质疏松受遗传及多种环境因素，如身体活动、膳食、吸烟甚至精神心理因素的影响，钙只是引起骨质疏松的重要因素之一。

③其他疾病：钙缺乏除与骨健康相关外，流行病学研究提示缺钙还可能与糖尿病、心血管病、高血压、某些癌症（如直肠结肠癌）等慢性疾病及牙周病等相关，但目前研究尚不足以作为估算钙需要量的依据。

（2）钙过量的危害 钙过量对机体可产生不利影响，包括以下几种。

①增加肾结石的危险。

②奶碱综合征：典型症候群包括高血钙症（hypercalcemia）、碱中毒（alkalosis）和肾功能障碍。其严重程度决定于钙和碱摄入量的多少和持续时间。急性发作呈现为高血钙和碱中毒，特征是易兴奋、头疼、眩晕、恶心和呕吐、虚弱、肌痛和冷漠，严重者出现记忆丧失、嗜睡和昏迷。

③过量钙干扰其他矿物质的吸收和利用：钙和铁、锌、镁、磷等元素存在相互作用。例如，钙可明显抑制铁的吸收；高钙膳食会降低锌的生物利用率；钙/镁比大于5，可致镁缺乏。

5. 食物来源

乳和乳制品是钙的最佳食物来源，含量丰富，且吸收率高。豆类、坚果类、绿色蔬菜、各种瓜子也是钙的较好来源。少数食物如虾皮、海带、发菜、芝麻酱等含钙量特别高。常见食物的钙含量见表4-16。

表4-16　常见食物的钙含量　　　　单位：mg/100g

| 食物名称 | 含量 | 食物名称 | 含量 | 食物名称 | 含量 | 食物名称 | 含量 |
|---|---|---|---|---|---|---|---|
| 石螺 | 2458 | 油菜 | 108 | 鲳鱼 | 46 | 玉米 | 10 |
| 牛脑 | 583 | 牛乳 | 104 | 白菜 | 45 | 瘦羊肉 | 9 |
| 河虾 | 325 | 豌豆 | 97 | 黄鳝 | 42 | 瘦牛肉 | 9 |
| 豆腐干 | 308 | 银鱼 | 82 | 花生 | 39 | 鸡肉 | 9 |
| 紫菜 | 264 | 绿豆 | 81 | 柑橘 | 35 | 马铃薯 | 8 |
| 黑木耳 | 247 | 芹菜 | 80 | 胡萝卜 | 32 | 猪肝 | 6 |
| 蟹肉 | 231 | 小豆 | 74 | 鲢鱼 | 31 | 籼米 | 6 |
| 大豆 | 191 | 枣 | 64 | 标准粉 | 31 | 瘦猪肉 | 6 |
| 蚌肉 | 190 | 冬菇 | 55 | 猪脑 | 30 | 葡萄 | 5 |
| 豆腐花 | 175 | 鲤鱼 | 50 | 黄瓜 | 24 | 豆浆 | 5 |
| 海虾 | 146 | 鸡蛋 | 48 | 橙子 | 20 | 苹果 | 4 |
| 蛤蜊 | 138 | 鹌鹑蛋 | 47 | 梨 | 11 | | |

（二）镁

正常成人身体镁总含量约25g，其中60%～65%存在于骨骼、牙齿，27%分布于软组织。镁主要分布于细胞内，细胞外液的镁不超过1%。血清中镁相当恒定，不能反映体内镁的充足与否，即使机体缺镁，血清镁亦不降低。

1. 生理功能

（1）激活多种酶的活性　镁作为多种酶的激活剂，参与300余种酶促反应。镁能与细胞内许多重要成分，如三磷酸腺苷等，形成复合物而激活酶系，或直接作为酶的激活剂激活酶系。

（2）抑制钾、钙通道　镁可封闭不同的钾通道，阻止钾外流。镁也可抑制钙通过膜通道内流。当镁耗竭时，这种抑制作用减弱，导致经钙通道进入细胞的钙增多。

（3）维护骨骼生长和神经肌肉的兴奋性　镁是骨细胞结构和功能所必需的元素，使骨骼生长和维持，影响着骨的吸收。在极度低镁时，甲状旁腺功能低下而引起低血钙，使骨吸收降低。镁与钙使神经肌肉兴奋和抑制作用相同，血液中镁或钙过低，神经肌肉兴奋性均增高；反之则有镇静作用。但镁和钙又有拮抗作用。由镁引起的中枢神经和肌肉接点处的传导阻滞可被钙拮抗。

（4）调节胃肠道功能　硫酸镁溶液经十二指肠时，可使奥狄括约肌松弛，短期胆汁流出，促使胆囊排空，具有利胆作用。碱性镁盐可中和胃酸。镁离子在肠道中吸收缓慢，促使水分滞留，具有导泻作用。低浓度镁可减少肠壁张力和蠕动，有解痉作用，并有对抗毒扁豆碱的作用。

2. 消化吸收与代谢

（1）消化吸收　膳食中的镁在整个肠道均可被吸收，但主要在空肠末端与回肠，吸收率约为30%。影响镁吸收的因素主要有镁的摄入量，当摄入少时吸收率增加，摄入多时吸收率降低。同时，膳食中氨基酸、乳糖等可促进镁的吸收，氨基酸可增加难溶性镁盐的溶解度，饮水多时有明显促进吸收作用。而维生素D促进镁吸收的作用有限。过多的磷、草酸、植酸和膳食纤维等可抑制镁的吸收。此外，由于镁与钙的吸收途径相同，它们会因竞争吸收而相互干扰。

（2）代谢　肾脏是镁的主要排泄器官，也是调节镁平衡的重要器官。人体每日排出体外的镁为50~120mg，占摄入量的1/3~1/2。肾小球滤过的镁约65%在亨勒襻重吸收，20%~30%在近曲小管重吸收。血清镁水平高时，肾小管重吸收减少；血清镁水平低时，肾小管重吸收增加。甲状旁腺激素（PTH）参与调节此过程，当摄入镁过少，血镁低于正常水平时，刺激PTH分泌，增加肾小管对镁的重吸收，降低尿镁排出；当镁摄入过多，血镁水平过高时，肾小球滤过的镁增加，肾小管重吸收减少，尿镁增加。肾上腺皮质分泌的醛固酮，可调节肾脏排泄镁的速率。粪便和汗液只排出少量的镁。

3. 膳食参考摄入量

据调查，我国成人镁每日摄入量为（356.8±159.0）mg，结合国外资料，中国营养学会提出的成人镁推荐摄入量（RNI）为330mg/d

4. 缺乏与过量的危害

（1）镁缺乏的危害　健康人一般不会发生镁缺乏。引起镁缺乏的主要原因与镁摄入不足、吸收障碍、肾排出增多有关。饥饿不仅使镁摄入减少，并因继发代谢性酸中毒而使肾排镁增多，故长期应用胃肠外营养及蛋白质-能量营养不良均可引起镁缺乏。Cadell等调查非洲28名蛋白质-能量营养不良患儿，发现均有镁缺乏症状，补镁可明显促进患儿康复。另外，酗酒导致呕吐、腹泻可使镁丢失，酒精本身的作用也可使肾保镁功能受损。

镁缺乏可对机体产生明显影响。镁耗竭可导致低血钙症，其原因主要是甲状旁腺功能受损，PTH分泌减少，破骨细胞对PTH反应性低下，骨再吸收降低，导致骨矿化表面钙镁交换受损所致。镁缺乏可影响神经肌肉的兴奋性，其早期表现为神经肌肉兴奋性亢进，常见临床表现为肌肉震颤、手足抽搐、反射亢进、共济失调，有时出现幻觉，严重出现谵妄、精神错乱等症状。

镁摄入不足、吸收障碍、丢失过多等可使机体镁缺乏。镁缺乏可致神经肌肉兴奋性亢进；低镁血症患者可有房室性早搏、房颤以及室颤，半数有血压升高。镁缺乏也可导致胰岛素抵抗和骨质疏松。

（2）镁过量的危害　在正常情况下，肠、肾及甲状旁腺等能调节镁代谢，一般不易发生镁中毒。用镁盐抗酸、导泻、利胆、抗惊厥或治疗高血压疾病，并不至于发生镁中毒。但在肾功能不全、糖尿病酮症早期、肾上腺皮质功能不全、黏液水肿、骨髓瘤、草酸中毒、肺部疾患及关节炎等发生血镁升高时可见镁中毒。腹泻是评价镁毒性的敏感指标。过量镁摄入，血清镁在1.5～2.5mmol/L时，常伴有恶心、胃肠痉挛等胃肠道反应；当血清镁增高到2.5～3.5mmol/L时则出现嗜睡、肌无力、膝腱反射弱、肌麻痹；当血清镁增至5mmol/L时，深腱反射消失；超过5mmol/L时可发生随意肌或呼吸肌麻痹；超过7.5mmol/L时可发生心脏完全传导阻滞或心搏停止。

5. 食物来源

镁普遍存在于各种食物中，但含量差别很大。由于叶绿素是镁卟啉的螯合物，所以绿叶蔬菜是富含镁的。食物中诸如粗粮、坚果也含有丰富的镁，而肉类、淀粉类食物及牛乳中的镁含量却属中等。精制食品的镁含量一般是很低的。随着精制的、加工的食品摄入量增加，镁的摄入量呈减少趋势。总镁摄入量常常取决于能量摄入量，所以青年人和成年男子镁的摄入量常高于妇女和老年人。

除了食物外，从饮水中也可以获得少量镁，水中镁的含量差异很大，故摄入量常难以估计，如硬水中含有较高的镁盐，软水中含量相对较低。

常见含镁较丰富的食物及其含量见表4-17。

表4-17　常见含镁较丰富的食物及其镁含量　单位：mg/100g

| 食物名称 | 含量 | 食物名称 | 含量 |
| --- | --- | --- | --- |
| 大麦（元麦） | 158 | 苋菜（绿） | 119 |
| 黑米 | 147 | 口蘑（白蘑） | 167 |
| 荞麦 | 258 | 黑木耳（干） | 152 |
| 麸皮 | 382 | 香菇（干） | 147 |
| 大豆 | 199 | 苔菜（干） | 1257 |

（三）磷

人体磷的含量约为体重的1%。成人体内含磷400～800g，85%分布在骨骼和牙齿中，15%分布在软组织及体液中。

1. 生理功能

磷和钙一样都是构成骨骼和牙齿的成分，也是组织细胞中很多重要成分的原料，如核酸、磷脂以及某些酶等。磷还参与许多重要生理功能，如糖和脂肪的吸收以及代谢。另外，对能量的转移和酸碱平衡的维持都有重要作用。

磷的缺乏只有在一些特殊情况下才会出现。如早产儿仅喂以母乳，因人乳含磷量较低，不能满足早产儿骨磷沉积的需要，而可发生磷缺乏，出现佝偻病样骨骼异常。

### 2. 消化吸收与代谢

（1）消化吸收　磷的吸收部位在小肠，其中以十二指肠及空肠部位吸收最快，回肠较差。磷在肠道的吸收率常因磷的存在形式与数量而变动。大多数食物中以有机磷酸酯和磷脂为主，它们经酶促水解形成酸性无机磷酸盐后才易被吸收。乳类食品含较多的溶解度高的、酸性无机磷酸盐，故易于吸收。普通膳食磷吸收率约为70%，而低磷膳食时，可增至90%。母乳喂养的婴儿，磷吸收率为85%~90%，学龄儿童或成人吸收率为50%~70%，肠道酸度增加，有利于磷的吸收。当肠道中存在一些金属的阳离子时，如钙、镁、铁、铝等，可与磷酸根形成不溶性磷酸盐，不利于磷的吸收。肠道中维生素D能增加肠黏膜对磷的运转，有效地促进磷吸收。磷的吸收也需要维生素D，维生素D缺乏（如佝偻病患者）血清中无机磷酸盐下降。

（2）代谢　磷的代谢过程与钙相似，体内磷平衡取决于机体内外环境之间磷的交换，即磷的摄入、吸收和排泄之间的相对平衡，机体磷稳态受甲状旁腺-肾脏-骨骼肌的调节。

### 3. 膳食参考摄入量

中国营养学会提出的成人膳食磷的推荐摄入量（RNI）为720mg/d。

### 4. 缺乏与过量的危害

由于许多食物含磷丰富，故一般不会引起磷缺乏。以母乳喂养的早产儿，因母乳含磷量较低，不足以满足早产儿骨磷沉积的需要，可发生磷缺乏，出现佝偻病样骨骼异常。长期补钙、输注高营养物质的早产儿，患有甲亢、做过甲状腺切除术的妇女，长期静脉高营养的病人、创伤和败血症病人以及长期服用氢氧化铝、氢氧化镁或碳酸铝一类结合剂和服用利尿剂的病人容易发生低磷血症。低磷血症主要引起ATP合成不足和红细胞内2，3-二磷酸甘油酯（2，3-DPG）减少，导致组织缺氧。初始可无症状，随后出现厌食、贫血、全身乏力，重者可有肌无力、鸭态步、骨痛、佝偻病、病理性骨折、易激动、感觉异常、精神错乱、抽搐、昏迷，甚至死亡。这些严重症状常在血清无机磷水平降至0.32mmol/L（10.0mg/L）以下才会出现。

### 5. 食物来源

磷在食物中分布很广。瘦肉、蛋、鱼、干酪、蛤蜊、动物的肝和肾中磷的含量丰富。海带、芝麻酱、花生、干豆类、坚果等中含量较高。但粮谷中的磷多为植酸磷，吸收和利用率较低。由于磷的食物来源广泛，一般膳食中不易缺乏。

## （四）钾

钾为人体的重要阳离子之一。正常成人体内钾总量约为50mmol/kg，成年男性略高于女性。体内钾主要存在于细胞内，约占总量的98%，其他存在于细胞外。体内钾有70%在肌肉，10%在皮肤，红细胞内占6%~7%、骨内占6%、脑占4.5%、肝占4.0%，正常人血浆中钾的浓度为3.5~5.3mmol/L，约为细胞内钾浓度的1/25。各种体液内都含有钾。

1. 生理功能

（1）维持糖、蛋白质的正常代谢　葡萄糖和氨基酸经过细胞膜进入细胞合成糖原和蛋白质时，必须有适量的钾离子参与。估计1g糖原的合成约需0.6mmol钾离子，合成蛋白质时每1g氮需要3mmol钾离子。三磷酸腺苷的生成过程中也需要一定量的钾，如果钾缺乏时，糖、蛋白质的代谢将受到影响。

（2）维持细胞内正常渗透压　由于钾主要存在于细胞内，因此钾在维持细胞内渗透压方面起主要作用。

（3）维持神经肌肉的应激性和正常功能　细胞内的钾离子和细胞外的钠离子联合作用，可激活$Na^+$-$K^+$-ATP，产生能量，维持细胞内外钾钠离子浓差梯度，发生膜电位，使膜有电信号能力。当血液中钾离子浓度降低时，膜电位上升，细胞膜极化过度，应激性降低，发生松弛性瘫痪。当血液中钾离子浓度过高时，可使膜电位降低，致细胞不能复极而应激性丧失，其结果可发生肌肉麻痹。

（4）维持心肌的正常功能　心肌细胞内外的钾浓度对心肌的自律性、传导性和兴奋性有密切关系。钾缺乏时，心肌兴奋性增高；钾过高时又使心肌自律性、传导性和兴奋受抑制；二者均可引起心律失常。在心肌收缩期，钾从细胞内溢出，舒张期又内移。若缺钾或钾过多，均可引起钾的迁移，从而使心脏功能严重失常。

（5）维持细胞内外正常的酸碱平衡　钾代谢紊乱时，可影响细胞内外酸碱平衡。当细胞失钾时，细胞外液中钠与氢离子可进入细胞内，引起细胞内酸中毒和细胞外碱中毒；反之，细胞外钾离子内移，氢离子外移，可引起细胞内碱中毒与细胞外酸中毒。

（6）降低血压　血压与膳食钾、尿钾、总体钾或血清钾呈负相关。补钾对高血压及正常血压者有降低作用。

2. 消化吸收与代谢

（1）消化与吸收　人体的钾主要来自食物，成人每日从膳食中摄入的钾为45～100mmol（1759～3910mg），儿童为0.5～3.0mmol（19.5～117.3mg）/kg（bw），摄入的钾大部分由小肠吸收，吸收率为85%左右。

吸收的钾通过钠泵（$Na^+$-$K^+$-ATP酶）将钾转入细胞内。钠泵可使ATP水解所获得的能量将细胞内的3个$Na^+$转到细胞外，2个$K^+$交换到细胞内，使细胞内保持较高浓度的钾。细胞内外钠泵受胰岛素、儿茶酚胺等影响。胰岛素可通过改变细胞内钠离子的浓度，刺激$Na^+$-$K^+$-ATP酶的活性和合成而促进钾离子转移到横纹肌、脂肪组织、肝脏以及其他组织细胞。$\beta_2$肾上腺素可通过刺激$Na^+$-$K^+$-ATP酶，促进细胞外液$K^+$转入细胞内，也可通过刺激葡萄糖酵解，使血糖上升，进而刺激胰岛素分泌，再促进$K^+$进入细胞内。此外，醛固酮、酸碱平衡障碍等也影响钾离子向细胞内转移。

（2）代谢　摄入人体的钾主要由肾脏、肠道和皮肤排出体外。由肾脏排出的钾占绝大部分，为摄入量的80%～90%；由粪便排出的钾约为12%，但当肾功能衰竭时，自肠道排出的钾可达摄入量的35%；由汗液排出钾的比例很少，约3%左右，但是在高温环境从事体力活动大量出汗时，每日从汗液排出的钾比例明显增加，有时可达150mmol（5865mg）。钾的排泄量与膳食钾摄入量密切相关。膳食钾摄入量增加时，尿钾排出量随之增高，因此尿钾含量变化可反映膳食钾的摄入状况。

3. 膳食参考摄入量

据研究，要维持正常体内钾的储备、血浆及间质中钾离子的正常浓度，每日至少需摄入1627mg。因此，估计钾的需要量可能为1578～1718mg/d。中国营养学提出的成年人膳食钾的适宜摄入量（AI）为2000mg/d。

4. 缺乏与过量的危害

人体内钾总量减少可引起钾缺乏症，可在神经肌肉、消化、心血管、泌尿、中枢神经等系统发生功能性或病理性改变。如肌肉无力、瘫痪、心律失常、横纹肌肉裂解症及肾功能障碍等。静脉补液内少钾或无钾时，易发生钾不足。消化道疾患时可使钾损失，如频繁的呕吐、腹泻、引流、长期服用缓泻剂或轻泻剂等；各种以肾小管功能障碍为主的肾脏疾病，可使钾从尿中大量丢失；高温作业或重体力劳动，大量出汗而钾大量流失等。

5. 食物来源

大部分食物都含有钾，但蔬菜和水果是钾最好的来源。每100g谷类中含钾100～200mg，豆类中含钾600～800mg，蔬菜和水果中含钾200～500mg，肉类中钾含量为150～300mg，鱼类中含钾200～300mg。每100g食物钾含量高于800mg以上的食物有紫菜、大豆、冬菇等。常见食物的钾含量见表4-18。

### 表4-18　常见食物的钾含量　　　　单位：mg/100g

| 食物名称 | 含量 | 食物名称 | 含量 | 食物名称 | 含量 | 食物名称 | 含量 |
|---|---|---|---|---|---|---|---|
| 紫菜 | 1796 | 鲳鱼 | 328 | 肥瘦牛肉 | 211 | 白菜 | 137 |
| 大豆 | 1503 | 青鱼 | 325 | 油菜 | 210 | 长茄子 | 136 |
| 冬菇 | 1155 | 瘦猪肉 | 305 | 豆角 | 207 | 甘薯 | 130 |
| 小豆 | 860 | 小米 | 284 | 芹菜（茎） | 206 | 苹果 | 119 |
| 绿豆 | 787 | 牛肉（瘦） | 284 | 猪肉 | 204 | 丝瓜 | 115 |
| 黑木耳 | 757 | 带鱼 | 280 | 胡萝卜 | 190 | 八宝菜 | 109 |
| 花生 | 587 | 黄鳝 | 278 | 标准粉 | 190 | 牛乳 | 109 |
| 枣（干） | 524 | 鲢鱼 | 277 | 标二稻米 | 171 | 发菜 | 108 |
| 毛豆 | 478 | 玉米（白） | 262 | 橙子 | 159 | 葡萄 | 104 |
| 扁豆 | 439 | 鸡肉 | 251 | 芹菜 | 154 | 黄瓜 | 102 |
| 羊肉（瘦） | 403 | 韭菜 | 247 | 柑橘 | 154 | 鸡蛋 | 154 |
| 枣（鲜） | 375 | 猪肝 | 235 | 柿 | 151 | 梨 | 97 |
| 马铃薯 | 342 | 羊肉（瘦） | 403 | 南瓜 | 145 | 粳米标二 | 78 |
| 鲤鱼 | 334 | 海虾 | 228 | 茄子 | 142 | 冬瓜 | 78 |
| 河虾 | 329 | 杏 | 226 | 豆腐干 | 140 | 肥猪肉 | 23 |

资料来源：摘自中国预防医学科学院营养与食品卫生研究所《食物成分表》。

（五）钠

钠是人体不可缺少的常量元素，一般情况下，成人体内钠含量为3200（女）～4170mmol（男），分别相当于77～100g，约占体重的0.15%。体内钠主要在细胞外液，占总体钠的44%～50%，骨骼中含量高达40%～47%，细胞内液含量较低，仅占9%～10%。

1. 生理功能

（1）调节体内水分与渗透压　钠主要存在于细胞外液，是细胞外液中的主要阳离子，约占阳离子总量的90%，与对应的阴离子构成渗透压，维持体内水量的恒定。此外，钾在细胞内液中同样构成渗透压，维持细胞内的水分的稳定。钠、钾含量的平衡，是维持细胞内外水分恒定的根本条件。

钠的含量左右着体内的水量，当细胞内钠含量增高时，水进入细胞内，使水量增加，造成细胞肿胀，引起组织水肿；反之，人体失钠过多时，致钠量降低，水量减少，水平衡改变。

（2）维持酸碱平衡　钠在肾小管重吸收时与$H^+$交换，清除体内酸性代谢产物（如$CO_2$），保持体液的酸碱平衡。钠离子总量影响着缓冲系统中碳酸氢盐的消长，因此对体液的酸碱平衡也有重要作用。

（3）钠泵　钠钾离子的主动运转，使钠离子主动从细胞内排出，以维持细胞内外液渗透压平衡。钠对ATP的生成和利用、肌肉运动、心血管功能、能量代谢都有关系，钠不足均可影响其作用。此外糖代谢、氧的利用也需有钠的参与。

（4）维持血压正常　人群调查与干预研究证实，膳食钠摄入与血压有关。血压随年龄增高，这种增高中有20%可能归因于膳食中食盐的摄入。为防止高血压，WHO建议每日钠的摄入量小于2.3g，约相当于食盐6g。

（5）增强神经肌肉兴奋性　钠、钾、钙、镁等离子的浓度平衡时，对于维护神经肌肉的应激性都是必需的，满足需要的钠可增强神经肌肉的兴奋性。

2. 消化吸收与代谢

（1）消化与吸收　钠在小肠上部吸收，吸收率极高，几乎可全部被吸收，故粪便中含钠量很少。空肠肠液内存在的葡萄糖可增强钠的吸收，但这是否表明肥胖病与高血压病之间的关系，尚待证实。

（2）代谢　正常情况下，每日摄入的钠只有少部分是机体所需，大部分则通过尿液、粪便、皮肤排出，肾脏排出的钠量大致接近摄入量。通过粪便排泄的量每日不足10mg，粪便排泄的量与摄取量并无关系，即使摄取很多，排出的量依然很少。剧烈运动和过于紧张时，少量的钠会通过皮肤排出体外。但是，汗液中钠的浓度在不同个体中差异较大，平均为2.5g/L，最高可达3.7g/L，在热环境下，中等强度劳动4h，可丢失钠盐7～12g。

3. 膳食营养素参考摄入量

根据生长需要和补充必要的损失所需钠的估计值，见表4-19。

表4-19　健康人钠、氯最低需要量估计值

| 年龄 | 体重/kg | 钠/mg | 氯/mg |
|---|---|---|---|
| 0～5月 | 4.5 | 120 | 180 |
| 6～11月 | 8.9 | 200 | 300 |
| 1岁 | 11.0 | 225 | 350 |
| 2～5岁 | 16.0 | 300 | 500 |
| 6～9岁 | 25.0 | 400 | 600 |
| 10～17岁 | 50.0 | 500 | 750 |
| >18岁 | 70.0 | 500 | 750 |

注：①未计入经皮肤大量长期丢失的需要量。
　　②未有证据表明更高的摄入对健康有任何好处。
　　③未计入生长发育的需要量，＜18岁的需要量根据假定的生长发育速率的男女平均计算，基础数据为
　　　 NCHS报告的50%分位值（Himin，1979）。
　　资料来源：表摘自《中国营养科学全书》（上册），葛可佑，人民卫生出版社。

　　人体内钠在一般情况下，不易缺乏，每日摄入的钠只有小部分是身体所需。进入体内的钠，大部分通过肾脏随尿排出。钠还随汗排出，不同个体汗中钠的浓度变化较大，平均含钠盐（NaCl）2.5g/L，最高达3.7g/L。在热环境下，中等强度劳动4h，可使人体流失钠盐7～12g。在某些情况下，如禁食、少食，膳食钠限制过严，摄入量非常低时：高温、重体力劳动、过量出汗、胃肠疾病、反复呕吐、腹泻（泄剂应用）使钠过量排出丢失时；或某些疾病，如阿狄森病引起肾不能有效保留钠时；胃肠外营养缺钠或低钠时；利尿剂的使用抑制肾小管重吸收钠而使钠丢失等造成体内钠含量的降低，而未能弥补丢失的钠时，均可引起钠缺乏。钠的缺乏在早期症状不明显，倦怠、淡漠、无神，甚至起立时昏倒。中重度失钠时，可出现恶心、呕吐、血压下降、痛性肌肉痉挛，尿中无氯化物检出，视力模糊、心率加速、脉搏细弱、疼痛反射消失，甚至出现淡漠、木僵、昏迷、外周循环衰竭、休克，可因急性肾功能衰竭而死亡。

　　正常情况下，钠摄入过多并不蓄积，但某些情况下，如误将食盐当作食糖加入婴儿乳粉中喂哺，则可引起中毒甚至死亡。急性中毒，可出现水肿、血压上升、血浆胆固醇升高、脂肪清除率降低、胃黏膜上皮细胞受损等。

　　钠摄入量过多、尿中$Na^+/K^+$比值增高，是高血压的重要因素。高血压家族人群较普遍存在对盐敏感的现象。

　　4. 缺乏与过量的危害

　　鉴于我国目前尚缺乏钠需要量的研究资料，也未见膳食因素引起的钠缺乏症的报道，尚难制订EAR和RNI，现在仍沿用1988年AI值，成人为2200mg/d（1g食盐含400mg钠）。

　　一般情况下，机体缺钠的情况较少。当血浆钠轻度减少并伴有渗透压的降低时，即可抑制抗利尿激素（ADH）的分泌，使肾脏对水的重吸收减少，排出低渗尿，直至血

浆钠恢复正常。但在某些情况下，如禁食、少食、膳食中钠盐限制过严，钠的摄入量极低时；由于高温、重体力劳动而过量出汗，胃肠道疾患、反复呕吐、腹泻使钠过量丢失时；因慢性肾脏疾病、肾上腺皮质功能不全（Addison病、Simmonds病）、ADH 分泌异常综合征、糖尿病酸中毒、利尿剂的应用等而导致肾性失钠等，均可引起机体缺钠。血浆钠<135mmol/L时，即为低钠血症。体内钠元素的含量低于健康人的正常含量，则细胞的水分、渗透压、应激性、分泌以及排泄等都将受到影响。此外，缺钠还会影响细胞对氨基酸和葡萄糖的吸收，减少胃液的分泌。

人体缺钠的临床表现可分为三个等级。早期症状不明显。当失氯化钠为0.5g/kg，则尿液中的氯化物含量减少，为轻度缺钠，其主要症状有淡漠、倦怠、无神，失氯化钠为0.5～0.75g/kg，出现尿中无氯化物时为中度缺钠，患者出现恶心、呕吐、脉细弱、血压降低及痛性肌肉痉挛等症状。

当机体失氯化钠量为0.75～1.25g/kg时为重度至极重度缺钠，可出现表情淡漠、昏迷、外周循环衰竭、严重时可导致休克及急性肾功能衰竭而死亡。

5. 食物来源

钠普遍存在于各种食物中，一般动物性食物钠含量高于植物性食物，但人体钠来源主要为食盐，以及加工、制备食物过程中加入的钠或含钠的复合物（如谷氨酸钠、小苏打即碳酸氢钠等），酱油、盐渍或腌制肉或烟熏食品、酱咸菜类、发酵豆制品、咸味休闲食品等。

此外，有些地区饮用水的钠含量甚高，可高达220mg/L（一般钠含量<20mg/L）。我国调查发现，钠的来源中，10%来自食物中所含的天然盐分，15%来自烹调加工及餐桌上加入的食盐，而75%是食物加工和制造过程中加入的食盐。在高温环境，为了补充钠在大量汗液中丢失，需及时补充0.1%食盐的饮料。

（六）氯

氯是人体必需常量元素之一。氯在成人体内的总量为82～100g，占体重的0.15%，广泛分布在全身，主要以氯离子形式与钠、钾化合存在。其中氯化钾主要存在于细胞内液，而氯化钠主要在细胞外液中。脑脊液与胃肠分泌液中氯浓度较高，前者含氯达117～127mmol/L，血浆中也有一定量，为96～106mmol/L。肌肉、神经组织和骨中的氯含量很低。除红细胞、胃黏膜细胞的氯含量较高外，大多数细胞内氯的含量都很低。

1. 生理功能

（1）维持细胞外液的容量与渗透压　氯离子与钠离子是细胞外液中维持渗透压的主要离子，二者约占总离子数的80%，调节与控制着细胞外液的容量与渗透压。

（2）维持体液酸碱平衡　氯是细胞外液中的主要阴离子。当氯离子变化时，细胞外液中的$HCO_3^-$浓度也随之变化，以维持阴阳离子的平衡；反之，当$HCO_3^-$浓度改变时，$Cl^-$相随变化，以维持细胞外液的平衡。供应过量氯离子可以校正由疾病或利尿剂引起的代谢性碱中毒。

（3）参与血液$CO_2$运输　当$CO_2$进入红细胞后，即在红细胞内所有酶参与下，与水结合成碳酸，再离解为$H^+$与$HCO_3^-$，被移出红细胞进入血浆，但正离子不能同样扩散出红细胞，血浆中的氯离子即等量进入红细胞内，以保持正负离子平衡。反之，红细胞内的$HCO_3^-$浓度低于血浆时，氯离子由红细胞移入血浆，$HCO_3^-$转入红细胞，而使血液中大量的$CO_2$得以输送至肺部排出体外。

（4）其他功能　氯离子还参与胃液中胃酸形成，胃酸促进维生素$B_2$和铁的吸收；激活唾液淀粉酶分解淀粉，促进食物消化；刺激肝脏功能，促使肝中代谢废物排出；氯还有稳定神经细胞膜电位的作用等。

2. 消化吸收与代谢

（1）消化吸收　膳食中的氯大多以氯化钠的形式被摄入，以氯离子$Cl^-$形式被吸收，吸收的主要部位在小肠。$Cl^-$主要通过扩散途径经细胞旁路被吸收，吸收速度很快。$Cl^-$的吸收与$Na^+$吸收密切相关，主要有耦联吸收，非耦联吸收和中性NaCl吸收三种途径。其中，中性NaCl吸收是$Cl^-$被吸收的主要形式。

（2）代谢　$Cl^-$主要经肾脏排泄，经肾小球滤过的$Cl^-$，约有80%被肾近曲小管重吸收。重吸收后的氯再通过基底膜上的钾/氯协同转运蛋白返回到体循环。$Cl^-$的重吸收是伴随$Na^+$的重吸收，利尿剂（如呋塞米、布美他尼等）作用于髓袢升支，抑制氯离子的主动转运，钠的重吸收随之减少，使钠离子和氯离子的排泄增加而利尿。

在高温环境下、剧烈运动等情况下，人体大量出汗，$Cl^-$也可以从汗液排出。

3. 膳食参考摄入量

在一般情况下，膳食中的氯总比钠多，但氯化物从食物中的摄入和从身体内的流失大多与钠平行；因此，除婴儿外，所有年龄人的氯需要量基本上与钠相同。由于人乳中所含的氯化物（11mmol）高于钠浓度，因此美国儿科学会（AAP）建议，氯在类似浓度10.4mmol时，其$Na^+$、$K^+$与$Cl^-$比例为1.5～2.0，可维持婴儿体内的正常酸碱平衡调节水平。

根据氯化钠的分子组成，结合考虑钠的AI值，中国营养学会于2000年提出的中国居民膳食氯适宜摄入量（AD）见表4-20。

表4-20　中国居民膳食氯适宜摄入量（AI）　　　　单位：mg/d

| 年龄/岁 | AI | 年龄/岁 | AI |
|---|---|---|---|
| 0 ～ | 400 | 7 ～ | 2200 |
| 0.5 ～ | 800 | 11 ～ | 2400 |
| 1 ～ | 1000 | 14 ～ | 2800 |
| 4 ～ | 1600 | 18 ～ | 3400 |

### 4. 缺乏与过量的危害

（1）缺乏的危害　在正常情况下，不会由膳食引起氯缺乏。但是大量出汗、腹泻呕吐、肾功能改变等情况可引起氯缺乏。目前唯一已知的与饮食有关的氯缺乏病例是给婴儿喂以含氯低（1～2mmol/L）配方乳粉所致。氯缺乏时易引起掉发和牙齿脱落，肌肉收缩不良，消化受损并影响生长发育等。氯缺乏常伴有钠缺乏，此时可造成代谢性碱中毒。

（2）过量的危害　氯摄入过多的情况并不多见，仅见于严重失水、持续摄入大量氯化钠或氯化铵时。当血清Cl水平高于109mmol/L时，$HCO_3S$吸收相应减少，可导致代谢性酸中毒。

### 5. 食物来源

膳食中氯几乎完全来源于氯化钠，仅少量来自氯化钾。因此食盐及其加工食品，盐渍、腌制或烟熏食品，酱咸菜以及咸味食品等都含氯化物。一般天然食品中氯的含量差异较大；天然水中也几乎都含氯，估计日常饮水中可提供40mg/d左右，与从食盐来源的氯的量（约6g）相比并不重要。

## 二、微量元素

微量元素是指含量小于体重的0.01%，每人每日膳食需要量为微克至毫克的矿物质。1995年FAO/WHO提出，人体必需的微量元素包括铁（Fe）、碘（I）、锌（Zn）、硒（Se）、铜（Cu）、铬（Cr）、钼（Mo）、钴（Co）8种。此外，氟属于可能必需的微量元素。

### （一）铁

人体内铁总量为4～5g，可分为功能性铁和储存铁。功能性铁是铁的主要存在形式，其中血红蛋白含铁量占总铁量的60%～75%，3%在肌红蛋白，1%为含铁酶类（细胞色素、细胞色素氧化酶、过氧化物酶与过氧化氢酶等），这些铁参与氧的转运和利用。储存铁以铁蛋白（ferritin）和含铁血黄素（hemosiderin）形式存在于肝、脾与骨髓中，占体内总铁量的25%～30%。正常男性的储存铁约为1000mg，女性仅为300～400mg。

### 1. 生理功能

铁为血红蛋白与肌红蛋白、细胞色素A以及一些呼吸酶的主要成分，参与体内氧与二氧化碳的转运、交换和组织呼吸过程。铁与红细胞形成和成熟有关，铁在骨髓造血组织中进入幼红细胞内，与卟啉结合形成正铁血红素，后者再与球蛋白合成血红蛋白。缺铁时，新生的红细胞中血红蛋白量不足，甚至影响DNA的合成及幼红细胞的分裂增殖，还可使红细胞寿命缩短、自身溶血增加。

铁与免疫关系密切，铁可提高机体免疫力，增加中性粒细胞和吞噬细胞的功能。但当感染时，过量铁往往促进细菌的生长，对抵御感染不利。

此外，铁还有许多重要功能，如催化$\beta$-胡萝卜素转化为维生素A、参与嘌呤与胶原的合成、抗体的产生、脂类从血液中转运以及药物在肝脏的解毒等。

2. 消化吸收与代谢

（1）消化吸收　膳食铁分为血红素铁和非血红素铁。铁的吸收主要在小肠，但小肠黏膜上皮细胞对血红素铁的吸收率远高于非血红素铁。膳食中铁的吸收率差异很大，从小于1%到大于50%，与机体铁营养状况、生理病理改变、膳食中铁的含量及存在形式，以及膳食中影响铁吸收的食物成分都有密切关系。

（2）代谢　身体铁的基本丢失是由于皮肤、呼吸道、胃肠道和泌尿系统黏膜细胞新陈代谢导致细胞脱落死亡所致。每日损失的铁主要经粪便排出；由汗液、皮肤细胞脱落和尿液也损失少量铁。

3. 膳食参考摄入量

铁在体内代谢中，可被身体反复利用，一般除肠道分泌和皮肤、消化道、尿道上皮脱落损失少量外，铁排出的量很少。从膳食中吸收少量加以补充，即可满足机体需要。

中国营养学会2000年制定的《中国居民膳食营养素参考摄入量》中，成人铁适宜摄入量（RNI）男子为12mg/d，女子为20mg/d；可耐受最高摄入量（UL）男女均为42mg/d。

4. 缺乏或过量的危害

铁缺乏是一种常见的营养缺乏病，特别是婴幼儿、孕妇、乳母更易发生。体内铁缺乏，引起含铁酶减少或铁依赖酶活性降低，使细胞呼吸障碍，从而影响组织器官功能，降低食欲，严重者可有渗出性肠病变及吸收不良综合征等。铁缺乏的儿童易烦躁，对周围不感兴趣，成人则冷漠呆板。当血红蛋白继续降低，则出现面色苍白，口唇黏膜和眼结膜苍白，有疲劳乏力、头晕、心悸、指甲脆薄、反甲等。儿童少年身体发育受阻，出现体力下降、注意力与记忆力调节过程障碍、学习能力降低等现象。

婴幼儿与孕妇贫血需特别注意。流行病学研究表明，早产、出生低体重儿及胎儿死亡与孕早期贫血有关。铁缺乏可损害儿童的认知能力，且在以后补充铁后，也难以恢复。铁缺乏也可引起心理活动和智力发育的损害及行为改变。

铁过量可致中毒，急性中毒常见于误服过量铁剂，多见于儿童，主要症状为消化道出血，且死亡率很高。慢性铁中毒可发生于消化道吸收的铁过多和肠道外输入过多的铁。多种疾病如心脏病、肝脏疾病、糖尿病及某些肿瘤等与体内铁的储存过多也有关。

肝脏是铁过载损伤的主要靶器官，过量铁可致肝纤维化、肝硬化、肝细胞瘤。铁过量通过催化自由基的生成、促进脂蛋白的过氧化、形成氧化低密度脂蛋白等作用，而参与动脉粥样硬化的形成。铁过多导致机体氧化和抗氧化系统失衡，直接损伤DNA，诱发突变，与肝、结肠、直肠、肺、食管、膀胱等多种器官的肿瘤可能有关。

5. 食物来源

铁广泛存在于各种食物中，但分布极不均衡，吸收率相差也极大。一般动物性食物铁的含量和吸收率均较高，因此膳食中铁的良好来源主要为动物肝脏、动物全血、畜禽肉类、鱼类。

植物性食物中铁吸收率较动物性食物低，如大米为1%，玉米和黑豆为3%，莴苣为4%，小麦、面粉为5%，鱼为11%，动物肉、肝为22%。蛋类铁的吸收率较低，仅达3%。牛乳是贫铁食物，且吸收率不高，以致缺铁动物模型可以采用牛乳粉或其制品喂养动物以建立。

（二）碘

1. 生理功能

碘在体内主要参与甲状腺素的合成，其生理作用也是通过甲状腺素的作用表现出来的。至今尚未发现碘的独立功能。甲状腺素调节和促进代谢，与生长发育关系密切。

（1）参与能量代谢　在蛋白质、脂类与碳水化合物的代谢中，甲状腺素促进氧化和氧化磷酸化过程；促进分解代谢、能量转换，增加氧耗量，参与维持和调节体温。

（2）促进代谢和身体的生长发育　所有的哺乳类动物都必须有甲状腺素以维持其细胞的分化与生长。发育期儿童的身高、体重、肌肉、骨骼的增长和性发育都必须有甲状腺激素的参与，碘缺乏可致儿童生长发育受阻，缺碘是侏儒症的一个最主要病因。

（3）甲状腺激素　促进DNA及蛋白质合成、维生素的吸收和利用，且是许多重要的酶活化所必需，如细胞色素酶系、琥珀酸氧化酶系等，对生物氧化和代谢都有促进作用。

（4）促进神经系统发育　在脑发育阶段，神经元的迁移及分化、神经突起的分化和发育，尤其是树突、树突棘、触突、神经微管以及神经元联系的建立、髓鞘的形成和发育都需要甲状腺激素的参与。

妊娠前及整个妊娠期缺碘或甲状腺素缺乏均可导致脑蛋白合成障碍，使脑蛋白质含量减少，细胞体积缩小，脑质量减轻，直接影响智力发育。因此，在严重地方性甲状腺肿的地区，可发生以神经肌肉功能障碍为主要表现的克汀病。缺碘对大脑神经造成不可逆转的损害。

（5）垂体激素作用　碘代谢与甲状腺激素合成、释放及功能作用受促甲状腺素（TSH）的浓度调节；TSH的分泌则受血浆甲状腺激素浓度的反馈影响。当血浆中甲状腺激素增多，垂体即受到抑制，促使甲状腺素分泌减少；当血浆中甲状腺激素减少时，垂体前叶TSH分泌即增多，这种反馈性的调节，对稳定甲状腺的功能很有必要，并对碘缺乏的作用也大。TSH的分泌又受丘脑下部分泌的TSH释放因子所促进，丘脑下部则受中枢神经系统调节，由此可见，碘、甲状腺激素与中枢神经系统关系是极为密切的。

2. 消化吸收与代谢

（1）消化与吸收　人体碘的来源：80%～90%来自食物，10%～20%来自饮水（高水碘地区除外），来自空气的碘不足5%。消化道、皮肤、呼吸道和黏膜均可吸收碘。食物中的碘有两种形式：无机碘和有机碘。无机碘（碘化物）在胃和小肠几乎100%被吸收；有机碘一般在消化道被消化、脱碘后，以无机碘形式被吸收。很少量的小分子有机碘可以被直接吸收入血，其绝大多数在肝脏脱碘后以无机碘的形式被利用，与氨基酸结合的碘可直接被吸收。与脂肪酸结合的碘可不经肝脏，由乳糜管吸收而进入体液。进入胃肠道的碘，一般在3h之内可被完全吸收。胃肠道内过多的钙、氟、镁等会阻碍碘的吸收，在碘缺乏的条件下尤为显著。蛋白质与能量不足时，也会妨碍胃肠对碘的吸收。

（2）代谢　在碘供应充足和稳定的情况下，人体排出的碘几乎等于摄入的碘。肾脏排出碘占总排出量的80%以上（其中90%以上为无机碘，10%以下为有机碘）。粪中的碘主要是未被吸收的有机碘，占总排出量的10%左右。肺及皮肤排出的碘较少，但大量出汗时可达到总排出量的30%。乳腺能从血浆中浓集碘通过乳汁分泌，故乳母每日可因哺乳至少损失30μg碘。随着婴儿生长和泌乳量的增加，通过泌乳丢失的碘量也会随之增多，这可能是乳母易发生甲状腺肿的原因之一。

3. 膳食参考摄入量

人体对碘的需要量，取决于对甲状腺素的需要量。维持正常代谢和生命活动所需的甲状腺素是相对稳定的，合成这些激素所需的碘量为50~75μg。

中国营养学会制定的《中国居民膳食营养素参考摄入量》成人碘推荐摄入量（RNI）为120μg/d；可耐受最高摄入量（UL）为600μg/d。

4. 缺乏或过量的危害

碘缺乏不仅会引起甲状腺肿和少数克汀病发生，还可引起更多的亚临床克汀病和儿童智力低下的发生，故1983年提出了用"碘缺乏病"（IDD）代替过去的"地方性甲状腺肿"，包括甲状腺肿、流产、先天畸形、死亡率增高、地方性克汀病等。孕妇严重缺碘，可殃及胎儿发育，使新生儿生长损伤，尤其是神经、肌肉、认知能力低下，以及胚胎期和围产期死亡率上升。

较长时间的高碘摄入也可导致高碘性甲状腺肿等高碘性危害。高碘、低碘都可引起甲状腺肿，高碘时碘越多，患病率也越高。WHO/UNICEF/ICCIDD（国际控制碘缺乏病理事会）建议正常人每日摄入量在1000μg以下是安全的。根据我国高碘性甲状腺肿的发病情况，当人群（儿童）尿碘达800μg/L，则可造成高碘性甲状腺肿流行。缺碘区应用加碘食盐后1~3年内，碘性甲亢的发病率上升，而后降至加碘水平，可见补碘时，碘摄入量不宜过高、不宜过快提高剂量，补碘后其尿碘水平应低于300μg/L。

5. 食物来源

人类所需的碘主要来自食物，为一日总摄入量的80%~90%，其次为饮水与食盐。食物中碘含量的高低取决于各地区土壤及土质等背景含量。甲状腺肿流行地区的食物常低于非流行地区的同类食物。

海洋生物含碘量丰富，是碘的良好来源，如海带、紫菜，海鱼、蚶干、蛤干、干贝、淡菜、海参、龙虾等。其中干海带含碘量可达36mg/kg。而远离海洋的内陆山区或不易被海风吹到的地区，土壤和空气中含碘量较低，这些地区的食物含碘量也不高。

陆地食品含碘量动物性食品高于植物性食品，蛋、乳含碘量相对稍高（40~90μg/kg），其次为肉类，淡水鱼的含碘量低于肉类。

（三）锌

成人体内锌含量为2.0～2.5g，以肝、肾、肌肉、视网膜、前列腺为高。血液中75%～85%的锌分布在红细胞，3%～5%分布于白细胞，其余在血浆中。锌对生长发育、免疫功能、物质代谢和生殖功能等均有重要作用。

1. 生理功能

（1）催化功能　有近百种酶依赖锌的催化，如醇脱氢酶EC1.1.1.1，失去锌，此酶活性也将随之消失，补充锌可以恢复活性。

在金属酶中锌结合在催化部位的酶蛋白上，造成围绕金属离子的一个扭曲和部分配位的球体。由这种扭曲键所造成张力或键能，正是锌发挥其催化功能的基础。锌也可能是通过结合在金属分子上的水分子形成氢氧化锌共同起作用的。

（2）结构功能　锌在酶中也有结构方面的作用。碳酸酐酶是人类认识的第一个含锌的金属酶，之后另一含锌金属酶——牛胰羧肽酶A被发现。随后含锌酶和蛋白质的鉴定进展迅速，现已鉴定出的含锌酶或其他蛋白已超过200种。

在细胞质膜中，锌主要结合在细胞膜含硫、氮的配基上，少数结合在含氧的配基上，形成牢固的复合物，从而维持细胞膜稳定，减少毒素吸收和组织损伤。当食物锌摄入减少，一个重要的表现是细胞质膜丢失锌离子。锌从特异的亚细胞成分选择性地丧失，可能是引起原发病理学的关键。

（3）调节功能　锌作为一个调节基因表达的因子，在体内有广泛作用。金属硫蛋白（MT）或MT样蛋白质的表达，通过锌结合到金属转运因子（MTF）。锌是MTF及金属反应元素（MRE）的调节系统组分，并可能以此机制来控制细胞内锌水平。锌对蛋白质的合成和代谢的调节作用还表现在对机体免疫功能的调节，生理水平的锌可控制免疫调节因子的分泌产生。

锌对激素的调节和影响有重要的生物意义。现已证实结晶胰岛素中含有相当数量的锌，并证实锌在胰岛素释放中起调节作用。锌参与前列腺素的主动分泌过程，同时在生理条件下前列腺素合成的抑制剂也依赖锌的调节功能。

2. 消化吸收与代谢

（1）消化与吸收　小肠内被吸收的锌在门静脉血浆中与清蛋白结合，被带到肝脏，进入肝静脉血中的锌有30%～40%被肝脏摄取，随后释放回血液中。循环血中的锌以不同速率进入到各种肝外组织中。这些组织的锌周转率不同，中枢神经系统和骨骼摄入锌的速率较低，这部分锌在长时间内被牢固地结合着，骨骼锌通常情况下不易被机体代谢利用。

（2）代谢　进入毛发的锌也不能被机体组织利用，并随毛发的脱落而丢失。存留于胰、肝、肾、脾中的锌，其积集速率最快，周转率最高，红细胞和肌肉中锌的交换速率则低得多。体内近90%锌为慢转换性锌，不能为代谢提供可利用锌，其余为代谢提供可利用的锌被称作快速可交换锌池有100～200mg锌，占体内总锌的10%～20%。

### 3. 膳食参考摄入量

中国营养学会制定的《中国居民膳食营养素参考摄入量》中对成年男子的锌推荐摄入量（RNI）定为12.5mg/d，成年男子锌的可耐受最高摄入量（UL）为40mg/d。

### 4. 缺乏与过量的危害

人类锌缺乏体征是一种或多种锌的生物学功能降低的结果，严重的先天性锌吸收不良在人类证明为肠病性肢端性皮炎。这种严重缺锌引起的皮肤损害和免疫功能损伤，目前并不常见。人类锌缺乏的常见体征是生长缓慢、皮肤伤口愈合不良、味觉障碍、胃肠道疾患、免疫功能减退等。

### 5. 食物来源

锌的来源广泛，但食物中的锌含量差别很大，吸收利用率也有很大差异。贝壳类海产品、红色肉类、动物内脏都是锌的极好来源。植物食物含锌较低，植物性食物中含有的植酸、鞣酸和纤维素等均不利于锌的吸收，而动物性食物中的锌生物利用率较高，维生素D可促进锌的吸收。精细的粮食加工过程可导致锌大量丢失。如小麦加工成精面粉大约80%的锌被去掉，豆类制成罐头比新鲜大豆锌含量损失60%左右。我国民的膳食以植物性食物为主，含植酸和纤维较多，锌的生物利用率一般为15%～20%。

## （四）硒

硒是人体必需的微量元素，这一认识是20世纪后半叶营养学上最重要的发现之一。成人体内硒总量在3～20mg，广泛分布于人体各组织器官和体液中，肾中硒浓度最高，肝脏次之，血液中相对低些，脂肪组织中含量最低。

### 1. 生理功能

（1）构成含硒蛋白与含硒酶　进入体内的硒绝大部分与蛋白质结合，称为"含硒蛋白"（selenium-containing protein 或selenium-binding protein）。其中，由mRNA上的三联密码子UGA编码Sec参入的蛋白质另称为"硒蛋白"（selenoprotein）。

目前认为，只有硒蛋白有生物学功能，且为机体硒营养状态所调节。它们起着抗氧化、调节甲状腺激素代谢和维持维生素C及其他分子还原态作用等。根据基因频度分析，体内可能会有50～100种硒蛋白存在。主要的含硒蛋白与含硒酶有：谷胱甘肽过氧化物酶（GSH-Px，GPX），有保护细胞和细胞膜免遭氧化损伤的作用；硫氧还蛋白还原酶（TR）、碘甲腺原氨酸脱碘酶（ID），是催化各甲状腺激素分子脱碘的一类酶，其主要生理作用是将甲状腺分泌的T4转化成活性形式T3而提供给周围组织。近年发现硒的营养状况与此酶活性有密切关系。

（2）抗氧化作用　研究发现许多疾病的发病过程都与活性氧自由基有关。如化学、辐射和吸烟等致癌过程、克山病心肌氧化损伤、动脉粥样硬化的脂质过氧化损伤、白内障形成、衰老过程、炎症发生等无不与活性氧自由基有关。由于硒是若干抗氧化酶（GPX、TR等）的必需组分，它通过消除脂质过氧化物，阻断活性氧和自由基的致病作用，起到延缓衰老乃至预防某些慢性病发生的功能。

（3）对甲状腺激素的调节作用　主要通过三个脱碘酶（D1、D2、D3）发挥作用，对全身代谢及相关疾病产生影响。

（4）维持正常免疫功能　适宜硒水平对于保持细胞免疫和体液免疫是必需的。硒在脾、肝、淋巴结等所有免疫器官中都有检出，并观察到补硒可提高宿主抗体和补体的应答能力。

（5）抗肿瘤作用　补硒可使肝癌、肺癌、前列腺癌和结直肠癌的发生率及肿瘤发生率和死亡率明显降低，且原先硒水平越低的个体，补硒效果越好。

2. 消化吸收与代谢

（1）消化吸收　硒在体内的吸收、转运、排出、储存和分布会受许多外界因素影响，主要是膳食中硒的化学形式和量；另外性别、年龄、健康状况以及食物中是否存在如硫、重金属、维生素等有影响的化合物。动物实验表明，硒主要在小肠（包括十二指肠、空肠和回肠）中被吸收。不同形式硒的吸收方式不同。

（2）代谢　硒在体内大致分为两个代谢库。一个是SeMet代谢库（存在于甲硫氨酸代谢库中），只以SeMet形式存在，不被机体硒状态所调节，可被看作是一个非调节的储存库。SeMet不能在体内合成，全部来自于膳食，它常代替甲硫氨酸（Met）参入到蛋白质中。当膳食硒供应不足时，SeMet代谢库中的SeMet可通过转硫途径降解为硒半胱氨酸，供机体合成硒蛋白用。另一个是硒调节代谢库，由机体硒状态严格调节。它包括膳食中除SeMet以外的各种形式硒，以及动用SeMet代谢库时的SeMet降解产物。通过特殊的代谢途径将各种形式硒（包括直接从膳食中摄入的Sec）均转化为负二价硒化物（$Se^{2-}$）。如Sec通过硒半胱氨酸$\beta$裂解酶转化成$Se^{2-}$；$SeO_3^{2-}$与谷胱甘肽反应也生成$Se^{2-}$。$Se^{2-}$再经硒代磷酸盐合成酶催化，形成硒代磷酸盐（$SePO_3^{3-}$），其硒可置换Ser-$tRNA^{ser}$的丝氨酸上的氧而转换为硒半胱氨酸的tRNA（Sec-$tRNA^{(ser)sec}$）。tRNA（Sec-$tRNA^{(ser)sec}$）能识别mRNA阅读框架中的三联密码子UGA，而将Sec编码插入形成硒蛋白（UGA通常为蛋白质合成时的终端密码子，1986年发现它也是Sec的密码子，因此，Sec是第21个有正常编码的氨基酸）。若硒代磷酸盐合成酶催化反应被抑制，那么$Se^{2-}$就会通过另一途径形成二甲基或三甲基硒由呼出气或尿中排出。因此，负二价硒化物（$Se^{2-}$）是体内硒进入合成途径或排出途径的分叉中间化合物，而硒代磷酸盐合成酶（SPS）可能在调节中起关键作用。

3. 膳食参考摄入量

膳食硒需要量是以防止克山病发生为指标的最低硒摄入量。用两种方法，一种是直接测定相邻于克山病区的非病区"健康岛"（从未发生过克山病）居民膳食硒摄入量，结果为男女平均每天16μg；另一种计算方法是，根据克山病区主粮硒含量最高不超过20μg/g，估计碾磨损失20%，主粮摄入800g，并提供70%的硒摄入量，计算得18μg/d，两种方法平均为17μg/d，以1.3为安全因子，得到大约20μg/d作为膳食硒最低需要量。

中国营养学会提出的每日膳食参考摄入量，18岁以上推荐摄入量（RNI）为60g/d，最高摄入量（UL）为400μg/d。

性别、年龄、健康状况等，以及膳食中硒的化学形式和量，是否存在硫、重金属、维生素，都可影响硒在体内的吸收和分布。

**4. 缺乏与过量的危害**

硒缺乏已被证实是发生克山病的重要原因。克山病在我国最初发于黑龙江省克山地区，临床上主要症状为心脏扩大、心功能失代偿、心力衰竭等。克山病的病因虽然未能完全解释清楚，但人体硒缺乏状态是克山病发病的主要和基本因素已得到学术界共识。此外，缺硒与大骨节病也有关，补硒可以缓解一些症状，对病人骨骺端改变有促进修复、防止恶化的较好效果。

但是，硒摄入过多也可致中毒。20世纪60年代，我国湖北恩施地区和陕西紫阳县发生过吃高硒玉米而引起急性中毒的病例。病人3~4d内头发全部脱落，中毒体征主要是头发脱落和指甲变形，严重者可致死亡。

**5. 食物来源**

食物中硒含量测定值变化很大，例如（以鲜重计）：内脏和海产品6~40μg/100g；瘦肉7~10μg/100g；谷物1~10μg/100g；乳制品1~10μg/100g；水果蔬菜少于1μg/100g。

硒的良好来源是海洋食物和动物的肝、肾及肉类。谷类和其他种子的硒含量依赖它们生长土壤的硒含量，因环境的不同而差异较大。蔬菜和水果的含硒量甚微。

**（五）铜**

铜是人体必需的微量元素，正常成人体内含铜总量为50~120mg，广泛分布于各种组织中。人血液中铜主要存在于细胞和血浆之间，在红细胞中约60%的铜在Cu–Zn金属酶中［超氧化物歧化酶（SOD）］，其余40%与其他蛋白质和氨基酸松弛结合。

**1. 生理功能**

铜在机体内的生理功能主要是催化作用，许多含铜金属酶作为氧化酶，参与体内氧化还原过程，维持正常造血、促进结缔组织形成、维护中枢神经系统的健康，以及促进正常黑色素形成和维护毛发正常结构、保护机体细胞免受超氧阴离子的损伤等重要作用。

铜对脂质和糖代谢有一定影响，缺铜可使动物血液中胆固醇水平升高，但铜过量又能引起脂质代谢紊乱。铜对血糖的调节也有重要作用，缺铜后葡萄糖耐量降低。对某些用常规疗法无效的糖尿病患者，给予小剂量铜离子治疗，常可使病情改善，血糖降低。

铜对于大多数哺乳动物是相对无毒的。人体急性铜中毒主要是由于误食铜盐或食用与铜容器或铜管接触的食物或饮料，出现口腔有金属味、上腹疼痛、恶心呕吐等，严重者甚至发生肝肾衰竭、休克、昏迷以致死亡。

**2. 消化吸收与代谢**

（1）消化吸收　铜主要在十二指肠被吸收，小肠末端和胃也可以吸收铜。据估计，人体铜吸收率与摄入量呈负相关关系，且受饮食中其他因素的影响，在12%～75%范围内波动。在每日摄入铜0.4mg时其吸收率为70%；当每日摄入量增加到7.5mg时，吸收率则下降为12%，即吸收量从0.3mg增加到0.9mg。年龄和性别对铜吸收未见明显影响。铜在体内的平衡部分受吸收的调节，而铜的吸收又受机体对铜的需要所调节。当摄入量增加时体内铜储存量随之增加，摄入量为7～8mg/d时储存量约1mg/d。

（2）代谢　铜的主要排泄途径是通过胆汁到胃肠道，再与进入胃肠道的铜以及少量来自小肠细菌的铜一起由粪便中排出。由胆汁排泄入胃肠道的铜10%～15%可被重新吸收。内源性铜的排泄量明显受铜摄入量的影响。铜摄入量低时几乎没有内源性铜的排泄且铜周转率低，铜摄入量增加时内源性铜的排泄增加且周转加快。健康人每日经尿液排泄铜10～30μg（0.2～0.5μmol），经汗及皮肤通常丢失50μg以下。铜吸收和排泄的动态平衡调节，使得在一定的膳食摄入范围内可预防铜的缺乏或中毒。

3. 膳食参考摄入量

借鉴国外资料并结合我国居民情况，中国营养学会制定了不同年龄各人群铜的RNI值，成人为0.8mg/d，可耐受最高摄入量值（UL）成人为8mg/d。

4. 缺乏与过量的危害

铜缺乏对机体功能影响较大，主要表现是：

（1）缺铜性贫血　铜参与铁的代谢，缺铜时铁转运受阻，一方面使红细胞生成障碍，造血功能下降，另一方面使某些细胞中铁聚集。铜缺乏时人体血红蛋白合成减少，并有寿命短的异常红细胞产生，易发生小细胞低色素性贫血，亦可为正常细胞或大细胞性。网织细胞增加或减少，常低于1500个/mm³，白细胞数亦减少，骨髓象改变。

（2）心血管受损　含铜酶是心脏和动脉壁中三种主要结缔组织中的必要成分，对冠心病的形成起着重要的抑制作用。铜缺乏时可出现心电图异常、心脏收缩功能受损、线粒体呼吸功能受损和心肌肥大等，常伴有压力超载症状如高血压和主动脉狭窄。同时由于含铜酶合成减少，影响人体心肌细胞的氧化代谢，会导致脂质累积，胆固醇增加。铜缺乏可引起赖氨酰氧化酶活力下降，使弹性蛋白和胶原的生物合成减少而导致心脏和动脉组织强度降低引起破裂，以致死亡。孕妇铜缺乏可导致胎儿心脏、血管发育受损和脑畸形。

（3）中枢神经受损　婴儿铜缺乏会引起中枢神经系统的广泛损害。有报道表明铜缺乏导致的氧化性应激可迅速降低老年痴呆症病人的认知能力，这种论点正在进一步研究确证。动物实验发现母代缺铜可引起子代神经功能紊乱，临床可见运动失调和高死亡率。

5. 食物来源

铜广泛存在于各种食物中。牡蛎、贝类等海产品以及坚果类是铜的良好来源（含量为0.3～2mg/100g），其次是动物肝、肾组织，谷类胚芽部分，豆类等（含量为0.1～0.3mg/100g）。植物性食物铜含量受其培育土壤中铜含量及加工方法的影响。乳类和蔬菜含量最低（≤0.1mg/100g）。通常成人每天可以从膳食中得到约2.0mg铜，基本上能满足人体需要。食物中铜的平均吸收率为40%～60%。

（六）铬

正常人体内铬含量为6～7mg，主要存在于骨、皮肤、脂肪组织等。除肺以外，各组织和器官中的铬浓度均随着年龄而下降，因此老年人常有缺铬现象。

1. 生理功能

铬在体内具有加强胰岛素的作用、预防动脉粥样硬化、促进蛋白质代谢和生长发育等功能。另外，一些动物试验研究结果发现，补充铬可以提高应激状态下的动物体内免疫球蛋白，显著减少其血清皮质醇、并可增强RNA合成。

铬缺乏的原因主要是摄入不足或消耗过多，其危害有致生长迟缓、葡萄糖耐量损害、高葡萄糖血症等。

2. 消化吸收与代谢

（1）消化吸收　铬可通过消化道、呼吸道、皮肤及黏膜吸收，但机体对铬的吸收率很低。六价铬较三价铬易吸收，有机铬比无机倍易吸收。当人体存在铬缺乏或膳食中铬含量低时，对铬的吸收率会提高，而膳食中铬含量高时吸收率降低，例如当膳食摄入铬10μg/d时吸收率为2%，而摄入40μg/d时为0.5%。

（2）代谢　机体吸收的铬主要由尿液排泄，少部分由毛发、汗液和胆汁排泄。机体处于应激状态如剧烈运动、哺乳、外伤、感染等时，铬的排出也可增加。

3. 膳食参考摄入量

中国营养学会制定成人铬的适宜摄入量（AD）为30μg/d，可耐受最高摄入量（UL）为500μg/d。

高糖膳食会增加铬的丢失，明显提高铬平均排出量。维生素C能促进铬的吸收，实验揭示同时进食铬和维生素C者的血铬浓度一直较高。

4. 缺乏与危害

人体摄入铬主要通过食物。食物精制过程会造成铬的丢失。此外，地区性饮用水的铬含量较低也可能导致铬缺乏。耶路撒冷周围难民营居住的儿童大部分患有糖耐量障碍，而居住在约旦的儿童则全部正常。这两个地区食物全部相似，其原因在于这两个地区饮水中铬的含量相差3倍。长期接受TPN而未补充铬的病人，可出现铬缺乏的症状，表现为体重降低、糖耐量下降、末梢神经炎、运动失调、呼吸商降低等，补充铬后得到改善。

5. 食物来源

铬的良好食物来源为肉类及整粒粮食、豆类，乳类、水果、蔬菜中铬含量低。

（七）钼

成人体内钼总量约为9mg，肝、肾中含量最高。

1. 生理功能

钼是黄嘌呤氧化酶/脱氢酶、醛氧化酶和亚硫酸盐氧化酶的组成成分。黄嘌呤氧化酶催化次黄嘌呤转化为黄嘌呤，然后转化成尿酸。醛氧化酶催化各种嘧啶、嘌呤、蝶啶及有关化合物的氧化和解毒。亚硫酸氧化酶催化亚硫酸盐向硫酸盐的转化。此外，钼还有增强氟的作用。

2. 消化吸收与代谢

（1）消化吸收　膳食及饮水中无机钼化合物在动物及人体胃肠道被吸收，其主要吸收机制目前还不清楚，有动物实验发现，钼酸盐完全以被动弥散的方式吸收。被吸收后大部分与蛋白质结合并运送全身。钼在人体内的吸收率在25%～93%。经口摄入的可溶性钼酸铵88%～93%可被吸收。

日常膳食中的铜和硫酸盐影响钼在人体的吸收，各种含硫化合物对钼的吸收有相当强的阻抑作用，如硫化钼口服后只能吸收5%左右。

（2）代谢　人体中钼的主要排泄途径是通过尿液，人体实验表明吸收的钼中80%是通过尿液排出的，且尿液中钼的排出量与膳食摄入量相关，摄入低钼膳食时，血浆钼在体内的转换较慢，存留率较高。摄入高钼膳食时，过量的钼迅速经尿排出，避免了因为钼摄入量过高或者过低引起的钼中毒以及缺乏现象。只有很少一部分钼经粪便排出。膳食钼摄入增多时肾脏排泄钼也随之增多。

3. 膳食参考摄入量

中国营养学会根据国外资料初步制定了中国居民膳食量钼参考摄入量，成人RNI为100μg/d，可耐受最高摄入量（UL）为900μg/d。

4. 缺乏与危害

在正常膳食条件下人体不会发生钼缺乏。长期全肠外营养病人可能出现钼缺乏问题。Abumrad等曾报告，1例长期全胃肠外营养病人曾出现烦躁不安、心动过速、呼吸急促、夜盲等症状，进而发展到昏迷，生化检查发现血液中甲硫氨酸浓度升高，尿酸浓度降低；尿液中尿酸和硫酸盐排出量减少。在每日补充300μg钼酸铵相当于（钼163μg）后临床症状消退，生化检验恢复正常。Rajagopalan等发现2例Crohn氏病患者空肠切除术后接受全胃肠外营养治疗，因腹泻而大量丢失微量元素，其中钼损失为350～530μg/d，血浆及尿中尿酸水平显著降低。静脉给予钼酸铵500μg（钼225μg）后尿酸水平恢复正常。

5. 食物来源

钼广泛存在于各种食物中。动物肝、肾中含量最丰富，谷类、乳制品和豆干类是钼的良好来源。蔬菜、水果和鱼类中钼含量较低。

（八）钴

钴可经消化道和呼吸道进入人体，一般成人体内含量为1～1.5mg。在血浆中，无机钴附着在清蛋白上，它最初储存于肝和肾，然后储存于骨、脾、胰、小肠以及其他组织。体内钴14%分布于骨骼，43%分布于肌肉组织，43%分布于其他软组织中。

1. 生理功能

钴是维生素$B_{12}$的组成部分，反刍动物可以在肠道内将摄入的钴合成为维生素$B_{12}$，而人类与单胃动物不能将钴在体内合成维生素$B_{12}$。体内的钴仅有约10%是维生素的形式，现在还不能确定钴的其他功能。已观察到无机钴对刺激红细胞生成有重要的作用，但不是通过维生素$B_{12}$起作用的。钴对红细胞生成作用的机制是影响肾释放促红细胞生成素，或者通过刺激胍循环（形成环形GMP）起作用。另外，甲状腺素的合成可能需要钴，钴能拮抗碘缺乏产生的影响。

2. 膳食参考摄入量

钴的生理功能依赖于维生素$B_{12}$的营养状况，因此，有关钴的膳食参考摄入量的资料很少。目前尚无钴缺乏症的病例，从膳食中可能每天摄入5～20μg。经常注射钴或暴露于过量的钴环境中，可引起钴中毒。儿童对钴的毒性敏感，应避免使用超过1mg/kg体重的剂量。在缺乏维生素$B_{12}$和蛋白质以及摄入酒精时，钴的毒性会增加，在酒精中常见。

3. 食物来源

食物中钴含量较高者（20μg/100g）有甜菜、圆白菜、洋葱、萝卜、菠菜、番茄、无花果、荞麦和谷类等，蘑菇中钴含量可达61μg/100g。

（九）氟

正常人体内含氟总量为2～3g，约有96%积存于骨及牙齿中，少量存于内脏、软组织及体液中。

1. 生理功能

氟在骨骼与牙齿的形成中有重要作用。人体骨固体的60%为骨盐（主要为羟磷灰石），氟能与骨盐结晶表面的离子进行交换，形成氟磷灰石而成为骨盐的组成部分。骨盐中的氟多时，骨质坚硬，而且适量的氟有利于钙和磷的利用及在骨骼中沉积，可加速骨成长，促进生长，并维护骨骼的健康。

氟也是牙齿的重要成分，氟被牙釉质中的羟磷灰石吸附后，在牙齿表面形成一层抗酸性腐蚀的、坚硬的氟磷灰石保护层。

2. 消化吸收与代谢

（1）消化吸收　氟可以通过消化道、呼吸道和皮肤等多种途径进入体内。在通常情况下，通过皮肤和呼吸道吸收的氟很少，主要经消化道吸收。但在空气污染严重地区，空气中增多的氟化物常以氟尘、微粒等形式经呼吸道进入人体，成为氟进入人体的一个重要途径。正常情况下，膳食和饮水中的氟摄入后，主要在胃部吸收，具有吸收快，吸收率高的特点。饮水中的氟可完全被吸收，食物中氟的吸收率为75%～90%。适宜剂量的可溶性氟化物在30min内被吸收约50%，90min内可以被完全吸收。大量研究证明氟吸收的机制是通过被动扩散来实现的，并与下列因素有关：①与pH呈负相关，因此促进胃酸分泌的因素都可以增加吸收的速率；②与某些营养素含量有关，如钙、镁、铝、蛋白质和维生素C等都对氟的吸收有一定的抑制作用；③与氟的存在形式及氟化物的溶解度等有关。

（2）代谢　氟在体内代谢后主要通过肾脏排泄，每日摄入的氟约有50%通过肾脏清除。影响肾排出氟的主要因素是肾小球滤过率，滤过的氟40%～80%由肾小管重新吸收；其次还受到尿pH的影响，尿pH升高时排氟增多，反之则减少。影响尿液pH的因素较为复杂，如膳食、药物、代谢或呼吸性疾病以及居住地的海拔高度等，最终影响氟的排出比率。体内未经吸收的氟（约为摄入氟的10%）主要通过粪便排出体外，还有微量的氟通过汗液、乳汁、唾液等排出。

3. 膳食参考摄入量

氟的需要量大体为每天1～2mg。人体每日摄入的氟大约65%来自饮水，30%来自食物。我国制定DRIs时，氟亦仅可制定适宜摄入量（AI），即成人AI为1.5mg/d、UL为3.5mg/d，我国规定饮用水含氟量标准为0.5～1mg/L。

膳食和饮水中的氟摄入人体后，主要在胃部吸收。氟的吸收很快吸收率也很高。饮水中的氟可完全吸收，食物中的氟一般吸收率为75%～90%。铝盐、钙盐可降低氟在肠道中的吸收，而脂肪水平提高可增加氟的吸收。

4. 缺乏与过量的危害

氟缺乏时，由于釉质中不能形成氟磷灰石而得不到保护，牙釉质被微生物、有机酸和酶侵蚀而发生龋齿。此外，钙磷的利用也会受到影响，而可导致骨质疏松。

摄入过量的氟可引起急性或慢性氟中毒。急性氟中毒的症状和体征为恶心、呕吐、腹泻、腹痛、心功能不全、惊厥、麻痹以及昏厥，多见于特殊的工业环境中。氟的慢性中毒主要发生于高氟地区，因长期过量的氟而引起，主要造成骨骼和牙齿的损害，其临床表现为斑釉症和氟骨症。长期摄入高剂量的氟（饮水中含1～2mg/L）所引起的不良反应为氟斑牙，而长期摄入高剂量的氟则可引起氟骨症。近年来的研究表明，过量的氟对机体的免疫功能也有损伤。

5. 食物来源

一般情况下，动物性食品中氟高于植物性食品，海洋动物中氟高于淡水及陆地食品，鱼（鲱鱼28.50mg/kg）和茶叶（37.5～178.0mg/kg）氟含量很高。

## 三、矿物质与美容保健

### （一）矿物质元素与美容保健的关系

目前已知人体内主要的矿物质元素有钾、钠、钙、铜、锌、钴、镍、钼、磷、硒、锰、镁、钒、硅、氟、铬等60余种。人体对它们的需要量并不太多，而且一旦过量就会发生中毒，但是它们又不可缺少。矿物质元素通过与蛋白质和其他有机基团结合，形成了酶、激素、维生素等生物大分子，发挥着重要的生理生化功能，人体摄入矿物质元素不足或过量或元素间比例失调，都会对机体产生不利的影响，甚至导致某些疾病的发生，加速机体衰老。

1. 通过调节氧自由基代谢，防止过氧化损伤

人体在代谢的过程中会不断产生氧自由基，而且自由基水平会随着年龄的增长而不断积累，造成机体老化。机体中的抗氧化机制有多种，其中酶性抗氧化主要包括超氧化物歧化酶（SOD）和谷胱甘肽过氧化物酶（GSH-Px），矿物质元素在SOD和GSH-Px功能发挥方面起到重要作用。其中SOD是一种大分子金属蛋白酶，按其金属辅因子不同分为三种类型，即铜SOD、锌SOD、锰SOD和铁SOD，而铜、锌、锰、铁则是SOD的活性离子。当缺乏上述离子时，SOD的酶活性下降，机体抗氧化能力减弱，脂质过氧化过程增强，脂质过氧化物能与蛋白质相互作用，形成脂褐素聚集在皮下，即为黄褐斑，促进容颜老化。而硒是谷胱甘肽过氧化物酶的必需组成成分，也参与自由基的清除过程，不过GSH-Px与SOD的作用对象不同，SOD主要清除超氧阴离子，而GSH-Px对过氧化氢有很好的清除作用，使有毒的过氧化物还原成毒性较低的羟基化合物，从而保护细胞的结构与功能，免受过氧化物干扰和损害，达到延缓衰老的目的。

2. 矿物质元素通过调节免疫功能达到抗衰老的作用

如硒能增加免疫球蛋白的合成，促进淋巴细胞的有丝分裂及T淋巴细胞的增殖，协助免疫因子激活巨噬细胞的活性，缺硒会使胸腺上皮细胞发生颗粒样变性，抗体产生受损，中性白细胞杀菌能力减弱，结果使血液中IgG、IgM、IgA等免疫球蛋白减少。体内有充足的硒能使免疫系统分泌的抗体增加、脾的空斑细胞上升、补体水平增高，结果对病毒的易感性下降；钙在免疫细胞内信息传递、调节细胞膜的通透性和参与细胞分裂增殖代谢等方面起重要作用；游离铁有助于微生物繁殖，而铁结合蛋白有抑菌效果，并有维持上皮屏障的作用。锌可提高胸腺和脾脏等免疫器官的质量和抗脂质过氧化作用，使免疫器官免受过氧化损伤，增强机体免疫功能，延缓衰老过程的发生。

3. 通过促进激素合成调节"机体代谢"

矿物质元素还参与了激素与维生素的合成。众所周知，碘为甲状腺激素的生物合成所必需的；而锌在维持胰岛素的主体结构中亦不可缺少，每个胰岛素分子结合2个锌原子。而这些激素在调节机体代谢与健康方面发挥着十分重要的作用，间接地发挥了美容作用。

（二）矿物质的美容保健作用

1. 矿物质与头发

头发是人体美的重要组成部分，从某种意义上说它是男性威武雄壮、女性优雅潇洒的标志。因此，我们应该重视头发的保养与护理。在合理营养、平衡膳食的基础上，注重与美发相关的营养素的摄入。许多矿物质元素都具有改善头发组织、增强头发弹性和光泽的作用。

铜元素的含量与头发和皮肤颜色的深浅有很大关系。黑发所含的铜元素高于黄发，黄发中的铜元素又高于白发。因为身体和头发中的黑色素是由酪氨酸产生的，酪氨酸酶

是酪酸代谢产生黑色素过程中的关键酶，其本质是一种铜蛋白，铜缺乏时该酶活性下降，黑色素的生成减少，引起头发过早变白。白癜风发病机制就是与患者体内酪氨酸酶抗体水平升高而使酪氨酸酶的作用下降有关；碘可刺激与毛发生长有密切关系的甲状腺激素的分泌，能增加头发的光泽，阻止头发分叉，促进毛发正常生长；钠离子摄入过多导致人体内水的潴留，同样在头发内滞留水分过多，影响头发正常生长发育。同时，头发里过多的盐分和水分给细菌滋生提供了良好的场所，易患头皮疾病。食盐太多还会诱发多种皮脂疾病，造成头垢增多，加重脱发现象，也叫食盐性脱发。

2. 矿物质与皮肤

锌在人体中参与80多种酶的合成，其中有DNA聚合酶和RNA聚合酶，它们参与蛋白质的合成和组织细胞的再生。皮肤含有大约体内锌总量的6%。可以促进上皮组织细胞的分裂增殖和更新，维护皮肤黏膜弹性、韧性，能使皮肤细嫩、光洁、柔滑，也是伤口愈合和新细胞生长所必需的营养成分。皮肤改变是缺锌的主要特征，出现一些明显的皮肤改变如红斑、鳞屑、皮肤粗糙及溃疡等。营养性缺锌可导致脱发，口腔部位出现水疱、脓疱性皮肤病。组织病理学也显示可以出现表皮内水疱。用电子显微镜观察到的细胞改变，包括角质形成细胞退化、角化不全、有丝分裂像增多。在缺锌实验动物角质形成细胞中含有丰富的染色质聚集物。

钙在哺乳动物表皮中作为细胞内、外的重要调控因子，调控了细胞的增殖和分化。钙离子浓度为低浓度（<0.5mmol/L）时角质形成细胞保持增殖活性，在高离子浓度下钙离子抑制角质形成细胞增殖，并导致细胞角蛋白和其他细胞分化标记的表达。医学研究已经证明角质形成细胞沿钙离子浓度梯度进行迁移，从而形成分层表皮，并增强了细胞粘连。钙离子通道阻断剂会导致末端角质形成细胞分化的阻断。

人体内含丰富的胶原蛋白，当胶原蛋白扭结后就构成胶原纤维，胶原纤维是构成肌腱、骨骼、牙齿、软骨及疏松结缔组织的主要物质。铜在机体中的一个重要作用是参与胶原蛋白的交联，当人体内铜缺乏时就会影响胶原组织的交联不全，从而使人发生乏力、齿落、关节疼痛，血液黏稠度增高，皮肤干燥、粗糙，头发干枯，面色苍白，生殖功能衰弱，抵抗力降低等现象，严重缺乏时还可能发生"白癜风"等损容性皮肤病。

铁对保持微循环和完善微血管起重要作用，人体汗腺的皮肤及表皮的脱落可造成体内铁元素的损失，并干扰血浆中铁的平衡。铁能帮助肌肤细胞供氧，促进细胞的呼吸，从而使皮肤润泽而富有弹性，缺乏时人就会感到精力不支、面色苍白、容颜苍老。铁还能帮助消除疲劳及促进皮肤健康。但如果摄食铁过多可能会发生"含铁血黄素沉积症"，使全身皮肤呈现黄色。

硒作为谷胱甘肽过氧化酶的组成部分，能保护细胞膜，清除有害自由基，保持组织的弹性，延缓衰老。另外还能解除砷、汞、铅等引起的重金属中毒，抑制头皮屑的生成，滋润皮肤。

铬有二价、三价和六价3种形式，其中只有三价铬具有生物化学效应，是糖代谢的重要催化剂，广泛存在于人体骨骼、肌肉、头发、皮肤、皮下组织、主要器官（肺除外）和体液之中。铬对核蛋白代谢有一定作用，能抑制脂肪酸和胆固醇的合成，影响脂类和糖类的代谢；能促进胰岛素的分泌，降低血糖，改善糖耐量。铬缺乏最常见的表现是引起动脉硬化症，老年人缺铬易患糖尿病和动脉硬化，妊娠期缺铬可引起妊娠期糖尿病；正常人缺铬可出现皮肤干燥，皱纹增加，头发失去光泽和弹性。

储有明显的抗氧化能力，能防止过氧化，从而有助于保护皮肤弹性，减缓皱纹出现，增白美容，对于由于分娩或日照引起的黑色素沉着有淡化作用，还可治疗痤疮、湿疹和腋臭，有效预防皮肤癌变。

锰参与机体的物质代谢，有氧化促进剂的作用，可以提高蛋白质在人体内的吸收利用效率，有利于蛋白质分解产物中对皮肤有刺激作用的有害物质的排泄。同时，锰还能激发多糖聚合酶和半乳糖转移酶的活力，催化维生素$B_1$和其他维生素在机体内的代谢，维持末梢神经兴奋传导的正常功能。锰在人体内的这些作用能保护皮肤，防止干燥，减轻或避免皮肤瘙痒的发生。

碘在人体的主要生理功能为合成甲状腺素，调节机体能量代谢，促进生长发育，维持正常的神经活动和生殖功能；维护人体皮肤及头发的光泽和弹性。碘缺乏可导致甲状腺代偿性肥大、智力及体格发育障碍、皮肤多皱及失去光泽。含碘丰富的食物有海带、海参、海鱼、紫菜、海蜇、海米、蛏、蛤、蚶等海产品。

镁可提高皮肤屏障功能，提高角质层的水合程度及减轻皮肤粗糙和炎症。已知镁盐能与水结合，影响表皮增生和分化及加快穿透性屏障的修复。

食盐以钠离子和氯离子的形式存在于人体血液和体液中，它们在保持人体渗透压、酸碱平衡和水分平衡方面起着非常重要的作用。如果吃盐过多，体内钠离子增加就会导致面部细胞失水，从而造成皮肤老化，时间长了就会使皱纹增多、皮肤变暗。

### 3. 矿物质与牙齿

营养对牙齿的生长、功能、美观具有重要影响，尤其是钙、磷、氟等矿物质元素是构成牙齿硬组织的重要成分。牙齿中钙磷含量及钙/磷值与牙釉质发育及牙齿对龋病的敏感性有关。钙盐及磷酸盐的缺乏会导致牙釉质形成及矿化不良、抗龋能力降低，影响牙齿的坚固和咀嚼能力。有研究认为饮食中的钙磷比例为0.55时，极少或几乎不发生龋病，而钙磷比例高于或低于0.55时龋病发生率较高。在牙齿萌出后，磷酸盐仍有一定的防龋作用，而钙则无明显的防龋作用。但是唾液或菌斑中钙的增加会使牙石形成增多，从而导致牙周炎的发生。

氟可以取代牙齿内羟磷灰石的某些羟基而形成氟化羟磷灰石。氟化羟磷灰石增强了牙釉质对脱矿化的抵抗力。氟化物对牙釉质羟磷灰石本身的作用及对牙菌斑细菌的作用已被临床和实验室研究所证实：高浓度氟化物做局部治疗时可直接对细菌产生影响，至少可一时性干扰细菌代谢，抑制糖酵解过程，从而抑制变形链球菌生长；低浓度的氟化物，如氟化水源或使用含氟牙膏或氟含液局部补充氟时，则通过牙釉质内的羟磷灰石摄入氟化物使其溶解性降低并能改进其晶体结构。此外，氟化物还能促进和加速已脱矿牙齿结构的再矿化能力，使已脱矿釉质得以修复，机制是釉质再晶体化。因此，目前倡导用含氟牙膏、氟含漱液来预防龋病。但是氟过多时氟斑牙和氟骨病的发病率就会上升，同样影响美容。

### 4. 矿物质与骨骼

钙参与人体的骨代谢，它与磷结合后能促成蛋白质形成骨细胞，所以是骨组织的主要成分。人体内钙的含量不足时会使骨骼发育和钙化不良而影响健美。尤其是小儿在发育过程中的缺乏，严重时会出现佝偻病，并出现相应的体征如鸡胸、漏斗胸、"O"型及"X"型腿，影响形体，成人后也会使其产生自卑心理。中老年人缺钙会导致骨质疏松症、骨质增生、异位钙化、易发生骨折、骨退行性变化，表现为腰腿疼痛、弯腰、驼背乃至发生病理性骨折（详见本章第一节）。

### 5. 矿物质与指（趾）甲

指（趾）甲是指（趾）端背面扁平的甲状结构，属于结缔组织，由角化上皮细胞组成，其主要成分是角蛋白，起保护指（趾）端作用。

正常的指甲呈半透明、浅粉色，表面光洁、平滑，以正常的弧度附着于指（趾）端。指（趾）甲与人体代谢也有密切联系，故指（趾）甲向来被称为"指示体质的窗户""反映健康的镜子"，很多疾病的早期、中期和晚期可以引起指（趾）甲的变化，特别是一些营养障碍、微量元素代谢失调等疾病。

目前从指（趾）甲中至少已检测到74种天然元素，如银（Ag）、铝（Al）、钡（Ba）、溴（Br）、碳（C）、钙（Ca）、氯（Cl）、钴（Co）、铜（Cu）、铁（Fe）、氢（H）、汞（Hg）、碘（I）、钾（K）、镁（Mg）、锰（Mn）、氮（N）、钠（Na）、氧（O）、磷（P）、铅（Pb）、硫（S）、硅（Si）、锡（Sn）、锌（Zn）等。

矿物质元素对指（趾）甲的生长有着重要的作用，其中锌能使对甲板亮泽起作用的一些酶发挥最大的作用。铜与甲板角质的形成及色素代谢有着密切的关系。铁使甲板润泽而富有弹性。如果体内缺乏某些矿物质元素，指（趾）甲就会出现相应的变化。如铁缺乏或吸收受限制时甲板可出现营养不良症状，如变污、变薄等；摄入过量的铁则会使甲板产生色素沉着。缺钙时指（趾）甲上出现小白点儿；缺锌时会出现匙状指；硒过多会引起脱指（趾）甲的病症，称为"脱甲风"等。现代女性都希望指（趾）甲长得健康漂亮，而提供这些营养的补给就绝对不可少。

其他如钒、镍、钼、磷、碘、钠、钾、硅等无机盐或能固齿或能泽肤或能壮肌或能坚骨，与美容都存在着一定的关系，但在补充的时候务必要适量。经常泡温泉的人肤质细腻柔滑与其含有多种矿物质元素有关。

# 第六节　维生素与美容

维生素是维持身体健康所必需的一类有机化合物。这类物质在体内既不是构成身体组织的原料，也不是能量的来源，而是一类生理调节物质，在物质代谢中起重要作用。这类物质由于体内不能合成或合成量不足，所以虽然需要量很少（每日仅以毫克或微克计算），但必须经常由食物供给。

维生素的种类很多，化学结构差异极大，通常按溶解性质将其分为脂溶性和水溶性两大类：脂溶性维生素主要包括维生素A（视黄醇）、维生素D（钙化醇，抗佝偻病维生素）、维生素E（生育酚，抗不育维生素）、维生素K（凝血维生素）；水溶性维生素主要包括维生素C、维生素$B_1$（硫胺素、抗脚气病维生素）、维生素$B_2$（核黄素）烟酸（抗皮肤病维生素）、维生素$B_6$（吡哆醇、抗皮炎维生素）、泛酸、生物素、叶酸、维生素$B_{12}$（钴胺素、抗恶性贫血维生素）。

## 一、脂溶性维生素

### （一）维生素A

维生素A是第一个被发现的维生素，是一类不饱和一元醇，包括维生素$A_1$和维生素$A_2$两种。维生素A存在于哺乳动物及咸水鱼的肝脏中，即视黄醇（retinol）；维生素$A_2$存在于淡水鱼的肝脏中。维生素$A_1$是含有$\beta$-白芷酮环的不饱和一元醇；而维生素$A_2$则是3-脱氢视黄醇，其活性约为$A_1$的40%。

植物体内存在的黄、红色素中很多是胡萝卜素（carotene），多为类胡萝卜素。其中最重要的是$\beta$-胡萝卜素，它常与叶绿素并存。也能分解成为维生素A。凡能分解形成维生素A的类胡萝卜素称为维生素A原（provitamin A）。

维生素A和胡萝卜素溶于脂肪，不溶于水，对热、酸和碱稳定，一般烹调和罐头加工不致引起破坏，但易被氧化破坏，特别在高温条件下更甚，紫外线可促进其氧化破坏。食物中含有磷脂、维生素E和抗坏血酸或其他抗氧化剂时，维生素A和胡萝卜素都非常稳定。

#### 1. 生理功能

（1）维持正常视觉功能　眼的光感受器是视网膜中的杆状细胞和锥状细胞。这两种细胞都存在有感光色素，即感弱光的视紫红质和感强光的视紫蓝质。视紫红质与视紫蓝质都是由视蛋白与视黄醛所构成的。视紫红质经光照射后，11-顺视黄醛异构成反视黄醛，并与视蛋白分离而失色，此过程称"漂白"。若进入暗处，则因对弱光敏感的视紫红质消失，故不能见物。

分离后的视黄醛被还原为全反视黄醇，进一步转变为反式视黄酯（或异构为顺式）并储存于色素上皮中。由视网膜中视黄酯水解酶，将视黄酯转变为反式视黄醇，经氧化和异构化，形成11-顺视黄醛。再与视蛋白重新结合为视紫红质，恢复对弱光的敏感性，从而能在一定照度的暗处见物，此过程称暗适应（dark adaptation）。由肝脏释放的视黄醇与视黄醇结合蛋白（RBP）结合，在血浆中再与前清蛋白结合，运送至视网膜，参与视网膜的光化学反应，若维生素A充足，则视紫红质的再生快而完全，故暗适应恢复时间短；若维生素A不足，则视紫红质再生慢而不完全，故暗适应恢复时间延长，严重时可产生夜盲症（night blindness）。

（2）维护上皮组织细胞的健康　维生素A对于上皮的正常形成、发育与维持十分重要。当维生素A不足或缺乏时，上皮基底层增生变厚、细胞分裂加快、张力原纤维合成增多，表面层发生细胞变扁、不规则、不干燥等变化。鼻、咽、喉和其他呼吸道、胃肠和泌尿生殖系统内膜角质化，削弱了防止细菌侵袭的天然屏障（结构），而易于感染。在儿童，极易合并发生呼吸道感染及腹泻。有的肾结石也与泌尿道角质化有关。过量摄入维生素A，对上皮感染的抵抗力并不随剂量加大而增高。

（3）维持骨骼正常生长发育　当维生素A缺乏时，成骨细胞与破骨细胞间平衡被破坏，或由于成骨活动增强而使骨质过度增殖，或使已形成的骨质不吸收。

（4）促进生长与生殖　维生素A有助于细胞增殖与生长。动物等缺乏维生素A时，明显出现生长停滞，可能与动物食欲降低及蛋白利用率下降等有关。维生素A缺乏时，影响雄性动物精索上皮产生精母细胞，性阴道上皮周期变化，也影响胎盘上皮，使胚胎形成受阻。维生素A缺乏还引起诸如催化黄体酮前体形成所需酶的活性降低，使肾上腺、生殖腺及胎盘中类固醇的产生减少，可能是影响生殖功能的原因。

（5）其他作用　近年发现维生素A酸（视黄酸）类物质有延缓或阻止癌前病变，防止化学致癌剂的作用，特别是对于上皮组织肿瘤，临床上作为辅助治疗剂已取得较好效果。近年来有大量报道，$\beta$-胡萝卜素具有抗氧化作用，是机体一种有效的捕获活性氧的抗氧化剂，对防止脂质过氧化，预防心血管疾病、肿瘤，以及延缓衰老均有重要意义。维生素A对机体免疫功能有重要影响，缺乏时，细胞免疫呈下降现象。

维生素A过量摄入，可引起中毒。成人一次剂量超过$3 \times 10^5 \mu g$视黄醇当量（RE），儿童一次剂量超过$9 \times 10^4 \mu g$ RE即可致急性中毒。成人每日摄入$(2.25 \sim 3) \times 10^4 \mu g$ RE，婴幼儿每日摄入$(1.5 \sim 3) \times 10^4 \mu g$ RE，超过6个月，可引起慢性中毒。

婴幼儿慢性中毒常见皮肤干粗或薄而发亮，有皮脂溢出样皮炎或全身散在性斑丘疹，伴片状脱皮和严重瘙痒。唇和口角常皲裂，易出血。毛发枯干，稀少，易脱发。骨痛，常发生在长骨和四肢骨，以前臂和小腿多见。伴局部软组织肿胀，有压痛等体征。

2. 膳食参考摄入量

维生素A进入消化道后，在胃内几乎不被吸收，到小肠与胆汁酸脂肪分解产物一起被乳化，由肠黏膜吸收。胡萝卜素在肠壁分解形成两个分子维生素A。影响维生素A吸收的因素很多，主要如下：

（1）小肠中的胆汁　是维生素A乳化所必需的。

（2）膳食脂肪 足量脂肪可促进维生素A的吸收。

（3）抗氧化剂 如维生素E和磷脂酰胆碱等，有利于其吸收。

（4）矿物油及肠道寄生虫的存在不利于维生素A的吸收。

由于人体维生素A来源于动物性食物中的维生素A和植物性食物中的胡萝卜素，而维生素A的常用计量单位用国际单位（IU），胡萝卜素的常用计量单位为μg或mg，为统一计量膳食中的维生素A，FAO/WHO（1967）提出了视黄醇当量（retinol equivalent，RE）概念。其含义是包括视黄醇和β-胡萝卜素在内的具有维生素A活性物质相当的视黄醇量。

视黄醇当量、视黄醇、β-胡萝卜素的换算关系如下：

1μg视黄醇当量＝1μg视黄醇或6μgβ-胡萝卜素

1IU维生素A＝0.3μg视黄醇当量＝0.3μg视黄醇

1μgβ-胡萝卜素＝0.167μg视黄醇当量＝0.56IU维生素A

理论上1分子β-胡萝卜素能形成2分子维生素A，但因为胡萝卜素的吸收率为1/3，而吸收后转化为维生素A的转化率仅为1/2，所以，1μg胡萝卜素只能折算为0.56IU维生素A。

人体对维生素A的需要量取决于人体的体重与生理状况。儿童处于生长发育时期，乳母具有特殊的生理状况，需要量均相对较高。

中国营养学会推荐（2000年），我国居民维生素A膳食参考摄入量（RNI）成人为800μg RAE/d；维生素A摄入过量可引起中毒，故中国营养学会提出维生素A的可耐受最高摄入量（UL）为3000μg RAE/d。

3. 食物来源

维生素A在动物性食物中含量丰富，最好的来源是各种动物的肝脏、鱼肝油、全乳、蛋黄等。植物性食物只含β-胡萝卜素，最好的来源为有色蔬菜，如菠菜、胡萝卜、韭菜、雪里蕻，水果中的杏、香蕉、柿子等。常见食物中维生素A及胡萝卜素含量见表4-21。

表4-21 常见食物中维生素A及胡萝卜素含量 单位：μg/100g

| 食物 | 维生素A | β-胡萝卜素 | 视黄醇当量 | 食物 | 维生素A | β-胡萝卜素 | 视黄醇当量 |
|---|---|---|---|---|---|---|---|
| 鱼肝油 | 25526 | — | 25526 | 青豆 | — | 790 | 132 |
| 羊肝 | 20972 | — | 20972 | 甘薯 | — | 750 | 125 |
| 牛肝 | 20220 | — | 20220 | 猪肉（肥瘦） | 114 | — | 114 |
| 鸡肝 | 10414 | — | 10414 | 苹果 | — | 600 | 100 |
| 猪肝 | 4972 | — | 4972 | 豆角 | — | 580 | 97 |
| 鸭蛋黄 | 1980 | — | 1980 | 牛肾 | 88 | — | 88 |

续表

| 食物 | 维生素A | $\beta$-胡萝卜素 | 视黄醇当量 | 食物 | 维生素A | $\beta$-胡萝卜素 | 视黄醇当量 |
|---|---|---|---|---|---|---|---|
| 黄岩旱橘 | — | 5140 | 857 | 杏 | — | 450 | 75 |
| 胡萝卜 | — | 4010 | 668 | 蚕豆 | — | 300 | 50 |
| 菠菜 | — | 2920 | 487 | 青鱼 | 42 | — | 42 |
| 鸡蛋黄 | 438 | — | 438 | 白菜 | — | 250 | 42 |
| 荠菜 | — | 2590 | 432 | 海带 | — | 240 | 40 |
| 河蟹 | 389 | — | 389 | 鲜枣 | — | 240 | 40 |
| 鸡蛋 | 310 | — | 310 | 大豆 | — | 220 | 37 |
| 蘑菇（干） | — | 1640 | 273 | 带鱼 | 29 | — | 29 |
| 辣椒（尖） | — | 1390 | 232 | 橙子 | — | 160 | 27 |
| 紫菜 | — | 1370 | 228 | 鲤鱼 | 25 | — | 25 |
| 鸡肉 | 226 | — | 226 | 牛乳 | 24 | — | 24 |
| 河蚌 | 202 | — | 202 | 羊肉 | 22 | — | 22 |
| 芫荽 | — | 1160 | 193 | 腐乳 | — | 130 | 22 |
| 番茄 | — | 1149 | 192 | 小米 | — | 100 | 17 |
| 柑橘 | — | 890 | 148 | 黄瓜 | — | 90 | 15 |

### （二）维生素D

维生素D是类固醇的衍生物，环戊烷多氢菲类化合物，因具有抗佝偻病的作用，所以又叫抗佝偻病维生素，以$D_3$（胆钙化醇，cholecalciferol）和$D_2$（麦角钙化醇，ergocalciferol）两种形式最为常见。

人体内维生素$D_3$的来源是皮肤表皮和真皮内的7-脱氢胆固醇（7-dehydrocholesterol）经紫外线照射转变而来，从动物性食物中摄入者甚少，故一般成人只要经常接触阳光，在一般膳食条件下是不会引起维生素$D_3$缺乏的。维生素$D_2$是植物体内的麦角固醇经紫外线照射而来，其活性只有维生素$D_3$的1/3。由于7-脱氢胆固醇和麦角固醇经紫外线照射可转变为维生素D，故它们称为维生素D原（provitamin D）。

维生素D溶于脂肪溶剂，对热、碱较稳定。如在130℃加热90min也不被破坏，故通常烹调方法不至于损失。光及酸促进其异构化。脂肪酸败也可引起维生素D破坏。

#### 1. 生理功能

人类从两个途径获得维生素D，即经口从食物摄入与皮肤内由维生素D原形成。摄入的维生素D在小肠与脂肪一起被吸收。吸收的维生素D或与乳糜微粒结合，或被维生素D结合蛋白（DBP）转运至肝脏。人体皮肤内形成的维生素D，由血浆中的DBP直接输送至肝脏。维生素D在肝脏经催化形成25-羟基维生素$D_3$（25-OH-$D_3$），并与$\alpha$-球蛋白结合运至肾脏，进一步羟化成1, 25-二羟基维生素$D_3$，即1, 25-（OH）$_2$, -$D_3$，此即为维生素$D_3$的活化形式。

维生素$D_3$在体内发挥生理功能，并非其原始形式，而是经代谢活化而成的活化形式。其主要生理功能如下。

（1）促进小肠黏膜对钙吸收　运至小肠的1，25-二羟基维生素$D_3$进入小肠黏膜细胞，并在该处诱发一种特异的钙结合蛋白的合成，这种蛋白质的作用是能把钙从刷状缘处主动转运，透过黏膜细胞进入血液循环。

（2）促进骨组织的钙化　促进和维持血浆中适宜的钙、磷浓度，满足骨钙化过程的需要。

（3）促进肾小管对钙、磷的重吸收　通过促进重吸收，减少钙、磷的流失，从而保持血浆中钙、磷的浓度。

维生素D缺乏在婴幼儿可引起佝偻病，以钙、磷代谢障碍和骨样组织钙化障碍为特征；在成人使成熟骨矿化不全，表现为骨质软化症。

2. 膳食参考摄入量

维生素D有用国际单位也有用质量单位表示，其换算关系如下。

$$1IU维生素D_3＝0.025\mu g维生素D$$

人体维生素D的需要量与钙磷的量有关。当膳食钙和磷量合适时，每日摄入维生素D 100IU（2.5μg）即可预防佝偻病与促进生长。对婴幼儿、青少年、孕妇与乳母来说，每日给予300～400IU（7.5～10μg）已可促进钙吸收并满足发育的需要。摄入800IU可明显提高预防佝偻病症的作用。

对膳食维生素D最低需要量尚难肯定，因为皮肤形成的维生素量难以确定。皮肤形成的量取决于阳光照射强度、时间及身体暴露面积，阳光照射强度又与季节、云雾和大气污染情况有关，因此皮肤形成量变化较大。中国营养学会建议，我国居民成人维生素D膳食参考摄入量（RNI）为10μg/d。长期大量服用维生素D可引起中毒，为此，中国营养学会提出维生素D可耐受最高摄入量（UL）为50μg/d。

3. 食物来源

天然食物来源的维生素D不多，脂肪含量高的海鱼、动物肝脏、蛋黄、奶油和干酪等中相对较多，见表4-22。鱼肝油中的天然浓缩维生素D含量很高。

表4-22　食物中维生素D含量　　　　　单位：IU/100g

| 食物 | 含量 | 食物 | 含量 |
| --- | --- | --- | --- |
| 鳕鱼甘油 | 8500 | 炖鸡肝 | 67 |
| 熟猪油 | 2800 | 鸡蛋 | 50 |
| 鲱鱼 | 900 | 牛乳 | 41 |

续表

| 食物 | 含量 | 食物 | 含量 |
|------|------|------|------|
| 牛乳巧克力 | 167 | 烤羊肝 | 23 |
| 鸡蛋黄 | 158 | 煎牛肝 | 19 |
| 奶油 | 100 | 烤鱼子 | 2.3 |

（三）维生素E

维生素E又名生育酚，是生育酚与三烯生育酚的总称。自然界中的维生素E共有8种化合物，即$\alpha$-生育酚、$\beta$-生育酚、$\gamma$-生育酚与$\delta$-生育酚和$\alpha$三烯生育酚、$\beta$-三烯生育酚、$\gamma$-三烯生育酚与$\delta$-三烯生育酚。这8种化合物生理活性不相同，其中$\alpha$-生育酚的生物活性最高（通常作为维生素E的代表），$\beta$-生育酚、$\gamma$-生育酚和$\delta$-生育酚的活性分别为$\alpha$-生育酚的50%、10%和2%。$\alpha$-三烯生育酚的活性大约为$\alpha$-生育酚的30%。

食物中的维生素E对热、光及碱性环境均较稳定，在一般烹调过程中损失不大；但在高温中，如油炸，由于氧的存在和油脂的氧化酸败，可使维生素E的活性明显下降。

维生素E在小肠中需要有胆汁和脂肪酸存在才能被很好地吸收，吸收率仅占摄入量的20%~40%。各种类型的维生素E在吸收上无差别，但细胞可将其区分，如$\alpha$-生育酚与$\gamma$-生育酚的吸收率类似，约为$\alpha$-生育酚的10%。

维生素E最大的储存场所是脂肪组织、肝及肌肉。当膳食中维生素E缺乏时，机体首先从血浆及肝脏获取，其次为心肌与肌肉，最后为体脂。

1. 生理功能

维生素E的基本功能是保护细胞和细胞内部结构完整，防止某些酶和细胞内部成分遭到破坏。

（1）抗氧化作用　维生素E是一种很强的抗氧化剂，能抑制细胞内和细胞膜上的脂质过氧化作用。它的主要作用在于阻止不饱和脂肪酸被氧化成氢过氧化物，从而保护细胞免受自由基的危害。此外，维生素E也能防止维生素A、维生素C和三磷酸腺苷（ATP）的氧化，保证它们在体内发挥正常的生理作用。

（2）保持红细胞的完整性　膳食中缺少维生素E，可引起红细胞数量减少及其生存时间缩短，引起溶血性贫血，故临床上常被用于治疗溶血性贫血。

（3）调节体内某些物质合成　维生素E通过调节嘧啶碱基进入核酸结构而参与DNA生物合成过程，是维生素C、辅酶Q合成的辅助因子，也可能与血红蛋白的合成有关。

（4）其他作用　维生素E还对含硒蛋白、含铁蛋白等的氧化有抑制作用，保护脱氢酶中的巯基免被氧化。维生素E也与精子的生成和繁殖能力有关，但与性激素分泌无关。

2. 膳食参考摄入量

人体组织和食物中维生素E的含量以$\alpha$-生育酚当量（$\alpha$-TE）表示混合膳食中维生素E的总$\alpha$-TE，应按式（4-8）折算。

$$膳食中总\alpha\text{-TE}（mg）=（1\times mg\,\alpha\text{-生育酚}）+（0.5\times mg\,\beta\text{-生育酚}）+（0.1\times mg\,\gamma\text{-生育酚}）$$
$$+（0.02\times mg\,\delta\text{-生育酚}）+（0.3\times mg\,\alpha\text{-三烯生育酚}）。\qquad（4\text{-}8）$$

不同生理时期对维生素E的需要量不同。妊娠期间维生素E需要量增加，以满足胎儿生长发育的需要。婴儿出生时体内维生素E的储存量有限，为了防止发生红细胞溶血，早产婴儿在出生的头3个月，应补充维生素E 13mg/kg（bw）。从人体衰老与氧自由基损伤的角度考虑，老年人需增加维生素E的摄入量。中国营养学会建议，成人膳食适宜摄入量AI为14mg $\alpha$-TE/d。

3. 食物来源

维生素E只能在植物中合成。所有的高等植物的叶子和其他绿色部分均含有维生素E。$\alpha$-生育酚主要存在于植物细胞的叶绿体内，而$\beta$-生育酚、$\gamma$-生育酚和$\delta$-生育酚通常发现于叶绿体外。绿色植物中的维生素E含量高于黄色植物。麦胚、向日葵及其油富含$\alpha$-生育酚，而玉米和大豆中主要含$\gamma$-生育酚。植物的绿叶中不含三烯生育酚，但是某些植物的麸糠和麦芽中含有，它们不像生育酚以游离的形态存在，而以天然的酯化形式存在。蛋类、鸡（鸭）肫、绿叶蔬菜中有一定含量；肉、鱼类动物性食品、水果及其他蔬菜含量很少。常见食物维生素E含量见表4-23。

表4-23　常见食物中总维生素E　　　　　单位：mg/100g

| 食物名称 | 含量 | 食物名称 | 含量 | 食物名称 | 含量 | 食物名称 | 含量 |
|---|---|---|---|---|---|---|---|
| 胡麻油 | 389.90 | 螺 | 20.70 | 鸡蛋黄 | 5.06 | 葡萄 | 1.66 |
| 鹅蛋黄 | 95.70 | 大豆 | 18.90 | 蚕豆 | 4.90 | 黄鳝 | 1.34 |
| 豆油 | 93.08 | 杏仁 | 18.53 | 豇豆 | 4.39 | 鸡蛋 | 1.23 |
| 芝麻油 | 68.53 | 花生 | 18.09 | 小米 | 36.3 | 大黄鱼 | 1.13 |
| 菜籽油 | 60.89 | 鸭蛋黄 | 12.72 | 枣（干） | 3.04 | 番茄 | 1.19 |
| 葵花子油 | 54.60 | 黑木耳 | 11.34 | 豆腐 | 2.71 | 稻米（粳） | 1.01 |
| 玉米油 | 51.94 | 绿豆 | 10.95 | 豆角 | 2.24 | 糯米 | 0.93 |
| 花生油 | 42.06 | 乌贼 | 10.54 | 樱桃 | 2.22 | 稻米（籼） | 0.54 |
| 松子 | 32.79 | 桑葚 | 9.87 | 芹菜 | 2.21 | 猪肝 | 0.86 |
| 羊肝 | 29.93 | 红辣椒 | 8.76 | 萝卜 | 1.80 | 肥瘦猪肉 | 0.49 |
| 发菜 | 21.70 | 玉米（白） | 8.23 | 小麦粉 | 1.80 | 牛乳 | 0.21 |

（四）维生素K

维生素K是一类萘醌的化合物。自然界共有两种：维生素K$_1$或称叶绿醌，从绿色植物分离所得；维生素K$_2$或称甲萘醌，由细菌合成，有多种化学结构。人工合成的维生素$K_3$，其结构为2–甲基–1，4–萘醌，常被用作动物饲料。

维生素K在室温是黄色油状物，其他衍生物在室温为黄色结晶。它溶于脂肪及脂溶剂而不溶于水，对光和碱敏感，但对热和氧化剂相对稳定。

1. 吸收

维生素K经十二指肠和空肠吸收。膳食一般都含维生素$K_1$和$K_2$的混合物，吸收率在40%~70%。吸收后进入淋巴循环，结合到乳糜微粒转运到肝脏。人肝脏储存维生素K很少，更新很快，极低密度脂蛋白和低密度脂蛋白是维生素K血浆转运的载体。大部分组织的维生素K浓度较低，含量较高的是肝脏、肾上腺、骨髓、肾脏与淋巴管。在组织中主要位于细胞膜，是维生素K的混合物，即有多种形式来自肠道细菌。

2. 生理功能

（1）血液凝固作用　血凝过程中的许多凝血因子的生物合成有赖于维生素K，如凝血因子Ⅱ（凝血酶原）、凝血因子Ⅵ（转变加速因子前体）、凝血因子Ⅸ（凝血酶激酶组分）和凝血因子Ⅶ。血浆中还有四种蛋白质（蛋白质C、S、Z和M）被确定为维生素K依赖性蛋白质，它们有抑制或刺激血液凝固的作用。维生素K缺乏的主要症状是出血，在某些情况下产生致命的贫血，血液减压显示凝血时间延长和凝血酶原含量低下。

（2）在骨代谢中的作用　骨中有两种蛋白质与维生素K有关，即骨钙素和$\gamma$-羧基谷氨酸蛋白质（MGP）。骨钙素溶于水，在成骨细胞中合成，其功能是调节钙磷比例，将钙结合到骨组织。MGP不溶于水，在骨以外的组织（如肾、肺、脾）中合成，其功能是将钙结合到骨的有机成分和矿物质中。维生素K作为辅酶参与骨钙素和MGP的形成，所以通过这两种蛋白质影响骨组织的代谢。血清骨钙素是评价维生素K营养状况的灵敏指标，也可作为老年妇女骨质疏松的预报指标。

3. 缺乏

由于维生素K来源丰富，正常成人肠道微生物能合成维生素K，所以很少发生维生素K缺乏。导致维生素K缺乏的主要疾病是"新生儿出血症"，这是由于维生素K的胎盘转运很少，出生时维生素K的储存量有限，肠道菌群尚未建立，合成维生素K的能力较弱所致。其后果将产生内脏出血和中枢神经系统损伤，并有高死亡率。

4. 膳食参考摄入量

我国制定膳食参考摄入量时未将维生素K列入。美国食物营养委员会（FNB/NAS）推荐的维生素K每日适宜摄入量（AI）：一般成人为80μg/d；孕妇亦为80μg/d，乳母为85μg/d。6个月以内婴儿为2μg/d，7~12个月婴儿为10μg/d，1~3岁儿童为30μg/d，4~6岁为40μg/d，7~10岁为50μg/d，11~13岁为50μg/d，14~17岁为75μg/d。

维生素$K_1$与$K_2$的毒性很小，但维生素$K_3$是有毒的，可产生致命的贫血、低凝血酶原血症和黄疸。目前尚未确定维生素K的UL值。

5. 食物来源

维生素$K_1$是绿色植物中叶绿体的组成成分，故绿色蔬菜含量丰富，动物肝脏、鱼类的含量也较高，而水果和谷物含量较少，肉类和乳制品含量中等。国内报道有关食物中维生素K含量的数据不多，《食品科学》1997年报道每100g食物中的维生素K含量为：蒜苗719.84μg，韭菜588.95μg，芹菜叶553.25μg，菠菜351.32μg，辣椒374.39μg，芥菜313.37μg，莴苣232.15g，菜花88.36μg，萝卜12.62μg等。

## 二、水溶性维生素

### （一）维生素B$_1$

维生素B$_1$又称硫胺素、抗脚气病因子、抗神经炎因子等，由1个含氨基的嘧啶环和1个含硫的噻唑环组成的化合物，因其分子中含有硫和胺，故称硫胺素，极易溶于水，1g盐酸硫胺素可溶于1mL水中，但仅1%溶于乙醇，不溶于其他有机溶剂。维生素B$_1$固态形式比较稳定，在100℃时也很少破坏。水溶液呈酸性时稳定，在pH小于5时，加热至120℃仍可保持其生理活性，在pH为3时，即使高压蒸煮至140℃1h破坏也很少。对氧和光也比较稳定。碱性环境中易于被氧化失活，不耐热；在pH大于7的情况下煮沸，可使其大部分或全部破坏，甚至在室温下储存，亦可逐渐破坏。

**1. 生理功能**

食物中的维生素B$_1$有三种形式，即游离形式、焦磷酸硫胺素和蛋白磷酸复合物。结合形式的维生素B$_1$在消化道裂解后被吸收。吸收的主要部位是空肠和回肠。

（1）构成辅酶，维持体内正常代谢　维生素B$_1$在焦磷酸硫胺素激的作用下，与三磷酸腺苷（ATP）结合形成焦磷酸硫胺素（TPP）。TPP是维生素B$_1$的活性形式，在体内构成α-酮酸脱氢酶体系和转酮醇酶的辅酶。

（2）促进胃肠蠕动　维生素B$_1$可抑制胆碱酯酶对乙酰胆碱的水解，乙酰胆碱（副交感神经化学递质）有促进胃肠蠕动作用。维生素B$_1$缺乏时，胆碱酯酶活性增强，乙酰胆碱水解加速，因此胃肠蠕动缓慢，腺体分泌减少，食欲减退。

（3）对神经组织的作用　维生素B$_1$缺乏时可引起神经系统病变和功能异常。研究发现，在神经组织以TPP含量最多，大部分位于线粒体，10%在细胞膜。TPP可能与膜钠离子通道有关，当TPP缺乏时梯度渗透无法维持，引起电解质与水转移。

维生素B缺乏可引起脚气病，临床上根据年龄差异分为成人脚气病和婴儿脚气病。

**2. 膳食参考摄入量**

中国营养学会推荐的维生素B$_1$膳食营养素参考摄入量（RNI）为成年男性1.4mg/d，成年女性1.2mg/d。

**3. 食物来源**

维生素B$_1$广泛存在于天然食物中，但含量随食物种类而异，且受收获、贮藏、烹调、加工等条件影响。最为丰富的来源是葵花子、花生、大豆粉、瘦猪肉；其次为小麦粉、小米、玉米、大米等谷类食物；鱼类、蔬菜和水果中含量较少。建议食用碾磨不太精细的谷物，可防止维生素B$_1$缺乏。常见食物维生素B$_1$含量见表4-24。

表4-24　常见食物维生素B$_1$含量　　　单位：mg/100g

| 食物 | 含量 | 食物 | 含量 | 食物 | 含量 |
|---|---|---|---|---|---|
| 葵花子 | 1.89 | 玉米 | 0.27 | 茄子 | 0.03 |
| 花生 | 0.72 | 稻米（粳，标二） | 0.22 | 牛乳 | 0.03 |
| 瘦猪肉 | 0.54 | 猪肝 | 0.21 | 鲳鱼 | 0.03 |
| 大豆 | 0.41 | 鸡蛋 | 0.09 | 白菜 | 0.02 |
| 蚕豆 | 0.37 | 甘薯 | 0.07 | 苹果 | 0.02 |
| 小米 | 0.33 | 鸡肉 | 0.05 | 带鱼 | 0.02 |
| 麸皮 | 0.30 | 梨 | 0.05 | 冬瓜 | 0.01 |
| 小麦粉（标准） | 0.28 | 萝卜 | 0.04 | 河虾 | 0.01 |

（二）维生素B$_2$

维生素B$_2$又名核黄素（riboflavin）。核黄素对热较稳定，在中性或酸性溶液中，短期加热也不致破坏，但在碱性溶液中加热较易破坏。游离型核黄素对光敏感，特别是对紫外线，如将牛乳（乳中核黄素40%～80%为游离型）放入瓶中在日光下照射，2h内核黄素可破坏一半以上，破坏的程度随温度及pH升高而加速。不论在中性、酸性或碱性中，游离型核黄素均可被紫外线破坏。核黄素水溶液在紫外线照射下可发生黄绿色荧光，故可用荧光比色法检测核黄素。食物中核黄素主要是结合型，即与磷酸和蛋白质结合成复杂化合物，对光比较稳定。

1. 生理功能

膳食中的大部分维生素B$_2$是以黄素单核苷酸（FMN）和黄素腺核苷酸（FAD）辅酶形式和蛋白质结合存在。进入胃后，在胃酸的作用下，与蛋白质分离，在上消化道转变为游离型维生素B$_2$后，在小肠上部被吸收。

（1）构成黄酶辅酶参加物质代谢　核黄素在体内与ATP作用形成黄素单核苷酸（FMN）和黄素腺嘌呤二核苷酸（FAD），它们是多种氧化酶系统不可缺少的构成部分，即黄酶的辅酶，在生物氧化中起递氢体的作用，参与氨基酸、脂肪酸和碳水化合物代谢。

（2）参与细胞的正常生长　在皮肤黏膜，特别是经常处于活动的弯曲部，损伤后细胞的再生需要核黄素。如果核黄素缺乏，小损伤也不易愈合，可被视为核黄素缺乏的特殊表现。

（3）其他　与肾上腺皮质激素的产生、骨髓中红细胞生成以及铁的吸收、储存和动员有关。补充核黄素对防治缺铁性贫血有重要作用。近年有研究认为核黄素还与视网膜对光的感应有关。此外，维生素B$_2$可激活维生素B$_6$，参与色氨酸形成烟酸过程。

单纯核黄素缺乏，呈现特殊的上皮损害、脂溢性皮炎、轻度的弥漫性上皮角化并伴有脂溢性脱发和神经紊乱。同时机体中有些黄素酶的活性异常降低，其中最明显的是红细胞内谷胱甘肽还原酶，此酶为体内核黄素营养状况的标志。

2. 膳食参考摄入量

中国营养学会推荐的膳食维生素$B_2$参考摄入量（RNI）为成年男性1.4mg/d，成年女性1.2mg/d。

3. 食物来源

维生素$B_2$广泛存在于天然食物中，但因其来源不同，含量差异很大。动物性食品，尤以动物内脏如肝脏、肾脏、心脏等含量最高；其次是蛋类、乳类；大豆和各种绿叶蔬菜也含有一定数量，其他植物性食物含量较低。常见食物中维生素$B_2$含量见表4-25。

表4-25　常见食物中维生素$B_2$含量　　　　单位：mg/g

| 食物 | 含量 | 食物 | 含量 | 食物 | 含量 |
|---|---|---|---|---|---|
| 猪肝 | 2.08 | 大豆 | 0.22 | 芥菜 | 0.11 |
| 冬菇（干） | 1.40 | 黄花菜 | 021 | 小米 | 0.10 |
| 牛肝 | 1.30 | 青稞 | 0.21 | 鸡肉 | 0.09 |
| 鸡肝 | 1.10 | 芹菜 | 0.19 | 标准粉 | 0.08 |
| 黄鳝 | 0.98 | 肥瘦猪肉 | 0.16 | 粳米 | 0.08 |
| 牛肾 | 0.85 | 荞麦 | 0.16 | 白菜 | 0.07 |
| 小麦胚粉 | 0.79 | 荠菜 | 0.15 | 萝卜 | 0.06 |
| 扁豆 | 0.45 | 牛乳 | 0.14 | 梨 | 0.04 |
| 黑木耳 | 0.44 | 豌豆 | 0.14 | 茄子 | 0.03 |
| 鸡蛋 | 0.31 | 瘦牛肉 | 0.13 | 黄瓜 | 0.03 |
| 麸皮 | 0.30 | 血糯米 | 0.12 | 苹果 | 0.02 |
| 蚕豆 | 0.23 | 菠菜 | 0.11 | | |

（三）维生素$B_6$

维生素$B_6$是吡啶的衍生物，在生物组织内有吡哆醇（pyridoxine）、吡哆醛（pyridoxal）和吡哆胺（pyridoxamine）三种形式，均具有维生素$B_6$的生物活性。这三种形式通过酶可互相转换。第一种主要存在于植物性食品中，后两种主要存在于动物性食物中。维生素$B_6$易溶于水，对酸相当稳定，在碱性溶液中易破坏，在中性溶液中易被光破坏，对氧较稳定。吡哆醛和吡哆胺较不耐热，吡哆醇耐热，在食品加工、贮藏过程中稳定性较好。

### 1. 生理功能

不同形式的维生素$B_6$大部分都能通过被动扩散形式在空肠和回肠被吸收。在体内被磷酸化后，以辅酶形式参与许多酶系代谢。目前已知有100种左右的酶依赖磷酸吡哆醛，主要作用有转氨基、脱羧基、脱氨基转硫和色氨酸转化以及不饱和脂肪酸和糖原代谢等。

（1）参与氨基酸代谢 维生素$B_6$作为辅酶在体内氨基酸代谢中发挥重要作用，如丙氨酸、天冬酰胺、精氨酸、天冬氨酸、半胱氨酸、异亮氨酸、赖氨酸、苯丙氨酸、色氨酸、酪氨酸及缬氨酸等的转氨基作用。当维生素$B_6$不足时，色氨酸代谢受干扰，尿中黄尿酸、犬尿酸、3-羟基犬尿酸及喹啉酸排出增多。

此外，酪氨酸、组氨酸及色氨酸等的脱羧基作用，中枢神经系统中谷氨酸转化为γ-主氨基丁酸，半胱氨酸转化为牛磺酸，色氨酸代谢为烟酸等都需要维生素$B_6$参与催化。

（2）参与糖原与脂肪酸代谢 磷酸酯形式的维生素$B_6$也是磷酸化酶的一个基本成分，磷酸化酶催化肌肉与肝中糖原转化为1-磷酸葡萄糖；此外，还参与亚油酸转化为花生四烯酸及胆固醇的合成与转运。

（3）其他功用 维生素$B_6$的功能还涉及脑和组织中能量转化、核酸代谢、内分泌功能、辅酶A生物合成、草酸盐转化为甘氨酸以及血红素和抗体合成等。近年研究发现，维生素$B_6$可降低血浆同型半胱氨酸水平，后者水平升高已被认为是心血管疾病的一种可能危险因素。

维生素$B_6$缺乏的典型临床症状是脂溢性皮炎、小细胞性贫血、癫痫样惊厥，以及忧郁和精神错乱。

### 2. 膳食参考摄入量

中国营养学会推荐的维生素$B_6$的膳食参考摄入量（RNI）为成人1.4mg/d。

### 3. 食物来源

维生素$B_6$广泛存在于动植物食物中，其中豆类、畜肉及肝脏、鱼类等食物中含量较丰富，其次为蛋类、水果和蔬菜，乳类、油脂等含量较低。常见食物维生素$B_6$吡哆醇含量见表4-26。

## （四）烟酸

烟酸又名维生素PP、尼克酸、抗癞皮病因子等，其氨基化合物为烟酰胺或尼克酰胺，二者都是吡啶的衍生物。烟酸、烟酰胺均溶于水及酒精，25℃时，1g烟酸可溶于60mL水或80mL酒精中，但不溶于乙醚；烟酰胺的溶解度大于烟酸，1g可溶于1mL水或1.5mL酒精，在乙醚中也能溶解。烟酸和烟酰胺性质比较稳定，酸、碱、氧、光或加热条件下不易破坏；在高压下，120℃、20min也不被破坏。一般加工烹调损失很小，但会随水流失。

### 表4-26 常见食物维生素B₆吡哆醇含量 单位: mg/100g

| 食物名称 | 含量 | 食物名称 | 含量 | 食物名称 | 含量 | 食物名称 | 含量 |
|---|---|---|---|---|---|---|---|
| 葵花子 | 1.25 | 玉米 | 0.40 | 菜花 | 0.21 | 葡萄 | 0.08 |
| 金枪鱼 | 0.92 | 猪腰 | 1.35 | 青鱼 | 0.19 | 菠萝 | 0.07 |
| 牛肝 | 0.84 | 小牛肉 | 0.34 | 豌豆 | 0.16 | 啤酒 | 0.06 |
| 大豆 | 0.82 | 牛腿肉 | 0.33 | 芹菜 | 0.16 | 生菜 | 0.06 |
| 核桃仁 | 0.73 | 鸡肉 | 0.33 | 枣 | 0.15 | 橙子 | 0.06 |
| 鸡肝 | 0.72 | 火腿（瘦） | 0.32 | 菠菜 | 0.15 | 杨梅 | 0.06 |
| 沙丁鱼 | 0.67 | 鸡蛋黄 | 0.30 | 大米 | 0.11 | 杏 | 0.05 |
| 猪肝 | 0.65 | 羊腿肉 | 0.28 | 全鸡蛋 | 0.11 | 面包 | 0.04 |
| 蘑菇 | 0.53 | 土豆 | 0.25 | 番茄 | 0.10 | 牛乳 | 0.04 |
| 牛肾 | 0.43 | 胡萝卜 | 0.25 | 甜瓜 | 0.09 | 桃 | 0.02 |
| 花生 | 0.40 | 葡萄干 | 0.24 | 南瓜 | 0.08 | 梨 | 0.01 |

1. 生理功能

烟酸主要是以辅酶的形式存在于食物中，经消化后于胃及小肠中吸收。吸收后以烟酸的形式经门静脉进入肝脏。

（1）构成辅酶Ⅰ（CoⅠ）或烟酰胺腺嘌呤二核苷酸（NAD⁺）及辅酶Ⅱ（CoⅡ）或烟酰胺腺嘌呤二核苷酸磷酸（NADP⁺） 烟酰胺在体内与腺嘌呤、核糖和磷酸结合构成辅酶Ⅰ和辅酶Ⅱ，在生物氧化还原反应中起电子载体或递氢体作用。

（2）葡萄糖耐量因子的组成成分 烟酸与铬一样，是葡萄糖耐量因子的组成成分。烟酸在其中的作用还不清楚。

（3）保护心血管 有报道，服用烟酸能降低血胆固醇、甘油三酯（TG）及$\beta$-脂蛋白浓度和扩张血管。大剂量烟酸对复发性非致命的心肌梗死有一定程度的保护作用，但烟酰胺无此作用，其原因不清。

烟酸缺乏可引起癞皮病。此病起病缓慢，常有前驱症状，如体重减轻、疲劳乏力、记忆力差、失眠等。如不及时治疗，则可出现皮炎、腹泻和痴呆。由于此三系统症状英文名词的开头字母均为"D"字，故又称为癞皮病"3D"症状。

2. 膳食参考摄入量

由于色氨酸在体内可转化为烟酸，当蛋白质摄入增加时，可相应减少烟酸的摄入。烟酸的需要量或推荐摄入量用烟酸当量（NE）表示。根据测定，平均60mg色氨酸可转变为1mg烟酸，因此烟酸当量则为：

$$烟酸当量（mg\ NE）＝烟酸（mg）+1/60色氨酸（mg）$$

中国营养学会推荐的膳食烟酸的推荐摄入量（RNI），成年男子15mg NE/d，成年女子12mg NE/d。

3. 食物来源

烟酸及烟酰胺广泛存在于食物中。植物性食物中存在的主要是烟酸，动物性食物中以烟酰胺为主。烟酸和烟酰胺在肝、肾、瘦畜肉、鱼以及坚果类中含量丰富；乳、蛋中的含量虽然不高，但色氨酸较多，可转化为烟酸。谷类中的烟酸80%～90%存在于种皮中，故加工影响较大。玉米含烟酸并不低，甚至高于小麦粉，但以玉米为主食的人群容易发生癞皮病。其原因如下：

（1）玉米中的烟酸为结合型，不能被人体吸收利用。

（2）玉米中的色氨酸含量低，如果用碱处理玉米，可将结合型的烟酸水解成为游离型的烟酸，而易被机体利用。有些地区的居民，虽然长期大量食用玉米，由于玉米经过处理，已形成游离型，并不患癞皮病。我国新疆地区曾用碳酸氢钠（小苏打）处理玉米以预防癞皮病，收到了良好的预防效果。常见食物的烟酸及烟酸当量见表4-27。

表4-27　常见食物的烟酸及烟酸当量（每100g）

| 食物名称 | 烟酸/mg | 烟酸当量/mg NE | 食物名称 | 烟酸/mg | 烟酸当量/mg NE | 食物名称 | 烟酸/mg | 烟酸当量/mg NE |
|---|---|---|---|---|---|---|---|---|
| 香菇 | 24.4 | 28.4 | 籼米 | 3.0 | 5.4 | 豆角 | 0.9 | 1.2 |
| 花生 | 17.9 | 21.9 | 海虾 | 1.9 | 5.1 | 甘薯 | 0.6 | 0.9 |
| 猪肝 | 15.0 | 19.4 | 鲳鱼 | 2.1 | 5.0 | 牛乳 | 0.1 | 0.7 |
| 大豆 | 2.1 | 10.0 | 黑木耳 | 2.5 | 5.0 | 白菜 | 0.5 | 0.7 |
| 瘦牛肉 | 6.3 | 10.0 | 粳米 | 2.6 | 4.9 | 芹菜 | 0.4 | 0.7 |
| 瘦猪肉 | 5.3 | 9.8 | 标准粉 | 2.0 | 4.3 | 柑橘 | 0.4 | 0.4 |
| 鸡肉 | 5.6 | 9.5 | 鸡蛋 | 0.2 | 3.9 | 冬瓜 | 0.3 | 0.4 |
| 瘦羊肉 | 5.2 | 8.7 | 玉米 | 2.3 | 3.6 | 胡萝卜 | 0.2 | 0.4 |
| 带鱼 | 2.8 | 6.4 | 蛤蜊 | 0.5 | 2.2 | 橙子 | 0.3 | 0.4 |
| 海鳗 | 3.0 | 6.4 | 马铃薯 | 1.1 | 1.6 | 黄瓜 | 0.2 | 0.3 |

（五）叶酸

叶酸又称叶精、蝶酰谷氨酸、抗贫血因子、维生素M、维生素U等，是一组与蝶酰谷氨酸功能和化学结构相似的一类化合物的统称。其结构是由一个蝶啶通过一个亚甲基桥与对氨基苯甲酸相邻结成为蝶酸（蝶呤酰），再与谷氨酸结合而成。化学名称为蝶酰谷氨酸（PGA或Pteglu）。叶酸微溶于水，其钠盐易于溶解，但不溶于乙醇、乙醚等有机溶剂。叶酸对热、光、酸性溶液均不稳定，在酸性溶液中温度超过100℃即分解。在碱性和中性溶液中对热稳定。食物中的叶酸烹调加工后损失率可达50%～90%。

### 1. 生理功能

混合膳食中的叶酸大约有3/4是以与多个谷氨酸相结合的形式存在的。这种多谷氨酸不易被小肠吸收，在吸收之前必须经小肠黏膜细胞分泌的$\gamma$-谷氨酸酰基水解酶（结合酶）分解为单谷氨酸叶酸，才能被吸收。

叶酸在肠壁、肝脏及骨髓等组织中，经叶酸还原酶作用，还原成具有生理活性的四氢叶酸。四氢叶酸是体内生化反应中一碳单位转移酶系的辅酶，起着一碳传递体的作用。所谓一碳单位，是指在代谢过程中某些化合物分解代谢生成的含一个碳原子的基团，如甲基（—CH$_3$）、亚甲基（—CH$_2$）、次甲基或称甲烯基（＝CH—）、甲酰基（—CHO）、亚胺甲基（—CH＝NH）等。四氢叶酸携带这些一碳单位，主要转运到肝脏储存。

组氨酸、丝氨酸、甘氨酸、甲硫氨酸等均可供给一碳单位，这些一碳单位从氨基酸释出后，以四氢叶酸作为载体，参与其他化合物的生成和代谢，主要包括：参与嘌呤和胸腺嘧啶的合成，进一步合成DNA和RNA；参与氨基酸之间的相互转化，充当一碳单位的载体，如丝氨酸与甘氨酸的互换（亦需维生素B$_6$）、组氨酸转化为谷氨酸、同型半胱氨酸与甲硫氨酸之间的互换（亦需维生素B$_{12}$）等；参与血红蛋白及重要的甲基化合物合成，如肾上腺素、胆碱、肌酸等。

叶酸携带一碳单位的代谢与许多重要的生化过程密切相关。体内叶酸缺乏则一碳单位传递受阻，核酸合成及氨基酸代谢均受影响，而核酸及蛋白质合成正是细胞增殖、组织生长和机体发育的物质基础，因此，叶酸对于细胞分裂和组织生长具有极其重要的作用。叶酸在脂代谢过程中亦有一定作用。孕妇摄入叶酸不足时，胎儿易发生先天性神经管畸形。叶酸缺乏也是血浆同型半胱氨酸升高的原因之一。

叶酸缺乏可引起巨幼红细胞贫血和高同型半胱氨酸血症，另外，引起胎儿神经管畸形。

### 2. 膳食参考摄入量

叶酸的摄入量通常以膳食叶酸当量（DFE）表示。由于食物中叶酸的生物利用率仅为50%，而叶酸补充剂与膳食混合时生物利用率为85%，比单纯来源于食物的叶酸利用度高1.7倍（85/50），因此DFE的计算公式见式（4-9）。

$$DFE（\mu g）＝膳食叶酸（\mu g）+1.7×叶酸补充剂（\mu g） \qquad (4-9)$$

中国营养学会建议我国居民叶酸膳食建议摄入量（RNI），成人400μg DFE/d，可耐受最高摄入量（UL）1000μg DFE/d。

### 3. 食物来源

叶酸广泛存在于各种动、植物食品中。富含叶酸的食物为动物肝、肾、鸡蛋、豆类、酵母、绿叶蔬菜、水果及坚果类。常用食物的叶酸含量见表4-28。

**表4-28　常用食物的叶酸含量**　　　　　单位：μg/100g

| 名称 | 含量 | 名称 | 含量 | 名称 | 含量 |
|---|---|---|---|---|---|
| 猪肝 | 236.4 | 菠菜 | 347.0 | 番茄 | 132.1 |
| 瘦猪肉 | 8.3 | 小白菜 | 115.7 | 柑橘 | 52.9 |
| 牛肉 | 3.0 | 韭菜 | 61.2 | 香蕉 | 29.7 |
| 鸡蛋 | 75.0 | 圆白菜 | 39.6 | 菠萝 | 24.8 |
| 鸭蛋 | 24.8 | 红苋菜 | 330.6 | 山楂 | 24.8 |
| 带鱼 | 2.0 | 青椒 | 14.6 | 草莓 | 33.3 |
| 草鱼 | 1.5 | 豇豆 | 66.0 | 西瓜 | 4.0 |
| 鲜牛乳 | 5.5 | 豌豆 | 82.6 | 杏 | 8.2 |
| 大豆 | 381.2 | 黄瓜 | 12.3 | 梨 | 8.8 |
| 大米 | 32.7 | 辣椒 | 69.4 | 桃 | 3.0 |
| 面粉 | 24.8 | 竹笋 | 95.8 | | |

由于食物叶酸与合成的叶酸补充剂生物利用率不同，因此，有必要在计算叶酸摄入量时，分别统计来源于食物的、强化食品中的和叶酸补充剂中的叶酸，以便计算DFE。

例：来源于水果、蔬菜、肉类、豆类及乳制品食物的叶酸共250μg；来源于叶酸补充剂和强化食品的叶酸共200μg，则总叶酸摄入量为：250+1.7×200＝590μg DFE。

### （六）维生素$B_{12}$

维生素$B_{12}$又称钴胺素，是一组含钴的类咕啉化合物。其结构式是由4个还原性吡咯环相连接形成一个大环，中心为一个钴，这个大环称为咕啉（corrin），是维生素$B_{12}$结构的核心。维生素$B_{12}$的化学全名为$\alpha$-5，6-二甲基苯并咪唑—氰钴酰胺，氰钴胺为其简称，其分子式中的氰基（CN）可由其他基团代替，成为不同类型的钴胺素。维生素$B_{12}$可溶于水，在pH 4.5～5.0的弱酸条件下最稳定，在强酸（pH<2）或碱性溶液中则分解，遇热可有一定程度的破坏，但快速高温消毒损失较小。遇强光或紫外线易被破坏。

### 1. 生理功能

食物中的维生素$B_{12}$与蛋白质相结合，进入人体消化道内，在胃酸、胃蛋白酶及胰蛋白酶的作用下，维生素$B_{12}$被释放，并与胃黏膜细胞分泌的一种糖蛋白质因子（IF）结合，在回肠部被吸收。在体内以两种辅酶形式发挥生理作用，即甲基$B_{12}$（甲基钴胺素，CbI）和辅酶B$_{12}$（腺苷基钴胺素，ado Cbl）参与体内生化反应。

（1）参与同型半胱氨酸甲基化转变为甲硫氨酸　甲基B$_{12}$作为甲硫氨酸合成酶的辅酶，从5-甲基四氢叶酸获得甲基后转而供给同型半胱氨酸（homocysteine，Hey），并在甲硫氨酸合成酶的作用下合成甲硫氨酸。维生素B$_{12}$缺乏时，同型半胱氨酸转变为甲硫氨酸受阻，可引起血清同型半氨酸水平升高。

（2）参与甲基丙二酸-琥珀酸的异构化反应　维生素B$_{12}$作为甲基丙二酰辅酶A异构酶的辅酶参与甲基丙二酸-琥珀酸的异构化反应。当维生素B$_{12}$缺乏时，甲基丙二酰辅酶A异构酶的功能受损，甲基丙二酰辅酶A通过非维生素B$_{12}$依赖性丙二酰辅酶A水解酶的作用，转变为甲基丙二酸，然后转变为未知的代谢物。因此，维生素B$_{12}$缺乏时，血清中甲基丙二酰辅酶A及其水解产物甲基丙二酸与$\alpha$-甲基柠檬酸均升高，尿中甲基丙二酸排出量增多。

维生素B$_{12}$缺乏多因吸收不良引起，多见于素食者，由于不吃肉食而发生维生素B$_{12}$缺乏。老年人和胃切除患者胃酸过少可引起维生素B$_{12}$的吸收不良。维生素B$_{12}$缺乏的表现：巨幼红细胞贫血，高同型半胱氨酸血症。

2. 膳食参考摄入量

中国营养学会建议的膳食维生素B$_{12}$推荐摄入量（RNI），成人为2.4μg/d。

3. 食物来源

维生素B$_{12}$主要食物来源为肉类、动物内脏、鱼、禽、贝壳类及蛋类，乳及乳制品中含量较少，植物性食品基本不含维生素B$_{12}$。常见食物的维生素B$_{12}$含量见表4-29。

表4-29　常见食物的维生素B$_{12}$含量　　　　单位：μg/100g

| 名称 | 含量 | 名称 | 含量 | 名称 | 含量 |
|------|------|------|------|------|------|
| 牛肉 | 1.80 | 炸小牛肝 | 87.0 | 生蛤肉 | 19.10 |
| 羊肉 | 2.15 | 全脂乳 | 0.36 | 沙丁鱼罐头 | 10.0 |
| 猪肉 | 3.0 | 脱脂乳粉 | 3.99 | 煎杂鱼 | 0.93 |
| 鸡肉 | 1.11 | 奶油 | 0.18 | 金枪鱼 | 3.0 |
| 猪肝 | 26.0 | 鸡蛋 | 1.55 | 熏大马哈鱼 | 7.0 |
| 焙羊肝 | 81.09 | 鸡蛋黄 | 3.80 | 蒸海蟹 | 10.0 |
| 焖鸡肝 | 49.0 | 鸭蛋 | 5.4 | 墨鱼干 | 1.8 |

（七）维生素C

维生素C又称抗坏血酸（ascorbic acid），是一种含有6个碳原子的酸性多羟基化合物，维生素C虽然不含有羧基，仍具有有机酸的性质。维生素C易溶于水，不溶于脂肪溶剂，在酸性环境中稳定，但在有氧、热、光和碱性环境下不稳定，特别是有氧化酶及痕量铜、铁等金属离子存在时，可促进其氧化破坏。氧化酶一般在蔬菜中含量较多，特别是黄瓜和白菜类，但柑橘类含量较少，所以蔬菜在储存过程中，维生素C都有不同程度损失。但在植物中，特别是枣、刺梨等水果中含有生物类黄酮，能保护食物中抗坏血酸的稳定性。

1. 生理功能

食物中的维生素C被人体小肠上段吸收，吸收量与其摄入量有关。摄入量为30～60mg时，吸收率可达100%；摄入量为90mg时，吸收率降为80%左右；摄入量为1500mg、3000mg和12000mg时，吸收率分别下降至49%、36%和16%。在体内的主要生理功能如下。

（1）参与羟化反应　羟化反应是体内许多重要物质合成或分解的必要步骤，如胶原和神经递质等合成，各种有机药物或毒物的转化等，都需要经过羟化作用才能完成。在羟化过程中，必须有维生素C参与。

①促进胶原合成：胶原蛋白合成时，其多肽链中的脯氨酸及赖氨酸等残基必须先在脯氨酸羟化酶及赖氨酸羟化酶的催化下分别羟化为羟氨酸及羟赖氨酸等残基。维生素C是这些羟化酶维持活性所必需的辅助因素之一。当维生素C缺乏时，胶原合成障碍，从而导致坏血病。

②促进神经递质合成：神经递质5-羟色胺及去甲肾上腺素由氨基酸合成时，都需要通过羟化作用才能完成，羟化酶作用时需要维生素C参与。维生素C缺乏时，这些神经递质合成将受到影响。

③促进类固醇羟化：胆固醇转化为胆汁酸时也必须经过羟化作用，维生素C则影响此种羟化过程。维生素C缺乏时，胆固醇转化为胆汁酸减少，以致胆固醇在肝内蓄积，血液中胆固醇浓度升高。故高胆固醇患者，应补给足量的维生素C。

④促进有机物或毒物羟化解毒：药物或毒物在内质网上的羟化过程是生物转化中的重要反应，此种反应由混合功能氧化酶完成。维生素C能使酶的活性升高，增强药物或毒物的解毒过程。

（2）还原作用　维生素C可以是氧化型，也可以是还原型存在于体内，所以可作为供氢体，也可作为受氢体，在体内氧化还原反应过程中发挥重要作用。

①促进抗体形成：抗体分子中含有相当数量的二硫键（—S—S—），这些二硫键都是由2个半胱氨酸组成的，所以合成抗体必须有半胱氨酸，但是食物的蛋白质含有大量的胱氨酸，必须将其还原为半胱氨酸才能参与抗体的合成，体内高浓度的维生素C有助于胱氨酸还原为半胱氨酸。

②促进铁的吸收：维生素C能使难以吸收的三价铁（$Fe^{3+}$）还原为易于吸收的二价铁（$Fe^{2+}$），从而促进了铁的吸收。此外，还能使亚铁络合酶等的巯基处于活性状态，以便有效地发挥作用，故维生素C是治疗贫血的重要辅助药物。

③促进四氢叶酸形成：叶酸还原为四氢叶酸后才能发挥其生理活性，维生素C能促进叶酸的还原，故对巨幼红细胞性贫血也有一定疗效。

④维持巯基酶的活性：体内许多含巯基的酶发挥催化作用时需要有—SH，维生素C能使酶分子中的—SH维持在还原状态，从而使酶保持活性。

（3）其他功能

①解毒：某些重金属离子，如铅、汞、镉、砷等对机体有毒害作用，若补充大量维生素C后，往往可缓解其毒性。维生素C对重金属离子的解毒作用一方面通过使体内氧化型谷胱甘肽（GSSG）还原为还原型谷胱甘肽后，与重金属离子结合成复合物排出体外，避免机体中毒；另一方面因为维生素C可与金属离子结合由尿中排出体外。

②预防癌症：许多研究表明，维生素C可阻断致癌物N-亚硝基化合物合成，预防癌症。

③清除自由基：维生素C可通过逐级供给电子而转变为半脱氢抗坏血酸和脱氢抗坏血酸的过程清除体内超氧阴离子（$O_2^-$）、羟自由基（·OH）、有机自由基（R·）和过氧自由基（ROO·）等。维生素C还能使生育酚自由基重新还原生成生育酚，反应生成的抗坏血酸自由基在一定条件下又可被$NADH_2$的体系酶还原为抗坏血酸。因此，生育酚、维生素C和$NADH_2$在体内可协同清除自由基。

维生素C缺乏时可引起坏血病。坏血病起病缓慢，自饮食缺乏维生素C至发展成坏血病，一般历时4~7个月。患者多有体重减轻、四肢无力、衰弱、肌肉关节等疼痛、牙龈松肿、牙龈炎或感染发炎。婴儿常有激动、软弱、倦怠、食欲减退、四肢动痛、肋软骨接头处扩大、四肢长骨端肿胀以及有出血倾向等，全身任何部位可出现大小不等和程度不同的出血、血肿或瘀斑。维生素C缺乏还可引起胶原合成障碍，可致骨有机质形成不良而导致骨质疏松。坏血病患者若得不到及时治疗，可发展到晚期，此时可因发热、水肿、麻痹或肠坏疽而死亡。

2. 膳食参考摄入量

中国营养学会建议的维生素C膳食推荐摄入量（RNI），成人为100mg/d，可耐受最高摄入量（UL）为2000mg/d。

3. 食物来源

维生素C主要来源于新鲜蔬菜与水果，常见食物中维生素C含量见表4-30。蔬菜中，辣椒、茼蒿、苦瓜、白菜、豆角、菠菜、土豆、韭菜等中含量丰富；水果中，酸枣、红枣、草莓、柑橘、柠檬等中含量最多；在动物的内脏中也含有少量的维生素C。

表4-30 常见食物中维生素C含量　　单位：mg/100g

| 食物名称 | 含量 | 食物名称 | 含量 | 食物名称 | 含量 | 食物名称 | 含量 |
|---|---|---|---|---|---|---|---|
| 酸枣 | 1170 | 草莓 | 47 | 柚 | 23 | 桃 | 10 |
| 枣（鲜） | 243 | 白菜 | 47 | 柠檬 | 22 | 黄瓜 | 9 |
| 沙棘 | 160 | 荠菜 | 43 | 白萝卜 | 21 | 黄豆芽 | 8 |

续表

| 食物名称 | 含量 | 食物名称 | 含量 | 食物名称 | 含量 | 食物名称 | 含量 |
|---|---|---|---|---|---|---|---|
| 红辣椒 | 144 | 圆白菜 | 40 | 猪肝 | 20 | 西瓜 | 7 |
| 猕猴桃 | 131 | 豆角 | 39 | 柑橘 | 19 | 茄子 | 5 |
| 芥菜 | 72 | 绿茶 | 37 | 番茄 | 19 | 香菇 | 5 |
| 灯笼椒 | 72 | 菠菜 | 32 | 鸭肝 | 18 | 牛心 | 5 |
| 柑橘 | 68 | 柿 | 30 | 菠萝 | 18 | 猪心 | 4 |
| 菜花 | 61 | 马铃薯 | 27 | 胡萝卜 | 16 | 杏 | 4 |
| 茼蒿 | 57 | 甘薯 | 26 | 花生 | 14 | 苹果 | 4 |
| 苦瓜 | 56 | 葡萄 | 25 | 芹菜 | 12 | 牛乳 | 1 |
| 山楂 | 53 | 纠错 | 24 | 梨 | 11 | | |

## 三、维生素与美容

维生素是维持人体正常功能不可缺少的营养素，是一类与机体代谢有密切关系的低分子有机化合物，是物质代谢中起重要调节作用的许多酶的组成成分。各种维生素在美容护肤方面都有独特而无法替代的作用，合理的维生素营养可以促进皮肤光泽红润、美丽动人。

### （一）脂溶性维生素与美容

#### 1. 维生素A与美容

维生素A参与细胞膜表面的黏蛋白的合成，可以促进上皮组织的形成与分化，维护上皮组织的正常结构与功能。在美容方面主要包括两方面的影响：一是维持正常的视觉上皮功能，使我们拥有一对明亮有神的双眼；二是维护正常的表皮功能。膳食中维生素A摄入不足时，眼部会出现泪腺分泌减少、眼结膜干燥（干眼症）脱皮、角膜软化、夜盲症。皮肤的表现主为皮肤干燥、弹性下降、脱屑、皱缩、毛囊角化等，加速皮肤老化，缺乏严重时会发展为鳞皮。维生素A在动物肝脏中含量丰富，使用过量可引起中毒，会出现头发枯干或脱落、皮肤干燥、食欲缺乏、贫血等中毒症状。所以，维生素A对于人体而言并不是越多越好。

#### 2. 维生素D与美容

与钙、磷结合成为骨代谢的重要成分，常用于提高骨量和骨密度，能预防骨质疏松症的过早出现。它还能提高体表皮肤的吸氧水平，促进皮肤的新陈代谢，调节感光质的形成，从而降低紫外线对皮肤的损伤，保障皮肤的营养。利用$1\alpha$-羟化酶基因敲除小鼠证实，实验动物缺乏维生素D时皮肤组织中氧自由基含量增多，抗氧化系统的酶类表达和活性降低，脂质过氧化代谢产物丙二醛（MDA）显著增多，最终可使皮肤变薄，表真皮交界平坦，皮下脂肪、毛囊数目及胶原减少等衰老表型，表明$1, 25-(OH)_2-D_3$缺乏能够导致皮肤老化。另外，如果维生素D缺乏，不仅引起佝偻病使骨骼变形，也会增加皮肤对日光（紫外线）敏感度，日晒部位常会发生日光性皮炎、干燥、脱屑等。维生素D虽对肌肤保养有重要作用，但要警惕补充维生素D也不宜剂量过大。

### 3. 维生素E与美容

维生素E俗名叫"抗老素"，因主要发挥抗氧化作用而得名。维生素E可以预防皮肤的光老化，日光紫外线长时间照射人体皮肤的结果是促使皮肤游离基的生成、加速皮肤老化，而维生素E具有阻止和清除这种游离基的生成和积累的能力，对被紫外线灼伤的皮肤细胞有良好的修护作用。化妆品中将维生素E与其他紫外线吸收剂复合后用于防晒产品中就是这个原因。

维生素E具有保持水分、润泽肌肤的功能，它可以保护细胞膜内的脂质与蛋白质、使其发挥与水分结合的作用。维生素E的保持水分作用在机制上与常用的保湿剂甘油等有所不同，它不是采用封闭的吸水方法，而是从内部润湿、渗透，因此具有更为明显的保湿功效。

维生素E是一种强抗氧剂，能保护人体内外易于氧化的物质免受破坏，可以改善蛋白质、脂肪和糖类的代谢，保持肌肤弹性。化妆品工业中常将其加入化妆品配方中，以提高产品稳定性，因为它可以抑制配方中油脂类原料微生物滋生，防止酸败。

维生素E还可以调节线粒体的呼吸速度，影响线粒体内细胞色素的含量，增强免疫功能，从而具有延缓衰老的作用。

### （二）水溶性维生素与美容

#### 1. 维生素$B_1$与美容

维生素$B_1$参与人体糖的代谢，维持神经、心脏与消化功能的正常运行，有助于人体消化而防止肥胖和滋润皮肤。它是神经酶的主要成分，所以神经炎、脂溢性皮炎和脱发都与维生素$B_1$缺少有关。但是维生素$B_1$的补充切不可剂量过大，如果服用过量也可出现头痛、眼花、烦躁、心律失常、乳房肿大、颜面潮红、皮肤瘙痒等症状，严重时还会发生低血压或引起肝功能损害，出现黄疸。

#### 2. 维生素$B_2$与美容

维生素$B_2$参与体内许多氧化还原的过程，参加糖类、脂肪和蛋白质的代谢。当人体内脂肪超过需要量时，会通过皮脂腺将其排出于皮肤表面或储存于毛孔之内，又由于毛孔内脂肪沉积，常成为螨虫和化脓菌繁殖之处，所以脂肪多了容易发生毛囊炎、粉刺、脱发等。而当人体"燃烧"脂肪时又需要大量维生素$B_2$的参与，所以维生素$B_2$缺乏会使皮肤粗糙、表面易起皱纹。然而过量补充维生素$B_2$也会出现烦躁、头痛、失眠等症状，还会加重肝、肾功能的负担。

#### 3. 维生素$B_5$与美容

维生素$B_5$参与人体中间代谢的两个重要辅酶NAD（烟酰胺二核苷酸腺嘌呤）和NAPP（烟酰胺二核苷腺嘌呤磷酸盐）所必需的组成部分。在生物氧化呼吸链中起着递氢的作用，可促进生物氧化过程和组织新陈代谢，糖酵解、丙酮酸代谢、呼吸链和戊糖生物合成等10种生化反应与烟酰胺相关，为细胞进行氧化还原反应所必需，对维持正常组织（特别是皮肤、消化道和神经系统）的完整性具有重要作用。不足或缺乏时可引起细胞呼吸障碍并产生相应的临床表现。主要是皮肤损害，皮炎主要发生于人体暴露部位，如指背、手背、前臂、面部、颈胸部。皮损初起为对称性鲜红色斑片，界限清晰酷似晒斑，自感烧灼、微痒。继之皮损由鲜红变为暗红、棕红或咖啡；以后皮损逐渐变厚硬、粗糙，出现皲裂及色素沉着，最后发生萎缩。严重者亦可形成大疱红肿，疼痛剧烈，并可有继发感染，形成脓疱，偶有溃疡形成。类似症状可因长期摩擦、压力或受热而产生，这就是为什么腋窝和阴囊发病的原因。皮损常夏季发作或加剧，冬季减轻或消退。患者常发生口腔炎、舌炎或外阴炎，舌呈亮红或猩红色，出现Moeller-Hunter舌炎表象，自感烧灼。

4. 维生素B$_6$与美容

维生素B$_6$参与氨基酸代谢（包括酪氨酸形成多巴胺）、脂肪代谢等，缺乏时会导致毛发生长不良、弥漫性脱发、毛发变灰及早生白发，甚至引起痤疮、酒渣鼻等损容性皮肤病。此外，它还对中枢及自主神经有维护作用。长期缺乏维生素B$_6$会出现皮肤和胃、肠功能失调的症状，影响营养素的正常吸收，但补充过多维生素B$_6$会引起烦躁、潮红、心悸、失眠等症状。

5. 叶酸与美容

叶酸作为体内重要的甲基供体，参与核酸的生物合成和DNA甲基化，对细胞的分裂生长，核酸、氨基酸、蛋白质的合成及许多基因表达起着重要的作用。人体缺少叶酸可导致红细胞的异常、未成熟细胞的增加、贫血及白细胞减少。叶酸是胎儿生长发育不可缺少的营养素。孕妇缺乏叶酸有可能导致胎儿出生时出现低体重、唇腭裂、神经管畸形等。

6. 维生素B$_{12}$与美容

维生素B$_{12}$能促进血红蛋白的合成，是重要的"造血原料"之一。维生素B$_{12}$常用于治疗缺铁性贫血。由于它能让皮肤得到营养，使容颜红润，所以有美容功能。但如果用药过量则可引发药源性哮喘、药疹、湿疹等。有研究表明每日每千克体重食用1μg以上维生素B$_{12}$会诱发肿瘤的生长或转移。

7. 维生素C与美容

（1）通过参与体内氧化还原过程起到美容作用　维生素C能增加毛细血管的致密性，降低其通透性和脆性，抑制皮肤内多巴胺的氧化作用，使皮肤内深层氧化的色素还原成浅色，保持皮肤白嫩，抑制色素沉着，从而预防黄褐斑、雀斑、皮肤瘀斑和头发枯黄等病症。研究发现缺乏维生素C时皮肤毛孔变粗大，毛孔口有角样栓状物，毫毛不能伸出而卷曲在内，毛孔周围血管增粗、充血，易形成粉刺。

（2）通过参与体内的羟化反应达到美容作用　胶原蛋白作为皮肤的保湿因子对滋养皮肤、促进皮肤新陈代谢、增强血液循环、增加皮肤紧密度、缩小毛孔、舒展粗纹、促使皮肤细胞正常成长等有重要作用。在胶原的生物合成中有三种酶需要维生素C以进行脯氨酸或赖氨酸的羟化作用。肉碱参与体内长链脂肪酸的代谢，在减肥过程中发挥作用，在肉碱的合成途径中有两种酶，即γ-三甲铵丁内酯2-氧代戊二酸4-二氧酶、三甲基赖氨酸2-氧代戊二酸二氧酶也需要维生素C的参与。

（3）通过影响黑色素生成达到美容作用　皮肤的颜色主要由黑色素决定，黑色素由酪氨酸代谢产生，黑色素的颜色是由黑色素分子中的醌式结构决定的，而维生素C具有还原剂的性质，能使醌式结构还原成酚式结构，减少黑色素生成，淡化、减少黑色素沉积，达到美白功效。当黑色素细胞形成黑色素功能亢进时，颜面就会出现色素沉着症，最常见的有雀斑、老年斑、黄褐斑和黑皮症。

# 第七节　水与美容

水是构成身体的主要成分之一，而且还具有重要的调节人体生理功能的作用，水是维持生命的重要物质基础。对人的生命而言，断水比断食的威胁更为严重，例如，人如断食而只饮水时尚可生存数周；但如断水，则只能生存数日，一般断水5～10d即可危及生命。断食至所有体脂和组织蛋白质耗尽50%时，才会死亡；而断水至失去全身水分10%就可能死亡。可见水对于生命的重要性。

## 一、水与营养

### （一）水的分布

水是人体中含量最多的成分。总体水（体液总量）可因年龄、性别和体形的胖瘦而存在明显个体差异。新生儿总体水最多，约占体重的80%；婴幼儿次之，约占体重的70%；随着年龄的增长，总体水逐渐减少，10～16岁以后，减至成人水平；成年男子总体水约为体重的60%，女子为50%～55%；40岁以后随肌肉组织含量的减少，总体水也逐渐减少，一般60岁以上男性为体重的51.5%，女性为45.5%。总体水还随机体脂肪含量的增多而减少，因为脂肪组织含水量较少，仅10%～30%，而肌肉组织含水量较多，可达75%～80%。水在体内主要分布于细胞内和细胞外。细胞内液约占总体水的2/3，细胞外液约占1/3。各组织器官的含水量相差很大，以血液中最多，脂肪组织中较少，见表4-31。女性体内脂肪较多，故水含量不如男性高。

表4-31　各组织器官的含水量（质量分数）　　　　　　　单位：%

| 组织器官 | 水分 | 组织器官 | 水分 |
|---|---|---|---|
| 血液 | 83.0 | 脑 | 74.8 |
| 肾 | 82.7 | 肠 | 74.5 |

续表

| 组织器官 | 水分 | 组织器官 | 水分 |
|---|---|---|---|
| 心 | 79.2 | 皮肤 | 72.0 |
| 肺 | 79.0 | 肝 | 68.3 |
| 脾 | 75.8 | 骨骼 | 22.0 |
| 肌肉 | 75.6 | 脂肪组织 | 10.0 |

（二）水的生理功能

1. 构成细胞和体液的重要组成成分

成人体内水分含量约占体重的65%，血液中含水量占80%以上，水广泛分布在组织细胞内外，构成人体的内环境。

2. 参与人体内新陈代谢

水的溶解力很强，并有较大的电解力，可使水溶物质以溶解状态和电解质离子状态存在；水具有较大的流动性，在消化、吸收、循环、排泄过程中，可协助加速营养物质的运送和废物的排泄，使人体内新陈代谢和生理化学反应得以顺利进行。

3. 调节人体体温

水的比热值大，1g水升高或降低1℃需要约4.2J的能量，大量的水可吸收代谢过程中产生的能量，使体温不至于显著升高。水的蒸发热大，在37℃体温的条件下，蒸发1g水可带走2.4J的能量。因此在高温下，体热可随水分经皮肤蒸发散热，以维持人体体温的恒定。

4. 润滑作用

在关节、胸腔、腹腔和胃肠道等部位，都存在一定量的水分，对器官、关节、肌肉、组织能起到缓冲、润滑、保护的作用。

（三）水的缺乏

水摄入不足或丢失过多，可引起体内失水，亦称脱水。根据水与电解质丧失比例的不同，分为三种类型。

1. 高渗性脱水

高渗性脱水的特点是以水的流失为主，电解质流失相对较少。当失水量占体重的2%~4%时，为轻度脱水，表现为口渴、尿少、尿比重增高及工作效率降低等。失水量占体重的4%~8%时，为中度脱水，除上述症状外，可见皮肤干燥、口舌干裂、声音嘶哑及全身软弱等表现。如果失水量超过体重的8%，即为重度脱水，可见皮肤黏膜干燥、高热、烦躁、精神恍惚等。若达10%以上，则可危及生命。

2. 低渗性脱水

低渗性脱水以电解质流失为主，水的流失较少。此种脱水特点是循环血量下降，血浆蛋白质浓度增高，细胞外液低渗，可引起脑细胞水肿，肌肉细胞内水过多并导致肌肉痉挛。早期多尿，晚期尿少甚至闭尿，尿相对密度降低，尿$Na^+$、$Cl^-$降低或缺乏。

### 3. 等渗性脱水

此类脱水是水和电解质按比例流失，体液渗透压不变，临床较为常见。其特点是细胞外液减少，细胞内液一般不减少，血浆$Na^+$浓度正常，兼有上述两类型脱水的特点，有口渴和尿少表现。

### （四）水的需要量

水的需要量主要受代谢情况、年龄、体力活动、温度、膳食等因素的影响，故水的需要量变化很大。

美国1989年第10版RDAs提出：成人每消耗4.184J能量，水需要量为1mL，考虑到发生水中毒的危险性极小，以及由于体力活动、出汗及溶质负荷等的变化，水需要量常增至1.5mL/4.184J。婴儿和儿童体表面积较大，身体中水分的百分比和代谢率较高，肾脏对调节因生长所需摄入高蛋白时的溶质负荷的能力有限，易发生严重失水，因此以1.5mL/4.184J为宜。孕妇因怀孕时细胞外液间隙增加，加上胎儿（和羊水）的需要，水分需要量增多，估计每日需要额外增加30mL，哺乳期妇女乳汁中87%是水，产后6个月内平均乳汁的分泌量约750mL/d，故需额外增加1000mL/d。

### （五）人体水平衡及其调节

### 1. 水的平衡

正常人每日水的来源和排出处于动态平衡。水的来源和排出量每日维持在2500mL左右，见表4-32。体内水的来源包括饮水和食物中的水及内生水三大部分。通常每人每日饮水约1200mL，食物中含水约1000mL，内生水约300mL。内生水主要来源于蛋白质、脂肪和碳水化合物代谢时产生的水。每克蛋白质产生的代谢水为0.42mL，脂肪为1.07mL，碳水化合物为0.6mL。

### 表4-32　正常成人每日水的出入平衡量

| 来源 | 摄入量 /mL | 排出器官 | 排出量 /mL |
| --- | --- | --- | --- |
| 饮水或饮料 | 1200 | 肾脏（尿） | 1500 |
| 食物 | 1000 | 皮肤（蒸发） | 500 |
| 内生水 | 300 | 肺（呼气） | 350 |
|  |  | 大肠（粪便） | 150 |
| 合计 | 2500 | 合计 | 2500 |

体内水的排出以经肾脏为主，约占60%，其次是经肺、皮肤和粪便排出。一般成人每日尿量为500~4000mL，最低量为300~500mL，低于此量，可引起代谢产生的废物在体内堆积，影响细胞的功能。皮肤以出汗的形式排出体内的水，出汗分为非显性和显性两种，前者为不自觉出汗，很少通过汗腺活动产生；后者是汗腺活动的结果。一般成

人经非显性出汗排出的水量为300～500mL，婴幼儿体表面积相对较大，非显性失水也较多。显性出汗量与运动量、劳动强度、环境温度和湿度等因素有关，特殊情况下，每日出汗量可达10L以上。经肺和粪便排出水的比例相对较小，但在特殊情况下，如高温、高原环境以及胃肠道炎症引起的呕吐、腹泻时，可造成大量失水。

2. 水平衡的调节

体内水的正常平衡受神经系统的口渴中枢、垂体后叶分泌的抗利尿激素及肾脏调节。口渴中枢是调节体内水平衡的重要环节，当血浆渗透压过高时，可引起口渴中枢神经兴奋，激发饮水行为。抗利尿激素通过改变肾脏远端小管和集合小管对水的通透性，以影响水分的重吸收，调节水的排出。抗利尿激素的分泌也受血浆渗透压、循环血量和血压等调节。肾脏则是水分排出的主要器官，通过排尿多少和对尿液的稀释和浓缩功能，调节体内水平衡。当机体失水时，肾脏排出浓缩性尿，使水保留在体内，防止循环功能衰竭；体内水过多时，则排尿增加，减少体内水量。电解质与水的平衡有着依存关系，钠主要存在于细胞外液，钾主要存在于细胞内液，都是构成渗透压、维持细胞内外水分恒定的重要因素。因此钾、钠含量的平衡是维持水平衡的根本条件。当细胞内钠含量增多时，水进入细胞引起水肿；反之丢失钠过多，水量减少，引起缺水；而钾则与钠有拮抗作用。

水是人体赖以维持最基本生命活动的物质，是机体需要量最大、最重要的营养素。机体的一切生理功能都离不开水的参与。只要有足够的饮水，在无食物摄入时机体可以维持生命一周甚至更长时间，但没有水时数日便会死亡。

## 二、水与美容保健

1. 水是皮肤的重要组成部分

正常皮肤含20%～30%的水分，其中角质层含水量维持在12%～15%。正常的含水量可以使皮肤细嫩、爽滑、柔和，并使皮肤的各种代谢处于正常状态。当角质层水分低于10%时，人的皮肤便变得粗糙，失去了弹性，甚至干裂。尤其秋天时，皮肤分泌物逐渐减少，皮肤缺水现象相对较多。而当人体缺水时，新陈代谢过程中能产生一种失水代谢产物，如果这种代谢产物在毛细血管中积累，能妨碍体内液体的流动，阻碍新陈代谢，于是衰老就开始了。如果能阻止体内的失水过程或使之推迟，人就会长寿，皮肤也更加靓丽，所以应补充足够的水分。而长期食用高盐饮食会造成肠道高渗状态，诱发便秘，而便秘是美容和皮肤保健的大敌。

2. 水的运输作用与美容

水的流动性大，一方面把氧气、营养物质、激素等运送到包括皮肤在内的各种组织，使这些组织得到充足的养分，并维持各种功能的正常进行；另一方面又可将体内代谢废物和毒素排出体外，减少它们的吸收，减轻对肠道的局部刺激。便秘的人肤色不佳就是因为排泄不畅、毒素吸收及刺激增加所致。

3. 水的润滑作用与美容

水是体内自备的润滑剂，可滋润皮肤，保持各器官的滑润。另外，如泪水可防止眼球干涩，唾液及消化液有利于吞咽和胃肠的消化，这些作用都可间接地起到美容与保健的功效。

4. 水的溶解性与美容

利用水的溶解力，许多物质解离为离子状态，发挥重要的生理功能；水在体内直接参与氧化还原反应，促进各种生理活动和生化反应的进行。

## 三、摄水与美容

（一）水的温度

煮沸后开水自然冷却到20~25℃时，溶解在其中的氯气和别的气体比一般自来水减少一半。但对人体有益的微量元素并不减少，水的表面张力、密度、黏滞度和导电性等理化特性与体内水分极为相似，具有特殊的生物活性，易透过细胞膜，可促进新陈代谢，增加血液中血红蛋白的含量，改善免疫功能。经常喝凉开水的人，体内脱氢酶的活性高，肌肉组织中乳酸积累少，身体充满活力而不易疲劳。另一方面，凉开水易被机体吸收而发挥作用。凉开水通过皮肤吸收渗透，能够进入皮肤和皮下组织脂肪里，使皮下脂肪呈"半液态"，皮肤也就因此显得柔嫩而有弹性，面部皮肤的皱纹也就容易消失或减少。特别是早晨起床洗漱后空腹饮一杯凉开水，能很快被排空的胃肠道吸收利用，可清洗肠道，有利于代谢产物的排泄，减少机体对毒物的吸收，对延缓衰老、防病有一定作用。饮用凉开水要新鲜，不能久放，久放会失去生物活性作用。凉开水要避免细菌污染，还要避免饮用有毒有害的凉开水，如锅炉中隔夜凉开水、蒸食品的锅底水、煮沸时间太长的水，因为这些水中亚硝酸盐含量高，饮用后既影响美容又危害身体健康。还要注意饭后不要喝很多水，因为饭后大量饮水可稀释胃液，降低消化能力，长期可导致消化不良。

（二）水的硬度

水的硬度是指溶于水中的钙、镁等盐类的总含量。一般分为碳酸盐硬度和非碳酸盐硬度，也可分为暂时硬度（指把水煮沸后可除去的硬度）和永久硬度（水经煮沸后不能除去的硬度）。水的硬度以度表示，1L水中钙离子和镁离子总含量相当于10mg氯化钙时称为1度。水硬度小于8度称为软水，8~16度称为中等硬水，17~30度称为硬水，30度以上称为极硬水。地下水硬度比地面水高，我国饮用水的硬度标准为不超过25度。水的硬度对日常生活的健康保健有一定的影响。如用硬水烹调食品，因不易煮熟而降低营养价值。硬水泡茶使茶变味。硬水沐浴可产生不溶性沉淀物堵塞毛孔，影响皮肤的代谢和健康，对敏感型皮肤还有刺激作用。洗头发不宜用硬水，要用软水。因为硬水含矿物质较多，可使头发变脆，而且也不易洗净。水温以30~40℃为宜，不宜用凉水，也不能过热，否则会破坏头发的蛋白质，使头发失去光泽和弹性。

（三）水的种类

（1）纯净水　太空水、纯净水、超纯水、蒸馏水等本质上都是纯净水，只是名字不同而已。它的优点是没有细菌、没有病毒，干净卫生，但缺点是水分子凝聚成线团状，不易被人体细胞吸收，大量饮用还会淋洗走人体内的微量元素，从而降低人体的免疫力。

（2）矿泉水　其内含有钙、镁等人体必需元素，对人体能起到一定的补充作用，可保持体内的无机盐平衡，但所含矿物质种类不多，无法满足人体的需要。

（3）凉开水　将水煮沸后经自然冷却至20～25℃即为凉开水。因为溶解在凉开水里的气体比煮沸前少了1/2，其性质也就发生了相应的变化，内聚力增大，分子之间更加紧密，表面张力加强。这些性质与细胞中的水十分接近，比较容易透过细胞膜，具有特异的生物活性，常喝凉开水，内脏器官脱氢酶活性会提高，使肌肉组织中的乳酸积累降低，促进新陈代谢，增加血液中血红蛋白的含量，增强人体免疫功能。

（4）磁化水　磁场作用使水的含氧量、渗透压、电导率、表面张力等都发生了变化，盐溶度有所提高，因此有利于人体的吸收，并有一系列有益作用，但不宜作为生活用水大量饮用。现已有实验证明，长期饮用有一定的不良反应。

（5）碱性离子水　可清除体内酸性代谢产物及毒物。高品质的饮用水应具备以下5个条件：不含有害物质；矿物质含量比例适当并呈离子状态；pH呈弱碱性；溶氧量高；水分子团小（溶解小、渗透力）。现有的少量市售的碱性离子水符合上述标准。

## 四、水的外用与美容

1. 外用补水

正常情况下，由于皮肤角质层有吸水作用和屏障功能，汗腺和皮脂腺所分泌的油脂有覆盖作用，可保持角质层中水分含量在10%～20%，且不易散失。水–NMF–脂质处于平衡状态时，皮肤光滑细嫩，富有弹性。但在某些条件下，如在寒冷干燥的环境中，薄薄的皮脂已经控制不住水分的散失，此时如经常用碱性比较大的洗涤剂洗脸，会将皮脂也洗得干干净净。另外，由于疾病的原因，皮肤自身不能产生足够多的保湿物质。这些情况都会使平衡保湿机构遭到破坏，造成皮肤干燥、粗糙，甚至会产生皮屑。在这种情况下，除了确保正常健康的饮食及水的摄入之外，在避免外界不良因素影响的情况下，还应根据需要，使用合适的保湿化妆品或者从外界"直接"给表皮细胞补充水分，使水分进入表皮细胞内外，以增加皮肤的弹性。

2. 蒸气水美容

通过水蒸气的热力作用，软化毛孔的堵塞物、扩张毛孔和毛细血管，使水分子透过毛孔、毛囊壁渗透到表皮细胞，从而达到补充水分、促进血液循环、延缓皱纹出现的目的，在家中可以用电热杯烧水，待水蒸气上冲时即可以蒸面。若用蒸汽美容器（机），则效果更理想，每周熏蒸2～3次，干性皮肤每次3min，中性皮肤每次5min，油性皮肤每次7～10min。时间不宜过长，否则会松弛皮肤，得不偿失。

### 3. 温泉水

人们最熟悉的水疗保健是用温泉水。温泉水按所含化学成分的质和量的不同，可分为单纯温泉、硫磺温泉、碱泉、碳酸泉、食盐泉、明矾泉及反射性矿物泉等。温泉水用于人类的保健医疗历史久远，温泉浴对人体的作用主要包括物理学与药物学两方面。物理学作用是由于温泉水具有温热和浮张力的特性，能帮助加快人体的血液循环，促进新陈代谢，提高皮肤的生理功能。同时，温泉浴对于感觉神经可起到镇静止痛的作用，缓解肌肉紧张，帮助消除疲劳。单纯温泉水，由于其中所含各种物质极少，作用缓和，对人体的有益作用主要是促进血液循环、增进新陈代谢、镇静镇痛、消除疲劳，适于神经痛、神经衰弱、初期高血压和关节炎等患者；含硫化氢的泉水，具有兴奋作用，可用来缓解精神抑郁症；含碳酸氢钠的泉水对消化系统的一些疾病有一定疗效；含碘的泉水则可用来治疗妇科或循环系统的一些疾病；硫磺温泉能治疗疥疮和预防一般寄生虫性皮肤病，对治疗关节炎也有些作用，食盐泉能增进新陈代谢，具有镇静镇痛效能，并且能促进局部炎性渗出物的吸收，所以它比较适于关节炎和神经痛患者；碱泉、重碱酸钠泉能祛除皮肤表面的皮脂油污垢，使皮肤舒适。不同的温泉成分有不同的药物作用。温泉浴作为医疗保健手段，已在全世界普遍应用，是人们医疗保健的良好场所。

### 4. 雪水

随着年龄的增长，体内冰结构水就会日显不足，从而加速人的衰老，饮用雪水可克服这种状况，使人变得年轻和延长寿命。另外，凡是因内火引起的双目红肿，腊月雪洗眼，可退赤消目，消肿散红，比用一般的水见效明显。夏天生了痱子，用雪水涂抹可消肿去痒，润肤爽身。饮酒过量，喝些用温热雪水沏的茶，味美爽口，有益健康。而且腊月雪沏茶，不仅使茶水格外清澈、纯正可口，在暑气蒸人的夏天，还能解热止渴、祛炎防暑。据分析，雪水在刚形成的一段时间内，还部分地保留着比液态水结构更松散的冰晶结构，其分子排布不像液态分子那样紧，这种结构的水更容易渗入人和动物组织内，使机体更显年轻健康。融雪水对农作物有催长、增产的作用。有人试验，用雪水浸泡黄瓜种子，发芽率比普通水浸泡的要高。在黄瓜生长期间用雪水灌溉，产量可增产2倍。据俄罗斯的一些试验，用雪水饲养母鸡、小猪及乳牛，均能使鸡多生蛋、生大蛋，小猪的生长发育加快，乳牛的乳量增加。

### 5. 雨水

科学家研究认为，雨水能使人心神清爽，特别是毛毛细雨，因为高层大气中，大量对人体有害的射线污染，随着雨水落到地面，而在几分钟后慢慢飘落到地面的毛毛雨，其受辐射的痕迹就会消失，且不带任何污染物，从而给人一种清新、爽朗、沁人心脾的感觉，有助于人体健康。所以，在毛毛雨中悠悠微步，实为健身之妙方。另外，科学家们研究还发现，毛毛细雨所产生的负离子，能治疗许多疾病。如国内不少医院的理疗科使用负离子治疗哮喘和慢性支气管炎。烧伤患者用负离子治疗，可加速创伤面愈合。在新生儿室使用，可使细菌减少，预防新生儿感染。肿瘤患者化疗后白细胞减少，使用负离子治疗后，白细胞可望升高。高血压患者使用后，血压可轻度下降。用负离子治疗的疾病，还有萎缩性鼻炎、萎缩性胃炎、神经性皮炎、枯草热、神经官能症和某些关节痛等。临床上还有用于治疗抑郁症和经期综合征的，故负离子有"长寿素"之称。

### 6. 热水

人的足部存在着与各脏腑器官相对应的反射区，当用温水泡脚时，可以刺激这些反射区，促进人体血液循环，调理内分泌系统，增强人体器官功能，取得防病治病的保健效果。泡脚的水温不宜过热或过凉，一般维持在38～43℃为宜。

### 7. 冷水

冷水浴或用冷水洗脸，能提高机体对寒冷刺激的适应能力，当人体一接触冷水刺激时皮肤血管急剧收缩，使大量血液流向人体深部组织和器官，继而皮肤血管又扩张，大量血液复又流向体表，这样全身血管都参加了舒缩运动。这种血管一舒一缩的锻炼，可以增加血管的弹性，有利于防治动脉硬化、高血压和冠心病。冷水浴锻炼时，由于血液的重新分配和骨髓造血功能的增强，能使血液里的红细胞和血红蛋白增多，从而使人面色红润、精力充沛。同时，此种锻炼能使人皮肤弹性增加、皱纹消失，这些都具有显著的美容作用。冷水浴最适宜的水温是20℃，可由弱到强，依次为擦身、冲洗、淋浴、游泳等。

# 第八节　膳食纤维与美容

## 一、概述

膳食纤维是指在人体小肠中不能被消化吸收而可在大肠中完全或部分发酵的植物性可食用部分或类似碳水化合物的总称。

膳食纤维根据溶解度的不同，可分为不溶性纤维和可溶性纤维，不溶性纤维包括纤维素、木质素和部分半纤维素；可溶性纤维常存在于植物细胞液和细胞间质中，主要有部分半纤维素、果胶、植物胶等。

①纤维素：是植物细胞壁的主要成分。

②半纤维素：是谷类纤维的主要成分，包括木糖、阿拉伯糖、甘露糖、半乳糖、葡萄糖醛酸等。

③木质素：为植物木质化过程形成的非碳水化合物，主要存在于植物的木质化部分和种子中。

④果胶：是胶状的多糖类，保水性能极强，常作为增稠剂，主要存在于水果蔬菜中。

⑤植物胶：能溶于水并形成胶状有黏性的物质。

## 二、膳食纤维的生理功能

膳食纤维不能被人体消化、吸收和利用，通常直接进入大肠，在通过消化道的过程中吸水膨胀，刺激和促进肠蠕动，连同消化道中其他"废物"形成柔软的粪便，易于排出，对身体健康和一些疾病的预防有着非常重要的意义。

（1）促进排便作用 膳食纤维具有良好的吸水作用，不仅可使粪便因含水较多、体积增加变软，还可刺激和加强肠蠕动，使消化吸收和排泄功能得到加强，发挥"清道夫"作用，以减轻直肠内压力，降低粪便在肠道中停留的时间。估计每克膳食纤维能增加粪重（5.7±0.5）g（小麦胚）及（4.9±0.9）g（水果及蔬菜）。因此，可有效地预防便秘、痔疮、肛裂、结肠息肉、息室性疾病和肠激惹综合征。

（2）预防癌症 肠道中存在大量厌氧菌，其部分代谢产物可对人类致癌，若膳食中纤维素增加会诱导大量好气菌群，很少产生致癌物。纤维素可与胆汁酸和胆汁酸代谢产物、胆固醇结合，减少初级胆汁酸和次级胆汁酸对肠黏膜的刺激作用。此外纤维素可吸附肠道中的致癌物并较快排出体外，达到防止肠癌的目的。流行病学资料也证明在高纤维膳食地区，结肠癌和肠息肉很少见。不过近年来有不同的报道。

（3）预防糖尿病和心血管病 可溶性膳食纤维可减少小肠对糖的吸收，使血糖不致因进食而快速升高，因此可减少体内胰岛素的释放，而胰岛素可刺激肝脏合成胆固醇。膳食纤维具有降低血糖的功效，可延长食物在肠内的停留时间，降低葡萄糖的吸收速度，使餐后血糖升高的幅度减小，降低血胰岛素水平。其中可溶性纤维作用较大，如果胶能吸收水分，在肠道内形成凝胶过滤系统，改变营养素包括单糖和双糖的消化吸收；减少胃肠道激素"抑胃肽"的分泌，使葡萄糖吸收率降低。

（4）预防胆结石 胆结石的形成与胆汁、胆固醇含量过高有关，当胆汁酸与胆固醇失去平衡时，就会析出小的胆固醇结晶而形成胆结石，由于膳食纤维可结合胆固醇，降低胆汁和胆固醇的浓度，因此可预防胆结石的形成。

（5）预防肥胖 富含膳食纤维的食物如谷物、全麦面、豆类、水果和蔬菜中只含有少量的脂肪，膳食纤维增加了食物的体积，使人易产生饱腹感，从而减少摄入的食物量，避免摄食过多引起能量过剩而导致肥胖。同时膳食纤维还能够抑制淀粉酶的作用，延缓糖类的吸收，降低空腹和餐后血糖水平。果胶等能抑制脂肪的吸收，有助于肥胖、糖尿病和高脂血症的预防。

由于与膳食结构和生活习惯改变有关的慢性病，如糖尿病、心血管疾病、癌症等发病率逐年升高，膳食纤维的意义更显得重要。但也必须指出，长期摄入高膳食纤维，会影响矿物质和维生素的吸收，引起缺铁、缺钙等营养问题。

## 三、膳食纤维与美容的关系

大量的医学研究表明，膳食纤维对人的皮肤保健、美容有着特殊的生理作用。膳食纤维可维持胃肠正常活动，调节营养平衡，从根本上起到护肤美容的作用。如膳食纤维能促进胃肠蠕动，有健全消化功能的作用，有助于营养素的利用，被称作"不是营养素的营养素"，成"第七营养素"。通过膳食纤维的作用，能增强胃肠道排泄毒素的功能，从而使皮肤润泽，减少色素沉着，美丽容颜。

人体内血脂和血胆固醇过高，可诱发脂溢性皮炎、脂质沉积症等损容性皮肤病，膳食纤维能与肠腔内的胆汁相结合，促进胆汁酸的排泄，加速血脂、血胆固醇在肝脏中的降解，降低血脂和血胆固醇浓度，从而预防皮肤病的发生。机体在新陈代谢过程中产生的乳酸和尿素等有害酸性物质，一旦随汗液分泌到皮肤表层，就会使皮肤失去活力和弹性，尤其是面部皮肤会因此而变得松弛，遇冷或经日光暴晒后容易皲裂或发炎，膳食纤维有解毒和促进新陈代谢的作用，有利于人体防病、保健、健美肌肤。

## 四、膳食纤维的来源与参考摄入量

膳食纤维来源于植物性食物，如根茎类和绿叶蔬菜、水果、谷类、豆类等。纤维素和半纤维素不能溶于水，称为"不可溶性膳食纤维"，在根茎类蔬菜、谷类的外皮和一些粗粮中含量较高。而果胶、树胶能溶于水，称为"可溶性膳食纤维"，主要存在于水果和一些蔬菜中。中国营养学会推荐的膳食纤维摄入量：低能量膳食7.5MJ（1800kcal）为25g/d，中等能量膳食10MJ（2400kcal）为30g/d，高能量膳食12MJ（2800kcal）为35g/d，有习惯性便秘的人可适当增加。

# 第五章

# 各类食物的营养价值与美容

俗话说，有健才有美，否则，美就成了"无本之木，无源之水"。有了健康的身体，才会使人容光焕发、精力充沛。健康的身体是均衡营养、有效保养等因素综合作用的结果，因此首先需对供给身体营养的食物有充分的了解。食物是人类获得各种营养素和能量的基本来源，是人类赖以生存和繁衍的物质基础。食物的营养价值（nutritional value）是指某种食品所含营养素和能量能满足人体营养需要的程度。食物营养价值的高低，取决于食物中营养素种类是否齐全、数量是否充足、相互比例是否适宜及是否易被消化吸收。不同食物因其营养素的构成不同，其营养价值也各不相同。如谷类食物的营养价值主要在于含有丰富的碳水化合物，但蛋白质营养价值较低；蔬菜和水果含有丰富的维生素、矿物质和膳食纤维，但蛋白质和脂肪的含量极少。因此，食物的营养价值是相对的。即使是同种食物，因其品种、部位、产地、成熟程度和烹调加工方法不同，营养价值也会存在一定差异。

## 第一节　食物营养价值的评定及意义

### 一、食物营养价值的评定

食物营养价值的评定主要包括两个方面：食物所含营养素的种类与含量、食物所含营养素的质量。

#### （一）营养素的种类与含量

在评定某食物营养价值时，首先应分析其所含营养素的种类，并确定各种营养素的含量。通常认为食品的营养素种类和含量越接近人体需要，其营养价值就越高。在实际工作中，除用化学分析法、仪器分析法、微生物法、酶分析法等来测定食物中营养素的种类及含量外，还可通过查阅食物成分表，初步评定食物的营养价值。

#### （二）营养素的质量

在评价食品的营养价值时，营养素的质与量是同等重要的。营养素的质量优劣体现在其可被人体消化吸收和利用的程度上。人体对该食物营养素的消化吸收率和利用率越高，其营养价值就越高。例如，人体对动物蛋白质的吸收、利用率要比植物蛋白质高，因此认为动物蛋白质的营养价值高于植物蛋白质。

评价营养素的质量，主要依靠动物喂养实验及人体试食临床观察结果，根据生长、代谢、生化等指标，与对照组进行比较分析，从而得出结论。

（三）营养质量指数

营养质量指数（index of nutritional quality，INQ）为评价食物营养价值的指标。INQ即营养素密度（待测食物中某营养素含量与该营养素参考摄入量的比）与能量密度（该食物中所含能量与能量参考摄入量的比）之比见式（5-1）。

INQ＝某营养素密度÷能量密度＝（某营养素含量÷该营养素参考摄入量）÷
（所产生的能量÷能量参考摄入量）　　　　　　　　　　　　　（5-1）

INQ＝1，说明食物中该营养素的供给与能量的供给达到平衡。INQ＞1，说明食物中该营养素的供给高于能量的供给。因此，INQ≥1说明该食物的营养价值高。INQ＜1说明食物中该营养素的供给少于能量的供给，长期单独食用该食物可能会发生该营养素的不足或能量过剩，因此该食物的营养价值低。INQ是评价食物营养价值的简明指标。

## 二、食物营养价值评定的意义

食物营养价值评定的意义有以下几点：

①全面了解各种食物的天然组成成分，包括其所含营养素种类和数量、非营养素类物质、抗营养因素等；找出现有主要食品的营养缺陷；指出改造或创制新食品的方向，解决抗营养因素问题，充分利用食物资源。

②了解在加工、烹调过程中食物营养素的变化和损失，采取相应有效措施，最大限度地保存食物营养素含量，提高食物营养价值。

③指导人们科学选购和合理搭配食物，配制营养平衡的膳食，以达到促进健康、预防疾病和健体美容的目的。

# 第二节　谷类的营养价值与美容

## 一、谷类的结构和营养素分布

谷类（grain）主要包括小麦、大米、玉米、高粱、荞麦、燕麦、小米等。各种谷类种子形态大小不一，但结构基本相似。谷粒的最外层是谷壳，主要起保护谷粒的作用。谷粒去壳后，其结构可分为谷皮、糊粉层、胚乳和胚芽四部分。

1. 谷皮

谷皮（silverskin）为谷粒外面的数层被膜，包括果皮和种皮等，主要由纤维素和半纤维素等组成，含有较多的矿物质、B族维生素及其他营养素，约占谷粒质量的7%。

2. 糊粉层

糊粉层（aleurone layer）介于谷皮与胚乳之间，含较多的蛋白质、脂肪和丰富的B族维生素及矿物质，约占谷粒质量的7%。此层营养素含量相对较高，有重要的营养学意义，但在加工时易与谷皮同时脱落而混入糠麸中。

3. 胚乳

胚乳（endosperm）是谷粒的主要组成部分，含少量脂肪、矿物质、维生素和大量的淀粉以及一定量的蛋白质，约占谷粒质量的83%。蛋白质在靠近胚乳周围部分含量较高，越向胚乳中心含量越低。

4. 胚芽

胚芽（embryo）位于谷粒一端，富含脂肪、蛋白质、矿物质、B族维生素和维生素E，约占谷粒质量的3%。胚芽质地较软而韧性较强，不易粉碎，但在加工过程中易与胚乳分离而损失。

## 二、谷类的营养素种类及特点

谷类食物中营养素的含量与组成因品种、气候、地区及加工方法的不同而有差异。

### （一）蛋白质

不同谷类食物中蛋白质的含量不同，多数谷类食物蛋白质含量为7.5%～15%。主要由谷蛋白（glutelin）、醇溶蛋白（prolamin）、清蛋白（albumin）和球蛋白（globulin）组成。不同的谷类食物中各种蛋白质所占的比例也不相同，见表5-1。谷类食物蛋白质中主要是醇溶蛋白和谷蛋白。

表5-1 几种谷类食物的蛋白质组成

| 食物名称 | 蛋白质含量 / % | | | |
| --- | --- | --- | --- | --- |
| | 谷蛋白 | 醇溶蛋白 | 清蛋白 | 球蛋白 |
| 大米 | 80 | 5 | 5 | 10 |
| 小麦 | 30～40 | 40～50 | 3～5 | 6～10 |
| 玉米 | 30～45 | 50～55 | 4 | 2 |
| 高粱 | 32 | 50～60 | 1～8 | 1～8 |

在3种主要的谷类食物——小麦、大米和玉米中，小麦的蛋白质含量最高，大米的含量相对较低，但从氨基酸模式的角度看，大米蛋白质质量优于玉米和小麦，其生物利用率也高。谷类蛋白质的生物价：高粱56、小米57、玉米60、大麦64、小麦67、大米77。

谷类蛋白质因其必需氨基酸组成不合理，赖氨酸含量少，苏氨酸、色氨酸、苯丙氨酸、甲硫氨酸含量偏低，所以其蛋白质营养价值低于动物性食物。但因其是我国居民的主食，是膳食蛋白质的主要来源，故常采用蛋白质互补的方法来提高谷类蛋白质的营养价值。提倡谷类与豆类混食，多种谷类混食，并用动物蛋白质和大豆蛋白补充，从而起到蛋白质的互补作用，达到必需氨基酸的平衡，提高蛋白质的营养价值。

（二）脂类

谷类脂肪含量低，大米和小麦约为2%，玉米和小米可达4%，荞麦最高可达7%。谷类中的脂肪主要集中在胚芽和糊粉层，在谷类加工时，易转入副产品中。从米糠中可提取与机体健康有密切关系的米糠油、谷维素和谷固醇。

谷类脂肪组成主要为不饱和脂肪酸，质量较好。从小麦和玉米胚芽中提取的胚芽油，80%为不饱和脂肪酸，其中亚油酸占60%，具有辅助降低血清胆固醇、防止动脉粥样硬化的作用。

（三）碳水化合物

谷类碳水化合物含量最为丰富，主要集中在胚乳的淀粉细胞中。稻米中的含量最高，小麦次之，玉米中含量较低，但都在70%以上。

谷类碳水化合物主要是淀粉。淀粉经烹调后容易被消化吸收，其利用率在90%以上，是供给热能最经济的来源。谷类淀粉包括直链淀粉和支链淀粉两种。直链淀粉易溶于水，较黏稠，易消化。支链淀粉则相反，如糯米中含支链淀粉较多，故难以消化。

（四）维生素

谷类中的维生素主要以B族维生素为主，是膳食B族维生素的重要来源，如硫胺素、核黄素、烟酸、泛酸等，其中硫胺素和烟酸含量较多，核黄素含量普遍较低。在黄色玉米和小米中还含有较多的胡萝卜素、在小麦胚粉中含有丰富的维生素E。

谷类维生素主要分布在糊粉层和胚芽中，因此谷类加工的精度越高，保留的胚芽和糊粉层越少，维生素的损失就越多。

玉米含烟酸较多，但主要为结合型，不易被人体吸收利用，须经过适当加工将其变为游离型的烟酸后才能被吸收利用，故以玉米为主食并以传统方式食用的地区的居民容易发生烟酸缺乏病（癞皮病）。

（五）矿物质

谷类含矿物质为1.5%～3%，主要存在于谷皮和糊粉层中，其中主要是磷、钙，由于多以植酸盐的形式存在，大部分不能被机体吸收利用。谷类食物含铁少，为1.5～3mg/100g，且吸收利用率也很低。谷物中含有植酸酶，可分解植酸盐释放出游离的钙、磷，提高其利用率，该酶在55℃的环境中活性最强，当米、面经过蒸煮或焙烤后，约有60%的植酸盐可被水解，从而使矿物质被机体吸收利用。

（六）水分

谷类食物水分的正常范围在11%～14%。水分含量过高，可增强酶类的活性，以致营养成分分解及产热，并引起微生物的大量繁殖。

### 三、谷类食物与美容

谷类食物作为主食，是必不可少的日常食物。具有美容保健功效的主要有玉米、稻谷、小麦、荞麦、燕麦、粟米、薏米等，这类食物含有丰富的蛋白质、脂肪、碳水化合物以及各种维生素、矿物质、膳食纤维，营养丰富。因其含量比例的不同而具有不同的美容功效。

1. 玉米

玉米又称苞米、玉蜀黍等，中医认为玉米味甘，性平，入大肠、胃经，具有补中健脾、利湿和胃的功效。因其富含钙、镁、硒等矿物质及磷脂酰胆碱、亚油酸、维生素E、硫胺素、核黄素、胡萝卜素、膳食纤维，故而有辅助降脂、降压、降胆固醇、软化血管、减肥、抗衰老等作用。

2. 稻米（大米）

稻米即大米，品种较多，因其黏性不同又分为粳米、籼米、糯米，颜色不同而有黑米、紫米、赤米、绿米等。中医认为，稻米味甘，性平，入脾、胃经，具有补中益气、健脾和胃、生气血、养脏腑、促进生长发育的功效。稻米除含淀粉之外，外胚层还含有丰富的硫胺素和膳食纤维，胚中含有不饱和脂肪酸，但在加工过程中易丢失在米糠里，因此糙米比精米营养全面。从营养及美容的角度来看，多吃糙米、少食精米，可促进排便、排除毒素、预防维生素缺乏，并有降脂减肥的功效。特别是黑米的蛋白质含量较普通大米高，且硫胺素、核黄素及钙、磷、铁、锌等含量也很丰富，是美容保健的佳品。

3. 小麦

小麦为我国北方人的主要粮食。中医认为，小麦味甘，性凉，入心、脾、肾经。具有养心、益肾、除热、止渴、止泻等保健作用。小麦富含碳水化合物、蛋白质及膳食纤维。小麦胚芽油含丰富的维生素E，具有抑制过氧化脂质的形成、祛斑抗衰的功效。

4. 大麦

大麦主要产于长江以北各省，青藏高原是大麦的"故乡"，大麦是我国青藏高原和西南部地区的主要粮食作物。大麦既可食用，又可药用，具有多种保健功效。中医认为，大麦味甘，性凉，具有补中益气、止渴、利尿、通便等功效，大麦含有丰富的膳食纤维，常食可辅助预防动脉粥样硬化、冠心病、糖尿病、结肠癌等疾病的发生。大麦芽可用于酿酒，能消食化滞，还具有美容乌发的功效。

5. 荞麦

荞麦又称乌麦，味甘，性凉，入脾、胃、大肠经，具有开胃消食、利肠消炎的功效。荞麦营养价值丰富，其主要特点是赖氨酸的含量较其他谷类食物高，赖氨酸为人体必需氨基酸之一，常食荞麦可弥补其他谷类食物赖氨酸含量的不足。荞麦面中还含有较多的烟酸、芦丁及微量元素铬（具有刺激胰岛素分泌的作用，目前已成为糖尿病患者的理想食物）、铁、磷、镁等，可降低血脂及胆固醇、防治心血管疾病及糖尿病。

荞麦面中含有丰富的硫胺素、核黄素及亚油酸，含量明显高于白面，是美容保健的佳品。

### 6. 燕麦

燕麦性味甘温，具有温补阳气、双补心脾、止汗收敛的功效。含有极丰富的亚油酸、维生素E，是高蛋白质、低饱和脂肪酸、膳食纤维含量高的食物，可辅助降脂、降胆固醇、抗衰老，为防治心血管疾病、糖尿病及病后体弱的滋补佳品。

### 7. 小米

小米又称谷子，谷于脱皮后即为小米。小米味甘、咸，性凉，入脾、胃、肾经，具有和胃健脾、益肾、除热解毒的功效。富含B族维生素，且含有丰富的谷氨酸、丙氨酸和甲硫氨酸，营养丰富、全面，美容保健价值较高。小米油具有很好的美容作用，古人曰："黑瘦者食之，百日即肥白"，且有滋阴壮阳的功效。谷糠具祛风、止痒的功效，糠水浴可治疗湿疹、皮炎等皮肤病。

### 8. 薏米

药食两用，性味甘淡，微寒，具有健脾渗湿、利水消肿、清热排脓、祛风除湿的功效。"久服轻身益气"，可滋养、美白肌肤，增强皮肤代谢，亦可治疗扁平疣、痤疮等症，其油可润发护发。

# 第三节　豆类的营养价值与美容

## 一、豆类的营养价值

豆的种类很多，可分为大豆类①（包括黄豆、黑豆和青豆）和其他豆类（包括豌豆、绿豆、蚕豆、小豆、芸豆等），是我国居民饮食中优质蛋白质的重要来源。

### （一）大豆的营养素种类及特点

#### 1. 蛋白质

大豆含有35%～40%的蛋白质，是植物性食物中含蛋白质最多的。豆类蛋白质由球蛋白、清蛋白、谷蛋白及醇溶蛋白组成，其中球蛋白含量最高。大豆蛋白含有人体需要的全部氨基酸，属完全蛋白质，其氨基酸组成接近人体需要，具有较高的营养价值，而且富含谷类蛋白质较为缺乏的赖氨酸，是唯一能代替动物蛋白质的植物性食物，与其他食物混食可以起到蛋白质的互补作用，故大豆蛋白为优质蛋白质。

#### 2. 脂类

大豆所含脂肪量为15%～20%，脂肪组成以不饱和脂肪酸居多，其中油酸占32%～36%，亚油酸占51.7%～57%，亚麻酸占2%～10%，此外还有1.64%左右的磷

---

① 注：大豆，通称黄豆。如无说明，本书所及大豆均指黄豆。

脂。由于大豆富含不饱和脂肪酸，所以是高血压、动脉粥样硬化等疾病患者的理想食物。大豆油的天然抗氧化力较强，因此是较好的食用油。

### 3. 碳水化合物

大豆中含有25%～30%的碳水化合物，其中只有一半是可供利用的淀粉、蔗糖、阿拉伯糖和半乳聚糖，另一半是人体不能消化吸收的棉子糖和水苏糖，存在于大豆细胞壁中，在肠道细菌作用下发酵产生氨和二氧化碳，可引起腹胀。

### 4. 维生素

大豆富含B族维生素，其中核黄素在植物性食物中含量较高。鲜豆中还含有维生素C。

### 5. 矿物质

大豆中的矿物质含量略高于其他豆类，含量在4%左右，包括钾、钠、钙、镁、铁、锌、硒等。与谷类相比，大豆中钙、钾、钠等的含量较高，但微量元素含量略低于谷类。大豆中铁的含量较为丰富，可达7～8mg/100g；此外还含有丰富的膳食纤维，可达10～15g/100g。

### （二）大豆的特殊成分

大豆中含有一些特殊的抗营养因素，可影响某些营养素的消化吸收。在食用大豆时要注意处理这些抗营养因素。

### 1. 蛋白酶抑制剂

蛋白酶抑制剂是存在于大豆、棉籽、花生、油菜籽等植物中，能抑制胰蛋白酶、糜蛋白酶、胃蛋白酶等蛋白酶的物质的统称。其中以抗胰蛋白酶因子（或称胰蛋白酶抑制剂）存在最为普遍，对人体胰蛋白酶的活性有部分抑制作用，可阻碍蛋白质的消化吸收，对动物有生长抑制的作用。常压蒸汽加热30min或1kg压力加热10～25min即可破坏生大豆中的抗胰蛋白酶因子。大豆中脲酶的抗热能力较抗胰蛋白酶因子强，且测定方法简单，故常采用脲酶反应来判定大豆中抗胰蛋白酶因子是否已经被破坏。但是近年来国外的一些研究表明，蛋白酶抑制剂作为植物化学物质同时具有抑制肿瘤和抗氧化的作用，因此对其具体评价尚需进一步深入研究。

### 2. 胀气因子

占大豆碳水化合物50%的棉籽糖和水苏糖在肠道微生物的作用下可产气，故将二者称为胀气因子（flatus-producing factor）。大豆经加工制成豆制品后胀气因子可被除去。棉籽糖和水苏糖都是由葡萄糖、半糖和果糖组成的支链杂糖，又称大豆低聚糖，是生产浓缩大豆蛋白和分离大豆蛋白时的副产品。由于人体内缺乏水苏糖和棉籽糖的水解酶，它们可不经消化吸收直接到达大肠，被双歧杆菌利用并促进其生长繁殖。

### 3. 植物红细胞凝集素

植物红细胞凝集素（phytahematoagglutinin）是能凝集动物和人红细胞的一种蛋白质，可影响动物和人的生长。加热即可被破坏。

#### 4. 皂苷和异黄酮

皂苷和异黄酮是大豆中存在的主要植物化学物质，其中皂苷具有溶血的特性。最近有研究证明此两类物质具有抗氧化、降低血脂和血胆固醇的作用，特别是大豆皂苷，大豆异黄酮主要为金雀异黄素。此外，还具有雌性激素样作用和抗溶血、抗真菌、抗细菌、抑制肿瘤等作用。

#### 5. 植酸

大豆中存在的植酸可与锌、钙、铁、镁等螯合而影响它们的吸收利用。在pH 4.5～5.5时可得到含植酸很少的大豆蛋白，因此在此pH条件下35%～75%的植酸可溶解，但对蛋白质影响不大。

#### 6. 豆腥味

大豆中有很多酶，其中脂肪氧化酶是产生豆腥味及其他异味的主要酶类。用95℃以上温度加热10～15min或用乙醇处理后减压蒸发的方法，以及采用纯化大豆脂肪氧化酶等都可去除部分豆腥味。

大豆虽营养价值高，但存在上述某些抗营养因素，蛋白质消化率只有65%，通过水泡、磨浆、加热、发芽、发酵等方法制成豆制品，其消化率明显提高，如豆浆消化率可达85%，豆腐消化率可达95%。

**（三）其他豆类的营养价值**

其他豆类主要有豌豆、蚕豆、绿豆、豇豆、小豆、扁豆等。蛋白质含量约为20%，脂肪含量极少，碳水化合物含量占50%～60%，其他营养素含量与大豆相近，详见表5-2。

表5-2 每100g豆类的营养成分

| 食物名称 | 水分/g | 蛋白质/g | 脂肪/g | 碳水化合物/g | 膳食纤维/g | 钙/mg | 磷/mg | 铁/mg | 维生素A/IU | 硫胺素/mg | 核黄素/mg | 烟酸/mg | 维生素C/mg |
|---|---|---|---|---|---|---|---|---|---|---|---|---|---|
| 大豆 | 8 | 40 | 18 | 27 | 3.5 | 190 | 500 | 7 | 10 | 0.5 | 0.2 | 3 | 0 |
| 豌豆 | 13.4 | 21.7 | 1 | 55.7 | 6 | 58 | 360 | 5 | 100 | 0.5 | 0.15 | 4.5 | 0 |
| 蚕豆 | 13.3 | 26 | 1.2 | 50.9 | 5.8 | 129 | 7 | | 150 | 0.5 | 0.1 | 3 | 0 |
| 绿豆 | 13.6 | 23 | 1.7 | 54.7 | 4 | 110 | 430 | 6 | 100 | 0.5 | 0.24 | 3 | 0 |
| 豇豆 | 17 | 23.9 | 2 | 49.3 | 4.7 | 75 | 570 | 4 | — | — | — | — | 0 |
| 小豆 | 14.9 | 20.9 | 0.7 | 54.9 | 5 | 75 | 430 | 4 | 20 | 0.5 | 0.1 | 2.5 | 0 |
| 扁豆 | 14.8 | 19.6 | 1.6 | 54.5 | 5.9 | 75 | 570 | 4 | — | | | | 0 |

## 二、豆制品的营养价值

豆制品不仅指以大豆为原料生产的豆制品，还包括以其他豆类为原料生产的豆制品。大豆制品包括非发酵豆制品和发酵豆制品两种。非发酵豆制品有豆浆、豆腐、豆腐干、干燥豆制品（如腐竹）等，发酵豆制品有腐乳、豆豉、臭豆腐等。

此外，大豆及其他油料（如花生、葵花子）的蛋白质制品主要有4种：分离蛋白质，蛋白质含量约为90%，可用以强化和制成各种食品；浓缩蛋白质，蛋白质含量约为70%，其余为纤维素等不溶成分；油料粕粉，用大豆或脱脂豆碾碎而成，有粒度大小不一、脂肪含量不同的各种产品；组织化蛋白质，将油粕、大豆分离蛋白质和浓缩蛋白质除去纤维，加入各种调料或添加剂经高温高压膨化而成。

将豆类制成豆制品可提高蛋白质消化率，如整粒熟大豆蛋白消化率为65.3%，豆腐蛋白质消化率为92%~96%，豆浆为85%。大豆经系列加工制作的豆制品，不仅除去了大豆内的有害成分，而且使大豆蛋白结构从密集变为疏松状态，蛋白酶易进入分子内部而提高消化率，从而提高大豆的营养价值。另外，干豆类几乎不含维生素C，但经发芽成豆芽后，其含量明显增高。几种豆制品的营养素含量如表5-3所示。

### 表5-3　几种豆制品每100g中主要营养素含量

| 食物名称 | 蛋白质/g | 脂肪/g | 碳水化合物/g | 维生素A μg/RE | 硫胺素/mg | 核黄素/mg | 维生素C/mg |
|---|---|---|---|---|---|---|---|
| 豆浆 | 1.8 | 0.7 | 1.1 | 15 | 0.02 | 0.02 | 0 |
| 豆腐 | 8.1 | 3.7 | 4.2 | — | 0.04 | 0.03 | 0 |
| 豆豉 | 24.1 | — | 36.8 | | 0.02 | 0.09 | 0 |
| 黄豆芽 | 4.5 | 1.6 | 4.5 | 5 | 0.04 | 0.07 | 8 |
| 绿豆芽 | 2.1 | 0.1 | 2.9 | 3 | 0.05 | 0.06 | 6 |

## 三、豆类食物与美容

豆类食物为低糖、高蛋白质食物，大豆的油脂含量高于杂豆类。豆类蛋白质具有显著降低胆固醇、甘油三酯、低密度脂蛋白的作用。其脂肪多为不饱和脂肪酸、油酸、亚油酸、磷脂，为优质脂肪。其维生素、矿物质含量高，是一类价廉物美的保健食品。

### 1. 大豆及其制品

大豆有黄大豆（黄豆）及黑大豆（黑豆）之分。全国各地均有栽培。中医认为，黑豆味甘，性平，入脾、胃经，具有滋阴补肾、养血明目、补脾益气、润肤乌发等功效。黄豆入脾、大肠经，有养血健脾、利水消肿、润泽肌肤的作用。豆类的营养价值很高，其中以黄豆的营养价值最高，有"豆中之王"的美称。黄豆的蛋白质含量高，可达40%左右，高于其他谷类食物，并含有人体多种必需氨基酸，尤以赖氨酸含量最高。膳食中经常搭配豆制品，可弥补粮谷类食物赖氨酸含量的不足。豆油含有人体必需的不饱和脂肪酸如亚油酸、亚麻酸，有降低胆固醇的作用；还含有丰富的矿物质如钙、磷、铁等和多种维生素，易被人体吸收利用，为优质食品。大豆还可被制成豆浆、豆腐等豆制品，加工后的豆浆或豆腐更易被肠胃消化、吸收，提高了营养价值。常食豆制品可强壮身体，使皮肤光滑细腻、毛发润泽光亮，是美容保健的上等营养品。

### 2. 绿豆

绿豆又名青小豆，味甘，性凉，具有清热解毒、消暑利水的功效。绿豆煮食可调和五脏、安神补气、滋润皮肤；绿豆芽做菜，既可解毒，又可补充维生素；绿豆汤是夏季清暑的饮料，老少皆宜。

### 3. 赤小豆

赤小豆性味甘，微寒，有利水除湿、清热解毒的功效。药食两用，富含维生素E、膳食纤维及钾、镁、磷、锌、硒等矿物质，有辅助降糖、降脂、降压、除湿解毒的功效，久食可减肥。

## 第四节　蔬菜、水果及坚果类的营养价值与美容

### 一、蔬菜类的营养价值

蔬菜按其结构及可食部分不同，可分为叶菜类、根茎类、瓜茄类、鲜豆类和菌藻类。各种蔬菜所含营养成分因其种类不同，差异较大。

#### （一）蔬菜的营养素种类及特点

新鲜蔬菜的特点都是含有大量的水分，含水量在90%以上，碳水化合物含量不高，蛋白质含量少，脂肪含量更低，因此不能作为能量和蛋白质的来源，而是维生素和矿物质的主要来源。此外还含有较多的纤维素、果胶和有机酸，能刺激胃肠蠕动和消化液的分泌，因此它们还能促进食欲和帮助消化。蔬菜在体内的最终代谢产物呈碱性，对维持体内的酸碱平衡起重作用。

#### 1. 叶菜类

膳食中常见的蔬菜主要是叶菜类，如白菜、圆白菜、菠菜、油菜等。叶菜类蛋质含量较低，一般为1%～2%，脂肪含量不足1%，碳水化合物含量为2%～4%，膳食纤维含量约为1.5%。叶菜类是胡萝卜素、维生素$B_2$、维生素C、矿物质及膳食纤维的良好来源。绿色蔬菜和橙色蔬菜的维生素含量较为丰富，特别是胡萝卜素的含量较高，维生素$B_2$含量虽不很丰富，但在我国居民膳食中仍是维生素$B_2$的主要来源。国内一些营养调查报告表明，B族维生素缺乏症的发生，往往与食用绿色蔬菜不足有关。叶菜类维生素C的含量多在35mg/100g左右，其中菜花、西蓝花等含量较高，维生素C含量在50mg/100g以上；维生素$B_1$、烟酸和维生素E的含量较谷类和豆类低；矿物质含量在1%左右，种类较多，包括钾、钠、钙、镁、铁、锌、硒、铜、锰等，是膳食矿物质的主要来源。

#### 2. 根茎类

根茎类蔬菜包括萝卜、藕、山药、芋头、马铃薯、甘薯、竹笋等。根类蔬菜的蛋白

质含量为1%～2%，脂肪含量不足0.5%；碳水化合物含量相差较大，低者在3%左右，高者可达20%以上；膳食纤维的含量较叶菜类低，约为1%；维生素和矿物质含量见表5-4和表5-5。胡萝卜中含胡萝卜素最高，可达4130μg/100g。硒的含量以芋头、洋葱、马铃薯最高。

### 表5-4　常见根茎类蔬菜维生素含量（每100g）

| 食物名称 | 胡萝卜素／μg | 维生素$B_1$／mg | 维生素$B_2$／mg | 烟酸／mg | 维生素C／mg | 维生素E／mg |
|---|---|---|---|---|---|---|
| 白萝卜 | 20 | 0.02 | 0.03 | 0.3 | 21 | 0.92 |
| 胡萝卜 | 4130 | 0.04 | 0.03 | 0.6 | 13 | 0.41 |
| 毛笋 | 0 | 0.04 | 0.05 | 0.3 | 9 | 0.15 |
| 藕 | 20 | 0.09 | 0.03 | 0.3 | 44 | 0.73 |
| 山药 | 20 | 0.05 | 0.02 | 0.3 | 5 | 0.24 |
| 芋头 | 160 | 0.06 | 0.05 | 0.7 | 6 | 0.45 |
| 马铃薯 | 30 | 0.08 | 0.04 | 1.10 | 27 | 0.34 |
| 甘薯 | 220 | 0.07 | 0.04 | 0.6 | 24 | 0.43 |
| 洋葱 | 20 | 0.03 | 0.03 | 0.3 | 8 | 0.14 |

### 表5-5　常见根茎类蔬菜矿物质含量（每100g）

| 食物名称 | 钙／mg | 磷／mg | 钾／mg | 钠／mg | 镁／mg | 铁／mg | 锌／mg | 硒／μg | 铜／mg | 锰／mg |
|---|---|---|---|---|---|---|---|---|---|---|
| 白萝卜 | 36 | 26 | 173 | 61.8 | 16 | 0.5 | 0.3 | 0.61 | 0.04 | 0.09 |
| 胡萝卜 | 32 | 27 | 190 | 71.4 | 14 | 1 | 0.23 | 0.63 | 0.08 | 0.24 |
| 竹笋 | 9 | 664 | 389 | 0.4 | 1 | 0.5 | 0.33 | 0.04 | 0.09 | 1.14 |
| 毛笋 | 16 | 34 | 318 | 5.2 | 8 | 0.9 | 0.47 | 0.38 | 0.07 | 0.35 |
| 藕 | 39 | 58 | 243 | 44.2 | 19 | 1.4 | 0.23 | 0.39 | 0.11 | 1.3 |
| 山药 | 16 | 34 | 213 | 18.6 | 20 | 0.3 | 0.27 | 0.55 | 0.24 | 0.12 |
| 芋头 | 36 | 55 | 378 | 33.1 | 23 | 1 | 0.49 | 1.45 | 0.37 | 0.3 |
| 马铃薯 | 8 | 40 | 342 | 2.7 | 23 | 0.8 | 0.37 | 0.78 | 0.12 | 0.14 |
| 甘薯 | 24 | 46 | 174 | 58.2 | 17 | 0.8 | 0.22 | 0.63 | 0.16 | 0.21 |
| 洋葱 | 24 | 39 | 147 | 4.4 | 15 | 0.6 | 0.23 | 0.92 | 0.05 | 0.14 |

### 3. 瓜茄类

瓜茄类包括冬瓜、南瓜、丝瓜、黄瓜、茄子、番茄、辣椒等。瓜茄类因水分含量高，营养素含量相对较低。蛋白质含量为0.4%～1.3%，脂肪含量低，碳水化合物含量为0.5%～9.0%，膳食纤维含量在1%左右。胡萝卜素含量以南瓜、番茄和辣椒最高，维生素C含量以辣椒、苦瓜较高。番茄中的维生素C含量虽然不是很高，但受有机酸保护，损失很少，且食入量较多，是人体维生素C的良好来源，辣椒中含有丰富的硒、铁和锌，是一种营养价值较高的食物。

### 4. 鲜豆类

鲜豆类包括毛豆、豇豆、四季豆、扁豆、豌豆等，与其他蔬菜相比，营养素含量相对较高。蛋白质含量为2%～14%，平均4%左右，其中毛豆和上海出产的发芽豆可达12%以上；脂肪含量不高，除毛豆以外，均在0.5%以下，碳水化合物含量在4%左右，膳食纤维含量为1%～3%，胡萝卜素含量普遍较高，含量大约在200μg/100g左右，其中甘肃出产的龙豆和广东出厂的毛豆较高，可达500μg/100g以上。此外，还含有丰富的钾、钙、铁、锌、硒等矿物质。铁的含量以发芽豆、刀豆、蚕豆、毛豆最高，含量在3mg/100g以上；锌的含量以蚕豆、豌豆和芸豆较高，含量均超过1mg/100g；硒的含量以玉豆、龙豆、毛豆、豆角和蚕豆最高，含量在2μg/100g以上。维生素$B_2$的含量与绿叶蔬菜相似。

### 5. 菌藻类

菌藻类食物包括食用菌和藻类食物。食用菌是指供人们食用的真菌，有500多个品种，常见的有蘑菇、香菇、银耳、黑木耳。藻类是无胚、自养、以孢子进行繁殖的低等植物，包括海带、紫菜、发菜等，富含蛋白质、膳食纤维、碳水化合物、维生素和微量元素。蛋白质含量以发菜、香菇和蘑菇最为丰富，干品在20%以上。蛋白质氨基酸组成比较均衡，必需氨基酸含量占蛋白质总量的60%以上，脂肪含量低，在1.0%左右。碳水化合物含量差别较大，干品在50%以上，如蘑菇、香菇、银耳、黑木耳等；鲜品较低，如金针菇、海带等，不足7%。胡萝卜素含量差别较大，在紫菜和蘑菇中含量丰富，其他菌藻中含量较低。维生素$B_1$和维生素$B_2$含量也比较高。微量元素含量丰富，尤其是铁、锌和硒，其含量约为其他食物的数倍，甚至10余倍。在海产植物中，海带、紫菜等中还含有丰富的碘，干海带中的碘含量可达36mg/100g。

### （二）蔬菜的特殊成分

蔬菜中常含有各种芳香物质和色素，使食品具有特殊的香味和颜色，可赋予蔬菜良好的感官性状。

芳香物质为油性挥发性化合物，亦称精油，主要成分为醇、酯、醛和酮等。有些芳香物质是以糖苷或氨基酸状态存在的，必须经过酶的作用分解成精油才具有香味。

此外，蔬菜中还含有一些酶类、杀菌物质和具有特殊生理活性的植物化学物质。如萝卜中含有淀粉酶，生食有助于消化；苹果、洋葱、番茄等含有的类黄酮为天然抗氧化剂，除具有保护心脑血管、预防肿瘤等多种生物学作用外，还可保护维生素A、维生素E、维生素C等不被氧化破坏；南瓜、苦瓜已被证实有明显降低血糖的作用。

### （三）蔬菜制品的营养价值

蔬菜制品包括脱水蔬菜、罐藏蔬菜、速冻蔬菜、腌制蔬菜和蔬菜汁等。

1. 脱水蔬菜

脱水蔬菜的水分含量通常在7%~10%，其中矿物质、碳水化合物、膳食纤维等成分得到浓缩。在脱水过程中，维生素C有部分损失，损失程度因干制方法的不同而异。一般来说，真空冷冻干燥法的营养素损失最小，而且由于浓缩效应，干制后的营养素含量升高。长时间的暴晒或烘烤则损失较大，维生素C的损失率最高可达100%。胡萝卜素不溶于水，不会随水流失，热稳定性较高，一般加工后的保存率可达80%~90%。但是胡萝卜素具有高度不饱和的结构，对氧化比较敏感。

2. 罐藏蔬菜

蔬菜罐头中的维生素保存率随贮藏温度的升高和贮藏时间的延长而降低。罐藏蔬菜经过热烫、热排气、灭菌等工艺后，水溶性维生素和矿物质可能受热降解和随水流失。

3. 速冻蔬菜

速冻蔬菜经过 清洗 → 热烫 → 包冰衣 → 装袋 → 深冻 几步处理后，水溶性维生素有一定损失，但胡萝卜素损失不大。

4. 腌制蔬菜

蔬菜腌制前往往要经过反复地洗、晒或热烫，其水溶性维生素和矿物质损失严重。因此，腌制蔬菜不是维生素C的良好来源。传统酱菜的盐含量可达10%以上。近年来出现了大量低盐腌菜，其盐含量在7%左右，但需加入防腐剂。

5. 蔬菜汁

蔬菜汁是混合汁，通常由多种蔬菜调配而成，包含了蔬菜中的主要营养成分，营养价值较高，但它除去了蔬菜中的大部分膳食纤维。

与新鲜蔬菜相比，蔬菜制品贮藏稳定性高，贮藏期长，消费方便，但是营养价值都有部分损失，故提倡多吃新鲜蔬菜。

（四）蔬菜类食物与美容

蔬菜类食物品种繁多，因其所含成分的差异而各具特长。

（1）黄瓜 原名胡瓜。黄瓜味甘，性凉，入脾、胃、大肠经，具有清热解毒、滋阴止渴、利水消斑的作用。黄瓜含有多种维生素，如维生素$B_1$、维生素$B_2$、维生素C、胡萝卜素及多种矿物质和膳食纤维，是一种很好的美容保健品，可滋养皮肤，又可消脂减肥。黄瓜汁敷面可护肤、保湿、祛斑。

（2）南瓜 性味甘温，具有补中益气、润肠通便的作用，可辅助降脂、降压、降糖、润泽肌肤。

（3）胡萝卜 味甘，性平，入脾、肺经。《本草纲目》中记载："下气补中，利胸膈肠胃，安五脏，令人健食。"现代营养学研究发现，胡萝卜含有胡萝卜素及钙、磷、铁等矿物质，是一种价廉有效的美容食物，内服外用均可。如常食胡萝卜汁或与肉同食，可滋润皮肤，防止皮肤干燥、粗糙；外用胡萝卜汁揩面，可消除色素沉着，减少皱纹形成，但过量食用胡萝卜可使皮肤黄染。

（4）冬瓜　性味甘淡，微寒，具有利水消痰、清热解毒、止渴生津的作用。《食疗本草》中记载："欲得身体轻健者，则可长食之；若要肥，则勿食之"，说明冬瓜有减肥的功效。冬瓜含有胡萝卜素、B族维生素、维生素C等维生素及钙、磷、铁等矿物质。内服具有滋润、营养、减肥的作用；外用冬瓜肉熬膏，涂面按摩，久之可消斑净面。冬瓜确为减肥、美容保健的佳品。

（5）豆芽　包括黄豆芽和绿豆芽，性味甘凉，具有清热解毒、润肌肤、行气血的功效。除含有豆类的蛋白质、脂肪、矿物质等原有的成分之外，其维生素如维生素$B_2$、维生素C等的含量则高出豆类2～4倍，是日常食用的良菜。常食豆芽既能降低胆固醇，防止动脉硬化，又能提供丰富的维生素，尤其是维生素C，可营养皮肤、毛发，防治黄褐斑等皮肤色素沉着症。

（6）丝瓜　味甘，性凉。鲜嫩时可作为蔬菜食用，具有清热解毒、行血脉、通经络的作用。丝瓜含多种营养成分，如蛋白质、维生素、矿物质、木糖、膳食纤维等，常食用有减肥的功效；捣汁外用敷面，则有护肤除皱的作用。

（7）番茄　性味甘、酸、平，具有生津止渴、健胃消食、凉血平肝、清热解毒的功效，营养丰富。其中所含的黄酮类物质具有辅助降脂、降压、促进血液循环的作用；膳食纤维可增加肠道的排毒作用，是一种良好的保健、减肥、美容蔬菜。

（8）竹笋　为毛竹的幼苗，性味甘，微寒，具有清热消痰、止渴生津、益气的功效，是一种营养丰富、高蛋白质、低脂肪、低淀粉、多膳食纤维的蔬菜。含有16种氨基酸，既具有辅助预防高血压、冠心病、糖尿病、肥胖症等保健功效，又有滋养、润泽皮肤的美容作用。

（9）山药　味甘，性平，入脾、肺、肾三经，具有健脾补肺、固肾益精、滋养容颜的作用。《本草纲目》中记载山药"益气力，长肌肉，强阳，久服耳目聪明，轻身不饥，延年"。山药除含丰富的淀粉之外，还含有蛋白质、矿物质、胡萝卜素、维生素C及胆碱、皂苷等成分。久食可助消化，使肌肉健壮、皮肤白皙、毛发物黑润泽，为美容保健的药食两用佳品。

（10）菇类　有香菇、平菇、草菇等，性味甘平，具有养阴润肺、丰血益气、健脑强身、降脂、降胆固醇、增强免疫力、润泽皮肤、抗老等作用。

（11）黑木耳、银耳　性味甘平，具有补益气血、养阴润燥、通血脉、养颜润肤的功效。尤其黑木耳具有很高的营养价值，可辅助降脂、降胆固醇，具有良好的辅助防治心脑血管疾病及肥胖症的功效，是美容保健的上等佳品。

## 二、水果类的营养价值

### （一）水果的营养素种类及特点

水果种类很多，主要有苹果、柑橘、桃、梨、杏、葡萄、香蕉和菠萝等。水果和蔬菜一样，主要提供维生素和矿物质。蛋白质、脂肪含量一般不超过1%，碳水化合物含量差异较大，低者为5%，高者可达30%。维生素B<sub>1</sub>和维生素B<sub>2</sub>含量不高，胡萝卜素和维生素C含量因品种不同而异，其中胡萝卜素含量最高的水果为柑橘、杏、鲜枣，含维生素C丰富的水果为鲜枣、草莓、橙子、柑橘、柿子等（表5-6）。矿物质含量除个别水果外，相差不大（表5-7）。

表5-6 常见水果的维生素含量（每100g）

| 食物名称 | 胡萝卜素/ug | 维生素 $B_1$/mg | 维生素 $B_2$/mg | 烟酸/mg | 维生素 C/mg | 维生素 E/mg |
| --- | --- | --- | --- | --- | --- | --- |
| 苹果 | 20 | 0.06 | 0.02 | 0.2 | 4 | 2.12 |
| 梨 | 33 | 0.03 | 0.06 | 0.3 | 6 | 1.34 |
| 桃 | 20 | 0.01 | 0.03 | 0.7 | 7 | 1.54 |
| 杏 | 450 | 0.02 | 0.03 | 0.6 | 4 | 0.95 |
| 枣 | 240 | 0.06 | 0.09 | 0.9 | 243 | 0.78 |
| 葡萄 | 50 | 0.04 | 0.02 | 0.2 | 25 | 0.7 |
| 柿子 | 120 | 0.02 | 0.02 | 0.3 | 30 | 1.12 |
| 草莓 | 30 | 0.02 | 0.03 | 0.3 | 47 | 0.71 |
| 橙子 | 160 | 0.05 | 0.03 | 0.3 | 33 | 0.56 |
| 柑橘 | 890 | 0.08 | 0.04 | 0.4 | 28 | 0.92 |
| 柠檬 | 0 | 0.05 | 0.02 | 0.6 | 22 | 1.14 |
| 桂圆 | 20 | 0.01 | 0.14 | 1.3 | 43 | 0 |
| 荔枝 | 10 | 0.1 | 0.04 | 1.1 | 41 | 0 |
| 香蕉 | 60 | 0.02 | 0.04 | 0.7 | 8 | 0.24 |
| 西瓜 | 450 | 0.02 | 0.03 | 0.2 | 6 | 0.1 |

表5-7 常见水果的矿物质含量（每100g）

| 食物名称 | 钙/mg | 磷/mg | 钾/mg | 钠/mg | 镁/mg | 铁/mg | 锌/mg | 硒/mg | 铜/mg | 锰/mg |
| --- | --- | --- | --- | --- | --- | --- | --- | --- | --- | --- |
| 苹果 | 4 | 12 | 119 | 1.6 | 4 | 0.6 | 0.19 | 0.12 | 0.06 | 0.03 |
| 梨 | 9 | 14 | 92 | 2.1 | 8 | 0.5 | 0.46 | 1.14 | 0.62 | 0.07 |
| 桃 | 6 | 20 | 20 | 166 | 7 | 0.8 | 0.34 | 0.24 | 0.05 | 0.07 |
| 杏 | 14 | 15 | 226 | 2.3 | 11 | 0.6 | 0.2 | 0.2 | 0.11 | 0.06 |
| 枣 | 22 | 23 | 375 | 1.2 | 25 | 1.2 | 1.52 | 0.8 | 0.06 | 0.32 |
| 葡萄 | 5 | 13 | 104 | 1.3 | 8 | 0.4 | 0.18 | 0.2 | 0.09 | 0.06 |
| 柿子 | 9 | 23 | 151 | 0.8 | 19 | 0.2 | 0.08 | 0.24 | 0.06 | 0.5 |
| 草莓 | 18 | 27 | 131 | 4.2 | 12 | 1.8 | 0.14 | 0.7 | 0.04 | 0.49 |
| 橙子 | 20 | 22 | 159 | 1.2 | 14 | 0.4 | 0.14 | 0.31 | 0.03 | 0.05 |

续表

| 食物名称 | 钙/mg | 磷/mg | 钾/mg | 钠/mg | 镁/mg | 铁/mg | 锌/mg | 硒/mg | 铜/mg | 锰/mg |
|---|---|---|---|---|---|---|---|---|---|---|
| 柑橘 | 35 | 18 | 154 | 1.4 | 11 | 0.2 | 0.08 | 0.3 | 0.04 | 0.14 |
| 柠檬 | 101 | 22 | 209 | 1.1 | 37 | 0.8 | 0.65 | 0.5 | 0.14 | 0.05 |
| 桂圆 | 6 | 30 | 248 | 3.9 | 10 | 0.2 | 0.4 | 0.83 | 0.1 | 0.07 |
| 荔枝 | 2 | 24 | 151 | 1.7 | 12 | 0.4 | 0.17 | 0.14 | 0.16 | 0.09 |
| 香蕉 | 7 | 28 | 256 | 0.8 | 43 | 0.4 | 0.18 | 0.87 | 0.14 | 0.65 |
| 西瓜 | 8 | 9 | 87 | 3.2 | 8 | 0.3 | 0.1 | 0.17 | 0.05 | 0.05 |

### （二）水果的特殊成分

水果中含有纤维素、半纤维素和果胶，有促进肠蠕动的作用，是天然的缓泻剂。果胶是制备果酱不可缺少的胶冻，在山楂、苹果、海棠中含量较多。水果中还含有大量的酶和有机酸，如菠萝和无花果中含有蛋白酶。水果中的有机酸以苹果酸、柠檬酸和酒石酸为主，此外还有乳酸、琥珀酸、延胡索酸等，有机酸因水果种类、品种和成熟度的不同而异。未成熟的果实中琥珀酸和延胡索酸较多，柑橘类和浆果类水果中柠檬酸含量丰富。有机酸能刺激人体消化腺的分泌，增进食欲，有利于食物的消化。有机酸还可使食物保持一定的酸度，对维生素C的稳定性具有保护作用。

### （三）水果制品的营养价值

水果制品主要有罐头类和干果类。罐头类营养价值的变化同罐藏蔬菜。干果是新鲜水果经过加工晒干而成的，如葡萄干、杏干、蜜枣和柿饼等。由于加工的影响，维生素损失较多，尤其是维生素C。但干果便于储运，并具有一定风味，故有一定的食用价值。

### （四）水果类食物与美容

水果因含有丰富的维生素和矿物质，其美容保健作用日益被重视。

#### 1. 苹果

苹果味甘，性凉，具有生津润肺、和脾开胃、健肤驻颜等功效。苹果营养丰富，含钙、磷、铁等矿物质和维生素$B_1$、维生素$B_2$及山梨醇、有机酸等。尤其是含有丰富的膳食纤维、果胶。膳食纤维和果胶可促进肠蠕动、保持肠道湿润、防止便秘、减少肠道对有害物质的吸收，有利于皮肤健美，因此有健肤美容的作用，是一种价廉物美、四季皆宜的美容水果。

#### 2. 山楂

山楂又名红果、山里红等，味酸性微温，具有消食化滞、健脾开胃、活血化瘀等功效。含有丰富的维生素C、山楂酸、柠檬酸、黄酮等，具有良好的降脂、改善微循环的作用，可辅助预防高血压、冠心病、保肝、护肝、减肥瘦身，减少皮肤色素沉着。

#### 3. 柿子

柿子味甘湿，性寒，入肺、胃、大肠经。具有清热润肺、去黑润肤等作用。柿子除含丰富的糖分外，还含有膳食纤维，有润肠的功效。常食柿饼有乌发、祛斑、美容的作用。

### 4. 柑橘

柑橘味甘，性温，具有理气、化痰等功效。含有丰富的维生素$B_1$、维生素C、烟酸、胡萝卜素和钙、磷、铁等矿物质，尤其含有大量的维生素C，常食有祛除口臭、防治皮肤色素沉着的作用，但大量食用可使皮肤黄染，停用后可自行消退。

### 5. 枣

枣（大枣，别称红枣）味甘，性温，入心、脾经。大枣自古以来就是一种具有健脾安神、益气补血、悦泽容颜功效的滋补佳品。民间有"一日吃三枣，终生不显老"的说法。《本草备要》中记载："补中益气，滋脾土，润心肺，调营胃，缓阴血，悦颜色……"，是说大枣可促进气血化生，气血足则面色红润、皮毛润洋、肌肉结实。

### 6. 龙眼

龙眼具有养血、补心脾、安神益智、悦泽容貌的功效。"当归龙眼酒"可安神补血，久服轻身不老。龙眼肉含有钾、钙、镁、磷、铁等微量元素及维生素A、维生素$B_2$、维生素C和烟酸等多种维生素，久用有明显的美容效果。

另外，具有润肺生津、含有机酸和无机盐丰富的梅子，低脂、含钾丰富、润肺通便的香蕉，高水分、解暑利尿的西瓜，润肺生津、止渴降糖、润燥润肤的梨等均是美容保健水果中的上品。

## 三、坚果类的营养价值

### （一）坚果的营养素种类及特点

坚果以种仁为食用部分，因外覆木质或革质硬壳，故称坚果。按照脂肪含量的不同，坚果可分为油脂性坚果和淀粉类坚果，前者富含油脂，包括核桃、榛子、杏仁、松子、腰果、花生等，后者淀粉含量高而脂肪含量很少，包括栗子、银杏、莲子等。

坚果蛋白质含量多在12%～22%，其中有些蛋白质含量更高，如西瓜子和南瓜子中的蛋白质含量达30%以上；坚果脂肪含量较高，多在40%左右，其中松子、杏仁、榛子、葵花子等达50%以上，坚果中的脂肪多为不饱和脂肪酸，富含必需脂肪酸，是优质的植物性脂肪；碳水化合物含量较少，多在15%以下，但栗子、腰果、莲子中的含量较高，在40%以上；坚果是维生素E和B族维生素的良好来源，包括维生素$B_1$、维生素$B_2$、烟酸和叶酸，黑芝麻中维生素E的含量可达50.4mg/100g，在栗子和莲子中还含有少量的维生素C；坚果富含钾、镁、磷、钙、铁、硒、铜等矿物质，黑芝麻中铁的含量最高，腰果中硒的含量最高，榛子中锰的含量最丰富，另外锌的含量在坚果中普遍较高。

### （二）坚果类食物与美容

坚果由于含有丰富的维生素、矿物质及不饱和脂肪酸而成为营养丰富的美容保健食物。

### 1. 核桃

核桃又称胡桃，味甘、性温，具有润肠通便、补肾固精、润肤悦颜、生发乌发等功效。《本草拾遗》称其"食之令人肥健"，《食疗本草》谓之"通经络，润血脉，黑须发，常服骨肉三腻光滑"。核桃仁营养丰富，含有蛋白质、脂肪、钙、磷、锌、锰等矿物质和微量元素及多种维生素。所含蛋白质中含有18种氨基酸。脂肪酸主要为不饱和的亚油酸，可营养肌肤，防止肌干燥，具有生发、润发、乌发的作用。久食能令体形消瘦者强健，同时也有健脑益智的作用，是一种很好的美容佳品。

### 2. 花生

花生又名落花生，具有丰富的营养素，我国古人认为花生具有滋补、益寿的功能，被人们誉为"长生果"。花生味甘，性平，具有润肺和胃、滋养容颜、令人肥健的作用。花生富含蛋白质，尤其含有人体必需的8种氨基酸，且比例适宜；花生丰富的脂肪中80%以上是不饱和脂肪酸，此外还含有维生素A、B族维生素、维生素E、维生素K及钙、磷、铁等多种微量元素，这些都是有美容保健、抗老防衰功效的物质。常食花生可使瘦者强健、肌肤细腻光滑、毛发润泽。

### 3. 黑芝麻

黑芝麻富含蛋白质、脂肪、钙、磷，特别是铁含量极高，含铁量高达50mg/100g。富含不饱和脂肪酸及维生素A、维生素D、维生素E等，这些营养特点使黑芝麻具有抗脂质过氧化、减少色斑形成、使皮肤富有弹性、毛发乌黑发亮等美容保健的功效。

### 4. 莲子

莲子味甘涩，性平，具有养心、益肾、补脾、驻颜乌发的功效。《神农本草经》中赞其"养神，益气力。久服轻身不老，不饥延年"。莲子含有蛋白质、脂肪及铁、钙、磷等矿物质和多种维生素。莲子与大米或小米煮粥食用，可令人强健，乌发。

另外还有滋补肝肾、润肺明目、养发润肤的枸杞，养心安神、润肠通便、补肾养肝、软化血管的柏子仁，滋阴养颜、补益润肠、抗衰老、轻身延年的松子等，均是瘦身美体、防病保健、美容驻颜的佳品。

## 第五节　畜禽肉类的营养价值与美容

畜禽肉类食物是人们膳食的重要组成部分，该类食物能供给人体优质蛋白质、脂肪、维生素和矿物质，是食用价值较高的食物。

畜禽肉类指畜类和禽类的肉，前者指猪、羊、牛、兔、马、驴、鹿、骆驼等牲畜的肌肉、内脏及其制品，后者包括鸡、鸭、鹅、火鸡、鹌鹑、鸵鸟、鸽子等的肌肉及其制品。

## 一、畜禽肉类的营养价值

畜禽肉主要提供蛋白质、脂肪、矿物质和维生素。动物因其种类、年龄、肥瘦程度及部位不同，营养素分布各异。肥瘦程度不同的肉类中，脂肪和蛋白质的含量变动较大，瘦肉多含蛋白质，肥肉中大部分是脂肪，心脏、肝脏、肾脏等内脏器官脂肪含量少而蛋白质、维生素、矿物质和胆固醇含量较高。

### （一）蛋白质

畜禽肉中的蛋白质主要存在于动物的肌肉组织和结缔组织中，含量一般为10%～20%，因动物的种类、年龄、肥瘦程度以及部位而异。在畜肉中，猪肉的蛋白质含量平均在13.2%左右；牛肉、羊肉、兔肉、马肉、鹿肉和骆驼肉可达20%左右。在禽肉中，鸡肉、鹌鹑肉的蛋白质含量较高，约20%；鸭肉约16%；鹅肉约18%。

畜禽不同部位的肉，因肥瘦程度不同，其蛋白质含量差异较大。如鸡胸肉的蛋白质含量约为20%，鸡翅约为17%；羊前腿肉的蛋白质含量约为20%，后腿肉约为18%，里脊肉和胸腹肉约为17%；猪里脊肉的蛋白质含量约为20%，后臀尖约为15%，肋条肉约为18%，前腿肉约为16%。

畜禽内脏器官心脏、肝脏、肾脏等的蛋白质含量较高，而脂肪含量较少。不同的内脏蛋白质含量也有差异。畜类动物的内脏中，一般肝脏含蛋白质较高，为18%～20%，心脏和肾脏为14%～17%；禽类动物的内脏中，一般胃的蛋白质含量较高，为18%～20%，心脏和肝脏为13%～17%。

畜禽的皮肤和筋腱主要由结缔组织构成。结缔组织的蛋白质含量为35%～40%，其中大部分为胶原蛋白和弹性蛋白，如猪皮含蛋白质28%～30%，其中85%是胶原蛋白。由于胶原蛋白和弹性蛋白缺乏色氨酸和甲硫氨酸等，为不完全蛋白质，因此以猪皮和筋腱为主要原料的食物（如膨化猪皮、猪皮冻、蹄筋等）的营养价值较低，需要和其他食物配合，补充必需氨基酸。

畜禽血液中的蛋白质含量约为：猪血12%、牛血13%、羊血7%、鸡血8%、鸭血8%。畜血浆蛋白质含有人体所需的必需氨基酸，营养价值高，其赖氨酸和色氨酸含量高于面粉，可作为蛋白质强化剂添加在各种食品中。

### （二）脂肪

脂肪含量因动物的品种、年龄、肥瘦程度、部位等不同有较大差异，低者为2%，高者可达89%以上。在畜肉中，猪肉的脂肪含量最高，羊肉次之，牛肉最低。在禽肉中，火鸡和鹌鹑的脂肪含量较低，在3%左右；鸡和鸽子在9%～14%；鸭和鹅达20%左右。

畜禽类内脏脂肪含量在2%～11%；脑最高，在10%左右；猪肾、鸭肝、羊心和猪心居中，在5%～8%；其他在4%以下。

畜肉脂肪组成以饱和脂肪酸为主，主要是硬脂酸、软脂酸和油酸等，熔点较高。

禽肉脂肪含有较多的亚油酸，熔点低，易于消化吸收。胆固醇含量在瘦肉中较低，为70mg/100g左右；肥肉比瘦肉高90%左右；内脏中更高，一般为瘦肉的3～5倍；脑中胆固醇含量最高，可达2000mg/100g以上。

动物脂肪所含的必需脂肪酸明显低于植物油脂，因此其营养价值也低于植物油脂。在动物脂肪中，禽类脂肪的必需脂肪酸含量高于畜类脂肪；畜类脂肪中，猪脂肪的必需脂肪酸含量又高于牛、羊等动物的脂肪。总的来说，禽类脂肪的营养价值高于畜类脂肪。

（三）碳水化合物

碳水化合物主要以糖原的形式存在于肌肉和肝脏，一般含量为1%～5%。健康动物如宰前过度疲劳，糖原含量就低。动物被宰杀后，畜肉在存放过程中由于酶的分解作用，糖原含量下降，乳酸含量相应增高，畜肉的pH逐渐变低。

（四）维生素

畜禽肉可提供多种维生素，主要以B族维生素和维生素A为主。内脏含量比肌肉中多，其中肝脏的含量最为丰富，富含维生素A和维生素$B_2$，维生素A的含量以牛肝（20220μg/100g）和羊肝（20972μg/100g）最高，维生素$B_2$则以猪肝（2.08mg/100g）最丰富。暗色的肉中维生素$B_1$和维生素$B_2$的含量高于白色的肉。禽肉中还含有较多的维生素E，维生素E具有抗脂肪氧化的作用，所以禽肉比畜肉不容易腐败。

（五）矿物质

肉类中所含矿物质的总量一般为0.8%～1.2%，瘦肉中的含量高于肥肉，且多集中于内脏器官中。肉类为铁和磷的良好来源，还含有一些铜。肉类中铁以血红素的形式存在，不但消化吸收率较高，而且不易受食物中其他因素的干扰，以猪肝和鸭肝含量最丰富。内脏还有丰富的锌和硒，牛肾和猪肾的硒含量很高。此外，畜禽肉还含有磷、钠、钾、硫、铜等，钙的含量虽然不高，但吸收利用率很高。

（六）水分

肌肉中的水分含量约为75%，以结合水、不易流动水和自由水的形式存在。结合水约占肌肉总水分的5%，在蛋白质分子表面借助极性基团与水分子的静电引力紧密结合，形成水分子层；不易流动水约占肌肉总水分的80%，以不易流动水状态存在于肌原丝、肌原纤维及肌膜之间；自由水约占肌肉总水分的15%，存在于细胞外间隙，能自由流动。

（七）浸出物

浸出物是指除蛋白质、维生素、盐类外能溶于水的物质，包括含氮浸出物和无氮浸出物。

含氮浸出物为非蛋白质含氮物质，占肌肉化学成分的1.65%，占总含氮物质的11%。多以游离状态存在，包括原肌球蛋白、肌肽、肌酸、肌酐、嘌呤碱等，是肉品呈味的主要成分。

无氮浸出物为不含氮的可浸出的有机化合物，包括糖类和有机酸，占肌肉化学成分的1.2%。糖类在肌肉中含量很少，主要有糖原、葡萄糖、果糖、核糖，核糖是细胞中核酸的组成成分，葡萄糖是肌肉收缩的能量来源，糖原是葡萄糖的聚合体，是肌肉内糖的主要存在形式，动物宰杀后，肌糖原逐渐分解为葡萄糖，并经糖酵解作用生成乳酸。

## 二、肉类制品的营养价值

肉类制品是指以肉类作为主要原料，经过进一步加工制成的产品。

### 1. 腌腊制品

腌腊制品是我国传统风味的肉制品之一，是将肉进行腌制、酱渍、晾晒、烘烤或熏烤等工艺制成的生或半生制品，食用前还需热加工。

腌腊制品的显著特点是其含盐量上升，水分含量明显下降。相对而言脂肪和蛋白质含量由于水分减少而增高。在贮藏过程中，由于盐、酱和脂肪氧化作用，产生特殊的风味。

### 2. 酱卤制品

酱卤制品也是我国传统风味的肉制品之一。酱卤肉制品制作中并不另加油脂，肉中部分脂肪溶入卤汤中，使产品的脂肪含量有所减少。长时间炖煮后使游离脂肪酸增加，饱和脂肪酸减少，并使B族维生素大量损失。

### 3. 熏烧烤制品

熏制过程中产品表面水分含量下降，并产生酚类、有机酸等物质，提高了肉制品的保藏性。但高温熏制可产生较多的多环芳烃类致癌物。烤制过程中水分含量下降，脂肪部分流失。含硫氨基酸、色氨酸等较为敏感的氨基酸部分分解，降低了肉类的营养价值，其中色氨酸和谷氨酸的裂解产物致癌性最强。因此在加工过程中应注意降低熏烤温度。

### 4. 干制品

干制品是指将瘦肉先经热加工再成型干燥，或先成型再经热加工而制成的一大类水分含量很低的熟肉类制品。干制品加工过程中大幅度减少了水分含量，因此产品中蛋白质含量很高。其中不添加脂肪的肉松和肉干都是蛋白质的良好来源。加工过程中，脂肪有部分损失，含量下降，但油酥肉松脂肪含量较高。在炒制和干制过程中，B族维生素有一定损失，但因为浓缩效应，成品中维生素的绝对含量与原料相当。

### 5. 油炸制品

油炸食品的脂肪含量大幅度升高，如果挂糊后油炸，则其碳水化合物含量也有所增加。油炸中如果使用富含不饱和脂肪酸的植物油，则油脂在油炸高温下会发生热氧化聚合、环化、水解后聚合等反应，可产生大量有毒物质和多环芳烃类致癌物质，必需脂肪酸含量下降；如果使用黄油、牛油、猪油等，则会显著增加产品中饱和脂肪酸和胆固醇的含量；如果使用人造黄油，则因其中含有相当多的反式脂肪酸，将对心血管健康造成威胁。此外，油炸食品中还存在蛋白质过热产生的致癌物质，以及碳水化合物受高热后产生的丙烯酰胺致癌物。因此油炸食品的生产和消费中应尽量避免高温处理和油脂加热对食物营养价值的不良影响。

### 6. 香肠制品

中式香肠需要加入较多的肥肉丁，以在低水分活度下保持较好口感，其脂肪含量往往高达40%以上；但蛋白质含量高于西式灌肠，在20%以上；各种维生素和矿物质含量与原料肉水平相当。

### 7. 火腿制品

中式火腿经长期的细菌和真菌作用，其中游离氨基酸含量大大增高，脂肪中游离脂肪酸含量升高，并有一定程度的脂肪氧化作用，对其独特风味的形成有所贡献。西式火腿脂肪含量较低，蛋白质较为丰富，含盐量也大大低于中式火腿，是营养价值较高的肉制品。

### 8. 肉类罐头制品

肉类罐头须经高温长时间加热处理，其中B族维生素溶入汤汁，并有一定破坏损失。含硫氨基酸在加热中可能受到损失，所产生的硫化氢可能与罐头中的金属发生反应而变色。

### 9. 其他制品

其他制品包括肉糕和肉冻两大类。一般来说，肉糕、肉冻等产品含水量较高，脂肪中含有蔬菜等配料，相对脂肪含量低。

## 三、畜禽肉类食物与美容

肉类食品含蛋白质、脂肪较高，能够保证能量，是构造身体组织的原料，尤其是优质蛋白质的主要来源，如果担心肥胖而拒绝摄入，则不仅会影响健康，而且还会影响人体的美。

猪肉味甘、咸，性平，具有滋阴润燥的功能，含有人体所需的蛋白质、脂肪及钙、铁、磷等矿物质。

# 第六节　水产类的营养价值与美容

水产类包括各种鱼类和其他水产动物，如虾、蟹、贝类等。水产动物可提供优质蛋白质、不饱和脂肪酸、维生素A、维生素D、维生素E、维生素$B_2$、烟酸等多种维生素及钙、磷、硒、铁、锌等多种矿物质。水产动物的含氮浸出物较多，有别于畜禽肉，滋味鲜美独特。鱼肉含水分多，肌肉纤维短细，比畜禽肉细嫩，更易消化吸收，营养价值很高。

## 一、水产类的营养价值

水产类一般由水分（70%～85%）、蛋白质（15%～20%）、脂肪（1%～10%）、碳水化合物（0.5%～1.0%）及矿物质（1.0%～1.5%）等成分组成。水产品的营养素组成因动物的种类、年龄、性别、营养状况、肥瘦程度及捕获季节等不同而有较大的差异。

### （一）鱼类

#### 1. 蛋白质

鱼类蛋白质含量为15%～22%，平均为18%左右。蛋白质主要分布于肌浆和肌基质，肌浆主要含肌球蛋白、肌溶蛋白、可溶性肌纤维蛋白、肌结合蛋白和球蛋白；肌基质主要包括结缔组织和软骨组织，含有胶原蛋白和弹性蛋白。鱼类蛋白质的氨基酸组成较平衡，与人体需要接近，利用率较高，生物价可达85%～90%，但氨基酸组成中色氨酸含量偏低。

鱼肉蛋白质生物学价值仅次于鸡蛋，特别适合儿童和老人食用。鱼肌肉中的红肌含有丰富的氨基乙磺酸，它是一种含硫氨基酸，有利于胎儿、新生儿的大脑和眼睛发育，对防止高血压、动脉硬化及保护视力等都有重要作用。

#### 2. 脂肪

鱼类含脂肪很少，一般为1%～3%。鱼的种类不同，脂肪含量差别也较大，如鲜鱼脂肪含量在1%以下，而河蟹脂肪含量高达10.8%。鱼类脂肪在肌肉组织中含量很少，主要分布在皮下和内脏周围。

鱼类脂肪多由不饱和脂肪酸组成（占80%），熔点较低，通常呈液态，消化吸收率可达95%，鱼类脂肪中含有长链多不饱和脂肪酸，如二十碳五烯酸（EPA）、二十二碳六烯酸（DHA），具有降低血脂、防治动脉粥样硬化的作用。

鱼类的胆固醇含量一般为100mg/100g，但虾子、鲳鱼子和蟹黄中胆固醇含量比较高，分别为896、1070和500mg/100g。

#### 3. 碳水化合物

鱼类碳水化合物含量较低，约为1.5%。有些鱼不含碳水化合物，如鲳鱼、鲍鱼、银鱼等。碳水化合物的主要存在形式为糖原。鱼类肌肉中的糖原含量与其死亡方式有关，捕后即杀者糖原含量最高；挣扎疲劳后死去的鱼类，体内糖原消耗严重，由于糖酵解作用强，鱼类肌肉中的糖原几乎全部变为乳酸，含量降低。除糖原外，鱼体内还含有多糖类，这些多糖类按有无硫酸基分为硫酸化多糖和非硫酸化多糖，前者如硫酸软骨素、硫酸乙酰肝素、硫酸角质素，后者如透明质酸、软骨素等。

#### 4. 维生素

鱼肉中维生素的含量也非常丰富，如鱼贝肉中所含的维生素A、维生素D、维生素E均高于畜禽肉。海鱼肝脏特别富含维生素A和维生素E，可作为膳食及药用鱼肝油的维生素A的来源。鱼肉中B族维生素的含量也较丰富，螃蟹及鳝鱼含有较多的核黄素和烟酸，如鳝鱼中核黄素的含量为1~2mg/100g，是猪肉中核黄素含量的10倍。一些生鱼中含有硫胺素酶，在生鱼存放或生吃时可破坏硫胺素，但加热可破坏此酶，因此鲜鱼应尽快加工烹制或冷藏以减少硫胺素的损失。

5. 矿物质

鱼肉中矿物质的含量为1%~2%，高于畜禽肉，其中磷占40%，钙、钠次之。此外，鱼肉中钾、镁、铁、锌、碘、硒等含量都较丰富，其中钙、硒含量明显高于畜禽肉，海鱼中还含有钴。虾、蟹、贝类都富含多种矿物质，如牡蛎是含锌、铜最高的海产品，其中铜含量高达30mg/100g。海产鱼特别富含碘，为0.5~1mg/kg；而一般淡水鱼只有0.05~0.4mg/kg。

6. 含氮浸出物

鱼肉中含氮浸出物的含量均在2%~5%，主要有游离氨基酸、氧化三甲胺（TMAO）、肌酸、肌酐、肌肽、鹅肌肽（anserine）、甜菜碱、牛磺酸和尿素等。在浸出物中，所有红色鱼肉中游离氨基酸的含量均较多，其中组氨酸的含量占大半；白色鱼肉中游离氨基酸的含量不多，只有甘氨酸及丙氨酸。TMAO广泛分布于海产动物组织中，淡水动物组织中几乎不含TMAO。TMAO带有淡甘味，鱼捕获后，TMAO在细菌的作用下被还原成三甲胺（TMA），这是引起鱼肉特有腥臭的原因。鱼肉中肌酸含量较多，略有苦味；肌酐含量甚微，但肌酸可在体内转化为肌酐。淡水鱼肉中不含肌肽和鹅肌肽。贝类和甲壳类肌肉中富含甜菜碱，具有清快的鲜味。硬骨鱼类肌肉中尿素含量极少，而软骨鱼类肌肉中含量较多。软骨鱼在鲜度降低的过程中，由于细菌脲酶的作用，尿素被分解为氨，使其具有氨的刺激气味。

7. 色素

鱼肉有白色和深色之分，深色肉含有较多的脂质、糖原、维生素、酶类和肌肉红色素（肌红蛋白和少量血红蛋白）等，味道较腥，一般活动性强的金枪鱼、鲣鱼、沙丁鱼等的暗色肉较多。白色肉腥味较轻，银鳕鱼、大黄鱼、比目鱼等的白色肉较多。鱼类的血液色素为血红蛋白，但软体动物的血液色素是含铜的铜蓝蛋白。鱼类皮肤含有黑色、黄色、红色及白色等多种色素细胞，主要色素有各种类胡萝卜素及胆汁色素。

（二）其他水产动物

其他水产动物是指软体动物和虾蟹类，其营养成分因品种不同差异较大。蛋白质含量略低于鱼类，为9%~18%，平均为15%左右；其中虾、黄螺等的含量较高，可达18%以上。甲壳类肌肉蛋白质中的缬氨酸和赖氨酸含量低于鱼肉；贝类的甲硫氨酸、苯丙氨酸、组氨酸含量较鱼和甲壳类低，但精氨酸和胱氨酸含量却远比其他水产动物高。脂肪的含量低于鱼类，一般均在1%以下。碳水化合物的含量高于鱼类，在3%左右，其中海蟹头、香海螺等可达10%以上。维生素以核黄素、烟酸、维生素A的含量较为丰富。在鲜淡菜、红螺、鲜扇贝和江虾中含有丰富的维生素E，矿物质中钙和硒的含量较高，尤其富含硒，含硒最高的是蟹、海参等，可达80mg/100g以上，是其他食物的数十倍。钙的含量以虾、螺中最高，石螺的含钙量可达2458mg/100g。此外，还含有较多的锌、铁、磷、钾、钠等。

其他水产动物也含有较多的含氮浸出物，滋味鲜美，深受人们喜爱。

## 二、水产制品的营养价值

水产制品主要是干鱼类，水分含量减少，相对而言脂肪和蛋白质的含量增高，其他成分损失较少，一般便于贮藏，具有特殊风味和较高的食用价值。

## 三、水产类食物与美容

水产类食物品种较多，日常食用的有鱼、贝、虾、蟹类及海带、海藻等。而鱼、贝、虾、蟹类的共同特点是蛋白质含量高，均为优质蛋白质，易被机体消化、吸收和利用，脂肪含量低，且多为不饱和脂肪酸，胆固醇含量低，维生素、矿物质含量高，含有一些陆地动植物没有的成分，有利于营养的均衡，是美容保健的良好食品。如鱼类脂肪中的不饱和脂肪酸有利于皮肤、毛发健美，可预防心脑血管疾病的发生；鱼肉中还富含锌、磷、铁、镁、铜等微量元素和维生素A、B族维生素、维生素D、维生素E等，有利于身体健康。另外海带、海藻类食物具有软坚散结、消痰利水、祛脂降压的功效，含有丰富的碘，可用于防治缺碘引起的甲状腺肿大，并含丰富的维生素$B_1$、维生素$B_2$及矿物质，是瘦身美体、乌发柔发、美容保健的常用食物。

# 第七节　蛋类的营养价值与美容

蛋类主要指鸡、鸭、鹅、鹌鹑、火鸡等的蛋。各种蛋的结构和营养价值基本相似，其中食用最普遍、食用量最大的是鸡蛋。蛋类在我国居民膳食构成中所占比例为1.4%，主要提供营养价值高的蛋白质。蛋类制成的蛋制品有皮蛋（松花蛋）、咸蛋、糟蛋、冰蛋等。

## 一、蛋类的结构和营养素分布

蛋类的结构基本相似，主要由蛋壳、蛋清和蛋黄三部分组成。蛋壳位于蛋的最外层，在蛋壳外有一层水溶性胶状黏蛋白，对防止微生物进入蛋内和蛋内水分及二氧化碳过度向外蒸发有保护作用。蛋被产出时，这层膜即附着在蛋壳的表面，外观无光泽，呈霜状，根据此特征，可鉴别蛋的新鲜程度。如蛋外表面呈霜状，无光泽而清洁，表明蛋是新鲜的；如无霜状物，且油光发亮、不清洁，则说明蛋已不新鲜。由于这层膜是水溶性的，在贮藏时要防潮，不能水洗或淋雨，否则会很快变质腐坏。

蛋壳的颜色因鸡的品种而异，由白色到棕色，与蛋的营养价值无关。蛋清包括两部分，即外层的稀蛋清和包在蛋黄周围的胶冻样的稠蛋清，蛋黄表面包有蛋黄膜，由两条韧带将蛋黄固定在蛋的中央。

蛋各部分的主要营养组成见表5-8。

表5-8　蛋各部分的主要营养组成　　　　　单位：%

| 成分 | 全蛋 | 蛋清 | 蛋黄 |
| --- | --- | --- | --- |
| 水分 | 73.8 ~ 75.8 | 84.4 ~ 87.7 | 44.9 ~ 51.5 |
| 蛋白质 | 12.8 | 8.9 ~ 11.6 | 14.5 ~ 15.5 |
| 脂肪 | 11.1 | 0.1 | 26.4 ~ 33.8 |
| 糖类 | 1.3 | 1.8 ~ 3.2 | 3.4 ~ 6.2 |
| 矿物质 | 1 | 0.6 | 1.1 |

## 二、蛋类的营养素种类及特点

蛋的微量营养成分受到品种、饲料、季节等多方面因素的影响，但蛋中宏量营养素的含量总体上基本稳定，各种蛋的营养成分有共同之处。

（一）蛋白质

蛋类蛋白质的含量约为12.8%。蛋清中的蛋白质为胶状水溶液，由卵清蛋白、卵黏蛋白、卵球蛋白等5种蛋白质组成；蛋黄中的蛋白质主要是卵黄磷蛋白和卵黄球蛋白。鸡蛋蛋白质含有人体所需的各种氨基酸，而且氨基酸组成模式与合成人体组织蛋白所需模式相近，易被消化吸收，其生物学价值达95，是最理想的天然优质蛋白质和高营养价值食品。在评价食物蛋白质营养质量时，常以鸡蛋蛋白质作为参考蛋白质。蛋白质中赖氨酸和甲硫氨酸含量较高，和谷类、豆类食物混合食用，可弥补后两者赖氨酸或甲硫氨酸的不足。

（二）脂类

蛋清中含脂肪极少，98%的脂肪存在于蛋黄中。蛋黄中的脂肪几乎全部以与蛋白质结合的良好乳化形式存在，因此消化吸收率高。

鸡蛋黄的脂肪含量为28%～33%，其中，中性脂肪含量占62%～65%，磷脂占30%～33%，胆固醇占4%～5%，还有微量脑苷脂类。蛋黄中性脂肪的脂肪酸中，以单不饱和脂肪酸油酸含量最为丰富，约占50%，亚油酸约占10%，其余主要是硬脂酸、棕榈酸和棕榈油酸，含微量的花生四烯酸。

蛋黄是磷脂的极好来源，所含磷脂酰胆碱具有降低血胆固醇的功效，并能促进脂溶性维生素的吸收。鸡蛋黄中的磷脂主要为磷脂酰胆碱和脑磷脂，此外还有神经鞘磷脂。各种禽蛋的蛋黄中总磷脂含量相似。它们使蛋黄具有良好的乳化性质，但因含有较多不饱和脂肪酸，容易受到脂肪氧化的影响。

蛋中胆固醇含量极高，主要集中在蛋黄。其中鹅蛋黄含量最高，达1696mg/100g；其次是鸭蛋黄；鸡蛋黄略低，但也达1510mg/100g；鹌鹑蛋最低。全蛋胆固醇含量为500～700mg/100g，加工成咸蛋或皮蛋后，胆固醇含量无明显变化。蛋清中不含胆固醇。

（三）碳水化合物

蛋中碳水化合物含量较低，为1%～3%，蛋黄略高于蛋清，加工成咸蛋或皮蛋后有所提高。碳水化合物以两种状态存在，一部分与蛋白质结合，含量约为0.5%；另一部分游离存在，含量约为0.4%，其中98%为葡萄糖，其余为微量的果糖、甘露糖、阿拉伯糖、木糖和核糖。蛋清中主要是甘露糖和半乳糖，与蛋白质结合；蛋黄中主要是葡萄糖，大部分以与磷脂、磷蛋白结合的形式存在。

（四）维生素

蛋中维生素含量十分丰富，且品种较为完全，包括维生素A、维生素D、维生素E、维生K、B族维生素和微量的维生素C，绝大部分存在于蛋黄中。鸭蛋和鹅蛋的维生素含量总体而言高于鸡蛋。此外，蛋中的维生素含量受到品种、季节和饲料中维生素含量的影响。

（五）矿物质

蛋中的矿物质主要存在于蛋黄，蛋清中含量较低。其中，钙、磷、铁、锌、硒等含量丰富。蛋黄中的铁因与磷蛋白结合，吸收率不高。

## 三、蛋类中的特殊成分

在生鸡蛋蛋清中，含有抗生物素蛋白和抗胰蛋白酶。抗生物素蛋白能与生物素在肠道内结合，影响生物素的吸收，引起食欲缺乏、全身无力、毛发脱落、皮肤发黄、肌肉疼痛等生物素缺乏的症状；抗胰蛋白酶能抑制胰蛋白酶的活力，妨碍蛋白质的消化吸收，故不可生食蛋清。烹调加热可破坏这两种物质，消除它们的不良影响。但是蛋不宜过度加热，否则会使蛋白质过分凝固，甚至变硬、变韧，形成硬块，反而影响食欲及消化吸收。

## 四、蛋制品的营养价值

蛋类的主要制品包括皮蛋、咸蛋、糟蛋、五香蛋、蛋粉、冰蛋、蛋黄酱等。其中，皮蛋、咸蛋、糟蛋和五香蛋为我国特有的传统风味食品，而蛋粉、冰蛋、蛋黄酱为国外引入的蛋制品，其中蛋粉和冰蛋主要用作食品加工的原料，而蛋黄酱则被用作调味品。

1. 皮蛋

皮蛋经过碱处理，维生素$B_1$和维生素$B_2$受到较为严重的破坏，含硫氨基酸含量减少，镁铁等微量元素的生物利用率下降，但钠和配料中所含的矿物质含量增加。

2. 咸蛋

由于盐的作用，蛋黄中蛋白质发生凝固变性并与脂类成分分离，蛋黄中的脂肪聚集形成出油现象。在腌渍水中加入白酒可使咸蛋出油量增加，可能是因为酒精促进蛋白质的变性所致。用酒精处理的同时可以增加咸蛋的风味，蛋黄中的类胡萝卜素溶于油脂中，使蛋黄油呈现鲜艳的色泽。咸蛋制作过程对蛋的营养价值影响不大，但是钠含量大幅度上升，所以需要控制食盐摄入量的高血压、心血管疾病和肾病患者应注意，不要经常食用咸蛋。

### 3. 糟蛋

糟蛋是鲜蛋经糯米酒糟腌渍而成的产品，主要用鸭蛋作为加工原料。糟蛋的加工原理是酒精与鸡蛋内容物发生作用，使蛋清和蛋黄中的蛋白质变性凝固，并抑制微生物的生长。加工过程中加入的食盐具有防腐和调味的作用，可促进蛋清和蛋黄的凝固，并帮助蛋黄出油。因此，糟蛋可以不经加热直接食用，其营养素含量与鲜蛋差别不大。

### 4. 冰蛋

冰蛋是指将蛋液杀菌后装罐冷冻的蛋类产品，分为冰全蛋、冰蛋清和冰蛋黄3种。可用于糕点、饼干、面包、面食品、冰激凌、糖果及肉制品等的生产中，其营养价值与鲜蛋差别不大。

### 5. 蛋粉

蛋清、蛋黄和全蛋经巴氏消毒后，可以用喷雾干燥、冷冻干燥等方法脱水制成蛋粉，用于各种食品的配料，也可用于提取蛋黄油、磷脂酰胆碱等成分。制作蛋粉对蛋白质利用率无影响，但如果蛋粉在室温下贮藏9个月，其中的维生素A可损失75%以上，B族维生素约损失45%，其他维生素基本稳定。

### 6. 卤蛋类

市售卤蛋软罐头是鹌鹑蛋或鸡蛋经过预煮、去壳或敲壳和卤制后，装罐或装袋灭菌制成的食品。在卤蛋产品的生产过程中，卤液中加有多种调味料，渗入蛋体内后可使产品具有独特香味，常用配料有食盐、味精、白糖、酱油、大茴香、小茴香、桂皮、花椒、陈皮、良姜、丁香等。腌制后于65℃干燥，经真空包装后微波杀菌即为成品。蛋的卤制过程中主要造成B族维生素的损失和钠含量的增加，蛋壳中钙和部分微量元素部分溶出，提高了蛋白部分的矿物质含量，但蛋白质和脂类等营养素基本保持稳定。

## 五、蛋类食物与美容

蛋类含有丰富的蛋白质、磷脂、维生素A、维生素B$_1$、维生素B$_2$、维生素D及各种宏量和微量元素，为所有食品中质量、种类、组成最优质的蛋白质，所含氨基酸比例非常适合人体需要。如鸡蛋，蛋清性味甘凉，蛋黄性味甘平，具有滋阴润燥、补益中气、养血安神、润肤白面、除皱祛斑的作用。《普济方》中记载："鸡子三枚，浸酒，密封四七日，每夜以白敷面，面果今白"，可见鸡蛋不论内服外用都有美容作用。外用蛋清制成面膜，有消炎、清洁、营养、保湿、柔嫩肌肤的作用。此外，其他禽蛋如鹌鹑蛋、鸽蛋等也可选用。

# 第八节　乳类的营养价值与美容

乳类是指动物的乳汁，经常食用的是牛乳和羊乳。乳类经浓缩、发酵等工艺可制成乳制品，如乳粉、酸乳、炼乳等。乳类及其制品具有很高的营养价值，不仅是婴儿的主要食物，也是老弱病患者的营养品。

## 一、乳类的营养素种类及特点

乳类为水、脂肪、蛋白质、乳糖、矿物质、维生素等组成的复杂乳胶体。乳味微甜，并具有由低分子化合物如丙酮、乙醛、二甲硫、短链脂肪酸和内酯形成的特有香味。乳类食物主要提供优质蛋白质、维生素A、维生素$B_2$和钙。除牛乳外，还有羊乳和马乳。

### 1. 蛋白质

牛乳中的蛋白质含量比较恒定，约为3.0%；羊乳中的蛋白质含量为1.5%，低于牛乳；人乳中的蛋白质含量为1.3%，低于牛乳和羊乳。牛乳中的蛋白质主要由79.6%的酪蛋白、11.5%的乳清蛋白和3.3%的乳球蛋白组成。酪蛋白属于结合蛋白，与钙、磷等结合，形成酪蛋白胶粒，以胶体悬浮液的状态存在于牛乳中，其结合方式是一部分钙与酪蛋白结合成酪蛋白钙，再与胶体状态的磷酸钙形成酯蛋白钙-磷酸钙复合胶粒，该结合蛋白对酸敏感。乳清蛋白属热敏性蛋白，受热时发生凝固，对酪蛋白具有保护作用。乳球蛋白与机体免疫有关。乳类蛋白质的消化吸收率为87%～89%，生物价为85，属优质蛋白质，容易被人体消化吸收。

### 2. 脂肪

乳类脂肪含量约为3.0%，以微粒状的脂肪球分散在乳浆中，吸收率达97%。乳类脂肪中脂肪酸组成复杂，水溶性脂肪酸（如丁酸、己酸、辛酸）含量较高，这是乳类脂肪风味良好且易于消化的原因。油酸占30%，亚油酸和亚麻酸分别占5.3%和2.1%，此外还有少量的磷脂酰胆碱、胆固醇。

### 3. 碳水化合物

乳类碳水化合物的含量为3.4%～7.4%，人乳含量最高，羊乳次之，牛乳最少。碳水化合物的主要存在形式为乳糖。由于乳糖可促进钙等矿物质的吸收，也为婴儿肠道内双歧杆菌的生长所必需的物质，因此对于幼儿的生长发育具有特殊的意义。但对于部分不经常饮乳的成人来说，其体内乳糖酶活性过低，大量食用乳制品可能导致乳糖不耐受。用固定化乳糖酶将乳糖水解为半乳糖和葡萄糖可以解决乳糖不耐受问题，同时可提高产品的甜度。

### 4. 维生素

牛乳中含有几乎所有种类的维生素，包括维生素A、维生素D、维生素E、维生素K、B族维生素和微量的维生素C，只是这些维生素的含量差异较大（表5-9）。总体来说，牛乳是B族维生素的良好来源，特别是维生素B$_2$。

表5-9 乳及乳制品维生素含量的比较（每100g）

| 食物名称 | 维生素 A/μg | 维生素 B$_1$/μg | 维生素 B$_2$/μg | 烟酸/μg | 维生素 C/μg | 维生素 E/μg |
|---|---|---|---|---|---|---|
| 牛乳 | 24.0 | 0.03 | 0.14 | 0.10 | 1.00 | 0.21 |
| 鲜牛乳 | 84.0 | 0.04 | 0.12 | 2.10 | 0.00 | 0.19 |
| 人乳 | 11.0 | 0.01 | 0.05 | 0.20 | 5.00 | 0.00 |
| 全脂牛乳粉 | 141.0 | 0.11 | 0.73 | 0.90 | 4.00 | 0.48 |
| 全脂羊奶粉 | 0.00 | 0.06 | 1.60 | 0.90 | 0.00 | 0.20 |
| 酸乳 | 26.0 | 0.03 | 0.15 | 0.20 | 1.00 | 0.12 |
| 干酪 | 152.0 | 0.06 | 0.91 | 0.60 | 0.00 | 0.60 |
| 奶油 | 297.0 | 0.00 | 0.01 | 0.00 | 0.00 | 1.99 |
| 黄油 | 0.00 | 0.00 | 0.02 | 0.00 | 0.00 | 0.00 |
| 炼乳（甜） | 41.0 | 0.03 | 0.16 | 0.03 | 2.00 | 0.28 |

5. 矿物质

牛乳中的矿物质含量为0.7%～0.75%，富含钙、磷、钾。牛乳中钙含量为104mg/100mL，且吸收率高，是钙的良好来源。乳中铁含量低，用牛乳喂养婴儿时，应注意铁的补充。

## 二、乳类中的特殊成分

### （一）酶类

牛乳蛋白质部分为血液蛋白转化而来，其中含有大量酶类，主要是氧化还原酶、转移酶和水解酶。水解酶包括淀粉酶、酯酶、蛋白酶、磷酸酯酶等。各种水解酶可以帮助消化营养物质，对幼儿的消化吸收功能具有重要意义。

溶菌酶对牛乳的保存也有重要意义。牛乳中溶菌酶含量为10～35μg/100mL。由于溶菌酶的抗菌能力，新鲜未经污染的牛乳可以在4℃条件下保存36h之久。

乳过氧化物酶是一种含血红素的糖蛋白，也具有一定的抗菌作用，它与过氧化氢和硫氰酸盐组成具有抑菌和杀菌作用的体系，对革兰阳性菌具有抑制作用，对大肠杆菌等一些革兰阴性菌具有杀灭作用。

牛乳中的碱性磷酸酯酶常用作热杀菌的指示酶，加热后测定此酶活性可推知加热的效果。酯酶的存在使牛乳脂肪缓慢水解而酸败。

## （二）有机酸

牛乳的pH在6.6左右，其中有机酸含量较低。乳类的有机酸中，90%为柠檬酸，能促进在乳中的分散，其含量随乳牛营养和泌乳期的不同而变化。此外，牛乳中还含有微量的丙酮酸、尿酸、丙酸、丁酸、醋酸、乳酸等。丁酸也称酪酸，是牛乳脂肪中的代表性成分之一。丁酸对包括乳腺癌和肠癌在内的一系列肿瘤细胞的生长和分化有抑制作用，可诱导肿瘤细胞的凋亡、防止癌细胞的转移，可能与其可促进DNA的修复、抑制促肿瘤基因的表达、促进肿瘤抑制基因的表达有关。某些肠道细菌发酵碳水化合物后可以产生丁酸，对预防大肠癌的发生有益。

## （三）其他生物活性物质

乳类中含有大量的生理活性物质，其中较为重要的有乳铁蛋白（lactoferrin）、免疫球蛋白、生物活性肽、共轭亚油酸（conjugated linoleic acid）、激素和生长因子等。

乳铁蛋白在牛乳中的含量为20~200μg/mL，其作用除调节铁代谢、促进生长外，还具有多方面的生物学功能，如调节巨噬细胞和其他吞噬细胞的活性、抗炎、促肠黏膜细胞的分裂更新、阻断氧自由基的形成、刺激双歧杆菌的生长等，此外还具有抗病毒效应。乳铁蛋白经蛋白酶水解后形成的片段也具有一定的免疫调节作用。

活性肽类是乳类蛋白质在人体肠道消化过程中产生的蛋白酶水解产物，包括具有吗啡样活性或抗吗啡样活性的镇静安神肽、抑制血管紧张素Ⅰ转化酶的抗血管紧张素胺、抑制血小板凝集和血纤维蛋白原结合到血小板上的抗血栓肽、刺激巨噬细胞吞噬活性的免疫调节肽、促进钙吸收的酪蛋白磷酸肽（cascinphosphopeptide，CPP）、促进细胞合成DNA的促进生长肽、抑制细菌生长的抗菌肽等。

# 三、乳制品的营养价值

乳制品主要包括消毒鲜乳、乳粉、炼乳、酸乳、奶油、干酪等。

## （一）消毒鲜乳

消毒鲜乳是将新鲜生牛乳经过过滤、加热杀菌后，分装出售的饮用乳。消毒鲜乳除维生素$B_1$和维生素C有损失之外，营养价值与新鲜生牛乳差别不大，市售消毒鲜牛乳中常强化了维生素D和维生素$B_1$等营养素。

## （二）乳粉

乳粉是经脱水干燥制成的粉。根据食用目的，可制成全脂乳粉、脱脂乳粉、调制乳粉等。

全脂乳粉是将鲜乳浓缩除去70%~80%的水分后，经喷雾干燥或热滚筒法脱水制成的。喷雾干燥法制得的乳粉粉粒小、溶解度高、无异味、营养成分损失少、营养价值较高；热滚筒法制得的乳粉颗粒大小不均、溶解度小、营养素损失较多。一般全脂乳粉的营养成分约为鲜乳的8倍左右。

脱脂乳粉是将鲜乳脱去脂肪，再经上述方法制成的乳粉。此种乳粉的脂肪含量仅为

1.3%，脱脂过程使脂溶性维生素损失较多，其他营养成分变化不大。脱脂乳粉一般供腹泻婴儿及需要少油膳食的患者食用。

调制乳粉又称"母乳化乳粉"，是以牛乳为基础，参照人乳组成的模式和特点，进行调整和改善，使其更适合婴儿的生理特点和需要而制得的乳粉。调制乳粉主要减少了牛乳粉中的酪蛋白、甘油三酯、钙、磷和钠的含量，添加了乳清蛋白、亚油酸和乳糖含量，并强化了维生素A、维生素D、维生素$B_1$、维生素$B_2$、维生素C、叶酸和微量元素铁、铜、锌、锰等。

（三）炼乳

炼乳为浓缩乳的一种，分为淡炼乳和甜炼乳。

鲜乳在低温真空条件下浓缩，除去约2/3的水分，再经灭菌制成的炼乳，称为淡炼乳。因受加工的影响，维生素遭受一定的破坏，因此常添加维生素加以强化，按适当的比例冲稀后，营养价值基本与鲜乳相同。淡炼乳在胃酸作用下，可形成凝块，便于消化吸收，适合婴儿和对鲜乳过敏者食用。

甜炼乳是在鲜乳中加入约15%的蔗糖后按上述工艺制成的。其糖含量可达45%左右，利用渗透压的作用抑制微生物的繁殖。因糖分过高，需经大量水冲淡，营养成分相对下降，不适合婴儿食用。

（四）酸乳

酸乳是在消毒鲜乳中接种乳酸菌并使其在控制条件下生长繁殖而制成的乳制品。牛乳经乳酸菌发酵后游离的氨基酸和肽增加，因此更易消化吸收，乳糖减少，使乳糖酶活性低的成人易于接受。维生素A、维生素$B_1$、维生素$B_2$等的含量与鲜乳相似，但叶酸含量增加了1倍，胆碱含量也明显增加。此外，酸乳的酸度增加，由于维生素的保护，乳酸菌进入肠道后可抑制一些腐败菌的生长，调整肠道菌群，防止腐败胺类对人体的不良作用。

（五）奶油

奶油是由牛乳中分离的脂肪，一般含脂肪80%～83%，而含水量低于6%，主要用于佐餐和面包、糕点的制作。

（六）干酪

干酪为一种营养价值很高的发酵乳制品，是在原料乳中加入适当量的乳酸菌发酵剂或凝乳酶，使蛋白质发生凝固，并加盐、压榨排出乳清后制成的产品。

干酪中的蛋白质大部分为酪蛋白，经凝乳酶或酸的作用而形成凝块。但也有一部分清蛋白和球蛋白包含于凝块之中。此外，经过发酵作用，干酪中还含有胺类、氨基酸和非蛋白氮成分。除少数品种外，大多数品种的蛋白质中包裹的脂肪成分多占干酪固形物的45%以上，而脂肪在发酵中的分解产物使干酪具有特殊的风味。在干酪的制作过程中，大部分乳糖随乳清流失，少量乳糖在发酵中起促进乳酸发酵的作用，对抑制杂菌的繁殖有重要作用。

干酪含有原料中的各种维生素，其中脂溶性维生素大多保留在蛋白质凝块中，而水溶性维生素部分损失，但含量仍不低于原料乳。原料乳中微量的维生素C几乎全部损失。干酪外皮部分中的B族维生素含量高于中心部分。

硬质干酪是钙的极佳来源，软干酪含钙量较低。镁在干酪制作过程中也得到浓缩，硬质干酪中的镁含量约为原料乳含量的5倍。钠的含量因品种不同而异，农家干酪因不添加盐，钠含量仅为0.1％；而法国羊乳干酪中的盐含量可达4.5％～5.0％。

此外，成熟干酪中含有较多的胺类物质。它们是在后熟过程中游离氨基酸经脱羧作用形成的产物，包括酪胺、组胺、色胺、腐胺、尸胺和苯乙胺等。其中以酪胺含量最高，如切达干酪中的酪胺含量达35～109mg/100g。

## 四、乳类食物与美容

乳类有牛乳、羊乳等。乳味甘，性平，入脾胃经，具有补虚益胃、生津润肤的作用。牛乳的营养成分丰富而又全面，含有人体所需的蛋白质、脂肪、乳糖、维生素及钙、磷、铁等矿物质，特别是牛乳蛋白为完全蛋白质，含有8种人体必需的氨基酸，尤其是植物蛋白质所缺的甲硫氨酸和赖氨酸，既是一种滋补强壮食物，又具有很好的美容作用。常饮牛乳，可使皮肤光滑细腻、富有弹性、毛发润泽、肌肉结实。外用牛乳洗面，亦能使皮肤光泽白皙，对皮肤干燥、粗糙、弹性差等均有很好的防治作用。

# 第九节　加工食品的营养价值与美容

## 一、糖果

糖果是以砂糖和液体糖浆为主体，经过熬煮，配以部分食品添加剂，再经调和、冷却、成形等工艺操作，构成具有不同物态、质构和香味的，精美而耐保藏的甜味固体食品。多数经过包装后成为一种既卫生又美观，且便于携带的糖类食品。

甜味剂是糖基糖果的主要成分。常用的甜味剂有各种糖类、糖浆等，属于天然甜味剂，亦称营养甜味剂。人工甜味剂使用较少，只在特殊用途的糖果中应用。常见的甜味剂有蔗糖、转化糖、玉米糖浆等。

蔗糖是最常见的甜味剂，一般以甘蔗或甜菜为原料提取，在室温下1份水中能溶解约2份蔗糖，生成67％的溶液。在不经搅拌的情况下冷却，溶液呈过饱和状态；再继续冷却，特别是在搅拌后，就开始结晶。提高水温能得到更高浓度的糖液。蔗糖浓度越高，溶液的沸点也越高。糖果制造者利用沸点与蔗糖浓度的紧密关系来控制糖果的最终含水量。转化糖与蔗糖有关，在糖果中应用广泛。蔗糖可被酸或酶水解为葡萄糖和果糖。玉米糖浆是含有葡萄糖、麦芽糖、高糖和糊精的黏性液体，也称为淀粉糖浆，用玉米淀粉加酸或加酶经水解和不完全糖化制成，可阻碍蔗糖结晶。玉米糖浆还可以增加糖果的黏性，减少因温度或机械振动引起的糖结构的变脆，减缓糖在口中的溶化速度，并增加糖果的咀嚼性。

为了使糖果具有人们所期望的色泽、香气、滋味、形态和质构，除了甜味剂，还需向糖果中添加其他辅料。如为了增加糖果的韧性和弹性而添加明胶和树胶，为增加稠度而添加淀粉及改性淀粉，为增加润滑性和搅打性而添加蛋清和油脂。通过加入其他食品，如牛乳、水果、坚果、巧克力、可可、茶等来增加糖果的花色和改善糖果的风味。同时这些成分也影响到糖果的营养价值，如牛乳糖含有较多的蛋白质和钙。

## 二、糕点

一切糕点制品都可以被视为优良的浓缩食品，制造糕点的各种原料和制品，都含有蛋白质、油脂和酸。

原料中除蛋白质、油脂和酸之外，还含有人体所必需的矿物质（磷、钙等）。原料和成品中的维生素含量对人体有重要意义。因此，在某些制品中，常用人工方法予以增补。

油脂在光、空气和水的作用下，会产生复杂的氧化质变，因此，凡含大量油脂的制品，不宜长期贮藏，否则，全体产品会失去原有的风味和营养。

## 三、软饮料

软饮料在不同国家有不同的概念，一般描述为以补充人体水分为主要目的的流质食品，我国规定软饮料中乙醇的含量应在0.5%以下。软饮料有很多种分类方法，我国的国家标准是根据使用原料、产品形态及作用的不同，将软饮料分为10类：碳酸饮料类、果汁（浆）或果汁饮料、蔬菜汁饮料、含乳饮料、植物蛋白质饮料、瓶装饮用水、茶饮料、固体饮料、特殊用途饮料和其他饮料类（如矿泉水、活性水、富氧水等）。

（一）碳酸饮料类

碳酸软饮料是含有二氧化碳的软饮料，有果汁型、果味型、可乐型、低能量型和其他型5种。原果汁含量在2.5%以上的为果汁型，低于2.5%的为果味型；可乐型分有色和无色两种，有色可乐的颜色来自焦糖色素；低能量型饮料的能量为不高于75J/100mL；其他型是以食用香精赋香的饮料。

（二）果蔬饮料

果蔬饮料不但具有普通软饮料的基本功能，而且还富含维生素C、胡萝卜素和矿物质，其含有的一些特殊生理活性物质如儿茶素、绿原酸、黄酮类化合物等已日益受到重视。

（1）原果汁　是用机械方法从水果中获得的100%水果原汁。以浓缩果汁加水还原制成的，与原果汁固形物含量相等的还原果汁也称原果汁。

（2）原果浆　是以水果可食部分为原料，用打浆工艺制成的，没有去除汁液的浆状产品，或是浓缩浆的还原制品。

（3）浓缩果汁　是以物理方法从原果汁中除去部分天然水分的制品。

（4）果汁饮料　是在果汁或浓缩果汁中加入水、糖液制成的果汁含量不低于500g/L的制品。

（5）水果露　用果汁加入水、糖液制成的果汁含量不低于500g/L的制品。

## 四、酒类

酒类是一种特殊食品，已成为世界性的含酒精饮料。

酒类的成分十分复杂，具有丰富的营养价值和生理活性成分，即使是白酒中，除了98%的乙醇和水，还发现了300余种其他物质，形成了酒的香气、口味和其他特质；酒中含有的氨基酸、蛋白质、维生素和矿物质等，都是人体必需的。从现代营养学角度来说，乙醇含有29.7kJ（7.1kcal）/g可被机体充分利用的能量，远高于同质量的碳水化合物和蛋白质的能量值。而啤酒、葡萄酒、黄酒等发酵酒富含小分子的碳水化合物、氨基酸和肽类；发酵酒类含有丰富的B族维生素、矿物质和水分，以及乙醇、多酚等生理活性物质。在《黄帝内经》中对酒的描述还有"经络不通，病生于不仁，治之以按摩醪药"的记载。据现代医学理论，适量的乙醇具有促进血液循环、提高机体代谢效率的功能。

1. 白酒

白酒为中、高度酒。乙醇全部燃烧的产能量为29.4kJ（7kcal）/g，其中70%可被身体利用，故白酒可提供能量21kJ（5kcal）/g。空腹饮酒对健康损害较大，饮烈性酒比低度酒危害大。少量饮酒，同时摄入食物，可减少酒精对肝、脑的危害。

2. 啤酒

啤酒是世界上饮用最为广泛、消费量最高的一类酒。啤酒的乙醇含量约为4%，此外还含有果糖、葡萄糖、麦芽糖和糊精、多种维生素及钙、磷、钾、镁、锌等矿物质，还含有一定量的氨基酸、脂肪酸。

3. 葡萄酒

葡萄酒是最具代表性的一种果酒，其主要成分为乙醇，含量约为10%，还含有糖、有机酸、酯类、多酚、多种氨基酸、维生素以及钾、钙、镁、锌、铜、铁等矿物质，其香味来自丙醇、异丁醇、异戊醇、乳酸乙酯等。

4. 黄酒

黄酒是中国最古老的饮料酒。酒体中含有糖类、糊精、有机酸、高级醇及多种维生素，还有较多的含氮化合物，其氨基酸含量居各种酿造酒之首。

酒类除了上述常见营养成分外，还有很多非营养化学成分，如有机酸、酯类、醇、醛、酮、酚类化合物等。另外还有一些嫌忌成分，如甲醇、甲醛和杂醇油等，并可能具有毒副作用。

## 五、调味品

调味品是指以粮食、蔬菜等为原料，经发酵、腌渍、水解、混合等工艺制成的各种用于烹调调味和食品加工的产品以及各种食品的添加剂。

### （一）调味品分类

目前，我国调味品大致可分为如下六大类。

（1）发酵调味品  指以谷类和豆类为原料，经微生物的酿造工艺而生产的调味品。其中又包括酱油类、食醋类、酱类、腐乳类、豆豉类、料酒类等多个门类，其中每一门类又包括天然酿造品和配制品。

（2）酱腌菜类  包括酱渍、糖渍、糖醋渍、糟渍、盐渍等各类制品。

（3）香辛料类  指以天然香料植物为原料制成的产品，包括辣椒制品、胡椒制品、其他香辛料干制品及配制品等。还包括大蒜、葱、洋葱、香菜等生鲜蔬菜类调味品。

（4）复合调味品类  包括固态、半固态和液态复合调味料。也可以按用途划分为开胃酱类、风味调料类、方便调料类、增鲜调料类等。

（5）其他调味品  包括盐、糖、调味油，以及水解植物蛋白质、鲤鱼汁、海带浸出物、酵母浸膏、香菇浸出物等。

（6）各种食品添加剂  是指为改善食品品质和色、香、味以及防腐和加工工艺的需要而加入食品中的化学合成或天然物质，包括味精、酶制剂、柠檬酸、甜味剂、酵母、香精、香料、乳化增稠剂、品质改良剂、防腐剂、抗氧化剂、食用色素等。

### （二）主要调味品的特点和营养价值

调味品除具有调味价值外，大多也具有一定的营养价值和保健价值。其中部分调味品因为使用量非常少，其营养价值并不十分重要；但也有部分调味品构成了日常饮食的一部分，并对维持健康起着不可忽视的作用。同时，调味品的选择和食用习惯往往对健康也有着相当大的影响。

#### 1. 酱油和酱类调味品

酱油和酱是以小麦、大豆及其制品为主要原料，接种曲霉菌种，经发酵酿制而成的。酱油品种繁多，可以分为风味酱油、营养酱油、固体酱油三大类。风味酱油中的日式酱油加入了海带汁、鲍鱼汁，另一些中式风味酱油加入了鸡精、虾油、香菇汁、香辛料等，不仅增加了鲜味，也使营养价值有所提高。营养酱油起步较晚，主要包括减盐酱油和铁强化酱油两类，铁强化酱油中添加了乙二胺四乙酸（EDTA）铁。固体酱油是将酱油真空浓缩后再加入食盐和鲜味剂制成的产品。

酱油和酱类的鲜味主要来自于含氮化合物，含量高低是其品质的重要标志。优质酱油的总氮含量多在1.3%～1.8%，氨基酸态氮＞0.7%。其中谷氨酸含量最高，其次为天冬氨酸，这两种氨基酸均具鲜味。以大豆为原料制作的酱，蛋白质含量比较高，可达10%～12%；以小麦为原料制成的甜面酱的蛋白质含量在8%以下；若在制作过程中加入芝麻等蛋白质含量高的原料，则蛋白质的含量可达20%以上。酱类中氨基酸态氮的含量与酱油大致类似，黄酱在0.6%以上，甜面酱在0.3%以上。

酱油中含有少量还原糖以及少量糊精，它们也是构成酱油浓稠度的重要成分。甜味成分包括葡萄糖、麦芽糖、半乳糖，以及甜味氨基酸如甘氨酸、丙氨酸、苏氨酸、丝氨酸、哺氨酸等。糖的含量在不同品种之间差异较大，低者在3%以下，高者可达10%左右。黄酱中还原糖的含量很低，以面粉为原料制成的甜面酱的糖含量可高达约20%，高于以大豆为原料制成的大酱。以大米为主料的日本酱的碳水化合物含量可达19%左右。

酱油中含有一定数量的B族维生素，其中维生素$B_1$的含量在0.01mg/100g左右；而维生素$B_2$含量较高，可达0.05～0.20mg/100g；烟酸含量在1.0mg/100g以上，酱类中维生素$B_1$的含量与原料含量相当；而维生素$B_2$含量在发酵之后显著提高，含量在0.1～0.4mg/100g；烟酸含量也较高，可达1.5～2.5mg/100g。此外，经过发酵可产生植物性食物中含有的维生素$B_{12}$，对素食者预防维生素$B_{12}$缺乏具有重要意义。

2. 醋类

醋是一种常用的调味品，按原料可以分为粮食醋和水果醋，按照生产工艺可以分为酿造醋、配制醋和调味醋，按颜色可以分为黑醋和白醋。目前，大多数食醋都属于以酿造醋为基础调味制成的复合调味酿造醋。粮食醋的主要原料是大米、高粱、麦芽、豆类和麸皮等，通过蒸煮使淀粉糊化，在真菌分泌的淀粉酶的作用下转变为小分子糊精、麦芽糖和葡萄糖，经酵母发酵，转变成酒精，再经醋酸发酵产生有机酸。其中加入少量盐、糖、鲜味剂和各种香辛料，可以制成各种调味醋。

与酱油相比，醋中蛋白质、脂肪和碳水化合物的含量都不高，但却含有较为丰富的钙和铁。

3. 味精

味精即谷氨酸单钠结晶而成的晶体，是以粮食为原料，经谷氨酸棒状杆菌等细菌发酵产生的天然物质，作为蛋白质的氨基酸成分之一，存在于几乎所有的食品中。1987年，联合国食品添加剂委员会认定，味精是一种安全的物质，除2岁以内婴幼儿食品不宜添加之外，可添加于各种食品中。

目前市场上销售的"鸡精""牛肉精"等复合鲜味调味品中含有味精、鲜味核苷酸、糖、盐、肉类提取物、蛋类提取物、香辛料和淀粉等成分，调味后能赋予食物丰富而自然的美味，增加食品鲜味的浓厚感和饱满感，消除硫黄味和腥臭味等异味。需要注意的是，核苷酸类物质容易被食品中的磷酸酯酶分解，最好在菜肴加热完成之后再加入。

4. 盐

咸味是食物中最基本的味道，而膳食中咸味的来源是食盐，也就是氯化钠。钠离子可以提供最纯正的咸味，而氯离子为助味剂。钾盐、铵盐、锂盐等也具有咸味，但咸味不正而且有一定苦味。食盐不仅提供咸味，也是食品保存最常用的抑菌剂。在食品加工中，单独食用的食物食盐浓度较低，与主食配合食用者则相对较高；低温或常温环境食用的食物食盐浓度较低，高温环境食用者则较高。此外，食盐浓度也需要与甜味剂、酸味剂、鲜味剂的浓度相协调。

健康人群每日摄入6g食盐即可完全满足机体对钠的需要。摄入食盐过量，与高血压的发生具有相关性。由于我国居民平均摄盐量远高于推荐数值，因此在日常生活中应当注意控制食盐摄入量，患有高血压、心血管疾病、糖尿病、肾脏疾病和肥胖等疾病的患者应当选择低钠盐，并注意调味清淡。

另外，有些调味品还具有美容作用，如生姜，性味辛温，具有发汗、解毒、散寒、温中、和胃、驱湿、解乏增力的功效，可增强血液循环、改善皮肤供血、促进新陈代谢，并具血液稀释和防凝作用，可使皮肤红润光泽，外用又可治脱发和冻疮。另外，大蒜等也具有美容保健的作用。

## 六、营养强化食品与功能性食品

### （一）营养强化食品

食物的精华部分为营养素，但几乎没有一种天然食物能满足人体对各种营养素的需要，而且食物在烹调、加工、贮藏等过程中往往有营养素损失。因此，为了满足人类的营养需要，维持和提高人们的健康水平，预防营养素和慢性病的发生，提出了食品营养素强化的设想，并在实践中对某些食品进行适当的营养素强化。

现已有许多国家开展了营养强化。有些国家还法定对某类食品进行强制添加一定的营养素，如我国规定食盐必须强化碘，并在1994年建立了《食品安全国家标准　食品营养强化剂使用标准》（GB 14880—1994），并于2012年进行了修订（GB 14880 2012），在促进和规范食品营养强化方面取得了明显的成效，但过度补碘也可能对健康造成危害。各地也不断涌现出一些维生素、矿物质和氨基酸强化的食品，如核黄素面包、高钙饼干和人乳化配方乳等。

食品营养强化主要有4种作用：弥补天然食物的营养缺陷；补充食品在加工、储存及运输过程中营养素的损失；简化膳食处理，方便摄食；适应不同人群生理及职业的需要。

营养强化食品适当强化某些营养素，促进身体健康，对美容也有一定的促进作用。

### （二）保健食品

保健食品是一类与人类健康密切相关的食品，具有特定的保健功能，对亚健康人群起着促进健康、增强机体免疫力的作用，因此保健食品是近20余年来新近发展的一类特殊食品。保健食品的属性并不都是食品，除具有食品的属性以外，还具有药物的属性，如有丸、丹、膏、散、片剂、口服液等不同剂型。我国的保健食品除以传统的食物为原料之外，还包含部分中药，其中有药食同源的中药和一些具有保健作用的草药。适当选用保健食品能增强机体免疫力，对健体美容也有很好的帮助。

# 第六章
# 肥胖与营养膳食

随着社会的发展，人们生活水平的不断提高及生活方式、行为方式的改变，肥胖已经成为一种非常普遍的社会现象。就目前采用的世界卫生组织（WHO）成人分类标准进行评价，肥胖呈全球流行的趋势也显而易见，且这种流行正在加速，已经对世界上大多数地区产生了巨大的影响。因此，对全民进行健康教育以促进建立健康的生活方式，改变不良的生活习惯，平衡膳食，对于防治肥胖非常有必要，而且刻不容缓。

## 第一节　肥胖症概述

肥胖症是指构成身体的组成成分中，脂肪蓄积过度，堆积过多和（或）分布异常，体重增加，超过标准体重20％的病理状态。近年研究表明，肥胖是由特定的生化因子引起的一系列进食调控和能量代谢紊乱，能量摄入多于消耗而以脂肪的形式储存于体内，引起体重超常而导致的一种慢性内分泌代谢性疾病，发病过程非常复杂。其中无明显内分泌代谢病病因可寻者称之为单纯性肥胖，占肥胖总数的95％以上，因此，一般所说的肥胖均指此类肥胖。

WHO近期所做的一些全球估计数字如下：

- 2016年，逾19亿18岁（含）以上成人超重，其中超过6.5亿人肥胖。
- 2016年，有39％的18岁及以上成人（男性39％，女性40％）超重。
- 总体而言，在2016年时全世界约有13％的成人（男性11％，女性15％）肥胖。
- 全球肥胖流行率在1975年和2016年之间增长近三倍。

2019年，估计有3820万名5岁以下儿童超重或肥胖。一度被视为高收入国家问题的超重和肥胖，如今在低收入和中等收入国家，尤其是在城市环境中呈上升发展趋势。自2000年以来，非洲5岁以下儿童的超重人数已增加近24％。2019年，5岁以下超重或肥胖的儿童中，近半数生活在亚洲。

2016年，超过3.4亿名5～19岁儿童和青少年超重或肥胖。

5-19岁儿童和青少年的超重和肥胖流行率从1975年的仅4％大幅上升到2016年的18％以上。男孩和女孩中的上升情况类似：在2016年，有18％的女孩和19％岁的男孩超重。

1975年时只有不足1％的5～19岁儿童和青少年出现肥胖，但在2016年超过1.24亿名儿童和青少年（6％为女孩和8％为男孩）存在肥胖情况。

在全世界，与超重和肥胖相关的死亡人数大于体重不足引起的死亡人数。全球的肥胖人数多于体重不足人数，每一个地区的情况都是这样，撒哈拉以南非洲和亚洲部分地区除外。

人体的形体构造，是人体美的重要体现形式。人的各部分比例关系和谐统一，均衡匀称，则可淋漓尽致地展示人体美的特殊魅力，肥胖则严重破坏了人体各部分和谐匀称的比例关系，曼妙的人体曲线因此扭曲变形，代之以臃肿的躯体和不灵活的动作、姿态，这样就难以给人以美感，体态的健美也无从谈起，从形式上给人体美直接带来缺陷。作为患者本人，也由于体形的改变，昔日的健美躯体变得如此令人难堪，往往会因此感到心情压抑、羞涩而又忧心忡忡、情绪焦躁等，这种心理上的压力会对和谐、愉快的心境产生不利影响，从而阻碍了内在美的表达，从另一方面也会给人体美造成不良后果。

形体美难以有一个统一的标准，"燕瘦环肥"各有其美，但总以胖瘦不过度、身体曲线优美为宜，过胖或过瘦，在多数人眼中都是无美感的。

肥胖不仅影响体形、美观，更重要的是增加了心脑血管疾病、糖尿病、高脂血症的发病率，还与骨性疾病、睡眠呼吸暂停综合征、胆囊疾病、不孕症以及肿瘤的发生有关，从而严重危害着人们的美容和身心健康。肥胖的发生虽然有较强的遗传易感性，但世界范围内肥胖的流行说明环境因素促进了这个问题的恶化，久坐少动的生活方式和高脂肪、高能量的饮食习惯，更易导致体重的增长。目前，肥胖已经取代营养不良和感染引起的疾病，成为危害人类健康的主要"杀手"。在欧美国家，医学上存在三大社会问题，即艾滋病、吸毒和酒癖，近年又增加了"肥胖"，成为第四个医学社会问题。

## 第二节　肥胖症的营养能量代谢

### 一、营养能量代谢

人体体积的大小、组成成分、年龄以及运动量决定了机体对能量的需求。总的能量消耗由休息时的消耗以及运动和产热引起的消耗组成。休息时的能耗称为基础代谢率，在成年人中约占总热量需求的2/3，主要由具有代谢活动的组织数量决定。各种组织对能量的需求以及它们用作"燃料"的代谢底物，均有很大的不同。"燃料"的利用模式及同化作用是由底物的可利用度、起调控作用的酶的活性及转运系统来决定的。这些因素均受体液的控制。

能量平衡理论分为脂调节、糖调节和温度调节理论，其中脂调节理论已得到广泛认可。脂调节理论认为血浆中存在着某种脂肪代谢产物，经血循环到达下丘脑，通过中枢神经系统来调节体内脂肪的储存量，达到能量平衡；糖调节理论认为血糖水平是能量平衡的主要调控指标；温度调节理论认为体温是中枢神经系统控制食物摄入的主要传入信号。

在机体中碳水化合物以糖原的形式储存起来，约75%储存在骨骼肌中，其余储存在肝脏中。脂肪则以甘油三酯的形式储存，通过脂肪分解可产生甘油和脂肪酸，甘油在肝脏中可通过糖异生作用转化为葡萄糖，而脂肪酸可以氧化供能或产生酮体供能。蛋白质或氨基酸没有特意的储存形式或途径，进入体内即被氧化或代谢为脂肪或碳水化合物以及用于合成其他蛋白质，其含氮成分通过合成作用而被基本消除。体内蛋白质缺乏达30%以上时，就会影响到生命，因此，蛋白质的摄入至少应与生理需要相平衡。

1. 能量代谢变化

肥胖患者的基础代谢率一般正常，部分患者偏低。同时大多数肥胖患者不喜欢活动，每日活动量少，所以人们往往认为肥胖者的能量代谢是低水平的。实际上，患者非脂肪组织的基础代谢率并不低于正常，迄今尚未发现肥胖患者的能量代谢与正常人的能量代谢之间有什么真正的差别。

2. 糖代谢变化

肥胖患者空腹血糖，餐后2h血糖及糖耐量曲线多无明显异常。部分患者空腹血糖正常，餐后2h正常或偏低，糖耐量曲线显示进食后0.5～1h血糖峰值偏高，而3、4h后出现反应性低血糖；另一部分患者空腹血糖升高，糖耐量呈糖尿病曲线形式，说明肥胖与糖尿病有一定的相关性。

3. 脂类代谢变化

肥胖患者存在脂类代谢紊乱、脂肪合成过多的现象，脂肪水解和脂肪分解氧化无明显异常。血浆甘油三酯、游离脂肪酸和胆固醇水平一般高于正常。

4. 蛋白质代谢变化

肥胖患者的蛋白质代谢基本正常。血浆蛋白和氨基酸含量均正常。与正常人比较，进食低热量膳食时，不容易出现负氮平衡，即蛋白质分解代谢率较低。

5. 水、盐代谢变化

肥胖患者的脂肪组织所占比例增大，其含水量远少于其他组织，因此全身所含水分比正常人少。少数肥胖患者短期内体重增加特别快，难以用摄入多余能量转变为脂肪来解释。

患者自觉脸、手、脚肿胀，下肢水肿，说明有水、钠潴留。这类肥胖患者在接受低热量饮食治疗时，最初几天体重下降特别快，而且幅度大，显然是利尿消肿的结果。

## 二、脂肪组织

### （一）脂肪的生理功能

脂肪组织是一种特殊的结缔组织，含有大量的脂肪细胞，密集的脂肪细胞在生命活动中起重要作用，脂肪组织的功能除作为能量来源、绝热和机械性保护作用之外，还有广泛的神经内分泌作用。

（二）脂肪细胞的数量与分布

正常人的脂肪细胞总数约为（$26.6 \times 10^9 \pm 1.8 \times 10^9$）个，皮下脂肪细胞的平均直径为 $67 \sim 98\mu m$，每一脂肪细胞的平均含脂量约为$0.6\mu g$，肥胖时的含脂量可增至$0.91 \sim 1.36\mu g$，直径可增至$127 \sim 134\mu m$。有些肥胖者脂肪细胞数可高达（$77.0 \times 10^9 \pm 13.5 \times 10^9$）个。

人体脂肪组织分布广泛，但有区域性。在正常情况下，绝大部分皮下层、网膜系膜、肾脏周围及骨髓等处有大量的脂肪沉积，习惯上称为"储存脂肪"。新生儿及幼儿的脂肪组织均匀连续地分布于皮下层，随年龄增加，在性激素及肾上腺皮质激素的调节下，分布有所变化，某些区域增厚，反映出男女体型上的特征。成年男性的颈部、第七颈椎背侧、三角肌及肱三头肌区、腰骶区及臀部皮下层特别发达；成年女性则在胸部、臀部及股前部更为丰富。有些深区域如大网膜、肠系膜、腹膜后的脂肪组织，则无性别的差异。在机体需要的情况下，这些部位的脂肪被氧化供能。另外，在大关节区、眼眶、手掌、脚掌等处的脂肪组织，主要起支持保护作用，一般情况下不被动用，仅在长期禁食时才会有所减少。

（三）脂肪细胞的分类

按照脂肪细胞的颜色，血管、神经分布及脂肪细胞的结构不同，可将脂肪细胞分为两型。

（1）白色脂肪细胞　因细胞中含有一个几乎与细胞等大的脂滴，又称单泡脂肪细胞，血管、神经不发达，因此呈白色，体内绝大部分脂肪细胞属此类。广泛分布于全身皮下及腹腔内。白色脂肪细胞内的脂肪有3种来源：①食物中的脂肪；②肝细胞内由葡萄糖合成的脂肪；③脂肪细胞自身用摄入的糖和氨基酸合成的脂肪。

（2）棕色脂肪细胞　细胞内含许多分散的小滴脂肪，又称多泡脂肪细胞，血管、神经较丰富，棕色是由于细胞间血管丰富、细胞内线粒体含量多和具有大量的细胞色素的缘故，人体内分布较少。人胚胎28周，棕色脂肪细胞即开始发育，至新生儿时占体重的$2\% \sim 5\%$，分布在颈背肩胛间区、腋窝、颈后三角、甲状腺附近、颈动脉鞘及肾门附近、自主神经节及嗜铬组织周围。出生后第一年开始减少，但男孩比女孩消退得慢，年老者有慢性消耗性疾病或长期饥饿时，棕色脂肪细胞又可以在上述区域中出现。这种脂肪细胞的主要功能是产热。棕色脂肪就像化学反应库，当冬眠动物苏醒或人出生后，可产生大量热量，使全身体温升高。棕色脂肪细胞直接受肾上腺素能交感神经控制。在寒冷的刺激下，神经末梢释放儿茶酚胺，使棕色脂肪细胞内发生脂解作用。

棕色脂肪组织在消瘦、正常和肥胖3类人群中的含量呈顺序递减。肥胖者由于棕色脂肪组织量少或功能障碍，致使产热这一有效的调节方式失灵，所以易引起能量过度蓄积，进而转化为脂肪积聚起来。

（四）脂肪组织的生长、增殖与调控

脂肪组织包括脂肪细胞、前脂肪细胞、微血管内皮细胞和细胞外基质成分。脂肪组织的生长调节是一个复杂的过程，包括饮食、内分泌以及神经和脂组织的自身调节。

脂肪组织的多少取决于脂肪细胞的平均体积和细胞数量，前脂肪细胞的分裂和分化使脂肪细胞数目增加，而前脂肪细胞和脂肪细胞的凋亡则使脂肪细胞数目减少。

前脂肪细胞亦称为脂肪前体细胞或脂肪细胞。出生后，脂肪组织的生长发育有两种方式：

（1）增生性生长　通过前脂肪细胞的有丝分裂使脂肪细胞数目增多。

（2）肥大性生长　由于脂肪在细胞内大量沉积而使细胞体积增大。

在人的青春期以前，脂肪细胞有上述两种生长方式，青春期以后，脂库的细胞数目稳定不变，倘若营养过剩，则出现肥大性增生。研究表明，脂肪细胞增加在人的一生中只有3次。

（1）胎儿期　在妊娠30周至出生前。

（2）婴儿期　为出生后到1岁末，也有可能超过1年以上。

这两期由于脂肪细胞有一很活跃的增殖期，所以很容易因母体或婴儿营养过度而致脂肪细胞数目过多，故称为"敏感期"。

（3）青春期　敏感程度不如上述两期。

控制脂肪组织代谢的较高级中枢是下丘脑。肥胖是由于脂肪组织内过量脂肪堆积而引起的疾病，按脂肪细胞的状态，可将肥胖分为肥大性和肥大增殖性两类。前者见于成年人，以脂肪细胞增大为主要表现，而细胞数目不变；后者多见于成年之前，除细胞增大外，细胞数目也增多。

### （五）脂肪组织的激素调节

生脂与解脂作用受神经体液调节，与脂肪代谢有关的激素可归纳为生脂激素和解脂激素两类。这两类激素都能与脂肪细胞膜上的激素特异性受体相结合而发挥作用。

（1）生脂激素的调节　胰岛素是控制脂肪组织摄取和利用葡萄糖及从糖合成脂肪的主要生脂激素。胰岛素有促进生脂的作用，且有很强的抗脂解作用。此外，胰岛素尚能促进血糖进入脂肪细胞代谢，增加3-磷酸甘油的合成，有利于脂肪酸的重新酯化，也能减少脂肪酸释放到血浆中。

（2）解脂激素的调节　儿茶酚胺、前列腺素、生长激素、甲状腺素、促肾上腺素、促肾上腺皮质激素、高血糖素等都属于解脂激素。它们作用于脂肪组织，通过第二信使cAMP使激素敏感性脂肪酶磷酸化而激活，加强脂肪水解并促进脂肪动员。

不同动物中各种激素的作用存在着物种特异性，人体脂肪细胞在肾上腺素、去甲肾上腺素、促肾上腺皮质激素及生长激素的作用下，有促进脂肪动员的作用。不同部位、不同大小的脂肪细胞对激素的敏感性也不一致。脂肪组织在人体内的分布有性别差异，雌性激素影响女性脂肪组织的特殊分布，这是由于不同部位的脂肪细胞对性激素的敏感性不同，也可能是受体的数目不同所致。

## （六）脂肪组织中的脂肪代谢

脂肪组织是体内储存脂肪的主要部位，脂肪细胞的容积可随储脂量的不同而改变，最大储脂量可比正常储脂量高4～5倍。脂肪储存有两种形式，一方面外源性脂肪通过血浆转运，以游离脂肪的形式进入脂肪细胞，再合成脂肪而储存；另一方面，肝脏合成的内源性脂肪也通过血浆转运入脂肪细胞储存。脂肪的摄取和合成首先受到脂蛋白酯酶（LPL）的作用，然后在脂肪细胞内进行酯化。

脂肪组织中储存的大量脂肪能及时水解而以游离脂肪酸的形式经血浆转运到各组织被氧化利用，这就是脂肪动员，亦称脂解作用。血浆甘油三酯也有一部分直接被各组织利用进行氧化。在体外，脂肪组织在含有清蛋白的介质中保温时，就可观察到游离脂肪酸释放的现象。脂解作用是由脂肪细胞中多种脂肪酶依次作用而完成的。

# 第三节　肥胖症

肥胖症是指进食热量多于人体消耗量，导致体内脂肪积聚过多和分布异常，引起体重增加而造成的一种内分泌代谢性疾病。

## 一、肥胖症的病因

肥胖的病因尚未完全明了，临床和实验研究发现与下列因素有关。

### 1. 遗传

以往研究发现肥胖动物有单基因和多基因缺陷。人类的流行病学也表明单纯性肥胖可呈一定的家族性发生特点，但其遗传基础未明。自1994年研究者利用突变基因定位克隆技术，克隆了大鼠和人的*ob*基因，其表达产物瘦素（leptin）成为研究热点。

### 2. 中枢神经系统

中枢神经系统可调节食欲，调控营养物质的消耗和吸收。目前，普遍认为食欲调节中枢位于下丘脑。对下丘脑内侧区和外侧区运用脑区损伤或清除脑区神经通路的方法，研究证实内侧区的弓状核（ARC）、腹内侧核（VMH）、背内侧区（DMN）、室旁核（PVN）、视交叉上核（SCN）和下丘脑外侧区（LHA）皆可影响摄食行为，推断这些脑区存在饮食调节通路。

### 3. 内分泌系统

肥胖患者或肥胖啮齿动物（不论遗传性或损伤下丘脑）均可见血液中胰岛素升高，提示高胰岛素血症可引起多食形成肥胖。一些神经肽和激素（包括缩胆囊素、生长抑素、抑胃肽内啡肽、神经肽Y、儿茶酚胺等）参与了对进食的调控。肥胖症以女性为多，尤其是经产孕、绝经期后或长期口服避孕药者，提示可能与雌性激素有关。

### 4. 代谢因素

推测肥胖患者和非肥胖患者之间存在着代谢差异。例如，肥胖患者摄入的营养物质较易进入脂肪生成途径，脂肪组织从营养物质中提取能量的效应加强，使甘油三酯的合成和储存增加，且储存的甘油三酯动员受阻，肥胖患者与非肥胖患者的基础代谢率由饮食引起的生热作用并无显著差异，对肥胖患者因代谢缺陷引起的能量利用和储存效应增加则需进一步加以研究考证。

5. 其他

肥胖还与营养因素有关，肥胖与棕色脂肪功能异常有关，近来发现的$\beta_3$肾上腺素能受体（$\beta_3$AR）基因变异也与肥胖有关，$\beta_3$AR主要在棕色脂肪中表达，通过其生热和促进脂肪分解作用参与能量平衡和脂肪储存的调节。线粒体解偶联蛋白（UCP）亦与肥胖有关。另有一种观点认为，每个人的脂肪含量、体重受一定的固定系统调节，这种调节水平称为"调定点"。

## 二、肥胖症的诊断

肥胖的标准是人为制定的，用来衡量肥胖的标准很多，体内脂肪含量的测定是诊断肥胖的确切方法。按体内脂肪的百分率计算，如果男性＞25%、女性＞30%，可诊断为肥胖。临床上常用的判断方法有如下几种。

### （一）体重指数（BMI）

$$BMI=体重/身高^2（kg/m^2）$$

除了肌肉发达的人、水肿患者、老人或儿童以外，对所有人群都可应用，优点为简便、实用，缺点是不能反映局部体脂的分布特征。

目前临床上广泛采用BMI和腰臀比（WHR）作为肥胖程度和脂肪分布类型的指标。

1999年WHO对成人BMI的划分见表6-1，此标准是根据西方正常人群的数据制定的，亚大地区肥胖和超重明显低于WHO标准。中国（表6-2）与亚太地区其他国家（表6-3）相比也有所不同。

表6-1　WHO对成人BMI的划分

| 分类 | BMI/（kg/m$^2$） | 相关病的危险性 |
| --- | --- | --- |
| 体重过低 | ＜18.5 | 低（但其他临床问题增加） |
| 正常范围 | 18.5～24.9 | 在平均范围 |
| 超重 | ≥25 | |
| 肥胖前期 | 25～29.9 | 增加 |
| Ⅰ度肥胖 | 30～34.9 | 中度严重 |
| Ⅱ度肥胖 | 35～39.9 | 严重 |
| Ⅲ度肥胖 | ≥40 | 极严重 |

表6-2　中国成人超重和肥胖的BMI和腰围界限值与相关疾病的关系

| 分类 | BMI/（kg/m²） | 相关疾病的发病危险（按腰围计：cm） | | |
|---|---|---|---|---|
| | | 男：< 85<br>女：< 80 | 男：85 ~ 95<br>女：80 ~ 90 | 男：≥ 95<br>女：≥ 90 |
| 体重过低 | < 18.5 | — | — | — |
| 体重正常 | 18.5 ~ 23.9 | — | 增加 | 高 |
| 超重 | 24.0 ~ 27.9 | 增加 | 高 | 极高 |
| 肥胖 | ≥ 28 | 高 | 极高 | 极高 |

注：—表示无超重和肥胖相关疾病的发病危险（按腰围计）。

表6-3　亚洲成人在不同BMI和腰围水平时的相关疾病发病危险性

| 分类 | BMI/（kg/m²） | 相关疾病的发病危险性（按腰围计 /cm） | |
|---|---|---|---|
| | | 男：< 90<br>女：< 80 | 男：≥ 90<br>女：≥ 80 |
| 体重过低 | < 18.5 | 低（但其他疾病危险性增加） | 平均水平 |
| 正常范围 | 18.5 ~ 22.9 | 平均水平 | 增高 |
| 超重 | ≥ 23.0 | | |
| 肥胖前期 | 23 ~ 24.9 | 增加 | 中度增加 |
| Ⅰ度肥胖 | 25 ~ 29.9 | 中度增加 | 严重增加 |
| Ⅱ度肥胖 | ≥ 30 | 严重增加 | 非常严重增加 |

（二）腰围（WC）、腰臀比（WHR）

临床研究已经证实，中心性（内脏型）肥胖对人类健康具有更大的危险性。腹部肥胖常用WHR测量，WHO建议男性WHR>0.9、女性WHR>0.8为中心性肥胖。WHR是表示腹部脂肪积聚的良好指标。

最近WHO认为，与WHR相比，WC更能反映腹部肥胖。WHO建议欧洲人群男性和女性腹部肥胖标准分别为94和80cm；亚洲人群以男性腰围90cm，女性80cm作为临界值。中国成人若男性腰围≥85cm、女性腰围≥80cm，则可以作为腹型肥胖的诊断标准。以腰围评估肥胖非常重要，即使体重没变，腰围的降低也可以显著降低相关疾病的危险性。

WHO推荐的测量腰围和臀围的方法为：

（1）腰围　受试者取站立位，双足分开25 ~ 30cm以使体重均匀分布，在肋骨最下缘和髂骨上缘之间的中心水平，于平稳呼吸时测量。

（2）臀围　在臀部（骨盆）最突出部测量周径。

（三）标准体重与肥胖度

$$标准体重（kg）＝身高（cm）–105 \qquad 或$$

$$标准体重（kg）＝［身高（cm）–100］×0.9（男性）或0.85（女性）$$

$$肥胖度＝[（实测体重-标准体重）/标准体重] \times 100\%$$

体重超标的分度：±10%为正常范围，>10%为超重，>20%为肥胖，20%~30%为轻度肥胖，30%~50%为中度肥胖，>50%为重度肥胖，>100%为病态肥胖。

（四）肥胖症局部脂肪蓄积的测定

1. 皮肤皱襞测定法

（1）测定方法 用拇指及食指捏起皮肤皱襞，注意不要把肌肉捏起来，然后用卡钳尽可能地靠近拇指、食指二指处（约距离1.27cm），卡钳夹住皮肤皱襞2~3秒后，读出指针毫米数，每个部位重复测量2次，2次读数误差不得>0.05。

常选用测量部位：左上臂肱三头肌肌腹后缘部位，其次为肩胛下角下方，左腹部脐旁5cm。

（2）正常值 不同位置厚度见表6-4、表6-5。

表6-4　正常人肱三头肌皮肤皱襞厚度上限值

| 年龄/岁 | 上限值/mm | | 年龄/岁 | 上限值/mm | | 年龄/岁 | 上限值/mm | |
| --- | --- | --- | --- | --- | --- | --- | --- | --- |
| | 男 | 女 | | 男 | 女 | | 男 | 女 |
| 初生 | 10 | 10 | 9 | 13 | 18 | 21 | 17 | 28 |
| 3个月 | 11 | 11 | 10 | 15 | 19 | 22 | 18 | 28 |
| 6个月 | 14 | 14 | 11 | 17 | 20 | 23 | 18 | 28 |
| 9个月 | 15 | 15 | 12 | 18 | 21 | 24 | 19 | 28 |
| 1 | 15 | 16 | 13 | 18 | 21 | 25 | 20 | 29 |
| 2 | 14 | 15 | 14 | 17 | 21 | 26 | 20 | 29 |
| 3 | 13 | 14.5 | 15 | 15 | 23 | 27 | 21 | 29 |
| 4 | 12.5 | 14 | 16 | 14.5 | 24 | 28 | 22 | 29 |
| 5 | 12 | 14 | 17 | 15 | 24 | 29 | 22 | 29 |
| 6 | 12 | 14 | 18 | 16 | 25 | 30 | 23 | 30 |
| 7 | 12 | 15 | 19 | 17 | 27 | | | |
| 8 | 12.5 | 16 | 20 | 17 | 28 | | | |

表6-5　肩胛下角下部皮肤皱襞厚度平均值（正常）

| 年龄/岁 | 皮肤皱襞厚度/mm | | 年龄/岁 | 皮肤皱襞厚度/mm | |
| --- | --- | --- | --- | --- | --- |
| | 男 | 女 | | 男 | 女 |
| 0 | 6.5 | 7 | 41 | 16.3 | 17.0 |
| 6 | 5.5 | 7 | 46 | 17.3 | 20.8 |
| 11 | 7.5 | 9 | 51 | 17.3 | 21.0 |
| 16 | 9 | 12 | 56 | 18.8 | 22.5 |
| 21 | 12.1 | 13.2 | 61 | 16.8 | 22.4 |
| 26 | 12.4 | 13.2 | 66 | 14.5 | 20.9 |

2. 心包膜脂肪厚度

B超法，测定位点有6个。A点：主动脉根部水平；B点：二尖瓣口水平；C点：心尖四腔切面，测量右室心尖部；D点：右室心尖右侧1.5cm处；E点：左室心尖部；F点：左室心尖部左侧1.5cm处。

3. 脂肪肝测定

B超法。

## 三、肥胖症的分类

根据病因一般分为单纯性肥胖和继发性肥胖两类。

（一）单纯性肥胖

肥胖是临床上的主要表现，无明显神经、内分泌代谢疾病病因可寻，但伴有脂肪、糖代谢调节过程障碍。此类肥胖最为常见。

1. 体质性肥胖（幼年起病型肥胖）

此类肥胖有下列特点：①有肥胖家族史；②自幼肥胖，一般从出生后半岁左右起由于营养过剩而肥胖，直至成年；③呈全身性分布，脂肪细胞呈增生肥大。据报道，0～13岁时超重者，到31岁时有42%的女性及18%的男性成为肥胖患者。在胎儿期第30周至出生后1岁半，脂肪细胞有一极为活跃的增殖期，称"敏感期"。在此期如营养过度，就可导致脂肪细胞增多。故儿童特别是10岁以内者，保持正常体重甚为重要。

2. 营养性肥胖（成年起病型肥胖）

此类肥胖亦称获得性（外源性）肥胖，特点为：①起病于20～25岁，由于营养过度而引起肥胖；或由于体力活动过少而引起肥胖；或因某种原因需较长期卧床休息、热量消耗少引起肥胖；②脂肪细胞单纯肥大而无明显增生；③饮食控制和运动疗效较好，胰岛素的敏感性经治疗可恢复正常。体质性肥胖，也可再发生获得性肥胖，而成为混合型。

以上两种肥胖，统称为单纯性肥胖，特别是城市中20～30岁妇女中多见，中年以后男、女也有自发性肥胖倾向，绝经期妇女更易发生。

（二）继发性肥胖

继发于神经内分泌代谢紊乱基础上，也可由外伤或服用某些药物所引起的肥胖，约占肥胖患者总数的5%，肥胖仅仅是患者出现的一种临床症状表现，仔细检查就可以发现患者除了肥胖症状之外，还有其他系统的临床表现。治疗应以处理原发病为目标，如下丘脑病、垂体病、甲状腺功能减退症、性腺功能减退症等疾病。

## 四、肥胖症的临床表现

肥胖可见于任何年龄，以40～50岁为多，60～70岁以上亦不少见。男性脂肪的分布以颈部、躯干及腹部为主，四肢较少，女性则以腹部、腹以下臀部、胸部及四肢为主。

新生儿体重超过3.5kg，特别是母亲患有糖尿病的超重新生儿可认为是肥胖病的先兆。儿童生长发育期营养过度，可出现儿童肥胖症。生育期中年妇女经2～3次妊娠及哺乳后，可有不同程度的肥胖。男性40岁以后、妇女绝经期后，往往体重增加，出现不同程度的肥胖。

一般表现：体重超过标准10%～20%，一般没有自觉症状。而由于水肿致体重增加者，增加10%即有脸部肿胀、两手握拳困难、下肢沉重感等自觉症状。体重超过标准30%以上时可表现出一系列临床症状。中、重度肥胖者上楼时感觉气促，体力劳动时易疲劳，怕热多汗、呼吸短促，出现下肢轻重不等的水肿。有些患者的日常生活如弯腰、提鞋、穿袜等均感困难，特别是饱餐后，腹部膨胀，不能弯腰前屈。负重关节易出现退行性变，可有酸痛。脊柱长期负荷过重，可发生增生性脊椎骨关节炎，表现为腰痛及腿痛。皮肤可有紫纹，分布于臀部外侧、大腿内侧及下腹部，库欣综合征的紫纹细小，呈淡红色。由于多汗，皮肤出现褶皱糜烂、皮炎及皮癣。随着肥胖加重，行动困难，动则气促、乏力。因此，长时期取坐卧位不动，甚至嗜睡酣眠，更促使肥胖发展。空腹及餐后高胰岛素血症，比正常人约高出一倍。食欲持续旺盛，易饥多食，多便秘、腹胀，好吃零食、糖果、糕点及甜食。严重肥胖患者常出现睡眠呼吸暂停综合征等并发症。

# 第四节　肥胖症的营养膳食

肥胖是一种疾病，不是一种状态或健康的标志，并且影响着人的健康与长寿，单纯性肥胖主要是由于营养膳食失衡，造成营养过剩（某些营养素）导致的营养代谢紊乱。

肥胖与营养膳食是密不可分的。肥胖除因遗传、内分泌失调、器质性疾病所致外，大多数与饮食不当有着密不可分的关系。当通过饮食摄入热量过多，超过人体活动所需要消耗的能量时，多余的能量将转化体内脂肪，储存在脂肪细胞内，使脂肪细胞肥大，逐渐导致发胖。如果每日摄入的热量比需要量多336kJ（80.30kcal），那么一年之后就能增加3kg脂肪。所以，要防止肥胖，就要限制每日摄入的总热量。合理、适当地控制饮食是必要的，要减少热能的摄入，就要特别注意控制高糖和高脂肪食物的摄入。

## 一、营养膳食总原则

营养膳食治疗总原则是保持"三大平衡"原则，控制减肥速度。"三大平衡"原则是指能量平衡原则、营养平衡原则与食量平衡原则。

以低热能饮食治疗，最好在平衡膳食的基础上控制热能摄入，并同时多活动，消耗体脂，从而达到减轻体重的目的。

单纯性肥胖患者由于长期的热能摄入超标，摄入量大于消耗量，造成脂肪在体内皮下和各脏器的堆积，特别是腹腔脂肪集聚于肠系膜、大网膜和肾周围形成大脂肪库，在治疗上必须持之以恒地改变原有的生活方式和饮食习惯，使摄入的能量与消耗的能量达到均衡。控制能量摄入和增加能量消耗两个步骤一定要同时并长期地进行，在治疗过程中必须耐心而不可急于求成。特别是从婴儿、青少年时期开始，肥胖者要彻底改变原有生活方式与饮食习惯，以坚强的毅力控制饮食，采取少吃高热能食物和增加体力活动的多种综合措施，不然效果易半途而废或不见疗效。

对伴有精神情绪问题的肥胖者，更需要注意治疗的实质所在，有针对性地做好思想疏导工作，切实改变原有的心理状态，使进行的有关治疗措施能取得疗效。

## 二、营养干预要求

### （一）调整能量平衡

减轻体重要控制饮食以保证能量负平衡，维持体重则要调整饮食以保证能量平衡。肥胖患者开始减肥时需要把超出的体重减下来，饮食供热量要低于机体实际耗热量，那么，必须控制饮食（如供应低热量饮食）以保证能量负平衡，促使机体内长期摄入超标的热能被代谢掉，直至体重恢复到正常水平。然后再调整饮食使热能摄入与消耗达到平衡，并维持好这种平衡。供给热能的具体数值，则应依据肥胖患者的具体情况全面考虑。

1. 膳食供热能应酌情合理控制

（1）供应低能膳食以保证热能的负平衡，促进长期入超的热能被代谢利用、消耗，直至体重逐渐恢复正常水平。

（2）制定供热能的具体合理数值应注意：调查询问患者治疗前长期日常膳食的能量水平，判断其肥胖是处于稳定还是上升状态；儿童要根据其生长发育的需要制定，老年人应检查是否有并发症等。

（3）对热能的控制一定要循序渐进，逐步降低，不宜过急，适度为止。

（4）成年轻度肥胖者，每月稳定减肥0.5～1.0kg，即每日负热能525～1050kJ（125.48～250.95kcal）；中度以上肥胖者常食欲亢进又有贪食高热能食物的习惯，必须加大负热能值，每周减肥0.5～1.0kg，每日负热能2310～4620kJ（552.09～1104.18kcal），但不要过低。

（5）限制膳食供热能，必须在营养膳食平衡的情况下进行，绝不能扩大对一切营养素的限制，以免低能膳食变为不利于健康的不平衡营养膳食或低营养膳食。

（6）配合适当的体力活动，增加能量的消耗。对处于生长发育阶段而又追求形体美的青少年，应以强化日常体育锻炼为主，无须苛求大量节食，以免导致神经性厌食的发生；对孕妇而言，为保持胎位正常，应以合理控制能量为主，不宜提倡体力活动。

2. 对低分子糖、饱和脂肪酸和乙醇严加限制

（1）低分子糖消化吸收快，过多食入低分子糖类食品，易造成机体丧失重要微量元素。

（2）过分贪食含有大量饱和脂肪酸的脂肪类食品，是导致肥胖、高脂血症、动脉粥样硬化和心肌梗死等疾病的重要危险因素。若又贪食低分子糖类食品，其危险程度则更大。

（3）乙醇（包括各种酒），亦是供能物质，可诱发机体糖原异生障碍而导致体内生成的酮体增多。长期饮用酒精饮料，血浆甘油三酯就会持续地升高，酒会影响脂代谢，

如膳食中含较多脂肪，则脂肪的不良影响将更显著；酒还具有诱发肝脂肪变性的明显作用，由此又可影响机体对胰岛素的摄取与利用，导致C肽/胰岛素比值下降，即高分泌低消耗，导致糖耐量减低。

低分子糖类食品，如蔗糖、麦芽糖、糖果、蜜饯等；饱和脂肪酸类食品，如猪、牛、羊等动物肥肉，油脂，椰子油，可可油等，以及许多酒精饮料，均是能量密度高而营养成分少的食品，只提供单纯的热能，应尽量少食或不食。

3. 中度以上肥胖者膳食的热能分配

适当降低碳水化合物比值，提高蛋白质比值，脂肪比值控制在正常要求的上限。

（1）膳食热能主要来自碳水化合物、脂肪和蛋白质三大产能营养素。日常由碳水化合物提供的热能占人体需要总热能的55%~70%时较为理想，过多则易在体内转变为脂肪。为了防止酮体的出现和负氮平衡的加重，维护神经系统正常能量代谢的需要，对碳水化合物不可过于苛刻地限制，因此，既要降低比值又不可过分，以占总热能的40%~55%或45%~60%较适宜。

（2）为维护机体的正常氮平衡，必须保证膳食中有正常量的优质食物蛋白质的供给。对于中度以上的肥胖者，其食物蛋白质的供给量以控制在占机体所需总热能的20%~30%为适宜，即每供能4180kJ（1000kcal）中供给蛋白质50~75g。一般蛋白质供给量应充足，占总热能比值的15%~20%，优质蛋白质来源于肉、蛋、鱼、乳类及豆制品，而过多的蛋白质必然会增加脂肪的摄入，从而易使热能摄入增加。

（3）在限制碳水化合物供给的情况下，过多脂肪的摄入会引起酮体的产生，脂肪摄入量必须降低，原因是脂肪产热能为碳水化合物、蛋白质的1倍多，因此，膳食脂肪所供热能应占总热能的20%~30%，不宜超30%，除限制肉、蛋、鱼、乳类及豆制品等所含脂肪的摄入外，还要限制烹调油的用量，控制用量为10~20g/d。至于胆固醇的供给量，通常以≤300mg/（d·人）较理想。

（二）保证营养膳食平衡

饮食选择不能只考虑热能平衡问题，还必须考虑各种营养成分供应的平衡。保证营养膳食平衡就是要保持三大营养素（蛋白质、脂肪与糖类）、膳食纤维、矿物质与维生素等搭配比例的平衡，以满足人体的生理需要。

1. 保持脂肪、糖类和蛋白质三大营养素的平衡

由于脂肪具有很高的热能，饮食脂肪易导致机体热能摄入超标。尤其在限制糖类供给的情况下，过多的脂肪摄入还会引起酮症，这就要求在限制饮食热能供给的同时，必须对饮食脂肪的供给量加以限制。此外，因饮食脂肪具有较强的致饱腻作用，能使食欲下降。为使饮食含热能较低而耐饿性较强，则又不应对饮食脂肪限制得过于苛刻。所以，肥胖者饮食脂肪的供热能以控制在占饮食总热能的25%~30%为宜，任何过高或过低的脂肪供给都是不可取的。至于饮食胆固醇的供给量则与正常要求相同，通常以≤300mg/（d·人）为宜。

糖类物质含热量高，饱腹感低，且可增加食欲，一直是减肥饮食中限制摄入的对象，但是也不能过度地限制人体对糖类物质的摄取。国外曾经流行过多种高脂肪低糖类饮食。尽管肥胖者在采用这些低糖饮食的初期，均可使体重明显下降，但这只是一种假象，是由早期酮症所引起的大量水、盐从尿中排出造成的结果。这不仅不能达到减肥的预期目的，而且还会导致高脂血症与动脉硬化的发生与发展；同时由于机体水分和电解质的过多丢失，可导致体位性低血压、疲乏、肌无力和心律失常；还可因酮症发展与肌肉组织损耗导致体内尿酸滞留，从而引起高尿酸血症、痛风、骨质疏松症或肾结石；此外，由于整个代谢性内环境的严重紊乱，导致肾脏和大脑受到损伤，使整个机体受到损害，尤其可使肾病患者的肾代谢功能进一步失调，甚至导致死亡，必须引起注意。一般糖类的摄入量（以热量计）不得低于饮食总热量的30%。

减肥饮食中常常要提高蛋白质的比例，但是蛋白质也不能过度食用。肥胖是热能摄入超标的结果，那么任何过多的热能，无论来自何种能源食物，都可能引起肥胖，食物蛋白自然也不例外。同时，在严格限制饮食热能供给的情况下，蛋白质的营养过度还会导致肝、肾功能不可逆的损伤，这就决定了在低能饮食中蛋白质的供给量亦不可过高。因此，对于采用低能量饮食的中度以上肥胖者，其食物蛋白的供给量应控制在占饮食总热能的20%～30%为宜，即4180kJ（1000kcal）/d热能供给中含蛋白质50～75g。应选用高生物价蛋白质，如牛乳、鱼、鸡、鸡蛋清、瘦肉等。

2. 保持其他营养膳食的平衡

人体所需要的营养成分很多，除蛋白质、脂肪和糖类外，还有多种氨基酸、维生素、矿物质等。因此，人们摄食时，必须注意食品的合理搭配，保持各种营养素的平衡。

含维生素、无机盐、膳食纤维及水分最丰富的是蔬菜（尤其是绿叶菜）和水果，要求饮食中必须有足够的新鲜蔬菜和水果，这些食物均属于低能食物，又有充饥作用。

食物必须大众化、多样化，切忌偏食，只要饮食能量低、营养膳食平衡，即使是任何普通膳食均是良好的减肥膳食，关于色、香、味、形的选择与调配，应符合具体对象的具体爱好。

（三）保持食量平衡

保持食量平衡就是一日三餐吃什么、吃多少，都要有具体的计划，不饥一餐饱一餐，做到食量平衡。保持食量平衡就可达到健康减肥的目的。

在营养和总热量供应相同时，由于饮食方法不同，产生的减肥效果也是不同的。此外，饮食方法不科学会对人体的消化吸收功能产生不良影响。一般饮食热能在一日三餐中的分配比例如下：早餐热能占全日总热能的25%～30%；午餐热能占全日总热能的40%～45%；晚餐热能占全日总热能的30%～35%。

（四）控制减肥速度

饮食减肥不能过快过猛。成人肥胖患者需要减肥，控制饮食一般从减少每日热能需要量的10%开始，逐渐减少到30%，直至减少到50%。能量减少的速度和程度要根据肥胖程度来决定。一般轻度肥胖者不要过分严格限制饮食，平时食量大者，开始可以减少150～250g/d；而食量小者可以减少100～150g/d，以后可根据体重变化和身体反应再进行调整。每日摄入总热量应控制在：男性6300～7560kJ（1505.7～1806.8kcal）/d，女性5040～6300kJ（1204.5～1505.7kcal）/d，热负平衡为2700 kJ（645.3kcal）/d左右。减肥速度不宜太快，一般以每月减少体重2～3kg为宜。

（五）烹调方法

要求以汆、煮、蒸、炖、拌、卤等少油的烹调方法来制作菜肴，目的是减少用油量，另外为防止过多的水潴留于体内，应限制食盐用量。

根据肥胖程度，每日热能摄入减少2093～4186kJ（500～1000kcal），若折合为食物量，则每日减少主食为100～200g/d，烹调油15～30g/d；或主食为50～100g/d，瘦肉50～100g/d，花生、瓜子等50～100g/d。

（六）养成良好的饮食习惯

（1）一日三餐，定时定量，定期测量体重，按体重调整饮食。不宜一日两餐进食，常易产生饥饿感，导致进食量更大而超量。晚餐不宜过多、过饱，以免促进体内脂肪的合成，不利于减肥，同时血脂易沉积于血管上。

（2）少食或不食零食、甜食和甜饮料，因多数零食含热能较高，如每100g花生、核桃、瓜子、巧克力约可产生热能2093kJ（500kcal），等于食进150g的主食。

（3）进食要细嚼慢咽，这样能使食物变细小，与富含淀粉酶的唾液充分混合，有助于食物的消化吸收，特别是可延长用餐时间，产生饱腹感。

（4）对食欲亢进、易饥饿者或预防过食主食时，先吃些低热能的菜肴，如黄瓜、番茄、拌菠菜、炒豆芽、炒芹菜等，先充饥而少食主食。

（5）购物要有计划，依事先拟好的购物单购物。拟定购物单最好在饭后进行，不要受诱惑或一时冲动购物。

（6）避免购买速食品，包括方便面、速冻饺子、元宵、半成品，而应选择烹调费时费力的食品。因为烹调费时容易使人养成珍惜烹调好的食品及细嚼慢咽的良好习惯。

（7）食品要存放在不易看到的地方，要有固定位置而不易取拿。防止糖果、点心放在显眼、随手可得的地方，水果也不应放在桌上，使肥胖者从"想吃"到"吃"的过程中可以想一想，有一段从取到吃的缓冲时间，就有可能打消吃的念头。

（8）食欲好、进食速度快者，勿用盘、大碗盛菜饭，应改用小号的碗，每次盛的量要少。

（9）防止边吃边看电视、边听音乐或边看书等。

## 三、饮食减肥的误区

在饮食减肥中有以下几种常见误区，应注意纠正，以便更好更科学地减肥。

①长时间不进食：不进食的时间不应超过4h。如果长时间不吃东西，身体将释放更多胰岛素使人很快产生饥饿感，最终忘掉饮食禁忌，暴饮暴食，反而越胖。

②不吃糖类：许多人认为不吃糖类是一种行之有效的减肥好方法。当然不吃糖类能很快减轻体重，但失去的是水分而不是脂肪。专家建议每日可以摄取适量的糖类。

③生吃东西：不仅不能帮助减轻体重，而且容易中毒。少吃生食，多吃熟食。

④喝很多咖啡：许多人每天都喝咖啡，并以此来抵制其他食物的诱惑。这样虽然能够欺骗自己的胃，甚至可能慢慢导致胃炎。因此，最好不要以咖啡来减肥，而是喝水或减肥饮料。

⑤嚼口香糖：有些人会因嚼口香糖失去胃口，从而达到节食减肥的目的，但也有人会因此分泌更多的胃液，导致产生饥饿感觉，长期胃液过多还会造成溃疡，而且嚼太多口香糖容易使人下颌疲劳。

⑥不吃盐：为减肥不吃盐的做法是错误的，人体每天必须摄取一定量的盐分，以维持身体的代谢平衡，当然盐也不应多吃。

⑦吃很多水果：吃水果固然能够起到减肥的效果，但是水果中同样含有糖分，长期多吃也可引起肥胖。

## 四、不同人群肥胖症的预防

预防肥胖比治疗更易奏效，更有意义。最根本的预防措施是适当控制进食量，自觉避免高碳水化合物、高脂饮食，经常进行体力活动和锻炼，并持之以恒。

从妊娠中期胎儿至幼儿期5岁以前，是人的一生中机体生长最旺盛的时期，这一时期的热能摄入过多，将会促使全身各种组织细胞，包括脂肪细胞的增生肥大，为终身打下"脂库"增大的解剖学基础。因此，预防工作就应从此时开始。其重点是纠正传统的婴儿越胖越好的错误观念，切实掌握好热能摄入与消耗的平衡，勿使热能过剩，对哺乳期婴儿来说，必须提倡母乳喂养；待孩子稍大一点，就应培养其爱活动、不吃零食、不暴饮暴食等正确良好的生活饮食习惯。中年以后，由于每日的热能需要随着年龄的增长而递减。若与青年时期相比，40~49岁者减少5%，50~59岁者减少10%，60~69岁者减少20%，70岁以上者则减少30%。因此，必须及时调整其日常的饮食与作息，切实按照祖国医学所提倡的体欲常劳、食欲减少、劳勿过极、少勿至饥的原则去妥善安排。此外，人们在青春发育期、病后恢复期、妇女产后和绝经期等，以及在每年的冬、春季节和每天的夜晚，其体脂往往也较易于引起积聚。所以，在这些时期，都必须根据具体情况，有针对性地对体力活动和饮食摄入量进行相应的调整，以免体内有过剩的热能积聚。

应对孕妇加强营养教育，使其适当进行体育活动，不单纯为控制体重而限制饮食。孕妇每日至少应摄入约125KJ(30kcal)/kg（bw）的热能，方可合理利用摄入的蛋白质。正常孕妇在妊娠全过程中体重增加在11kg左右最为理想，产科并发症最低。妊娠初3个月仅增加0.35~0.4kg；妊娠4~6个月间所增体重，主要为孕妇部分；妊娠7~9个月间所增体重主要为胎儿部分。在11kg中约10%为脂肪。如孕期体重增加过多，可致胎儿及母亲肥胖。生后6周~6个月小儿体重增长速度可作为学龄期是否肥胖的预测指标之一。文献报道，出生3个月内体重增加3kg以上的婴儿，5~15岁时将显著肥胖。生后母乳喂养，适当推迟添加固体辅食时间（通常生后4个月内不加）均有助于预防婴儿发胖。应进一步加强营养卫生知识的宣传教育，使学龄前儿童建立平衡饮食的良好饮食习惯。

## 第五节　常见减肥食品

具有减肥作用的食物应具备低脂肪、高膳食纤维、含丰富的矿物质和维生素的特点，这样的食物本身热量低，所以有利于减肥，保持正常的体重。

### 一、杂粮中的减肥食品

五谷杂粮的选择在减肥瘦身饮食中占有重要地位，中国人目前的饮食结构仍以主食为主，因此控制主食的热量显得比较重要。选择性地进食优质蛋白质含量高、碳水化合物相对含量低、低脂肪、符合减肥瘦身食品的主食是十分必要的。主要有玉米、荞麦、燕麦、麦麸、大豆、绿豆、赤小豆等。

1. 玉米

玉米中所含丰富的钙、镁、硒及磷脂酰胆碱、亚麻油、维生素E、维生素A等，均具有降低血脂和胆固醇的作用。玉米提取的玉米油是一种富含不饱和脂肪酸的油脂，具有抑制胆固醇吸收的作用，维生素E含量很高，可辅助降脂、降压、软化血管。而且玉米中膳食纤维含量高达15g/100g，是减肥瘦身的一种良好食物。

2. 荞麦

荞麦含有丰富的蛋白质、矿物质、维生素、膳食纤维。所含植物蛋白质营养价值高，平衡性好，在体内不易转化为脂肪。B族维生素含量高，有利于脂肪的分解代谢并含有大量的黄酮类化合物，尤其是芦丁类强化血管物质及维生素E、烟酸，可抑制血液中的脂质上升，具有改善脂质代谢，降血脂、降胆固醇的作用。富含膳食纤维，含量是白面、大米的8倍之多，是减肥瘦身的理想食物。

3. 燕麦

燕麦为低糖指数（GI）食物。蛋白质中各种氨基酸含量合理，含丰富的高分子碳水化合物，是低脂、低饱和脂肪酸、无胆固醇、膳食纤维含量高的食物。亚油酸占全部不饱和脂肪酸的35%~52%。尤其是含有一种天然物质——生育三烯醇，能够控制与胆固醇合成有关的酶活性，减少其合成，又可降解胆固醇为胆汁酸排出体外。具有明显的降糖、降胆固醇、甘油三酯及β脂蛋白的作用，不易储存堆积。碳水化合物含量低，主要为植物淀粉，维生素、矿物质含量高，是一类价廉物美的减肥食物。

## 二、肉类、禽蛋、水产中的减肥食品

### （一）肉食类

此类食品，含蛋白质、脂肪较高，而肥胖的人，不仅食欲好，而且喜食肉制品，成了想吃肉又怕吃肉，且难以控制的矛盾心理，担心食肉会进一步发胖。实质上，胖人也必须适当吃肉，保证蛋白质的供应。但要有选择性地食用既不增肥、又保证营养的肉食禽蛋水产类食品即可。

兔肉，是含蛋白质高（21.5g/100g）、脂肪低（0.4g/100g）、磷脂酰胆碱高、胆固醇低（83mg/100g）的减肥理想食品。

牛肉、鸡肉和瘦猪肉也是减肥可以食用的肉。

虽然减肥瘦身过程中这些肉类可以选择食用，但不能随自己的食欲无限制食用，一定要计算其热量，保证身体所需的基础上，适量食用。

### （二）禽蛋类

此类食品中含有丰富的蛋白质、磷脂、维生素A、维生素$B_1$、维生素$B_2$、维生素D、铁、钙等各种宏量维生素和微量元素，为所有食品中质量、种类、组成方面最优质的蛋白质，营养高于同类肉类蛋白，所含人体必需氨基酸的组成比例非常适合人体需要，而且利用率高，为人体减肥瘦身中平衡营养必需品。

### （三）水产品

水产类食物品种较多，日常食用的有鱼、贝、虾、蟹等。此类食物的共同特点是蛋白质含量较高，达15%～25%，且易消化吸收利用。脂肪含最低，胆固醇含量低，含糖量极低。维生素、矿物质含量较高，有一些是陆地动植物所没有的。如海鱼的EPA和DHA含量很高，可有效地降低血脂。

## 三、蔬菜水果类

蔬菜水果是矿物质、维生素和膳食纤维的天然仓库，具有水分含最高、体积大、热量低的特点。减肥过程中，对食量大者，可增加蔬菜水果的食量，以减轻其饥饿感，所以多吃蔬菜水果是减肥瘦身的良好方法。

### （一）蔬菜类

蔬菜类食物的品种非常多，对减肥瘦身来说，是必不可少的食品。因其所含成分的差异，而各具特点。

大蒜含挥发性辣素，可消除脂肪，抑制胆固醇合成。大蒜精油、蒜氨酸和环蒜氨酸均具有良好的降脂作用。

洋葱中所含的洋葱精油、硫氨基酸、二烯丙基硫化物均具降脂作用。

生姜中含的一种树脂，可抑制肠道对胆固醇的吸收，所含类似水杨酸的物质，是血液的稀释剂和抗凝剂。

辣椒可以促进脂肪的代谢，防止其积存。

黄瓜被誉为"瘦身美容绝妙佳品"，所含丙醇二酸可抑制糖类转化为脂肪，所含膳食纤维可促进胆固醇的排泄。

冬瓜为瘦身妙品，是低热、低脂、低糖的高钾食品，含瘦身物质葫芦碱、丙醇二酸，又具利尿作用，故《食疗本草》说："欲得体瘦轻健者，则可常食之。"

南瓜果胶含量高，并具有甘露醇成分，可使糖类吸收减慢，推迟胃内排空，而起到瘦身作用。

茄子含维生素E、烟酸较高，可软化血管，含水苏碱、葫芦巴碱、胆碱等，可降胆固醇。

萝卜含胆碱物质，有利于脂肪的代谢，含膳食纤维可保持大便通畅，促进胆汁分泌，减少脂质的吸收。

竹笋是一种应用丰富的食品，具有高蛋白质、低脂肪、低淀粉、多膳食纤维的特点，特别是含有较强吸附油脂能力的膳食纤维，可减少胃肠道的吸收，增加脂肪的排泄。

韭菜富含挥发油和硫化合物，具有降脂作用，且膳食纤维具有降胆固醇及促进脂肪肠道排泄的作用。

芹菜含丰富的烟酸和膳食纤维，具有良好的降压降脂减肥作用。所含大量的钾可减轻下半身脂肪的积聚。

圆白菜中所含的丙醇二酸可阻止糖类转为脂肪，防止脂肪和胆固醇的沉积。蕹菜、荠菜均含膳食纤维多而起到通便降脂的作用。

茼蒿因含挥发油及胆碱、膳食纤维而具有瘦身作用。

番茄是一种营养丰富的减肥蔬菜，热能低，含膳食纤维，具有饱足感和促进肠道排泄的作用。

豆芽含水分多，热能极少，具有排便利尿作用而具降脂瘦身功效。

菇类蔬菜如香菇、平菇、草菇、蘑菇等，所含核酸类物质及大量膳食纤维，具有降脂、降胆固醇作用，而用于肥胖及其所引起的诸多病症的保健。

黑木耳、银耳均含膳食纤维及胶质成分，其吸附力可吸附肠道中的脂质及杂质，增强排泄而减肥瘦身。

海带富含牛磺酸、食物纤维藻酸、海带素、昆布多糖、膳食纤维等，具有良好的降脂、降胆固醇、抗凝、增加排泄的作用。

海藻所含褐藻酸具有明显的降脂作用，增强高脂饮食的代谢。

总之，各种蔬菜食品是营养丰富的减肥瘦身食品。

（二）瓜果类

苹果所含苹果酸，具有分解脂肪、降低胆固醇的作用，所含膳食纤维有吸水、排便作用，有利于脂肪、胆固醇排泄，是一种价廉物美、四季皆宜的减肥水果。

山楂含有山楂酸、柠檬酸、维生素C、黄酮等多种改善血循环、软化血管、促进胆固醇排泄、降脂降压成分，是一种随时随地可食的减肥水果。

柚子中所含的果胶具有降低低密度脂蛋白、干扰小肠对胆固醇吸收的作用。

番木瓜含有的木瓜蛋白酶，可分解蛋白质为氨基酸，所含的脂肪酶，对脂肪具有很强的分解能力。

苦瓜中的苦瓜素，被誉为"脂肪杀手"，能减缓血糖的升高。

梅子为一种含丰富有机酸和无机酸的碱性食物，它和柠檬均含有大量的柠檬酸，对热能的代谢有良好的作用，为瘦身食物中的佼佼者。

香蕉虽然甜，但是热能却不高，而且脂肪含量很低，且含丰富的钾，饱腹感强，具有润肠通便作用，有助于减肥。

西瓜虽然含糖量高，但含水分亦高，而且是水果中的利尿专家，可减少留在体中的多余水分，多食可抑制食欲，又能解暑止渴，是夏季减肥的理想瓜果。

猕猴桃（奇异果）和菠萝同样，因含有蛋白分解酶类和膳食纤维、丰富的钾，而成为良好的减肥水果。

# 第七章
# 消瘦与营养膳食

## 第一节　消瘦症概述

### 一、消瘦症的定义

消瘦是指人体内的肌肉纤弱、脂肪少，显著低于正常人的平均水平。也就是说，只有体重低于正常标准，才能称为消瘦。消瘦者通常表现为面形瘦削，皮下脂肪少，严重者全身肌肉萎缩，胸部肋骨清晰可见，四肢骨关节显露，常被形容为"骨瘦如柴"。然而，在国内外一片"减肥热"中，"瘦"的身价似乎比"胖"高多了。似乎瘦就是苗条、健美的代名词，有的甚至用"千金难买老来瘦"来炫耀"瘦"。其实，这是一种误解，是人们步入了现代健美的误区。瘦和苗条、健美之间是不能画等号的；"老来瘦"也仅是相对于身体过胖的老年人而言的。瘦毕竟不是人体健美的标志，特别是有的人瘦得双肩缩垂、胸廓扁平、脸面无肉，完全是一副病态。更主要的是体型过瘦会失去健康。瘦弱，"瘦"与"弱"是紧密相连的，所谓"弱不禁风"就是对"瘦"的一种绝妙注释。体型过瘦的人抵抗力差、免疫力弱。日本一家生命保险公司的调查材料表明，在比平均体重少25%的范围内，体重越轻的人，死亡率越高。《美国医学会杂志》上曾刊登过一篇文章，是美国国家心、肺和血液研究所的调查报告，对5209名男、女的身长、体重和死亡的相关情况的分析表明，一般体重的人死亡率最低，死亡率最高的是最瘦的人。

### 二、消瘦的诊断

#### （一）标准体重

消瘦症是指体重低于标准体重15%以上者。医学上判断消瘦的程度，是将人的实际体重与标准体重进行比较，实际体重低于标准体重的15%～25%、26%～40%、40%以上者，分别被称为轻度消瘦症、中度消瘦症和重度消瘦症。所谓标准体重，国际上近常采用Broca法计算，见式（7-1）。

$$标准体重（kg）＝［身高（cm）–100］×0.9（男性）或0.85（女性）　　（7-1）$$

#### （二）皮脂厚度

脂肪组织是身体储存能量的主要组织，可测量上臂肱三头肌皮脂厚度、肩胛骨下皮厚度、髋骨或腹部皮脂厚度，但临床多采用上臂肱三头肌皮脂厚度测定。

（1）上臂肱三头肌皮脂厚度（TSF）测量　被评估者手臂放松下垂，掌心对着大腿，评估者站在被评估者背面，以拇指与食指在肩峰与鹰嘴的中点捏起皮脂，捏时两指间的距离为3cm，用皮脂卡测量，重复3次取平均值。理想值一般为男性12.5mm，女性16.5mm。

（2）肩胛骨下皮脂厚度测量　被评估者取坐位或俯卧位，手臂及肩部放松，评估者以拇指与食指捏起肩胛下角下方皮脂。测量方法及标准厚度同"上臂肱三头肌皮脂厚度测量"。

（3）腹部皮脂厚度测量　在右腹部脐旁2cm部位测量。测量方法及标准厚度同前。

（三）上臂围和臂肌围

上臂围（AC）可间接反映皮下脂肪含量，测定部位同上臂肱三头肌皮脂厚度，一般用软尺测量。臂肌围（AMC）可间接反映机体肌肉蛋白质状况，与血清清蛋白含量最密切相关，见式（7-2）。

$$AMC（cm）= AC（cm）-3.14 \times TSF（cm） \tag{7-2}$$

计算实测值占理想或正常值的百分比（%）。理想值一般为男性24.8cm，女性21.0cm。

### 三、消瘦的分类

单纯性消瘦，可分为遗传性即体质性消瘦和外源性消瘦，通常由于作息不当（过度疲劳、休息或睡眠过少）、膳食不当、生活习惯和心理等各方面因素引起。

继发性消瘦，是指机体存在明显的临床表现或疾病引起的消瘦，如胃肠道疾病（胃炎、胃及十二指肠溃疡）、代谢性疾病（甲亢、糖尿病）、慢性消耗性疾病（肺结核、肝病、肿瘤等）。

### 四、消瘦（营养不良）对体形和容貌的影响

由于热量和蛋白质摄入不足或消耗增加或高分解代谢，使得肌肉组织于皮下脂肪逐渐耗损，同时，引起各种维生素和矿物质的缺乏，使皮肤黏膜变得干燥，弹性减低，毛发稀疏，皮下脂肪菲薄，肌肉松弛，全身骨骼嶙峋突出。甚至，由于全身抵抗力下降，多种器官功能受损，而影响身体健康，严重影响了形体与容貌。

# 第二节　消瘦症的病因

造成身体消瘦的原因除少数人患有慢性消耗性疾病、器质性疾病外，多数为后天失调所致，如长期失眠、饮食摄入量不足、多愁善感、劳累过度或不爱运动等。

人体的胖瘦主要取决于摄入食物热量是多于或少于新陈代谢所消耗的热量。多者剩余热量转化为脂肪积累于皮下、腹部等处，造成肥胖；少者则常因"入不敷出"而使人消瘦。故瘦弱者多为体内热量不足，缺乏耐力，肠胃功能较差，消化、吸收不良。

引起消瘦的原因颇多，根据是否有疾病来源可将其分为两大类，即非病理性消瘦和病理性消瘦。非病理性消瘦又分为遗传性、作息不当（活动过多、工作过劳、休息或睡眠过少）和膳食不当所引起的消瘦。而病理性消瘦，是指体内存在某些明显或隐蔽的疾病所致的消瘦。根据热量摄取与消耗失衡的原因分类，引起消瘦的常见病因有以下几个方面。

## 一、食物摄入不足

### （一）饮食习惯不良

不定时定量进食成偏食引起的消瘦，多见于营养不良、佝偻病等。营养不良可分为营养不足和营养过度。但通常听说的营养不良一般指营养不足，皆因蛋白质和热量摄入不足或消耗增加或高分解代谢所引起。一般临床上将营养不良分为三种类型。

（1）成人干瘦营养不良型　其特点为人体测量值，如体重、肱三头肌皮皱、臂肌围等下降。而血清蛋白可以维持在正常水平，是临床易于诊断的营养不良类型。

（2）蛋白质营养不良型　其特点是血清清蛋白、转铁蛋白降低，免疫功能低下，但人体测量值正常，临床常易忽视，只有通过内脏蛋白质与免疫功能的测定才能诊断。

（3）混合型营养不良型　其特点为人体测量值及骨骼肌和内脏蛋白质均有下降，内源性脂肪和蛋白质储备均空虚。是一种非常严重且易危及生命的营养不良类型。

### （二）营养不良的判断

临床上常以体重在3个月下降10%以上，血清清蛋白<30g/L、血红蛋白<30g/L、总淋巴细胞计数<1.2×10⁹/L为标准，做出营养不良的简单判断。进食或吞咽困难引起的消瘦常见于口腔溃疡、下颌关节炎、牙髓炎及食管肿瘤等。

### （三）厌食引起的消瘦

常见于神经性厌食，多发生于发育期的少女，开始时并非厌食，而是由病态心理所支配，为了追求苗条，担心肥胖，主动采取节食或服泻药，或过度运动而导致极度消瘦。

### （四）食欲减退引起的消瘦

常见于慢性胃炎、肾上腺皮质功能减退、急慢性感染、尿毒症及恶性肿瘤等。

## 二、食物消化、吸收、利用障碍

常见于消化功能和吸收功能紊乱者，如唾液淀粉酶、胆汁、胃蛋白酶、胰淀粉酶等消化液及消化酶类缺乏，直接影响食物消化和营养的吸收，如小肠吸收功能障碍，营养物质不能顺利通过肠黏膜进入组织，对营养物质的吸收减少，均可引起消瘦。相关的疾病有：

（1）慢性胃肠病　常见于胃及十二指肠溃疡、慢性胃炎、胃肠道肿瘤、慢性结肠炎、慢性肠炎、肠结核及克罗恩病等。

（2）慢性肝、胆、胰病　如慢性肝炎、肝硬化、肝癌、慢性胆道感染、慢性胰腺炎、胆囊和胰腺肿瘤等。

（3）内分泌与代谢性疾病　常见于糖尿病、甲亢等。

（4）其他　久服泻剂或对胃肠有刺激的药物。

### 三、对食物需求增加或消耗过多

对食物需求增加或消耗过多，如生长发育、妊娠、哺乳、过度劳累、甲亢、长期发热、恶性肿瘤、创伤及大手术后。

## 第三节　消瘦症的调理与增重营养膳食

治疗消瘦症，首先要了解自己消瘦的原因，从而对症下药。消瘦者宜采用药疗、体疗、食疗等方法进行综合调理。药疗因有副作用一般不提倡使用。

### 一、饮食原则

体形消瘦的人要想健壮起来，消除皮肤褶皱，改变肌肉纤弱的形象，变得丰满而匀称、结实而健美，关键是在日常的饮食中讲究科学。所谓合理膳食，就是要求膳食中所含的营养素种类齐全、数量充足、比例适当；不含有对人体有害的物质；易于消化，能增进食欲；瘦人摄入的能量应大于消耗的能量。饮食的原则如下所述。

1. 食品种类丰富多样

食物品种多样，才能保证营养素齐全。《黄帝内经》中对此已有非常科学的认识，明确指出"五谷为养，五果为助，五畜为益，五菜为充"，阐明了"谷肉果菜"各自的营养作用。这是我们祖先对饮食经验的总结，是符合现代营养科学的。要知道，人体需要几十种营养素，任何一种食物都不能单独满足这种需要，因此食物单一就会造成营养不良。

2. 食品粗细搭配

有的人认为食品越精越好，于是米要精米，面要精面，菜要嫩心。殊不知许多谷物加工越精，营养损失越多。科学分析证明，稻、麦类作物中的维生素、矿物质主要存在于皮壳中。精面中蛋白质的含量比麦粒中少1/6，维生素和钙、磷、铁等矿物质的含量也少了许多。精米同稻谷的营养素比较也是如此。在蔬菜中，菜叶和根中含的营养素往往比较丰富，可有的人只挑嫩心吃，而丢掉根叶，这样既浪费，又不利于身体健美。

3. 保证每日有足够的优质蛋白质和热能的供给

使瘦人丰腴健美的理想饮食结构百分比为：蛋白质占总量的15％～18％，脂肪占总量的20%～30%，糖类占总量的55%～60%。其中，食物中动物蛋白质和豆类蛋白质应占蛋白质供给量的1/3～1/2。

### 4. 适当增加餐次

增加体内能量的储存，可使强身效果更为理想。因为消瘦者的体内热能不足，胃肠功能差，一次进餐量太多，消化吸收不了，反受其害。而餐次时间隔得太长，加上食量小，食物营养供不应求，同样也不利于强健身体。试验证明，瘦人每日采用4～5餐较为合适。早餐应占全天总热能的25%～30%，午餐应占全天总热能的30%～35%，晚餐应占全天总热能的25%～30%，加餐应占全天总热能的5%～10%。

### 5. 注重晚餐的营养

夜间是人体内胰岛素分泌最多、血液中胰岛素含量最高的时间。因此，体瘦者应注重晚餐，适当多摄入高热量、高蛋白质、高脂肪和高糖食物，在胰岛素作用下，合成脂肪储聚于皮下，且糖和蛋白质转化为脂肪的比例最高。

## 二、生活规律化

### 1. 制定丰富多彩的、有规律的生活制度

最好给自己制定1份有规律的作息时间表，做到起居饮食定时，每天坚持运动健身，养成良好的卫生习惯等，同时应保持充足而良好的睡眠，人的睡眠若是比较充足，胃口就比较好，而且也有利于对食物的消化和吸收。

### 2. 加强锻炼

特别是对于那些长期坐办公室的人来说，每天应抽出一定的时间来锻炼。这不仅有利于改善食欲，也能使肌肉更强壮、体魄更健美。人体的肌肉如果长期得不到锻炼，就会"用进废退"，肌纤维相对萎缩，变得薄弱无力，人也就显得瘦弱。知识分子多为此类体型，应注意加强锻炼。根据对象不同，可采取冬季长跑锻炼和夏季游泳运动，增强胃肠道消化功能，以增强机体对疾病的抵抗力。

## 三、培养乐观主义精神

胸怀宽阔、乐观豁达、笑口常开，则有利于神经系统和内分泌激素对各器官的调节，能增进食欲，增强肠胃道的消化吸收功能。

笑能消除精神紧张、清醒头脑、消除疲劳、促进睡眠，且能改善急躁、焦虑等不利情绪，达到"乐以忘忧"的健康状态。

要树立高度的事业心，从工作中得到欢乐，以乐观情绪为重要的精神支柱。增强自己的文化修养，克服心胸狭窄和消除烦恼，培养高尚情操、幽默风趣的性格和进取心，以及战胜各种困难的信心。

总之，丰富的营养物质、科学合理的膳食结构，有助于消瘦者达到丰腴健美的目的。

# 第八章

# 美发与营养膳食

　　头发，是毛发中最能体现价值的部分，它除了一般毛发所具有的功能和表现出人的外表美之外，还有保护人的头皮乃至大脑的重要作用。乌黑光亮的头发带有一种"示威性"的光荣。据研究，头发中90%以上是蛋白质。同时还含有其他许多物质，如维生素和微量元素是头发所不可缺少的营养素，水果、干果、胡萝卜、葵花子、豆芽、鱼肝油等可以称为"头发食物"。头发质地的柔韧、色泽是人体气血盛衰情况的反映。中医认为"发为血之余"，说明身体的全体营养状况对滋养血、发的重要性。如果只是倾心于烫发、染发，忽视了营养，那才是真正的"舍本逐末"。而缺乏营养造成的枯槁无彩的头发，只有用改善和调解营养来改观。

　　本章主要介绍头发与营养膳食的关系。

## 第一节　毛发的结构与分类

　　我们每个人的头顶上，大概长着12万根头发，而且每根头发都是独立生长的。一个人每年长出来的头发累积长度达16km；每天会正常脱落50～100根头发。别以为头发弱不禁风、为可有可无之物，它的力量是普通人难以想象的。试验表明，头发的坚韧度超过一般的金属丝，甚至可以与钢丝媲美。头发的主要成分是坚硬的角质蛋白，所以它是一种极为坚固的物质。7根头发能够承受100g的重物，200根头发能提起30kg的物体，2000根头发能拉动30kg的重量，一头头发能拉动一头大象。

### 一、毛发的组织结构

　　毛发是皮肤的附属物，不能离开皮肤而独立存在。毛发埋在皮肤内的部分称为毛根，露在皮肤外的部分称为毛干。

#### （一）毛根

　　毛根在毛囊下胀大成球形，称为毛球。毛球底部凹陷，含有结缔组织、毛细血管及神经，组成毛乳头。毛囊为一管状鞘囊，由内向外分为内根鞘和外根鞘两层。

　　毛球是一群增殖和分化能力很强的细胞，这些细胞构成毛发本身和毛囊内根鞘。毛球细胞的增殖和分化必须有毛乳头的存在，毛乳头具有供给毛球营养的作用，如果毛乳头被破坏或退化，毛发即停止生长并逐渐脱落。

毛发与皮肤表面有一角度，在锐角一侧有一斜行的平滑肌束，称为立毛肌。立毛肌一端附于毛囊，另一端终止于真皮的浅部，受交感神经的支配，在寒冷、恐惧、愤怒时，可使毛发竖直。

## （二）毛干

以头发为例，毛干从其横截面（图8-1）看可以分为三层：最外层为表皮层，中间为皮质层，最里层为髓质层。

表皮层较薄，是由鳞状排列的无核透明细胞所组成，它使头发产生光泽。表皮层上有许多微小的孔，它是头发生理平衡的"呼吸口"，但它较脆弱，容易因酸碱的侵蚀和热度的影响而受到损伤。

皮质层最厚，由多层纤维状的扁平细胞纵列组织而成，形似海绵，有很多的气孔和色素细胞，是决定头发弹性、颜色、吸水性及可塑性等性能的重要部分。

髓质层是头发的核心，有一列或二列立方形细胞组成，它为头发输送营养，如其机能受到损伤，头发就会枯萎。

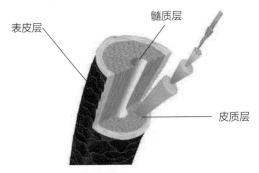

图8-1　头发的组织结构

## 二、头发的生长及周期

头发的生长是与毛囊分不开的，毛囊的存在是保证头发生长更换的前提。在生长期，毛囊功能活跃，毛球底部的细胞分裂旺盛，分生出的细胞持续不断地向上移位，当发囊中的软囊角质变化为硬蛋白质，于是头发被推出皮肤外，成为肉眼可见的头发。当头发生长接近生长期末时，毛球的细胞停止增生，毛囊开始皱缩，头发停止生长，这就是退行期。在休止期，头发各部分衰老、退化、皱缩，头发行将脱落。与此同时，在已经衰老的毛囊附近，又形成一个生长期的毛球，一根新发又诞生了。

众所周知，头发要是不剪，就会越长越长。据测定，头发生长速度是0.27～0.4mm/d。按此计算，头发一个月大约长1～1.5cm，一年大约长10～20cm。如果按照这样的速度生长，婴儿从出生到10岁时，头发至少有1m长；到20岁时，将长到2m。然而事实并非如此，头发并不是一个劲地长，而是有一定的生长规律，这就是头发的生长周期。头发的生长周期可分为生长期、退行期和休止期三个阶段（图8-2）。头发的生长期为2~6年，退行期为2~3周，休止期约为3个月。正常总数约10万根头发中，生长期头发占85%~90%。退行期占1%，休止期占9%~14%。处于休止期的头发在洗头、梳头或搔头皮时，将随之而脱落。正常人平均每天落20~100根头发，因此人们不必担心头发会长过自己的身体。不过也有极少数人的头发长得很长，甚至超过自己的身体。这是由于他（她）的头发生长周期达到15~20年，超过一般人头发生长周期的3~4倍所造成的。蓄发长达2m以上的人，其头发生长周期长达25年，这是较罕见的现象。

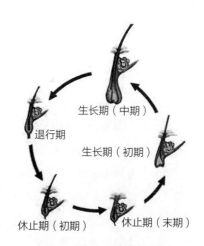

图8-2　毛发生长周期示意图

1. 生长期

生长期也称成长型活动期，生长期可持续2~6年，甚至更长，毛发呈活跃增生状态，毛球下部细胞分裂加快，毛球上部细胞分化出皮质、毛小皮；毛乳头增大，细胞分裂加快，数目增多。原不活络的黑色素长出树枝状突起，开始形成黑色素。

2. 退行期

退行期也称萎缩期或退化期，为期2~3周。毛发积极增生停止，形成杵状毛，其下端为嗜酸性均质性物质，周围绕呈竹木棒状。内毛根鞘消失，外毛根鞘逐渐角化，毛球变平，不成凹陷，毛乳头逐渐缩小，细胞数目减少。

3. 休止期

休止期又称静止期或休息期，为期约3个月。在此阶段，毛囊渐渐萎缩，在已经衰老的毛囊附近新形成1个生长期毛球，最后旧发脱落，但同时会有新发长出再进入生长期及重复周期，在头皮部9%~14%的头发处于休止期，仅1%处于退行期，而眉毛则90%处于休止期。

毛发处于生长周期中各期的比例随部位不同而异。

毛发的密度随性别、年龄、个体和部位而异。成人男子身体计有5万个毛囊，其中100万个在头部，约有10万个在头皮部。前额和颊部毛囊的密度为躯干和四肢的4~6倍。一般认为，毛囊的密度是先天生成，到成人期不能增添新的毛囊数。

毛发的生长速度与部位有关，头发生长得最快，每天生长0.27~0.4mm，每月平均1.9cm，其他部位约每天生长0.2mm。男性毛发生长速度一般较女性快。15~30岁期间生长得最快，老年时头发生长减慢，夏季生长较快。

毛发的生长期和休止期的周期性变化是由内分泌调节的，有人认为与卵巢激素有关。此外，营养成分对头发生长也有影响，复合维生素B会影响头发生长和表皮角化。

用维生素A处理牛皮癣时，会导致脱发，其原因就是维生素A过量。

## 三、头发的功能

头发是人体的重要组成部分，有保护头皮，减少和避免外来的机械性和化学性损伤，防止头部遭受强烈的日晒，以及冬季保温、夏季散热等作用。

头发又是外表健美的重要标志之一，一头浓密漂亮的头发增加引人注目的美感，头发经过人为加工修饰，女性佩戴各种饰物后，更增加美感和风采。

①弱碱性保护：头发可减少损伤作用，不过这作用在人类则甚微。有认为头皮接触性皮炎少见可能是头发起了保护作用。

②防紫外线：头发覆于头皮，防止紫外线的过度照射。

③调节体温：在有毛动物此作用较明显，角蛋白是热的不良导体，故我们用羊毛或其他兽毛做衣服来御寒，在人类由于进化的结果，由汗腺代替了毛发对体温的调节作用。

④淋浴或淋雨后毛发可把水分从皮肤上引流下来。披毛处由于面积增加，可加速汗液的蒸发。

⑤感受触觉：毛囊富于神经丛，对触觉极为敏感。

⑥毛发分布有性别差异。

⑦还可通过毛发鉴定血型（2000多年前马王堆女尸血型的测定就是通过检查毛发决定的）以及测定各种营养元素来判断疾病，对法医有很大帮助。

## 四、头发的分类

人体的头发有直发、波状发和卷发之分。我国多数民族的头发直而不卷，其断面呈圆形；白种人多为波状发，断面呈卵圆形；黑种人的头发卷曲更甚，其断面变化较大。从根本上讲，一个人的头发的形状是由基因决定的。根据一项2009年进行的研究的结果，基因对个体是直发还是卷发起着85%～95%的作用（这也意味着90%的头发样本根据基因就能判断出其曲直）。

头发颜色有黑色、金黄色、灰白色、白色之分，这与人种、性别、年龄、生活环境及营养情况等有关。

根据人体的健康、分泌和保养情况，又可将头发分为中性发、干性发、油性发和受损发四种情况：

①中性发：是健康的正常头发，具有光泽、柔顺、健康的发质，既不油腻也不干燥，软硬适度，丰润柔软，有自然的光泽，适合做各种发型，是理想的发质。

②干性发：头发干燥，触摸有粗糙感，不润滑，缺乏光泽，造型后易变形。

③油性发：头发油腻，触摸有黏腻感，有时头屑多，使之缺乏光泽。不适合平直的头发，应使头皮更多地接触空气，减少头部油脂的产生。

④受损发：是指因物理或化学因素损害的头发。头发干燥，触摸有粗糙感，颜色枯黄，缺乏光泽，发尾易分叉，不易造型。

## 五、不同类型头发的营养

头发和机体的其他各部位一样，也会发生疾病，如脱发、秃顶、白发早生等都会影响人的美，这就是人们很注意头发保养的原因所在。现代研究发现，当头发中营养成分充足、各种元素的含量比例适中时，头发就茂密有光泽，大脑也发育健康。因此，除头发的外在保养外，人体内在的饮食调养十分重要。

## 六、健康发质的标准

头发的颜色、粗细、性质会因人而异，健康发质的大致标准是：有自然的光泽，不粗不硬，不分叉，不打结，不干燥；发根匀称、疏密适中；色泽统一；油分适中，没有头屑、头垢；触摸起来润滑、松散，富有弹性和韧性，易于梳理，梳发时没有静电，不易断裂；洗发后柔顺、自然、整齐。

# 第二节　美发与营养膳食

## 一、养发的营养膳食

头发是女人的宝贝，有健康靓丽的秀发不仅能让人增添光彩，更是一种健康的表现。一个人头发好坏，在一定程度上反映出人体的营养状况。现代医学研究表明，头发的变化堪称是人们饮食状况先发出的信息，除去生理性衰老引起头发的变化之外，一般认为头发浓密、乌黑、有光泽，说明营养状况良好。反之，头发稀疏、枯黄、无光泽，且大量脱落、折断，则是营养欠佳的表现。头发与营养的关系十分密切，生机益然、乌黑发亮的秀发离不开均衡的饮食结构。

（一）蛋白质

头发干重的98%是蛋白质。所以，人们只有摄取足量的蛋白质，才能保证头发的正常健美生长和健康。临床观察证实，那些失去光泽和弹性，容易脱落，以至无法电烫的头发，经过数月补充富含蛋白质的食物与做好自身养护后，多半可以康复，恢复它原来的健美。营养学家认为，羊肉和牛肉里含有特别丰富和高质量的蛋白质，还有鱼类、虾类、蛋类和酸牛乳、酸干酪、新鲜干酪、凝乳、脱脂乳等乳制品，以及豆类、硬壳果类、五谷类等，也都含有丰富的蛋白质。现代医学研究认为，蛋白质只有在胃酸作用发挥正常的情况下，才能得到充分的利用。因此，人们在进食蛋白质类食物后，吃些如柑橘一类有酸味的水果，可促进胃酸对蛋白质的消化，使人体更好地吸收蛋白质，产生角蛋白，保证头发的健康生长。

（二）维生素和矿物质

医学研究证实，乌黑亮泽的秀发离不开饮食中多种维生素、矿物质的滋养。

当头发中维生素A含量不足或超常时，能导致头发枯黄。当人体缺乏维生素A时，皮肤下层的细胞容易变性、坏死、脱落，堵塞皮脂腺及毛孔，使皮脂腺分泌的脂类物质无法达到皮肤表面，皮肤变得干涩、粗糙，出现皮屑，尤其是头皮增多，头发也会变得枯干而失去光泽。因此，要注意多吃些富含维生素A的食物，如干酪、蛋黄、鱼肝油、动物的肝脏及胡萝卜、杏、柿子、苜蓿、南瓜等黄色和橙色果蔬。

适当食用富含B族维生素的动物肝脏、鱼肉、蛋黄、坚果和五谷杂粮，可使头发乌黑亮泽。而多食富含维生素C的新鲜蔬菜、水果，如青椒、白菜、番茄、芹菜、鲜枣、柑橘、猕猴桃、山楂、草莓等，则有助蛋白质中胱氨酸物质发挥作用，使头发乌黑。

国外医学研究还揭示，维生素E也具有防治白发的神奇功效，富含维生素E的食物有植物油、蛋黄、芝麻、黄花菜、杏、桃、大豆等。

矿物质与头发的乌黑亮泽亦关系密切。头发缺少光泽者，宜食用含碘的食物，如紫菜、海带、海鱼、碘盐、碘蛋等，因为头发的光泽与甲状腺素有关，而碘是甲状腺素的主要成分。

锌也是头发中不可缺少的微量元素，它能使头发保持或再现其黑色。因为头发光泽的主要成分，无论黑色、金色、褐色还是红色，都依靠锌来保持，锌使头发鲜艳靓丽。当头发缺锌时，会引起头皮大片脱落，甚至产生秃发。含锌较多的食物主要有牡蛎、蛤蜊、蚌肉、蚶、瘦猪肉、猪肝、芝麻、白菜及块根类蔬菜，还有苹果和酵母等。

硫是头发的组成部分，有一种含硫的胱氨酸物质，可维持人体头发的亮泽。含硫丰富的食物有瘦肉、肝脏、鱼类、豆类、花生和水产品等。此外，富含硒的小麦胚芽、洋葱、紫皮蒜、灵芝等，亦有助于头发变亮。

（三）美发需要节制高脂、高糖饮食

医学研究发现，黄发的产生多与血液偏酸有关。如果人们长期过多地摄取动物脂肪和糖类食物，使体内酸性代谢产物过多，如乳酸、丙氨酸、碳酸等积蓄过多，会使头发中甲硫氨酸、胱氨酸的含量下降，而磺丙氨酸含量明显上升，导致头发脆裂、脱落、变黄和变白。因此，人们应节制高脂肪、高糖饮食，不饮酒，不偏食，多食些新鲜的蔬菜、水果及鱼类，以保持体内酸碱平衡，永葆乌发。

此外，用手按摩头皮，用手指梳理头发，也能加速头皮血液循环，促进皮脂腺的分泌，改善头发的营养供给，使头发变得乌黑发亮、富有弹性。

## 二、脱发的营养膳食

黑亮的头发是青春、健康、美丽的标志之一。吸取全面的营养是头发健美的基础。

（一）脱发病的种类和症状

头发脱落是自然的生理现象，正常情况下，人体每天由于新陈代谢而掉落的头发

50～100根。因为毛发的生长周期不同，自然掉发不会导致头发稀疏。但脱落的头发过多就属于异常现象了。

从病理学上看，脱发是一种皮肤病。导致脱发的原因很多，既有先天或遗传性的因素，也有后天的因素；既有生理性的原因，也有病理性的原因。根据脱发的原因，可将由先天性或遗传性原因引起的脱发归类为先天性脱发，将由生理性原因引起的脱发归类为生理性脱发，而由各种病理性因素引起的脱发归类为病理性脱发。由病理性因素引起的脱发最为常见，如一些急慢性传染病、各种皮肤病、内分泌失调、理化因素、神经因素、营养因素等，均可导致脱发。

### 1. 脂溢性脱发

脂溢性脱发是在皮脂分泌过多的基础上发生的一种脱发症状，这类脱发约占脱发人群的90%。脂溢性脱发多见于男性，且脑力劳动者多于体力劳动者。主要表现为头皮脂肪过量溢出，导致头皮油腻潮湿，与尘埃混合后散发臭味，尤其在气温高时更是如此。有时伴有头皮瘙痒，以及由于头皮潮湿，由细菌感染引发的脂溢性皮炎。

脂溢性脱发分为急性脂溢性脱发和慢性脂溢性脱发两类。前者是在短时间内成脱落甚至全部脱光，多发生于青春期；后者表现为头发从前额两侧及头顶部慢慢脱落，几年或十几年后形成秃顶，但不易形成全秃。

导致脂溢性脱发的本质原因目前在医学上尚无定论。西医认为脂秃与人体雄性激素水平过高有关，而中医则认为与人体肾血亏虚有关。经长期研究和观察，一般认为导致脂溢性脱发最直接的原因在于发脂分泌过旺。过多的皮脂为头皮上的嗜脂性真菌及头螨等的大量繁殖提供了条件。嗜脂性真菌从毛囊中获取营养并把代谢产物排放在那里，刺激毛囊和头皮出现慢性炎症——脂溢性皮炎，脂溢性皮炎如得不到及时治疗，发根部的细菌繁殖会产生一种溶解酶。将发根溶解得残缺不全，使发根松动，容易脱落。头螨是一种微小的寄生虫，肉眼看不见。它寄生在人类的毛囊里，以皮脂为食。头螨在消化过程中会分泌一种解脂酶（lipase），这种酶会分解和侵蚀头皮内的皮脂腺，阻塞毛囊，令毛囊缺乏养分而萎缩，造成脱发。

从医学的角度来看，脂溢性脱发主要与下列三个因素有关。

（1）雄性激素　现代医学证实，脂溢性脱发患者雄性激素水平通常较高，雄性激素经血液到达头皮后形成毒性物质刺激毛囊，引发毛囊能量代谢和蛋白质代谢障碍，影响毛囊营养，最终导致头发脱落。

（2）遗传因素　脂溢性脱发的遗传基因在男性中呈显性遗传，致病因子可由上一代直接遗传给下一代，故男性脂秃患者较多见。

（3）年龄因素　脂秃常爱生于17～20岁的男青年，30岁左右为发病高峰，以后随年龄的增长，虽然发病率减少，但症状加重，最终形成秃顶。

### 2. 斑秃

斑秃（alopecia areata）是一种骤然发生的局限性斑片状的脱发症，其病变处头皮正常，无炎症，常于无意中发现，一般呈圆形或椭圆形秃斑。秃斑边缘的头发较松，易拔出，斑秃的病程级慢，可持续数月至数年，可自行缓解又常会反复发作。斑秃患者有5%～10%的病例在数天内或数月内头发全部脱光而成为全秃（alopecia totalis），少数严重患者甚至累及眉毛、胡须、腋毛、阴毛等，全部脱光，称为普秃（alopecia universalis）。

斑秃的致病机制尚不明了，一般认为是因高级神经中枢功能障碍引起皮质下中枢及植物神经功能失调，使毛乳头血管痉挛，毛发营养障碍而导致脱发。对于内因，目前提的最多的是自身免疫性疾病学说。此外，心情抑郁、内分泌障碍等，常易引发此病。通常认为斑秃与下列因素有关。

（1）遗传过敏　斑秃患者中，10%～20%有家族史。从临床累积的病例可以看出，具有遗传过敏性体质的人易发生斑秃。对有遗传过敏背景的逐秃症状，除真皮有血管炎和血管周炎外，其毛血管分支亦有血管炎表现。血管被破坏造成血管减少，血量供应不足，最终导致毛发脱落。经免疫学研究，这种斑秃会出现抗甲状腺球蛋白、抗肾上腺细胞、抗甲状腺细胞等抗体，故而被认为是一种自体免疫性血管炎性脱发。但目前还不能肯定斑秃就是自身免疫性疾病。

（2）自身免疫　斑秃患者同时患有其他自身免疫性疾病的比率比正常人群高。如伴随有甲状腺疾病者占0%～8%，白癜风者占4%（正常人仅1%）。

（3）精神因素　精神受刺激、紧张、忧虑等也常常是斑秃的诱因。

3. 营养代谢性脱发

食糖或食盐过量、蛋白质缺乏、缺铁、缺锌、过量的硒等，以及某些代谢性疾病，如精氨基琥珀酸尿症、高胱氨酸尿症、遗传性乳清酸尿症、甲硫氨酸代谢紊乱等，也是导致头发脱落的原因。

（1）食糖性脱发　食糖性脱发为食糖过量引起的脱发。糖在人体的新陈代谢过程中，生成大量的有机酸，破坏B族维生素，扰乱头发的色素代谢，致使头发逐渐因失去黑色的光泽而枯黄。过多的糖在体内还会引起皮脂增多，诱发脂溢性皮炎，继而导致脱发。

（2）食盐性脱发　食盐性脱发为食盐过多造成的头发脱落。盐分会造成滞留在头发内的水分过多，影响头发正常生长发育，同时，头发中过多的盐分给细菌繁殖提供条件，易患头皮疾病。加上食盐太多还会诱发多种皮脂疾病，加重脱发现象。

4. 精神性脱发

精神性脱发是指因精神压力过大引起的脱发。在压力的作用下，人体立毛肌收缩，头发直立，使为毛囊输送养分的毛细血管收缩，造成局部血液循环障碍，由此造成头发营养不良，引起脱发。一般而言，精神性脱发是暂时性的，可通过改善精神状况，减轻精神压力而自愈。

5. 症状性脱发

由贫血、肝病、肾病、营养不良、系统性红斑狼疮、干燥综合征以及发热性疾病如肠伤寒、肺炎、脑膜炎、流行性感冒等疾病造成头发稀疏导致的脱发，称作症状性脱发。

### 6. 物理性和化学性脱发

物理性脱发包括发型性脱发、局部摩擦刺激性脱发等机械性脱发、灼伤脱发和放射性损伤脱发等。头发需保持一定程度的自然蓬松，如果长期受到拉力，容易造成头发折断和脱落。受日光中的紫外线过度照射或经常使用吹风机，头发也容易变稀少。放射性损伤也可能引起头发脱落。长期使用某些化学制剂，如常用的庆大霉素、别嘌呤醇、甲亢平、硫尿嘧啶、三甲双酮、普萘洛尔（心得安）、苯妥英钠、阿司匹林、消炎痛、避孕药等引起的脱发以及肿瘤病人接受抗癌药物治疗造成的脱发，称为化学性脱发。

劣质的烫发剂、洗发剂和染发剂等美发产品也是引起脱发的常见原因。

### 7. 感染性脱发

由真菌感染、寄生虫、病毒及化脓性皮肤病等因素造成的脱发称为感染性脱发。头部水痘、带状疱疹病毒、人类免疫缺陷病毒（HIV）、麻风杆菌、结核杆菌、梅毒、苍白螺旋体以及各种真菌引起的头癣，均可引起脱发。局部皮肤病变如脂溢性皮炎、扁平苔藓、感染霉菌或寄生虫等也会造成脱发。

### 8. 内分泌失调性脱发

由内分泌腺体功能异常造成体内激素水平失调而导致的脱发称为内分泌失调性脱发。产后、更年期、口服避孕药等情况，在一定时期内会造成雌性激素不足而脱发。甲状腺功能低下或者亢进、垂体功能减退、甲状旁腺功能减退、肾上腺肿瘤、肢端肥大症晚期等，均可导致头发的脱落。

### （二）脱发的原因

从病理学上看，脱发是一种皮肤病。导致脱发的原因很多，既有先天或遗传性的因素，也有后天的因素；既有生理性的原因，也有病理性的原因。较常见的致脱发因素，如某些急慢性传染病、各种皮肤病、内分泌失调、理化因素、神经因素、营养因素等。

### 1. 内分泌异常

内分泌异常有时会引起脱发。例如，垂体功能低下或丧失时，全身毛发，包括头发、腋毛、阴毛等也会变得稀少；甲状腺或甲状旁腺功能低下时，会引起全身体毛变少，前者的特征之一是眉毛变稀，后者的特征是头发变得干燥，容易脱落；甲状腺功能亢进时，也会出现脱发现象，有时与斑秃症伴随发生糖尿病控制不好时，也可能出现脱发症状。

### 2. 营养不良

毛发是人体细胞分裂最旺盛的部位，因此，毛发的生长需要许多营养，当机体缺乏营养时，毛母细胞会发生萎缩，引起脱发。不过，这种脱发症状在机体营养状态改善后会得到缓解和消除。

### 3. 药物原因

某些药物也能引起脱发，脱发症状因药物种类的不同而略有差异。其中，最具代表性的药物为抗癌药。这类药物具有抑制细胞分裂的作用，原本是用来抑制癌细胞分裂的，但在使用的同时，也会波及毛母细胞。由于抑制了毛母细胞的分裂，毛发因此停止生长甚至脱落。

有时也会因药物中毒而不能合成毛发生长所必需的角蛋白，从而引起毛发生长停止和脱落。

### 4. 外界损伤

由于外界的冲击而引起的毛发脱落统称为外伤性脱发，有以下几种：

①牵引性脱发：指被拖拉牵引后发生的毛发脱落症状，多是由长时间牵拉而造成。

②压迫性脱发：也称为术后性脱发，是由于头部受到压迫，营养物质无法到达而引起的脱发。

③拔头发癖：属于精神病的范畴，患者会拔自己的头发，严重者还会吃掉头发，治疗以精神疗法为主。

### 5. 皮肤性疾病

皮肤有病时也可能引起脱发，如近年发生率较多的特异反应性皮肤炎。它与个人体质有关，发生脱发的头皮周围变红、粗糙，与斑秃相似，但脱发部位边际不清，毛孔中残留有折断的毛根。另外，全身性红斑狼疮、皮肌炎等皮肤疾病也易发生脱发。

### 6. 传染性疾病

传染性疾病，如梅毒、白癣、麻风病等传染病发生时，有时也会伴随脱发症状。脱发是梅毒二期的征兆。在患有麻风病时，癞肿性浸润会侵袭毛囊，引起毛囊发炎，最终导致脱发。而白癣病的癣菌会破坏毛囊中的毛根，最终引起脱发。

此外还有由于高烧或分娩后发生的休止期脱发，由某些特殊病症、化学的酸或碱的刺激以及物理方面的原因如热烫和放射线照射等造成的永久性脱发。

## （三）促进毛发生长的营养

人体若营养不良，毛发就会缺乏生机和亮泽，甚至阻碍毛发生长；若营养搭配不合理或营养过剩，也有可能导致毛发脱落。毛发的生长离不开蛋白质、维生素、脂肪及矿物质等营养素的滋养，因此，全面而合理的营养供给是保证毛发健美的基础和关键。

### 1. 水

水是万物之源，毛发的滋养也离不开水。水有助于血液循环，将营养物质运至头皮毛细血管，营养毛发。水的蒸发和通过汗腺的分泌能带走毛发生长所产生的代谢物。机体若缺水，毛发会干枯、失去光泽和弹性。

### 2. 蛋白质

组成毛发的成分中90%以上是角蛋白，这是一种蛋白质的角化物，角蛋白中以酰胺酸含量最高，可达15.5%。它能帮助毛发展现动人的亮泽。

蛋白质是毛发生长的基础。人体通过食物摄取的蛋白质，在体内消化吸收分解成各种氨基酸，经血液进入毛乳头，被其吸收并合成角蛋白，再经角质化后成长为毛发。由此可见，人体若摄取的蛋白质不足，就难以提供足够的氨基酸供毛乳头合成角蛋白，从而造成毛发稀疏，生长迟缓；此外，还会因蛋白质不足造成某些对毛发有滋养作用的氨基酸的缺乏，如胱氨酸、精氨酸、酪氨酸和牛磺酸等，最终导致毛发无光泽、易折断、易脱落等症状。

### 3. 脂肪

适量的脂肪可以配合蛋白质的分解。皮脂腺分泌的皮脂能滋润毛发，使其润泽。但如果皮脂分泌过量，堆积在毛囊处，就会影响毛囊正常发育，从而影响毛发生长。严重时还会造成脂溢性皮炎、脂溢性脱发等。

### 4. 碳水化合物

研究表明，过量食用糖类，如果糖、蔗糖等会导致毛发暗淡无光。过量的糖在人体的新陈代谢过程中会产生大量的有机酸，扰乱毛发的色素代谢，使毛发逐渐失去光泽，变得枯黄。此外，糖类中的某些成分对蛋白质的吸收有阻碍作用。过多的糖在体内还会引起皮脂增多，诱发脂溢性皮炎，继而导致脱发。

### 5. 维生素

维生素A为正常的上皮角化所必需，对于维持上皮组织的正常功能和结构、促进毛发的生长有着十分重要的作用。它能防止毛发变干变脆、皮屑增多、毛囊腺供血不足等。

B族维生素参与毛发的物质代谢与合成，促进头皮新陈代谢，促进毛发生长，使毛发呈现自然光泽。在各种B族维生素的协同作用下效果最佳，其中，维生素$B_1$能使毛发牢固生长；维生素$B_2$可改善毛细血管微循环，保证毛发细胞代谢正常，缺乏时容易引起脂溢性皮炎；维生素$B_6$能促进黑色素的分泌。叶酸、泛酸、维生素H（生物素）及维生素$B_{12}$与蛋白质的合成有关，缺乏时会阻碍毛发生长，其中，维生素H具有防治头皮屑增多和皮脂分泌过旺的作用，缺乏时会引起头皮代谢紊乱和脱发。此外，肌醇也与毛发生长有关。

维生素C能活化微血管壁，与钴和镁一起调节血液循环，使发根更好地吸收血液中的营养，滋养毛发。维生素E则可以增加机体对氧的吸收，改善头皮血液循环。

### 6. 矿物质

矿物质在人体内无法合成，必须从外界摄取。铁、锌、铜、钙等微量元素是人体组织细胞和皮肤毛发中黑色素代谢的基本物质，缺乏这些物质会造成毛发色浅易断，甚至出现毛发过早变白和脱落等现象。其中又以锌和铜最为重要。

现代研究表明，锌是人体内多种物质的组成成分，参与各种营养素尤其是蛋白质的代谢，进而影响毛发生长。由于锌与影响蛋白质与DNA合成的酶有关，锌不足会引起氨基酸代谢紊乱，使蛋白质的合成减少。缺锌还会阻碍细胞分裂，对毛发的生长和再生产生较大影响。此外，锌还参与维生素A的代谢，而维生素A是促进毛发生长的重要元素。

铜在机体内是细胞色素氧化酶类的重要辅助因子，与黑色素的形成有关，缺铜会影响黑色素的合成，从而导致毛发因缺乏黑色素而呈现白色。锌过量会影响人体对铜的代谢吸收。

钙和镁与毛发的健康生长有关，但过多的钙会影响机体对锌与铁的吸收。缺铁会引起贫血，进而影响毛发的生长。足够的硒能使毛发变得柔软，富有弹性。而适量的硅能使毛发牢固生长而不易脱落。

7. 具有促进毛发生长的营养

具有促进毛发生长的营养物质见表8-1。

表8-1 具有促毛发生长功效的典型配料

| 典型配料 | 生理功效 |
| --- | --- |
| 维生素 A | 促进毛发生长，营养毛母细胞 |
| B 族维生素 | 促进毛发生长，营养毛母细胞 |
| 月见草油 | 改善发质，防止干发和断发 |
| 二甲基砜 | 促进角蛋白合成 |
| 维生素 C | 促进头发新陈代谢，帮助毛囊抗氧化 |
| 维生素 E | 促进头皮新陈代谢，促进毛发健康 |
| 锌 | 增强免疫，促进毛发生长 |
| 铁 | 促进血液循环，促进毛发生长 |
| 铜 | 促进黑色素形成，防止毛发变白 |
| 辅酶 Q10 | 改善头皮代谢状况，增进角质化进程 |
| 银杏提取物 | 促进头皮新陈代谢 |
| 锯榈果提取物 | 有助于减少脱发 |
| 非洲刺梨树皮提取物 | 帮助减少脱发 |
| 精氨酸 | 促进人体激素分泌，促进毛发生长 |
| 牛磺酸 | 促进毛发生长、细胞增殖，促进受损细胞恢复 |
| 胱氨酸 | 防止毛发变细，促进毛发生长 |
| 酪氨酸 | 防止毛发变白 |
| 对氨基苯甲酸 | 促进毛发生长，促进毛母细胞活性 |
| 大蒜提取物 | 促进血液循环，促进毛发生长 |
| 人参提取物 | 促进毛发生长，活血 |
| 胎盘提取物 | 促进毛发生长 |

### 三、白发的营养膳食

#### （一）白发的概述

　　白发（canities）是毛发全部或部分变白的现象，可分为少白头和老年性白头两类。少白头又分为先天性少白头和后天性少白头。前者往往一出生就有白发或头发比别人白得早，除头发变白外无其他异常表现，常有家族遗传史；引起后天性少白头的原因很多，有营养不良的因素，如缺乏蛋白质、维生素及某些微量元素（如铜）等，某些慢性消耗性疾病（如结核病）、一些长期发热的患者、垂体或甲状腺疾患等疾病，要么影响机体营养状况，要么通过影响色素细胞产生色素颗粒的能力而导致头发过早变白；有些青年人在短时间内头发大量变白则与过度焦虑、悲伤等严重精神创伤或精神过度疲劳有关。

　　白发出现的状况在青少年和老年也有一定差异。在青少年或青年时发病，最初头发有稀疏散在的少数白发，大多数首先出现在头皮的后部或顶部，夹杂在黑发中，呈花白状，随后白发可逐渐或突然增多，骤然发生者与营养障碍有关。而老年性白头常从两鬓角开始慢性向头顶发展。数年后胡须、鼻毛等也变灰白，主要是因为黑色素细胞中酪氨酸酶活性进行性丧失，而使毛干中色素消失所致。灰发中黑色素细胞数目正常但黑色素减少，而白发中黑色素细胞也减少。

#### （二）白发的营养保健

##### 1. 多摄入含铁和铜的食物

　　近年来科学家研究发现，头发的色素颗粒中含有铜和铁的混合物，当黑色头发含镍量增多时头发就会变成灰白色；金黄色的头发中含有钛；赤褐色的头发中含有钼；棕红色的头发中除含有铜外还含有钛。由此可见，微量元素与头发的颜色有密切关系。含铁多的食物有动物肝、蛋类、黑木耳、海带、大豆、芝麻等。含铜多的食物有动物肝脏、肾脏、甲壳类、坚果类、葡萄干和干豆等。

##### 2. 要注意B族维生素的摄入

　　医学家现已确认，缺乏维生素$B_1$、维生素$B_2$、维生素$B_6$也是造成少白头的一个重要原因，为此，应增加这类食物的摄入，如谷类，豆类，干果，动物肝脏，心脏，肾脏，乳类，蛋类和绿叶蔬菜等。

##### 3. 多摄入富含酪氨酸的食物

　　黑色素的形成过程是由酪氨酸酶氧化酪氨酸而成的。也就是说，黑色素形成的基础是酪氨酸。如果酪氨酸缺乏也会造成少白头。因此，应多摄入含酪氨酸丰富的食物，如鸡肉、瘦牛肉、瘦猪肉、瘦羊肉和兔肉等。

　　此外经常吃一些有益于养发乌发的食物，如粗粮、豆制品、新鲜蔬菜、水果、海产品、鸡蛋等食物，增加合成黑色素的原料。中医认为"发为血之余""肾主骨，其华在发"，主张多吃补肾的食品以乌发润发，如核桃、黑芝麻、黑豆、黑枣、黑木耳等。这些食物中都含有丰富的蛋白质及头发生长和健美所需要的微量元素。

## 四、黄发的营养膳食

### （一）毛发枯黄的病因

西医学认为，头发枯黄的主要病因有：甲状腺功能低下；高度营养不良；重度缺铁性贫血和大病初愈等，以上病因均可导致机体内黑色素减少，使乌黑头发的基本物质缺乏，黑发逐渐变为黄褐色或淡黄色。另外，经常烫发、用碱水或洗衣粉洗发也会使头发受损发黄。

### （二）黄发的类型及营养养护

1. 营养不良性黄发

营养不良性黄发主要是高度营养不良引起的。这种类型的人应注意调配饮食，改善机体的营养状态。宜多食鸡蛋、瘦肉、大豆、花生、核桃、黑芝麻等食品，这些食品除含有大量的动物蛋白质和植物蛋白质外，还含有构成头发主要成分的胱氨酸及半胱氨酸，是养发护发的最佳食品。

2. 酸性食物黄发

酸性食物黄发主要是由于食物中碱性的成分不足而引起身体体液的酸化，除与身体疲劳和精神过度紧张有关外，还由于常年过食甜食和脂肪类食物，使体内代谢过程中产生的乳酸、丙酮酸、碳酸等酸性物质滞留，从而产生酸毒素。这种类型的人宜减少动物蛋白、甜食和脂肪的摄入量，多食藻类、乳类、蔬菜、水果等食物。

3. 缺铜性黄发

在头发生产色素过程中缺乏酪氨酸可使头发变黄，它是一种含铜需氧酶，体内铜缺乏会影响这种酶的活性，这种类型的人宜多选用含铜丰富的食品，如口蘑、海米，红茶、花茶、砖茶、榛子、葵花子、芝麻酱、西瓜子、绿茶、核桃、黑胡椒、可可、动物肝脏等。

4. 辐射性黄发

长期受射线辐射，如从事电脑、雷达以及X光等工作者可出现头发发黄。这种类型的人应注意补充富含维生素A的食物，如猪肝、蛋黄、乳类、胡萝卜等；宜多吃能抗辐射的食品，如紫菜、高蛋白质食物以及绿茶等。

5. 功能性黄发

功能性黄发主要原因是精神创伤、劳累、季节性内分泌失调、药物和化学物品刺激等导致机体内黑色素原和黑色素细胞生成障碍。这种类型的人宜多食海带、黑芝麻、苜蓿菜等。

6. 病原性黄发

因患有某些疾病，如甲状腺功能低下、缺铁性贫血和大病初愈，都能使头发由黑变黄，除积极治疗原发病外，宜多吃黑豆、核桃仁、小茴香等食物。

另外，可选用补肾健脑、益精养血类中药，如熟地、枸杞、淮山药、何首乌、桑葚、黄精、肉苁蓉、女贞子、芡实、动物内脏等。

## 五、脱眉的营养膳食

眉毛的粗细和浓淡与性别、年龄、营养状况等有密切关系。一般女性的眉毛细而淡，男性眉毛粗而浓。眉毛的平均生长期150d左右。因此，眉毛的自然脱落属于生长期正常生理现象。但也有其他因素而导致的脱眉，如甲状腺功能低下、二期梅毒、脑垂体前叶功能减退、体内缺锌等因素。还有由于长期处于精神紧张、焦虑状态引起脱眉，这些都属于不正常现象。除根据病因积极治疗外，还可以用饮食来调治脱眉。

### 1. 吃富含碘的食物

微量元素碘可以刺激甲状腺分泌甲状腺素，使甲状腺功能恢复正常。因甲状腺功能低下而造成的脱眉者，可多吃些富含碘的食物，如海带、紫菜、海参。

### 2. 吃含锌的食物

当体内缺锌时，毛囊减少，皮下胶原组织密度降低，造成脱眉。应多吃富含锌的食物，如坚果、粗粮、动物肝脏、瘦肉、牡蛎、牛乳、豆类、干果、蛋类及其制品等。

### 3. 摄入含铜食物

脱眉与铜元素缺乏有关，缺铜会使毛发生长停滞或脱落。故应多吃富含铜的食物，如坚果类、海产类、谷类、干豆类及动物肝脏等。

### 4. 补充铁质

据测定，脱眉者人体内含铁量低。因此，应多吃含铁丰富的食物，如蛋类、黑木耳、海带、芝麻、豆类、动物肝脏、油菜和芹菜等。因铁质在酸性环境中容易被吸收，维生素C能促进铁的吸收。所以在食用含铁丰富食物的同时，应适当多吃些山楂、大枣、番茄、青菜等。

## 六、多毛症的营养膳食

### （一）多毛症的概述

多毛症（hypertrichosis）是指女性性征毛发与其同种族同年龄者相比生长过盛，变粗、变黑。主要表现在上唇、下颌、耳前、乳晕、胸部、上腹部、上背部，毛发分布呈男性化倾向，严重影响女性的容颜。种族、年龄、性别、营养、气候及情绪等都可以影响毛发的生长情况。多毛症需要与毛发过多区分。它们的产生原因不同，处理也有差异。不过得了女性多毛症的人，早期的症状可能就是毛发过多，使人难以分辨；而只有毛发过多并呈进行性发展或突然增多时才属于女性多毛症。

根据病因不同，多毛症可分为雄性激素依赖性和雄性激素非依赖性两类。

### 1. 雄性激素依赖性多毛症（hirsutism）

（1）特发性多毛症　又称体质性多毛症，大多数属于此类。病因多不明确，与皮肤对雄性激素敏感性增加和（或）雄性激素生成中度增多有关。

（2）卵巢疾病　常见有多囊卵巢综合征（polycystic ovarian syndrome，PCOs），此外卵巢滤泡膜细胞增殖症、男性化、卵巢肿瘤等也可引起多毛症。

（3）肾上腺疾病　皮质醇增多症、先天性肾上腺皮质增生症。

（4）外源性雄性激素　同化类固醇、达那唑、绝经期妇女激素替代治疗中所含的雄性激素亦可致多毛。

（5）绝经期多毛症　常见于须部多毛，由于女性绝经期雌性激素水平下降而雄性激素水平相对增多所致。

2. **雄性激素非依赖性多毛症**（hypertrichosis）

（1）医源性多毛症　此类最为常见，长期或大量应用糖皮质激素、孕激素、苯妥英钠、环孢菌素、米诺地尔（长压定）、二氮嗪等可使患者出现多毛现象。

（2）内分泌疾病　肢端肥大症形成期可出现毛发增多，甲状腺功能减退患者四肢伸侧及背部毳毛增多，甲状腺功能亢进症胫前黏液性水肿区可出现多毛。

（3）其他疾病　神经性畏食、吸收不良、迟发性皮肤卟啉症等可伴多毛。

多毛的程度轻重不一，对美容的影响很大。毛发增多常从下腹部、乳房、上唇开始，严重者可出现上背部、上腹部和胸上部多毛。多毛常伴有皮肤多脂和痤疮，是由于与毛囊相关的皮脂腺也对雄性激素敏感所致。

**（二）多毛症的营养保健**

对于多毛症的患者，首先要找专业医生进行原发病变的治疗。同时可以进行必要的美容治疗，脱毛疗法有以下两种。①暂时性脱毛法：包括剃除法、镊除法、脱毛膏去除法、蜡脱毛等。②永久性脱毛法：目前最先进、最可靠的是激光脱毛法，根据选择性光热作用的原理达到治疗的目的。因此，可以用激光精确地、选择性地瞄准毛囊去除毛发。另外，永久性脱毛还有高频电针电解法、电镊式脱毛机脱毛法。对特发性多毛症，中药治疗有一定疗效。伴皮肤损容病变者可进行相应的美容护肤处理。

营养保健方面，主要应做到膳食结构合理，清淡饮食，少食油腻、辛辣食物及过量饮酒，增加膳食纤维的摄入，以预防便秘。多摄入含生物类黄酮的食物如大豆等。另外矫正生活方式，调适心情，避免熬夜、愤怒、抑郁、焦虑等不良情绪。

# 第三节　毛发的护理

毛发一旦受损，很难完全恢复，头发护理的目的在于预防头发损伤。减少头发损伤的方法，应避免损伤头发的有害因素，同时使用优质、合适的洗发、护发产品进行护理，减少头发表面的摩擦力，降低头发上的静电作用，从而保持毛小皮及毛皮质的完整性。

## 一、避免头发受物理、化学、热及日光损伤

（1）头发的牵拉和摩擦是头发损伤的常见物理因素。因此，应选用梳齿密度大的梳

子梳头，以减少摩擦力及对头发的拉伸力；不逆向梳理头发，不应频繁、过度、暴力地梳理头发。

（2）劣质的洗发护发产品、烫发剂、染发剂、漂白剂等化学用品中化学成分常导致头发的含水量降低，弹性、韧性减弱，容易断裂。因此，应避免使用劣质的护发产品，避免经常使用烫发剂、染发剂、漂白剂等。

（3）高温常使头发干燥脆弱，易断裂。因此，日常生活中应少用电吹风，尽量让头发自然吹干；不要过度烫发、拉直头发等。

（4）紫外线不仅引起头发脆弱变干，还会引起头发褪色。因此，应尽量避免日光长时间照射头发，同时加强头发的防护，如户外活动时戴帽子、使用护发的防晒产品、加强日晒后头发的修复。

## 二、选择合适的护发产品

### 1. 洗发

英语中"香波（shampoo）"泛指用于清洁头发和头皮的产品，该词来源于印第安语中的"champoo"，后者的原意是指搓揉、按摩。洗发与洗手和刷牙一样，已经成为现代生活中人们的常规卫生措施，香波的使用频率随着卫生及生活水平的提高而增加。香波是由10～20种化学成分组成的复杂混合物，这些成分主要分为三类清洁基质、"活性"成分及赋形剂，其中，表面活性剂是香波清洁基质的主要成分，也是香波中具有清洁作用的主要成分，根据亲水基的不同可分为阴离子型表面活性剂、阳离子型表面活性剂、两性表面活性剂及非离子型表面活性剂。

表面活性剂含亲水性基团及亲油性基团的物质，在洗发过程中，亲油性基团的尾部与皮脂或其他油污结合，而亲水性基团的头部则留在水中，削弱污物与头发及头皮之间的物理化学连接，进而将共分离转移至水性介质中清除。使用较多的表面活性剂有烷基硫酸盐（alkyl sulfates）和烷基硫酸盐（alkyl ether sulfates），它们起泡和清洁能力较强，且对皮肤和眼睛的刺激较小，价格也较合理。它们可与其他敏感性皮肤耐受性更高，但起泡较少的阴离子表面活性剂相结合，如烷基醚羧酸盐，或烷基磺基丁二酸盐。

适于中性发使用的香波：主要功能在清洁，并具有一定的温和护发功效。

适于油性发使用的香波：具有特别温和的洗发成分，能对头皮起保护作用，但不含护发成分，否则会使头发难以处理，其主要成分为抗微生物和使头发表面产生轻微毛糙的植物浸膏，这种浸膏令头发油脂分泌正常，有阻止头发洗涤后又很快黏结的作用。

适于干性和开叉头发使用的香波：主要含焗油成分，如含水羊毛脂、磷脂酰胆碱以及能使头发柔软光滑的合成黏合物，可以黏合鳞片中的裂痕，令头发顺滑易梳并具有修补功能。

去屑洗发香波：含某些洗涤成分，可将头皮上将要脱落的皮肤碎屑分离出来，阻止新的头屑产生，并有杀菌止痒功效。

2. 护发

护发素（conditioner）是最有效的头发护理用品，其基本功能是使头发表面光滑、滋润、易梳理，保持头发柔软且有弹性，以及防止或减少头发的静电现象发生。

护发素的主要成分包括水、有机酸、脂肪化合物及其衍生物、硅酮类化合物、阳离子表面活性剂等。

（1）有机酸　是护发产品的经典试剂，使头皮及头发的pH恢复正常水平，溶解皂类沉积物并中和碱离子，使头发恢复柔顺光泽，此外酸性漂洗可使蛋白质沉淀，防止纤维降解产生的氨基酸清除，恢复头发的弹性和韧性。

（2）脂肪化合物及其衍生物　脂质是毛发重要的化学组成成分，其中皮脂占主要比例。头发内部的油脂具有抗溶剂萃取特性，包括游离脂肪酸、蜡酯、神经酰胺、碳氢化合物、游离胆固醇及甘油三酯。主要的脂肪酸是18-甲基二十（烷）酸（18-MEA），被认为以共价键和毛小皮的蛋白质相连。烫发及日光照射可使头发内部脂质降解。

给头皮提供恰当的脂肪物质来补偿脂肪成分的缺失，能使头发显得柔软和有光泽而受到赞誉。合成或植物衍生的神经酰胺能恢复受损毛小皮的完整性，重建其保护功能，神经酰胺存在于毛小皮的重叠鳞片中，使其连接更加黏附紧密，免于遭受物理和化学损害。

（3）硅酮类化合物　护发素中的硅酮类表面张力极低（16～20mN/m），可以均匀覆盖在头发表面，使头发表面变得平整光滑、富有光泽。

（4）阳离子表面活性剂　角蛋白中酸性基团的微弱优势使头发拥有阴离子聚合物的性质。头发受损时，例如，漂浅或强烈暴露于阳光下，由于胱氨酸连接被氧化破坏，头发变得富含游离的酸性磺酸基基团，是一种使头发表面具有强阴离子化合价的强酸。阳离子表面活性剂对于带有阴离子位点的受损头发纤维有高亲和力，通过电化学连接把脂链薄膜固定在头发上起到润滑作用，使头发即刻恢复柔顺及舒适感，在潮湿的头发上效果更为显著。

使用护发素时，先用香波洗发并冲洗干净后，将适量护发素挤在手中，均匀搓开，涂抹于发尖而不是头皮，最多放置1～2min，后用清水冲洗15～30s即可。使用量视头发的长短程度和发质而定，一般短发使用4～5mL/次，中长发使用6～8mL/次，长发使用12～15mL/次甚至更多，头发有严重受损、分叉现象可适当增加使用量，并对发梢进行加强护理。

3. 定型

在洗发、护发的基础上，创造优美的发型，也是美发过程中的一个重要环节，头发定型剂是依靠有数的固形物附着在头发上，形成一层坚硬的薄膜，以保持要求的发型，达到美发目的，一般的主要原料有聚乙烯吡咯烷酮（PVP）、乙烯吡咯烷酮/马来酐共聚物（PVP-PA）、聚乙烯甲醚顺丁烯二酸共聚体（PVM-MA）、虫胶或紫胶和醋酸乙烯酯丁烯酸的共聚物。通常，这些薄膜形成物溶于乙醇。除了薄膜形成物和喷射剂外，产品中往往还含护发的成分，如羊毛脂及其衍生物、硅酮、烷烃醇胺、蛋白质、紫外线吸收剂、香料等，头发定型剂主要有两大类：摩丝、发胶。

摩丝：如果头发易起静电，需要初步定型，或者需要简单保持头发卷曲度，可以选择这种产品，使用时最好先将头发轻微打湿，分成细缕，把摩丝挤在扁梳上，然后按照头发的走势均匀涂抹，使用后会使头发蓬松，有弹性。

发胶：是造型的关键产品，通常呈凝胶状，可以细致地"雕塑"发型，做出拉、推、卷、伏等局部形状，头发可塑性增强。发胶适合任何长度、任何卷曲度的头发，由于它格外擅长维持较伏贴的发型，因此适合在线条明快、棱角分明的造型中使用。使用时最好先将发胶挤在手掌上，然后均匀涂抹在半干的头发上，造型后再自然风干。

4. 头皮屑与脂溢性皮炎的护理

（1）皮脂溢出　正常情况下，头皮高度活跃的皮脂腺持续不断地制造大量皮脂并铺展至头皮表面。皮脂与头发接触使其变得油腻。皮脂溢出（seborrhea）引起的一系列改变包括：头发迅速地变油腻，并黏结成簇，过量的皮脂压塌头发，导致发型不能持久；灰尘及污染物在油腻的头发上积聚，使头发很快变脏；皮脂发生过氧化反应，产生难闻的气味。

常用的治疗成分包括硫、含硫氨基酸、焦油及植物提取物，由于效果不肯定，缺乏足够的证据支持或安全问题，在很多国家已逐步减少应用。至今还没有有效的外用制剂能从根源上控制或降低皮脂的产生。

（2）头皮屑与脂溢性皮炎　头皮屑（dandruff）是一种头皮的良性鳞屑性疾病。虽然从医学上很难被视为一种疾病，但头皮屑的存在对于人们的社交、工作和生活有着显著的影响。头皮屑的患病率高达50%，其发病与性别或种族无关。脂溢性皮炎（seborrheic dermatitis）是一种常见的慢性浅表性炎症性皮肤病，特征为红斑基础上的黄色油腻性鳞屑，可见于头皮、面中部及前胸等，好发于3个月内婴儿及30～60岁中老年，人群中的发病率约5%，对患者外观形象造成较大的影响。二者均以头皮为主要发病部位。

马拉色菌（malassezia）在头皮屑和脂溢性皮炎病因学中的核心作用已被公认，其数量在头皮屑和脂溢性皮炎患者中明显增多，与皮脂的关系密切，皮脂为定植于头皮的菌群提供营养，马拉色菌在体内外均显示出高度的脂质代谢能力，消化皮脂中的甘油三酯，释放能渗透角质层的油酸，从而导致过度增殖、角化不全及皮脂分泌。

根除或控制头皮中的马拉色菌可有效地减轻瘙痒并减少鳞屑生成，是治疗头皮屑及脂溢性皮炎最重要且最简单的方法。可采用抗真菌治疗，大多数有效的抗真菌成分主要加入香波中，某些抗真菌成分亦是细胞生长抑制剂，如吡罗克酮乙醇胺盐（piroctone olamine）可以降低角质细胞更替速度。一些药物香波中还含有角质剥脱剂，通常为水杨酸，以去除鳞屑。过去也使用煤焦油，但现在许多地区和国家包括欧洲和日本已经不再允许使用。

# 第九章
# 祛斑与营养膳食

色斑是指由于黑色素细胞增加而出现的皮肤色素沉着，好发于面部，呈黄褐色或黑色。色斑的形成原因比较复杂，如日晒、遗传因素、激素分泌失调、化妆品使用不当等都能导致色斑的产生。

## 第一节　黄褐斑与营养膳食

### 一、黄褐斑的定义

黄褐斑是一种发生于面部的色素增生性皮肤病，因其常见于妊娠3～5个月，故又称妊娠斑。又因其状似蝴蝶，颜色类似肝脏的褐色，所以又称蝴蝶斑和肝斑。

黄褐斑好发于面部，特别是双颊部、额部、鼻部和口周等部位，一般对称出现，有的单侧发生，表现为大小不等、形状不规则的片状淡褐色或黄褐色斑，边缘清楚或不清楚，互相融合连成片状，表面光滑，无鳞屑。

临床上将黄褐斑分为三种类型：

（1）面部中央型　最为常见，皮损分布于前额、颊、上唇、鼻和下颏部。

（2）面颊型　皮损主要位于双侧颊部和鼻部。

（3）下颌型　皮损主要位于下颌及颈部V形区。

### 二、黄褐斑的病因

引起面部黄褐斑的原因多而复杂，与如下因素有关。

（1）妊娠　孕期机体分泌大量的孕激素、雌性激素，致使皮肤中的黑色素细胞的功能增强，黑色素生成增加。孕妇常在妊娠3个月后出现黄褐斑，大部分人会在分娩后月经恢复正常时逐渐消退。

（2）机体的慢性消耗性疾病　如结核、慢性肝肾疾病、慢性胃肠疾病、肿瘤等会导致酪氨酸酶活性增强，黑色素产生增多，而机体在疾病的影响下排出黑色素的能力减弱，黑色素不能及时排出到体外，则在面部产生黄褐斑。

（3）长期应用某些药物　如口服避孕药、苯妥英钠、冬眠灵等均可诱发黄褐斑。

（4）日晒　紫外线照射可提升酪氨酸酶活性，使黑色素生成增多，从而引起颜面部色素沉着。

（5）化妆品使用不当　一些化妆品中锌、铅等重金属含量超出正常的标准，皮肤吸收后激发酪氨酸酶的活性，使黑色素的合成增多而产生黄褐斑。如果盲目使用功效性祛斑类产品，会刺激皮肤引起炎症后的色素沉着。

（6）其他　空气污染、粉尘、手机和电脑的电磁辐射、心理因素及过度疲劳都可以导致皮肤的抵抗力下降而引起黄褐斑。

### 三、黄褐斑的营养膳食

调理时，在祛除可能的诱发因素和治疗原发病的同时，要注意科学合理膳食。

（1）多食用维生素C含量高的食物　维生素C可以抑制酪氨酸酶的活性，减少黑色素的生成，维生素C还是强效的抗氧化剂，具有较强的还原能力，可以加速黑色素还原。富含维生素C的食物有柠檬、猕猴桃、山楂、枣、番茄等。

（2）多食用谷胱甘肽含量高的食物　谷胱甘肽是人体内重要的抗氧化剂和自由基清除剂，可以与自由基、重金属等结合，对机体有害的毒物转化成无害的物质，排出体外。富含谷胱甘肽的食物有番茄、西瓜、大蒜、鱼、虾、羊肉、淀粉及动物肝脏等。

（3）多食用蛋白质和铁含量高的食物　蛋白质是构成机体组织细胞的最基本物质，机体蛋白质的含量影响着细胞的形成和皮肤的再生。铁是身体中重要的微量元素，与蛋白质结合生成血红蛋白，血红蛋白在机体中有运输氧气、改善微循环、提高皮肤免疫力、减少色斑生成的作用。富含蛋白质和铁的食物有猪肝、瘦肉、蛋黄和绿叶蔬菜、胡萝卜、枣、蛤蜊以及虾米等。

（4）多食用维生素A、维生素E含量高的食物　维生素A能维持皮肤组织细胞正常的生理功能，保证汗腺和皮脂腺等腺体的正常分泌排泄，使皮肤柔软、光滑、白皙，抑制色斑的产生。维生素E具有抗氧化作用，可促进维生素A的吸收，并能与维生素C起到协调作用，增强皮肤的免疫功能，减少色斑的形成。富含这些成分的食物有胡萝卜、菠菜、乳制品、花生、豆类、玉米油、麦胚油、花生油等。

# 第二节　雀斑与营养膳食

雀斑是好发于面部的一种针尖至米粒大小的棕褐色点状色素沉着病，因其皮损与雀卵上的斑点相似，故称为雀斑。雀斑一般首发于3～5岁，随着年龄增长加重，女性患者居多，好发于面部，特别是鼻和两颊部，手背、肩部亦可发生。夏季日晒后加重，冬季变浅。

### 一、雀斑的病因

（1）遗传　雀斑患者一般都有家族史，染色体遗传是雀斑的主要成因，大部分会在5岁左右出现，青春期加重。

（2）激素水平　雀斑在青春期、月经期、妊娠期时明显加重，是因为此时体内性激素水平的变化，影响黑色素的产生。

（3）紫外线照射　日光中的紫外线照射是雀斑形成的重要原因，紫外线可以激发皮肤基底层的酪氨酸酶的活性，加速黑色素的生成，使斑点增多，颜色加深。

（4）生活习惯问题　压力、吸烟、睡眠不足等不良生活习惯及手机、电脑的电磁辐射都会令黑色素增加。各种因素会影响皮肤的代谢，产生或加重色斑。

## 二、雀斑的营养膳食

（1）多吃富含维生素C和维生素E的食物　因为维生素C能抑制酪氨酸酶的活性，减少黑色素生成。维生素C还是强效的抗氧化剂和黑色素还原剂。维生素E有很强的抗氧化作用，可减少色斑的生成。富含维生素C和维生素E的食物有柠檬、猕猴桃、青椒、黄瓜、菜花、西蓝花、山楂、枣、番茄、麦胚油、玉米油等。

（2）忌食光敏性食物及药物　光敏性食物进入人体经消化吸收后，所含的光敏性物质会进入皮肤，在日光的照射下发生反应，进而引起裸露皮肤表面出现红肿、丘疹等症状，影响皮肤的正常代谢而使色斑加重。光敏性食物有莴苣、茴香、芹菜、菠菜、香菜、无花果、杧果、菠萝、螺类、虾类、蚌类等。

（3）防晒　平时应避免过度的日光暴晒，外出时应注意遮阳和使用防晒霜。

（4）其他　养成良好的生活习惯和保持舒畅的心情。

# 第三节　老年斑与营养膳食

老年斑是老年人常见的一种损容性皮肤疾病，俗称"长寿斑"，与皮肤组织老化有关色斑大小不等、形状不一，呈淡褐色、深褐色或褐黑色的斑点或斑块，主要分布于颜面部、手背及颈部等处皮肤，常见于50岁以上的中老年人。

## 一、老年斑的病因

老年斑形成的原因虽不明确，但普遍认为是一种衰老性皮肤病，人体在代谢过程中，会产生一种叫作"游离基"的物质，即脂褐质色素，这种脂褐质的极微小的棕色颗粒在人体的皮肤表面聚集，形成老年斑。人在青壮年时期体内会大量产生中和自由基的抗氧化物质，因此自由基对细胞的危害不大。然而，随着年龄的增长，体内的自由基不断增加，机体的氧化功能逐步减退，过量的自由基就会对皮肤的正常生理功能造成破坏，从而加速皮肤的衰老，使色素沉着，形成老年斑。

老年斑无自觉症状，一般不需要治疗，但解剖学发现，老年斑不只长在人的皮肤上，内脏也可长老年斑，只是常人没看见而已。老年斑聚集在血管壁上，使血管发生纤维性病变，从而引起高血压、动脉硬化；老年斑长在胃肠道，致消化功能减退；老年斑长在心脏上，影响心脏正常的收缩功能，引发心脏病。因此，皮肤上出现老年斑，会给老年人增加一定的心理压力。其实，通过生活中一些简便的食疗方法和防护措施，就可以有效地减少和治疗老年斑。

## 二、祛老年斑的营养膳食

（1）多吃富含维生素E的食物　维生素E具有抗氧化作用，能阻止脂褐质生成，并有清除自由基功效。富含维生素E的食物有植物油、谷类、豆类、绿叶蔬菜、花生、杏仁、麦胚、核桃、榛子等。

（2）多吃富含半胱氨酸的食物　半胱氨酸是一种强还原剂，能够有效还原表皮下的黑色素，消除已经生成的色素沉着。富含半胱氨酸的食物有洋葱、大蒜、菜花、甘蓝、家禽、酸乳、蛋黄、红辣椒、燕麦和小麦胚芽等。

（3）适量减少脂肪的摄入　老年人细胞代谢的功能减弱，抗氧化的维生素又吸收相对不足，如果再摄入过多的脂肪，体内就容易形成过氧化物，过氧化物在铁、铜离子的作用下，可转变成脂褐素沉积在皮肤表面，形成老年斑。

（4）防晒　平时应避免长时间的日光暴晒，外出时注意使用防晒霜和遮阳。

（5）养成良好的生活习惯和保持舒畅的心情　戒掉不良的生活习惯，如抽烟、饮酒、熬夜等，注意少吃辛辣、刺激性食物。

# 第四节　痣与营养膳食

痣包括各种先天性、后天性黑素细胞痣、皮脂腺痣等。医学上的"痣"是狭义的，又称痣细胞痣、色素痣、黑素细胞痣或普通获得性黑色素细胞痣，不包括先天性黑色素细胞痣。痣为人类最常见的良性皮肤肿瘤，是表皮、真皮内黑色素细胞增多引起的皮肤表现。根据痣细胞在皮肤内的位置不同，可将其分为交界痣、混合痣和皮内痣。扁平皮损提示为交界痣，略高起皮损多为混合痣，而乳头瘤样皮损和几乎所有半球状和带蒂皮损为皮内痣。痣可因多种原因造成，暂无定论。一般认为痣的发生与遗传因素、生活因素和身体的健康状况有关，包括紫外线、身体的内分泌、自由基等。

本节以Becker痣为例。Becker痣又称为贝克痣、色素性毛表皮痣，本病好发于幼年至青春期男性，随年龄增长而逐渐发展，成年后一般稳定不变。临床表现为肩胛及胸部出现淡褐色或深褐色非浸润性不规则的色素沉着。一般在Becker痣出现1~2年后病变皮肤内出现体毛增粗，也有少数只表现为体毛少量增多或无变化，痣的中心皮肤会出现纹理增粗、棘层肥厚，一部分患者可伴发立毛肌、平滑肌瘤。日晒后颜色明显变深。

## 一、痣的起因

该病病因尚不明确，但研究表明，Becker痣是雄性激素依赖性皮肤病。患侧乳房一般会出现发育不良，服用螺内酯（抗雄性激素受体药）后，患侧乳房明显丰满增大，健侧无改变，所以更加明确本病与雄性激素有关。本病如无自觉症状可不治疗，仅有5%左右的患者可有轻度痒感。

## 二、痣的营养膳食

（1）增加富含维生素E食物的摄入　维生素E又称为生育酚，能调节激素的分泌，活化垂体，改善激素分泌失常，对抗紫外线和污染物的侵害，促进血液循环，改善皮肤弹性，维生素E在绿叶蔬菜、花生仁、杏仁、麦胚、核桃、榛子及植物油中含量丰富。

（2）适量补充高蛋白质饮食　蛋白质是构成生命的最基本物质，机体里的组织、细胞都含有蛋白质，经常食用富含蛋白质的食物可以促进新陈代谢，维持组织、细胞的正常生理功能，保持皮肤弹性。蛋白含量高的食物有豆类、肉类、鱼类等。

（3）以高维生素食物为主　B族维生素参与物质代谢与合成，帮助其他营养素发挥作用，能够缓解患者的压力和紧张情绪。富含B族维生素的食物有小麦胚芽、火腿、黑米、牛肝、鸡肝、牛乳、鱼、豆类、蛋黄、菠菜、香菇、干酪、坚果类等。维生素C能够促进胶原蛋白的合成，巩固结缔组织，维持肌肉和皮肤的健康。维生素C富含于猕猴桃、杧果、草莓、柑橘、柠檬、番茄、白菜等蔬菜和水果中。

（4）其他　注意防晒，养成良好的生活习惯和乐观的生活态度，注意休息，劳逸结合。

（5）具有祛斑功效的典型配料　见表9-1。

### 表9-1　具有祛斑功效的典型配料

| 典型配料 | 生理功效 |
| --- | --- |
| γ- 亚麻酸（GLA） | 调节血脂，美容，护肝，增加免疫，降压 |
| 维生素 E | 清除自由基，抗衰老，美容，抗肿瘤 |
| 超氧化物歧化酶（SOD） | 清除自由基，抗衰老，美容，解毒 |
| 维生素 C | 清除自由基，抗衰老，美容，增加免疫 |
| 芦荟提取物 | 美容祛斑，活血化瘀，加速血液循环 |
| 膳食纤维 | 促进新陈代谢，减少色斑生成 |
| 葡萄籽提取物 | 清除自由基，抗过敏，抗衰老，美容，改善视力 |
| 绿茶提取物 | 抗氧化，抗衰老，抗癌，抗突变 |
| 珍珠粉 | 美白祛斑，增加免疫，抗衰老，补钙 |
| 阿魏酸 | 抗紫外线，清除自由基，抗衰老 |
| 硒 | 清除自由基，抗衰老 |
| 大豆磷脂 | 调节血脂，清除自由基，美容，改善学习记忆力，抗衰老，保护肝脏功能 |
| 枸杞提取物 | 抗衰老，增强免疫，美容 |
| 红枣提取物 | 增强免疫，活血化瘀，美容 |
| 硫辛酸 | 抗衰老，清除自由基，美容 |

# 第十章

# 痤疮皮肤与营养膳食

## 第一节　痤疮概述

痤疮是青春期常见的一种毛囊皮脂腺的慢性炎症性皮肤病，好发于面部、前胸、后背等处，形成多种损害，如丘疹、脓疱、囊肿、结节及瘢痕等。一般青少年时期高发，故俗称"青春痘"。据统计，青少年发病率高达45%～90%，但随着病因的复杂化，我国男性发病率约45.6%，女性约38.5%，患病者的年龄段分布变得广泛。

## 第二节　痤疮的病因

痤疮的发病原因比较复杂，主要包括雄性激素水平升高，毛囊、皮脂腺导管上皮细胞角化异常，局部皮肤微生物炎症反应，皮脂腺分泌亢进及遗传因素等。

（一）雄性激素水平升高

研究表明，部分女性患者循环系统中雄性激素增高，雄性激素主要有睾酮、二氢睾酮及脱氢异雄酮等。在各种雄性激素中，二氢睾酮的生物活性最强，其次为睾酮，而其余的生物活性都较弱。有实验表明，痤疮者皮肤中二氢睾酮的含量较正常皮肤明显升高，所以痤疮的病因与皮肤组织中雄性激素的代谢紊乱有关。

（二）毛囊、皮脂腺上管上囊皮导管上皮细胞角化异常

毛囊、皮脂腺细胞异常的角化可以使皮肤的毛孔堵塞，造成内容物排出不畅而引起局部堆积形成脂栓，分泌物不断地累积形成痤疮。

（三）局部皮肤微生物作用引起的炎症反应

痤疮患者痤疮丙酸杆菌（PA）数量增加，它分离皮脂中的甘油三酯成为游离脂肪酸，能破坏囊壁，使毛囊内容物进入真皮及毛囊周围组织，刺激引起毛囊皮脂腺周围炎症反应，导致一系列痤疮症状。临床发现抗菌治疗后痤疮丙酸杆菌（*Propioni-bacterium acnes*）减少且与痤疮的症状有平行关系。

（四）皮脂腺分泌亢进

痤疮患者局部皮肤皮脂较正常人明显增加，这与雄性激素增多而刺激皮脂腺分泌活跃有关，也给痤疮丙酸杆菌的大量繁殖提供了条件。

### （五）遗传因素

这是引起痤疮发病的重要原因，研究证明，73%的患者的痤疮发生与遗传有关，遗传因素还影响了痤疮的出现年龄、临床分型及病程长短。

### （六）膳食及用药因素

根据临床经验，食物对痤疮的影响并不是绝对的，而是因人而异。摄入过量油腻食物、甜品及辛辣油炸食品，会刺激皮脂腺分泌活跃而引发痤疮。此外，各种酒类都含有不同浓度的酒精，酒精会使血管扩张，血液被大量送往皮脂腺，促使皮脂腺分泌过多，因喝酒使血管长期处于扩张状态，会引起面部泛红，皮脂过多，从而加重痤疮。

有些药物本身含有刺激性的毒素，如果长期使用，会使毒素积聚在皮肤组织内，促使痤疮的情况恶化，如含溴化物、碘化物的药品。还有些药物内含有的性激素也会对痤疮的发生起到催化作用，使痤疮的症状更加严重。

长期使用含有激素的化妆品，会使皮肤变薄、毛囊萎缩，毛细血管扩张，皮肤抵抗力下降。毛细血管扩张后，血管的通透性增强，血管内的大分子物质容易漏出，容易引发过敏症状，发生感染和炎症。护肤品，特别是化妆品，往往造成毛孔堵塞，引发痤疮，有的清洁产品含刺激成分，也会引发痤疮。如牙膏中所含的氟化物会刺激皮肤，使皮肤增厚，增厚的死皮如不能及时脱落，则会阻塞毛孔，产生痤疮。

### （七）环境因素

生活或工作环境污染较严重，环境过热或潮湿会加重痤疮病情。由温度和湿度相对较低的地方转到温度和湿度较高的地方，也容易出现痤疮，原因是皮肤油脂分泌增多后，新陈代谢仍维持原来的水平，皮脂出现堵塞，痤疮便出现了。所以，换季或者出差在外时容易长痤疮。此外，过多的日晒不仅使油脂分泌增多，而且日晒量过大会造成角质增厚，即使油脂分泌较少，如干性肌肤，但如角质层积累得太多，堵塞了毛孔，痤疮也会"闷"出来。

### （八）身体健康因素

#### 1. 胃肠功能障碍或便秘因素

胃肠功能发生障碍容易引起便秘，使食物在肠道内腐败，产生的毒素被肠、胃吸收后，对身体、皮肤造成毒害，使皮肤新陈代谢缓慢，以至角质增加而引起发炎症状。

#### 2. 肤质

肤质说明了皮肤的油脂分泌、毛孔粗细、角质层厚薄等情况。有的肤质比较容易出现痤疮。油性肤质是最容易出现痤疮的一种肤质。

#### 3. 疲劳

肌肤也有新陈代谢，身体过于疲劳则会扰乱肌肤的新陈代谢。如果肌肤的新陈代谢不顺畅，就很容易引发痤疮。

### 4. 生理期

几乎70%以上的女性在生理期间都会长痤疮。生理期激素分泌发生变化，皮脂分泌更加旺盛，肌肤呈现多油状态，所以痤疮容易出现。

### 5. 精神紧张

精神因素不是引发痤疮的主要原因，但却是一个非常重要的因素。心理压力太大，长时间精神抑郁，经常情绪不稳定，精神紧张，会通过中枢神经系统影响内分泌，造成油脂分泌失调，产生痤疮。

此外，微量元素或维生素缺乏、贫血、肝功能虚弱等，也可能是引起或加重痤疮症状的原因。

# 第三节 痤疮的种类

痤疮的分类方法较多，从痤疮外部皮损症状进行划分，可分为粉刺、丘疹、脓包、囊肿、结节等。根据临床表现又可分为寻常痤疮、聚合性痤疮、恶病质性痤疮、婴儿痤疮、热带痤疮、坏死性痤疮、月经前痤疮、剥脱性痤疮、暴发性痤疮等。近年来，临床上又出现了的士司机痤疮、网虫痤疮等。

根据外观、严重性及病理的原因的不同，大致分为三大类型，原发性粉刺、发炎性痤疮以及续发性粉刺。

## 一、原发性粉刺

### 1. 微粉刺

微粉刺只是毛囊的阻塞和中间轻微膨起，外壳完全看不出来，只有在病理切片下可见到，这是痤疮形成最早的变化。

### 2. 闭锁性粉刺

闭锁性粉刺又称为"白头粉刺"，肉色，1~2mm大小突起。因为毛囊闭锁，从外表看不出毛孔，而且无法借外力挤出内容物，故称为闭锁性粉刺。

### 3. 开放性粉刺

大小约5mm，可以见到比毛孔更为扩张的开口，由于里面填塞了含有黑色素的角质及皮脂代谢物，呈干酪半固体状。粉刺顶端部分呈黑色，故称为黑头粉刺。

黑头粉刺是目前发病率、患者人数最多的一种痤疮，据调查，其发病率在90%以上。黑头粉刺的皮损形态有两种：一种是毛孔粗大，满脸密集成群的小黑头，能挤出前黑、中黄、里白的脂状物，表面虽看不到红肿，但会留下严重的凹洞；第二种是在没有完全形成黑头粉刺之前，患者乱用外用药涂抹或不正确的挤压，继而变成红肿性痤疮，很难治愈，而且往往有胀痛的感觉。由于黑头粉刺从外表看起来病情似乎很轻，容易被忽视，但其发病率高，后遗症严重，缠绵难愈。

## 二、发炎性痤疮

### 1. 丘疹型痤疮

丘疹型痤疮多见于痤疮初起或发病较轻的人。由于粉刺包里的壁破裂或其中的细菌引起发炎，皮损形态以针帽大小的炎性丘疹为主，从外观看起来，是一颗颗又小又红的突起，还会有轻微的疼痛与压痛。面部往往潮红，丘疹呈分散或密集成群分布。这种痤疮主要出现在患者的前额和太阳穴，患者一般年龄较小，年龄大的患者也有，但发病较急，往往一夜之间布满全脸。

### 2. 脓疱型痤疮

脓疱型痤疮皮损形态以绿豆大小的丘疹脓疱为主，从外观看起来有小小黄色的脓头，这是因为发炎反应持续扩大，疼痛感也更为明显。发病部位一般在鼻翼两侧、双眼下方、颧骨等部位，出现在太阳穴的脓疱一般比其他部位的大。发炎细胞与坏死组织形成脓样物，蓄积在丘疹的顶端，脓疱破后流出的脓液较黏稠。但脓液流出而愈合，愈后遗留浅的瘢痕，一般恢复较好。

### 3. 结节型痤疮

当发炎反应严重到某个程度，发炎部位较深时，原本的粉刺内容物就在皮肤当中散布裸露，脓疱性痤疮发展成壁厚、大小不等的结节。在这当中所引起的水肿和幼芽组织反应，都会使痤疮变得又硬又痛，当然也变得很难消除。从外观上看，皮损形态是以淡红色或紫红色，有显著隆起而成半球形或圆锥形的结节为主，其发病部位主要在面和嘴角两侧。男性患者多于女性，一般是患病四年左右出现，但也有急性、短期内发病的患者。这种痤疮触摸较硬，不易挤出脓液，恢复较慢。特点是痊愈后不会留下凹坑，但处理不当会形成增生性瘢痕。

### 4. 脓疡型痤疮

当发炎反应持续进行，大量组织坏死与发炎细胞累积形成皮肤当中的脓疡，甚至会深入脂肪层造成大规模的破损。

## 三、续发性粉刺

### 1. 囊肿

这是一种皮脂腺囊肿。破坏的毛囊壁在脓疡和结节中形成新的壁，从外观上看，皮损以大小不一的囊肿性包块为主，用手可触到皮下有囊状物，内含黏稠分泌物，压之有波动感。囊肿通常会继发化脓感染，破溃后流出带血的胶冻状脓液。这种痤疮主要长在两嘴角外侧和两耳朵根前侧，外部一般呈长条状，恢复慢，愈后不留凹坑，但皮肤易变形。

### 2. 瘘管

瘘管为脓疡新形成的壁与毛囊相连成为互通的瘢痕样组织，有时流出，有时封住，外观不如黑头粉刺平整，有如瘢痕的开孔。

### 3. 囊腔

当多个瘘管与毛囊彼此相通，有如隧道一般时，称为囊腔。此时的治疗就变得更加困难，而且不容易根除。

续发性粉刺通常是因为痤疮发炎太厉害，或者是因为不当的处理方式所引起的，使得原先长痤疮的地方留下后遗症，一旦发炎情况过于严重而侵犯较深层的组织，就会留下色素或瘢痕，甚至形成囊肿、瘘管与囊腔，不容易治疗。

## 四、其他类型

### 1. 萎缩型痤疮

这种痤疮一般发病时间长，愈后皮肤损害较严重，皮损形态是以脓肿、囊肿、溃破后遗留凹陷不平的瘢痕为主。

### 2. 聚合型痤疮

皮损面积大，分布广，反复发作，由数个痤疮结节在皮肤深部聚集融合，颜色青紫，称为融合型或聚合型痤疮，愈后形成瘢痕疙瘩。皮损形态是以脓疱、结节、囊肿、瘢痕等集簇丛生。

### 3. 恶病质型痤疮

这种痤疮常见于长期久治不愈的患者。皮损形态是久病体质极度虚弱、脓肿、结节长久不愈或愈合缓慢。

### 4. 人工痤疮

这种痤疮主要发生在痤疮初期程度较轻时，或者治后恢复期间的患者。人为的用手去做不正确的挤压，会导致皮损加重。

# 第四节 不同年龄层发生的痤疮

### 1. 初生儿痤疮

初生性激素分泌量很高，容易刺激痤疮的生成。不过，这种初生儿痤疮并不常见，也不需要特别治疗，通常会在几个月内自行消退。

### 2. 婴儿期痤疮

这类痤疮多在婴儿6个月大时出现，通常会持续2～3年才消退。研究发现，在婴儿期出现痤疮的人，青春期也会较其他人更易发生严重的痤疮，这可能与个人的先天体质有关。

### 3. 青春期前的痤疮

在青春期的生理发育开始前出现的痤疮以闭锁性白头粉刺为主，在粉刺出现之前，会发现脸上的出油量增加。通常女性长粉刺的时间会比男性早2～3年，而最早出现在鼻头上的粉刺，可能比女性的初潮还早几年。

### 4. 青春期痤疮

这是最常见的痤疮类型，男性的发生率略高于女性，除了闭锁性或开放性粉刺之外，发红化脓的痤疮也经常可见，不仅出现在脸上，前胸、后背、手臂和臀部都是好发的部位。

### 5. 成年期痤疮

成年的女性相对于男性而言，较常出现痤疮问题。多发生在下颌、嘴巴四周以及两侧脸颊下缘，多属于红肿发炎、持久不退的痤疮。由于其成因复杂，在治疗上必须有特别的考虑。

### 6. 老年型痤疮

老年期出现的痤疮与皮肤的退化有关，大部分是由于长期暴晒紫外线所造成的皮肤伤害，在临床上都是一些严重扩张的黑头粉刺，一般出现的年纪在60~80岁，以白种人、男性发生率较高。这些粉刺大多长在眼睛周围，与一般常见的痤疮有很大的不同。

# 第五节　痤疮与营养膳食

### 1. 控制脂肪和糖类的摄入

脂肪和糖类摄入过多，可刺激皮脂腺的分泌，使痤疮加重。

### 2. 保证充足的蛋白质摄入

蛋白质是机体代谢的重要物质，充足的蛋白质摄入可以维持皮肤的正常代谢，保证毛囊、皮脂腺导管的畅通。蛋白质含量多的食物有瘦肉、蛋类、豆类、乳类及鱼类等。

### 3. 多吃富含膳食纤维的食物

摄入富含膳食纤维的食物可以促进胃肠蠕动，吸附肠道中有害的代谢物质以便排出，防止发生便秘。膳食纤维含量高的食物有菜花、菠菜、豆类、胡萝卜、柑橘及燕麦等。

### 4. 多吃富含锌的食物

临床研究表明，痤疮患者血液中锌的水平低于正常人群。人体中的锌参与蛋白质合成，影响细胞的分裂、生长和再生。同时，锌的缺乏还可影响维生素A的代谢和利用，从而加重毛囊、皮脂腺导管的角化异常，最终加重痤疮反应。锌主要存在于海产品、动物内脏中。

### 5. 增加维生素的摄入

维生素A能够调节上皮组织的生长、增生和分化，维持皮肤、黏膜结构的完整和功能的正常，从而改善毛囊、皮脂腺导管的角化异常。B族维生素参与氨基酸与脂肪代谢，可以减少皮脂腺的分泌。活性维生素$D_3$对角质形成细胞的增生、分化有调节作用，并且有一定的抗菌作用，故可用于痤疮的治疗。维生素E对人体性腺分泌有调节作用，同时它还是一种抗氧化剂，保护维生素A免于氧化破坏，增强维生素A的功能。富含维生素的食物有动物肝脏、蛋类、牛乳、花生、番茄、菠菜及胡萝卜等。

6. 减少碘的摄入

碘能够刺激雄性激素分泌，使皮脂腺分泌旺盛，加重毛囊及皮脂腺导管角化过度，导致皮脂排泄障碍而引起痤疮。

7. 其他

平时注意保持皮肤清洁，多饮水，少食用刺激性食物，不喝酒，不熬夜，养成良好的生活习惯。

8. 具有祛痤疮功效的典型配料

具有祛痤疮功效的典型配料见表10-1。

表10-1 具有祛痤疮功效的典型配料

| 典型配料 | 生理功效 |
| --- | --- |
| 维生素 A | 防止毛囊过度角化 |
| 维生素 C | 促进皮肤伤口愈合 |
| 维生素 E | 调节激素分泌，促进皮肤损伤的修复 |
| B 族维生素 | 调理肌肤油脂分泌，滋养肌肤 |
| 超氧化物歧化酶（SOD） | 美容，解毒 |
| 金盏草提取物 | 杀菌，促进伤口愈合，预防痤疮 |
| 洋甘草提取物 | 抗过敏，消炎，促进皮肤损伤的修复 |
| 甘草提取物 | 消炎，预防痤疮 |
| $\gamma$- 亚麻酸（GLA） | 调节血脂，美容，护肝，增强免疫，降压 |

# 第十一章
# 美胸与营养膳食

拥有健美的胸部是每一位爱美的女性梦寐以求的事情，女性胸部健美包括胸肌的发达和乳房的丰满。胸肌发达与否主要与平时的锻炼有关，锻炼可以使胸部更加挺拔；而乳房的丰满与否，除了与遗传因素有关外，更重要的是与日常膳食营养密切相关。饮食丰胸是健康的丰胸方法，长期坚持不仅能美容养颜，还能有效促进乳房的丰满，所以保证均衡的营养与丰胸膳食是不同年龄的女性维持美丽胸部的关键。

## 第一节　乳房概述

### 一、乳房的结构

乳房位于胸部两侧，其位置与年龄、体型及乳房发育程度有关。乳房中央是乳头，少女的乳房挺立，乳头位于第四肋骨间隙或第五肋骨水平。生育后乳房稍下垂，所以乳头的位置也有降低。乳头表面高低不平，上面有乳导管的开口。乳头周围是环状的乳晕，乳晕的颜色因人而异，但怀孕后总是要加深，并且永不褪色。乳晕上又有一些小突起，是乳晕腺。乳房主要由乳腺组织、脂肪组织和纤维结缔组织等构成，纤维结缔组织支撑着柔软的几乎完全由乳腺和脂肪构成的乳房。

（一）乳房的内部结构

1. 乳腺组织

乳腺组织由15～20个腺叶组成，虽然所占比例不大，却是乳房内部的关键构件，毕竟，在生理学上，乳房是作为分泌器官而存在的。腺叶由乳腺导管、乳腺小叶和乳腺腺泡组成。每个腺叶分成数百个乳腺小叶，每一乳腺小叶又由10～100个腺泡组成。这些腺泡紧密地排列在小乳管周围，腺泡的开口与小乳管相连。多个小乳管汇集成分枝乳管，多个分枝乳管再进一步汇集成一根大乳管，又称输乳管。输乳管也是15～20根，以乳头为中心呈放射状排列。汇集于乳晕，开口于乳头。输乳管在乳头处较为狭窄，继之膨大为壶腹，称为输乳管窦，有储存乳汁的作用。

2. 脂肪组织

乳房内最多的是脂肪，它使乳房触觉柔软并赋予乳房形状。乳房的形状也依赖于皮肤的弹性。脂肪组织主要位于皮下，呈囊状包于乳腺周围，填充乳房的其他空间，使乳房向外突出，形成一个半球形的整体。这层囊状的脂肪组织称为脂肪囊。脂肪囊的厚薄可因年龄、生育等原因导致个体差异很大。脂肪组织的多少是决定乳房大小的重要因素之一。

3. 纤维结缔组织

纤维结缔组织分布在乳房表面皮肤下，伸入乳腺组织之间，形成许多间隔，对乳房起固定作用，使人在站立时乳房不致下垂，所以称为乳房悬韧带。

4. 胸肌

乳房大部分位于胸大肌表面，乳房靠结缔组织外挂在胸肌上，胸肌的支撑决定着乳房的走向。通过锻炼能使胸肌增强，托高胸部，而锻炼韧带可以使得胸部更加挺拔。胸肌的增大会使乳房突出，胸部看起来更丰满。

此外，乳房还分布着丰富的血管、淋巴管及神经，对乳腺起到营养作用及维持新陈代谢作用。

（二）乳房的外部结构

1. 乳头

乳头由致密的结缔组织及平滑肌组成。平滑肌呈环行或放射状排列，当有机械刺激时，平滑肌收缩，可使乳头勃起，并挤压乳管及输乳窦排出其内容物。

2. 乳晕

乳晕部皮肤有毛发和腺体。腺体有汗腺、皮脂腺及乳腺。其皮脂腺又称乳晕腺，较大而表浅，分泌物具有保护皮肤、润滑乳头及婴儿口唇的作用。

## 二、乳房的作用

1. 哺乳

哺乳是乳房最基本的生理功能。乳房是哺乳动物所特有的哺育后代的器官，乳腺的发育、成熟，均是为哺乳活动做准备，在产后大量激素的作用及小婴儿的吸吮刺激下，乳房开始规律地产生并排出乳汁，供婴儿成长发育之需。

2. 第二性征

乳房是女性第二性征的重要标志。一般来讲，乳房在月经初潮之前2～3年即已开始发育，也就是说在10岁左右就已经开始生长，是最早出现的第二性征。拥有一对丰满、对称且外形漂亮的乳房也是女子健美、富有女性魅力的重要标志。可以说，乳房是女性形体美的一个重要组成部分。

3. 参与性活动

在性活动中，乳房是女性除生殖器以外最敏感的器官。在触摸、爱抚、亲吻等性刺激时，乳房的反应可表现为乳头勃起、乳房表面静脉充血、乳房胀满和增大等。随着性刺激的加大，这种反应也会加强，至性高潮来临时，这些变化达到顶点，消退期则逐渐恢复正常。因此，可以说乳房在整个性活动中占有重要地位。

### 三、乳房的发育过程

乳房是哺乳动物共同的特征，一般成对生长，两侧对称。人类乳腺仅有胸前一对，正常以外的乳房或乳头称副乳房或副乳头，是胚胎发育过程中的一种发育异常。乳房是女性的第二性征，其形态、功能与它的发育过程有关。

乳房的发育经历幼儿期、青春期、性成熟期、妊娠期、哺乳期以及绝经期和老年期等不同时期。

#### 1. 幼儿期

在新生期，由于母体的雌性激素可通过胎盘进入婴儿体内，引起乳腺组织增生，故约有60%左右的新生儿在出生后2~4d，出现乳头下1~2cm大小的硬结，并有少量乳汁样物质分泌，随着母体激素的逐渐代谢，这种现象可在出生后1~3周自行消失。在婴幼儿期，乳腺基本上处于"静止"，腺体呈退行性改变，男性较之女性更为完全。

#### 2. 青春期和性成熟期

自青春期开始，受各种内分泌激素的影响，女性乳房进入了一生中生理发育和功能活动最活跃的时期。在经历了青春期之后，乳腺的组织结构已趋完善，进入了性成熟期。在每一个月经周期中，随着卵巢内分泌激素的周期性变化，乳腺组织就发生了增生的现象。

#### 3. 妊娠期和哺乳期

妊娠期和哺乳期是育龄妇女的特殊生理时期，此时乳腺为适应这种特殊的生理需求，而发生了一系列变化。妇女怀孕以后，乳房不仅受卵巢激素的影响，还受胎盘激素和垂体前叶的催乳素的作用，这时乳管更长，腺泡增生，腺泡腔扩大，所以乳房肥大，乳头、乳晕色泽变深，开始具有了分泌乳汁的能力，产后3~4d正式泌乳。断乳后数月，乳腺可以完全复原。

#### 4. 绝经期和老年期

自绝经期开始，卵巢内分泌激素逐渐减少，乳房的生理活动日趋减弱。调节的主要激素是脑垂体前叶产生的催乳素和卵巢产生的雌性激素、孕激素。到绝经前后，虽然可由于脂肪沉积使乳房外观显大，但乳腺开始萎缩了，而且萎缩的程度与分娩次数有关，老年以后，小乳管及血管闭塞，乳腺萎缩，乳房变小且下垂。

## 第二节　胸部健美的标准与影响因素

### 一、乳房的分型

乳房是女性第二性征的重要标志，我国少女一般从12~13岁起，在卵巢分泌雌性激素的影响下，乳房开始发育，随着月经的来潮，在15~17岁乳房发育基本成熟，22岁基本停止发育，之后脂肪组织还会相继增多，发育良好的乳房多呈半球形或圆锥形，两侧基本对称。少数未完全发育成熟的乳房呈圆盘形或平坦形。哺乳后乳房都会有一定程度的下垂或略呈扁平，影响胸部曲线美。因此，拥有一对丰满匀称的乳房也是女性胸部健美的重要组成部分。一般按乳房隆起的高度和形态，将女性乳房分为4种类型，即半球形、圆锥形、圆盘形和下垂形。

1. 半球形

乳房前突的长度等于乳房基底的半径，侧面看起来像是一个皮球被分成两半，有足够的脂肪组织，是理想的乳房形态。但很容易因为各种原因导致胸部的下垂和松弛，持续的胸部锻炼和合理的营养膳食对于此类胸型的女性非常重要。

2. 圆锥形

乳房前突的长度大于乳房基底的半径，侧面看起来像锐角三角形，乳房感觉不自然地尖长隆起，乳腺组织、脂肪组织都很发达。西方女性大多属于这种胸型，长期坚持锻炼胸肌和均衡营养是维持这种胸型的关键。

成年未产女性乳房的外观多呈半球形或圆锥形，腺体质地紧张而有弹性。

3. 圆盘形

乳房前突的长度小于乳房基底的半径，侧面看起来很像钝角三角形所形成的圆盘。属于比较平坦的乳房。丰胸饮食、健康的生活习惯、正确穿着内衣和长期的胸部锻炼是这类胸型女性丰胸的法则。

4. 下垂形

乳晕下缘低于下乳沟线，或呈水平，或是乳头指向地面，皮肤松弛、弹性小，即属于萎缩型，不当的减肥或哺乳后乳腺组织萎缩会造成乳房内脂肪减少，从而引起肌肉松弛，从饮食、运动、生活习惯、日常护理等多方面进行调整，才能从根本上改变下垂的现象。

不论是哪种类型的乳房都有可能随着年龄、营养、环境的改变而发生变化，只要通过适当的方法，都可以塑造出完美的乳房，保持健美的胸型。

## 二、健美胸部的标准

（一）健美胸部的定性标准

（1）皮肤红润有光泽，无褶皱，无凹陷。

（2）乳腺组织应丰满，乳峰高耸，柔韧而富有弹性。

（3）两侧乳房等高、对称，在第2～6肋间，乳房基底横径为10～12cm；乳房的轴线，即从基底面至乳头的高度大致为5～7cm。

（4）健美乳房的乳头润泽、挺拔，位于第4肋间或稍下。两乳头间的间隔大于20cm，最好在22～26cm。

（5）乳晕清晰，颜色红润，直径为2～4cm。

（6）乳房的外形挺拔丰满，呈半球形。

（7）身高在155～165cm者，通过乳头的胸围应大于82～86cm。

（8）东方女性的完美胸围也可用公式计算：标准胸围＝身高（cm）×0.53。按此标准计算：胸围/身高（cm）≤0.49，属于胸围太小；胸围/身高（cm）＝0.5～0.53，说明胸围属于标准状态；胸围/身高（cm）≥0.53，属于美观胸围；胸围/身高（cm）＞0.6，属于胸围过大。

（二）健美乳房的半定量标准

乳房的健美标准包括乳房的形态、皮肤质地、乳头形态等因素。有人用评分法将乳房健美标准定量化。

（1）标准胸围　达到标准30分，相差1cm以内25分，相差2cm以内20分，相差2cm以上10分。

（2）乳房类型　半球形30分，圆锥形25分，圆盘形20分，下垂形10分。

（3）皮肤质地　紧张有弹性10分，较有弹性8分，尚有弹性5分，松弛2分。

（4）乳房位置　正常10分，过高8分，两侧不对称5分，过低2分。

（5）乳头形态　挺出大小正常10分，过小8分，下垂5分，内陷或皲裂2分。

（6）乳房外观　正常10分，颜色异常8分，皮肤凹陷、皱褶、瘢痕5分，皮肤凹陷、皱褶、瘢痕、颜色异常2分。

一般74分以上者为健美乳房，满分为100分。

通过以上美胸标准可以知道，乳房不是越大越好，而是要和体形相协调，过大的乳房会破坏整体美。另外在病理情况下，如乳腺发炎、乳腺癌等，乳房也会变大，患巨乳症时，乳房会大于正常乳房数倍甚至十多倍。这些都是不正常的，需要去医院治疗。

## 三、胸部健美的影响因素

胸部的健美受多方面因素的影响，常见影响因素如下。

1. 遗传因素

胸部大小主要与遗传因素有关，女性接受上代遗传的激素水平的高低，决定了其胸部乳房的体积大小。一般来说，如果母亲的胸部较瘦小，那么女儿的胸部也大多不丰满。

2. 营养状况

处于青春期的女孩，如果没有摄入合理的饮食及均衡的营养，即蛋白质、脂肪、能量摄入不足，则生长发育受阻，从而限制胸部及乳房的发育，产生扁平胸或小乳房。过分追求苗条，过度控制饮食，在体重明显下降的状况下，乳房的皮下组织和支持组织显著减少，乳房皮肤松弛、皱缩，这种情况被称为青春期乳房萎缩。另外，体胖的女性因为脂肪积聚较多，胸部就显得丰满突出，消瘦的女性脂肪积聚少，胸部就显得小而平坦。所以体型消瘦的女性，应多吃一些高热量的食物，通过热量在体内的积蓄，使瘦弱的身体丰满，同时乳房也可因脂肪的积聚而变得挺耸而富有弹性。

### 3. 内分泌激素

胸部乳房的发育受垂体前叶、肾上腺皮质和卵巢等分泌的内分泌激素的共同影响。卵巢分泌的雌性激素、孕激素，垂体前叶产生催乳素、促卵泡激素（FSH）、促黄体生成素（LH）等都会促进乳房发育。其中雌性激素对乳腺的发育有最重要的生理作用，雌性激素能促使乳腺导管增生、延长、形成分支，促使乳腺小叶形成，还能促进乳腺间质增生、脂肪沉积，从而使女性乳房丰满。一般而言，雌性激素水平高的女性乳腺发育较好，乳房体积较大，但是，乳腺增生的可能性也较大；孕激素又称黄体酮，可在雌性激素作用的基础上，使乳腺导管末端的乳腺腺泡发育生长，并趋向成熟，乳腺腺泡是产生乳汁的场所；脑垂体分泌的催乳素在女性怀孕后期及哺乳期大量分泌，能促进乳腺发育和泌乳；垂体前叶分泌的促卵泡激素能刺激卵巢分泌雌性激素，促黄体生成素能刺激产生孕激素，两者对乳腺的发育及生理功能的调节起间接作用；此外，生长激素、甲状腺激素、肾上腺皮质激素等也都能间接对乳腺产生影响。所以，乳房过小与激素分泌不足也有很大关系。

### 4. 体育锻炼

适当的健胸锻炼可使女性身心健康，体形健美。以各种方式活动上肢和胸部，充分使上肢上举、后伸、外展及旋转，并经常做扩胸运动，锻炼肌肉和韧带，则可使整个上半身结实而丰腴，胸部肌肉健美。如普拉提式美胸通过有针对性地对胸大肌进行锻炼，从而增加胸部脂肪组织的弹性，使胸部结实而坚挺，能有效防止胸部下垂与外扩。

### 5. 其他

哺乳后乳腺组织萎缩、不当减肥、长期穿不适合的内衣等都会影响胸部健美，造成乳房下垂。

## 第三节　美胸的养护方法

### 一、女性不同时期美胸与营养

#### 1. 青春期

女性乳房从青春期开始发育，此期卵巢分泌大量雌性激素，促进乳腺的发育，乳腺导管系统增长，脂肪积蓄于乳腺，乳房逐渐发育成匀称的半球形或圆锥形。所以要使乳房发育丰满健美，就要在此期确保机体健康，保证各种激素的正常分泌，可适当增加一些植物雌性激素的摄入和有利于雌性激素分泌的食物，青春期正处于生长发育的关键时期，蛋白质尤其是优质蛋白质能促进机体生长发育，一些维生素是构成和促进雌性激素分泌的重要物质。所以，多吃富含蛋白质、维生素、矿物质的食物，适量吃一些脂肪类食物，可以充分提供此期乳房发育所需要的营养。

## 2. 经期

乳腺组织受激素影响随着月经来潮呈周期性变化。在月经周期的前半期，受促卵泡激素的影响，卵泡逐渐成熟，激素水平逐渐增高，乳腺出现增殖样变化；排卵以后，孕激素水平升高，催乳素也增加，月经来潮前3～4d体内雌性激素水平明显增高，乳腺组织活跃增生，腺泡形成，乳房明显增大、发胀；月经来潮后雌性激素和孕激素水平迅速降低，乳腺开始复原，乳房变小变软。数日后，随着下一个月经周期的开始，乳腺又进入了增殖期的变化。在月经周期的前半期和排卵期，在均衡饮食的基础上摄入适量高能量的营养物质，可以使脂肪较快囤积于胸部，促进胸部的丰满。

## 3. 妊娠期和哺乳期

妊娠期受各种激素的作用，乳腺不断发育增生，乳房体积增大、硬度增加。哺乳期乳腺受催乳素的影响，腺管、腺泡及腺叶高度增生肥大、扩张，乳房明显发胀、硬而微痛，哺乳后有所减轻。妊娠期和哺乳期一定要均衡营养，保证能量供给，不用担心胸部不丰满，即使平坦的胸部在这一特殊时期也会因各种激素的旺盛分泌而体积增大，但要注意哺乳期易患乳腺炎而影响乳房健康。断乳后，乳腺腺泡萎缩，末端腺管变窄，乳腺小叶变小，乳房内结缔组织再生，但再生数量远远赶不上哺乳期损失的数量，因此乳房会出现不同程度的松弛、下垂。可以多摄入富含胶原蛋白的食物，如猪蹄、鸡翅、蹄筋等，促进结缔组织的再生。多摄入维生素C含量丰富的食物，促进胶原蛋白的合成。

## 4. 绝经期和老年期

女性进入更年期以后，卵巢功能开始减退，月经紊乱直至绝经，乳腺也开始萎缩。到了老年期，乳管逐渐硬化，乳腺组织退化或消失。从外观上看乳房松弛、下垂，甚至扁平。绝经前后是乳腺癌高发的时期，这时期补充含雌性激素的药物或保健品非常危险，而通过饮食调节体内雌性激素水平是安全的。应注重多食用含丰富维生素E、维生素C、B族维生素的食物，抗氧化、防衰老、调节体内雌性激素的分泌，控制能量的摄入。

# 二、美胸养护方法

## （一）加强饮食营养

乳房的大小取决于乳腺组织与脂肪的数量，乳房组织内2/3是脂肪，1/3是腺体。乳房中脂肪多了，自然会显得丰满，所以适当地增加胸部的脂肪量，是促进胸部健美的有效方法。增加胸部的脂肪量最直接的方法就是摄入脂肪含量丰富的食物，并且控制多余的脂肪囤积在身体其他部位，如小腹、臀部或全身。同时想要拥有丰满的胸部，应该从均衡饮食着手，不仅要摄入一定量的脂肪类食物，还要食用蛋白质含量丰富的食物，以促进胸部的发育；摄入富含多种维生素、矿物质的食物，来刺激雌性激素的分泌；多饮水可对滋润、丰满乳房起到直接作用。具体丰胸饮食原则如下。

## 1. 保证总能量的摄入

总能量摄入应以体重为基础，使体重达到或略高于理想范围。一般身体瘦小的女性，胸部都达不到健美的标准，应在均衡膳食的基础上，多吃一些含热能较高的食物，使瘦弱的身体变得丰满，同时乳房也会因脂肪的积蓄而变得丰满而富有弹性。当然，脂肪也不是越多越好，过多的脂肪堆积可引起乳房松弛、下垂，同样也会影响形体美。

### 2. 保证充足的蛋白质

蛋白质是构成人体的成分，也是构成人体重要生理活性物质尤其是激素的主要成分，是乳房生长发育不可缺少的重要营养物质，尤其是在青春期，应摄入充足的优质蛋白质，以保证乳房能发育得完全而丰满。每日蛋白质供给量为70～90g，占总能量的12%～14%，优质蛋白质应占蛋白质总量的40%以上。

### 3. 补充胶原蛋白

胶原蛋白对于防止乳房下垂有很好的营养保健作用，因为乳房依靠结缔组织外挂在胸壁上，而结缔组织的主要成分就是胶原蛋白。

### 4. 补充充足的维生素

各种维生素如维生素E、B族维生素、维生素C、维生素A等有刺激雌性激素分泌、促进乳房发育的作用。

（1）维生素E能促进卵巢的发育和完善，使成熟的卵细胞增加，黄体细胞增大。卵细胞分泌雌性激素，当雌性激素分泌量增加时可促使乳腺管增长；黄体细胞分泌孕激素，可使乳腺管不断分支形成乳腺小管，使乳房长大。

（2）B族维生素是体内合成雌性激素不可缺少的成分。

（3）维生素C能够促进胶原蛋白的合成，而胶原蛋白构成的结缔组织是乳房的重要组成成分，有防止胸部变形的作用。

### 5. 摄入足够的矿物质

矿物质是维持人体正常生理活动的重要物质，有些矿物质还参与激素的合成与分泌。如锌可以刺激性激素分泌，促进人体生长和第二性征的发育，促进胸部的成熟，使皮肤光滑、不松垮，处于青春期的女性尤其应注重从食物中摄入足够量的锌；铬是体内葡萄糖耐量因子的重要组成成分，能促进葡萄糖的吸收并使其在乳房等部位转化为脂肪，从而促进乳房的丰满。

### 6. 饮食丰胸的最佳时期

一般认为月经来的第11～13d是女性丰胸的最佳时期；第18～24d为丰胸的次佳时期。由于激素的影响，这两个时期乳房的脂肪囤积得最快。

## （二）加强胸部的体育锻炼

各种外展扩胸运动、俯卧撑、单双杠、哑铃操、健美操、游泳、瑜伽、普拉提、跑步、太极拳等能使乳房胸大肌发达，促使乳房隆起。进行体育锻炼特别是较剧烈的运动时，要注意的是必须佩戴胸罩。

### 1. 经常进行胸部和乳房按摩

可用按揉穴位、掌摩、托推乳房、揪提乳头等。按摩手法要轻柔，不可过分牵拉，此方法适用于健康的胸部。

2. 要养成良好的生活习惯，保持正确的姿势和体态

站、立、行、走要挺胸、抬头、平视、沉肩、两臂自然下垂，要收腹、紧臀、直腰，不要佝腰、驼背、塌肩和凹胸。另外，应佩戴松紧、大小合适的胸罩，保持心情的舒畅。

（三）饮食宜忌及食疗方法举例

1. 宜用食物

（1）适量食用热能含量较高的食物　如瘦肉、蛋类、花生、核桃、芝麻、植物油、糖类、糕点等，有助于体瘦女性脂肪的积蓄以保证体内有足够的脂肪。

（2）适量食富含优质蛋白质的食物　如瘦肉、鱼、蛋、牛乳、大豆等，有助于青春期女性乳房的发育。

（3）适量食富含维生素的食物

维生素E：圆白菜、菜花、葵花子油、玉米油、菜籽油、花生油、大豆油等，有助于胸部发育。

维生素A：鱼肝油、动物肝脏、菜花及胡萝卜等，有利于激素分泌。

B族维生素：动物内脏、粗粮、乳制品、豆类、瘦肉，有助于激素分泌。

维生素C：柿子椒、苦瓜、菜花、油菜、盖菜、柑橘、柚子、柠檬、草莓、猕猴桃、鲜枣等，可防止胸部变形。

（4）适量食富含锌的食物　牡蛎、蛤蜊、动物肝脏、肾脏、肉、鱼、粗粮、干豆、坚果等，可促进乳房的发育。

（5）适量食富含胶原蛋白的食物　猪蹄、蹄筋、鸡翅、海参、鸡爪、鸭爪等，可防止胸部变形。

（6）其他丰胸食物　青番木瓜可以促进乳腺发育，是民间常见的丰胸水果，这类水果还包括水蜜桃、樱桃、苹果等；蜂王浆含有十几种维生素和性激素，对性激素不足造成胸部发育不良者是不错的选择；莴苣类蔬菜是近年来比较流行的丰胸食物。

2. 忌（少）用食物

（1）少食生冷寒凉的食物　女性在丰胸期间应少食生冷寒凉的食物，尤其是生理期间应禁食，以免造成经血淤滞，伤及子宫、卵巢，影响雌性激素的分泌，进而影响丰胸。原则是冰凉的东西不吃，属性寒凉的食物浅尝即可，平时尽量多吃些温热的食物。性寒凉的食物有柚子、柑橘、柑、菠萝、西瓜、番茄、莲雾、梨、枇杷、橙子、苹果、椰汁、火龙果、猕猴桃、草莓、山竹、绿豆、苦瓜、冬瓜、丝瓜、黄瓜、竹笋、茭白、荸荠、藕、白萝卜、茼蒿、白菜、啤酒、兔肉、鸭肉等。

（2）忌食过量甜食　长期进食高糖类，会使血液中胰岛素水平升高，而人群中高胰岛素水平者发生乳腺癌的危险性增加，直接影响乳房的健康，更谈不上胸部的健美了。

（3）少食动物性脂肪　动物性脂肪的摄入也与乳腺癌的发病率密切相关。

（四）具有丰胸功效的典型配料

具有丰胸功效的典型配料见表11-1。

表11-1　具有丰胸功效的典型配料

| 典型配料 | 生理功效 |
| --- | --- |
| 锌 | 刺激激素分泌，促进胸部发育 |
| 铁 | 促进血液循环 |
| 大豆异黄酮 | 类雌性激素，促进乳腺发育 |
| 野葛根提取物 | 促进乳腺和腺泡增大，增大乳房 |
| 深海鱼蛋白 | 美容护法，增强弹性 |
| 蜂王浆 | 刺激激素分泌，美容，增强免疫力 |
| 木瓜醇素 | 刺激卵巢分泌雌性激素 |
| 红枣提取物 | 活血化瘀，补血调经，调节内分泌 |
| 深海鱼油 | 补充脂肪 |
| 玉米油 | 补充脂肪，促进雌性激素分泌 |
| 葵花油 | 补充脂肪，刺激激素分泌 |
| 维生素 A | 刺激激素分泌，促进乳房发育 |
| 山药提取物 | 活血，补血 |
| 桂圆提取物 | 活血，补血 |
| 川芎提取物 | 活血，行气 |
| 当归提取物 | 补血，调经 |
| 人参提取物 | 增强体质，增加雌性激素含量 |
| 枸杞提取物 | 养血生血，调节内分泌 |
| 蒲公英提取物 | 促进乳腺发育 |
| 维生素 E | 促进卵巢发育，促进雌性激素分泌 |
| 维生素 C | 防止胸部变形 |
| B 族维生素 | 调理肌肤油脂分泌，滋养肌肤 |

# 第十二章
# 皮肤的衰老与营养膳食

人的一生可分为生长、成熟和衰退三个过程，最后的衰退过程称为老化，一般来说，人到25岁后就开始衰老。在自然衰老过程中，各种生物体的遗传因素起着决定性的作用，不同生物体的遗传因素各异，各种生物的寿命也不同。由遗传因素决定的随年龄增长而衰老的过程称为自然衰老或生理性衰老（内因性衰老）。如因疾病、营养不良、日光过度照射、身心过度疲劳、心理等因素而促使衰老过程加速，使其生理、心理与同龄正常人发生不相称的变化，称为早衰或病理性衰老。美丽的肌肤来自营养的培育，否则会过早衰老。70%内调，30%外养。只有从改善营养、改善肌肤赖以生长发育的内环境着手，才能彻底美化肌肤，延缓衰老，焕发青春的活力。因为再好的护肤品，也无法消除面黄肌瘦，再好的化妆品也难掩盖满脸的倦容。营养与美容，息息相关。

## 第一节　皮肤的衰老

皮肤衰老的机制很复杂，影响皮肤老化的因素，主要分以下两类。

（一）内在因素

随着年龄的增长，皮肤发生生理性衰老，老化程度受遗传、内分泌、营养、卫生状况、免疫等因素的影响。

（1）细胞分化、增殖能力　表皮细胞增殖能力减弱，表皮更新减慢，表皮变薄。真皮成纤维细胞逐渐失活，胶原蛋白合成减少。

（2）保湿因子与皮脂腺皮肤腺　角质层中自然保湿因子含量减少，导致皮肤水合能力下降，仅为正常皮肤的75%；皮肤的汗腺和皮脂腺数目减少、功能降低，致使皮肤表面的水脂乳化物含量减少。经表皮水分损失增多，致使皮肤干燥，出现鳞屑、失去光泽。

（3）基质　细胞外基质减少，胶原之间交联减弱，皮肤失去了弹性，结缔组织中的透明质酸减少，吸水能力降低。

（4）弹性蛋白和胶原蛋白　皮肤中弹性蛋白酶和胶原蛋白酶的抑制剂水平下降，增加了弹性蛋白和胶原蛋白的分解，使皮肤弹性和韧性降低，皮肤逐渐松弛，进而产生皱纹。

（5）自由基　随着年龄的增加，皮肤内清除氧自由基酶的能力下降，脂类自由基和结构蛋白在金属离子的存在下可以与氧反应，释放出使生物分子聚合和交联的物质，使皮肤失去弹性，并产生色斑。

（二）外在因素

紫外线是引起皮肤老化最重要的外在因素。因此，外在因素引起的皮肤老化也称为光老化。

（1）紫外线伤害　皮肤长期受到光照而引起老化，主要由UVA、UVB照射引起皮肤基质金属蛋白表达异常，氧自由基产生过多，胶原纤维、弹力纤维变性、断裂和减少，黑色素合成增加，从而使皮肤松弛、皱纹增多、皮肤增厚、粗糙、色素沉着、毛细血管扩张，并易发生肿瘤。

（2）气候影响　寒冷、酷热和过度干燥的空气，可影响皮肤正常呼吸，使皮肤散失过多的水分，使皮肤老化；空调或集中供暖会使皮肤脱水，产生起皮屑脱皮的现象。

（3）灰尘　污染和有毒清洁剂可使灰尘过度黏附在皮肤表面，刺激皮肤、堵塞毛孔，易引起皮肤过敏、皮脂分泌降低，致使皮肤干燥，易出现皱纹。

（4）滥用化妆品　市场上的化妆品品种繁多，普通消费者通常得不到科学的指导，常常因选用化妆品不当而引起不良效果，现因使用劣质化妆品而容易衰老。

# 第二节　皮肤衰老与营养

## 一、延缓皮肤衰老的食物

延缓皮肤衰老的食物主要有以下几类。

（1）富含蛋白质的食物　蛋白质是人体三大营养物质之一。经常食用高蛋白食物可促进皮下肌肉的生长，使肌肤柔润而富有弹性，防止皮肤松弛，延缓皮肤衰老。富含蛋白质的食物有瘦肉、鱼类、贝壳类、蛋类、乳类及大豆制品等。

（2）富含维生素E的食物　维生素E是一种重要的自由基清除剂，具有抗皮下脂肪氧化、增强组织细胞活力、使皮肤光滑、富有弹性的作用。富含维生素E的食物有杏仁、榛子、麦胚、植物油。

（3）富含胶原蛋白的食物　富含胶原蛋白和弹性蛋白的食物包括猪、鸡、鸭、鹅、鱼的皮，猪、牛、羊的蹄，动物筋腱等。如猪皮中的蛋白质85%为胶原蛋白，胶原蛋白和弹性蛋白是真皮结构的主要物质，皮肤的生长、修复和营养都离不开它们，胶原蛋白可使组织细胞内外的水分保持平衡，使干燥、松弛的皮肤变得柔软、湿润。适量补充富含胶原蛋白和弹性蛋白的食物，对保持皮肤弹性、减少皮肤皱纹和维持皮肤润泽都有益处。

（4）富含维生素的食物　富含维生素的食物可增强皮肤弹性，使皮肤更加柔韧，光泽度好。菠菜、萝卜、番茄、白菜等蔬菜及苹果、柑橘、西瓜、枣等瓜果中都含有丰富的维生素。

（5）富含矿物质的食物  富含矿物质的食物与人体健美关系密切，缺乏或过量均会导致疾病，引起早衰。

（6）富含异黄酮的食物  大豆可以代替雌性激素，因为其中含有大量的大豆异黄酮，这是一种植物激素，在女性体内雌性激素含量低时，大豆制品能代替雌性激素，经常食用可减少停经后的不适症状。

## 二、衰老皮肤的保养

（1）加强保湿  老化的皮肤多半比较干燥，提高角质层的含水量可以使一些微小的细纹不明显。

（2）局部使用抗氧化剂  如维生素E、左旋维生素C、果酸、硒、泛癸利酮、硫辛酸等。

（3）适度补充雌性激素  女性进入更年期以后，体内雌性激素的含量骤然降低，皮肤会在短时间内变薄变脆弱，皮脂腺的分泌少，皮肤变得更加干燥，这时皮肤对外界的过敏原、细菌、病毒等微生物的防御能力降低，皮肤容易发生过敏和感染。适度补充雌性激素，一方面可以改善更年期的不适症状，另一方面也可以延缓皮肤的老化。

（4）去除老化的角质皮  皮肤老化以后，角质细胞难以脱落而粘贴在一起使角质层增厚，增厚的角质层使皮肤变得不敏感。老化的角质保水能力较差，而且堆积的老化角质细胞会使肤色暗沉。使用含有去角质成分的保养品如A酸、果酸等，除加速角质细胞新除代谢剥除老化角质、使肌肤散发健康光彩之外，使用数月后，皮肤会变得较为紧实。

（5）去除老年斑  根据实际情况，可以选择用激光、电灼或强脉冲光去除已有的老年斑。

## 三、皮肤美容与营养膳食

皮肤虽然不能直接吸收食物，但能缓慢地从体内汲取营养，因此为人体提供足够的营养是皮肤美容的基础。饮食可直接改善皮肤，也可通过改善健康状况而间接地起到美容作用。

### （一）饮食美容的原则

欲使饮食美容的效果显著，日常饮食应遵循以下三大原则。

#### 1. 食物多样化

饮食对皮肤的健美作用是不可忽视的。蛋白质、脂肪、碳水化合物、维生素和微量元素都是皮肤所必需的营养成分，能影响皮肤正常的代谢及生理功能。营养物质主要来源于食物，但由于每种食物所含营养物质的种类和数量不同，且任何一种食物都不可能提供全面的营养物质，因此，人体必须从多种食物中摄取各种营养物质，在饮食上做到食物多样化。

2. 保持酸碱平衡

皮肤健美与食物的酸碱度有关，酸性食物摄入过多时，汗液中的尿素、乳酸经皮肤排出，久而久之会使皮肤变粗糙而失去弹性。根据食物在体内代谢产物的酸碱性不同，可将食物分为碱性食物和酸性食物两大类。酸碱性质不同的食物对皮肤有着不同的作用，酸性食物氧化时可产生一种分解物，使皮肤形成色素斑。鉴于此，除了控制酸性食物如鱼肉、蛋等的过多摄入外，应多吃含微量元素丰富的食物，借以中和体内产生的酸性物质，使血液处于弱碱性，保持皮肤细嫩、柔软。饮食美容除了要注意营养的均衡、做到食物多样化外，还需注意日常饮食的酸碱性。食物酸碱度的失衡，不仅影响肌肤的健美，而且可能会导致许多疾病的发生。

（1）呈酸性食物　人体的血液呈碱性，但为机体补充蛋白质、糖和能量的营养物质多半是酸性食物，长期偏食呈酸性食物可导致体液酸化，体液呈酸性时导致细胞新陈代谢降低，大脑功能和神经功能退化，记忆力减退，人体易感觉疲劳，抵抗力下降，皮肤变粗糙、弹性下降、皱纹增多、色素沉着。对体液影响比较大的酸性食物有牛肉、猪肉、鸡肉、蛋黄、奶油、干酪、白酒、粳米、白糖等。

（2）呈碱性食物　食物的酸碱性与食用时的味道并不一致，如柠檬和番茄都有明显的酸味，但属碱性食物，碱性食物可以促进血液循环，防止皮肤粗糙和老化。碱性食物可以中和酸性物质，维持机体正常的体液环境。碱性食物有芹菜、菠菜、胡萝卜、竹笋、马铃薯、草莓、番茄、柑橘、西瓜、栗子、葡萄、咖啡等。

作为我国居民主食的大米、面粉均属于呈酸性食物，加之进食肉类较多，而肉类也多为呈酸性食物，因此，国人的体液趋于酸性，这对人体健康和美容均有很大影响。水果、蔬菜多为呈碱性食物，要保持皮肤光滑、滋润，应注意呈酸碱食物的合理搭配。

3. 适当控制食量，少量多餐有助于健康

脾胃运转正常，才能保持皮肤滋润。临床实践证明，过度饮食会加重胃肠负担，导致脾胃虚损，致使面色苍白、皮肤松弛。在注重食物多样化、合理搭配酸碱性食物的基础上，每餐合理减少进食量有助于身体健康。

（二）营养素与皮肤美容

1. 蛋白质与皮肤美容

蛋白质是人体必需的营养物质，在机体组织器官及机体数万亿细胞中，至少有200种细胞的基本构成物质都与蛋白质有关，蛋白质构成机体大部分生命活性物质，发挥机体的各种功能。皮肤蛋白质包括纤维性蛋白质和非纤维性蛋白质，角蛋白、胶原蛋白和弹性蛋白等属纤维性蛋白质，细胞内的核蛋白以及调节细胞代谢的各种酶类属于非纤维蛋白。角蛋白是中间丝蛋白家族成员，是角质形成细胞和毛发上皮细胞代谢产物及主要成分。胶原蛋白有Ⅰ、Ⅲ、Ⅳ、Ⅶ型，胶原纤维的主要成分为Ⅰ型和Ⅲ型胶原，胶原纤维韧性大，抗拉力强；网状纤维主要为Ⅲ型胶原，基底膜带主要为Ⅳ、Ⅶ型胶原。弹性蛋白是真皮内弹力纤维的主要成分，弹力纤维具有较强的弹性。经常食用含胶原蛋白的食物，使皮肤变得丰满、充盈、皱纹减少、细腻而有光泽。弹性蛋白可使人的皮肤弹性增强，富含胶原蛋白和弹性蛋白的食物有猪蹄、猪皮和动物筋等。

### 2. 碳水化合物与皮肤美容

碳水化合物是人类最廉价的能量来源，又是当今人类生存最基本物质和最重要的食物能源，也是重要的食物组成成分。目前，人类每日摄入的能量中，在不同地区和不同的经济条件下，碳水化合物占全日总能量的40%~80%，在我国多数地区，碳水化合物占总热量构成的55%~65%。皮肤中的糖类属于碳水化合物，主要为糖原、葡萄糖和黏多糖等，皮肤糖原含量在胎儿期最高，成人期含量降低。有氧条件下，表皮中50%~75%的葡萄糖通过有氧氧化提供能量，而缺氧时则有70%~80%通过无氧酵解提供能量。血液葡萄糖浓度为3.89~6.11mmol/L，皮肤葡萄糖含量约为其2/3。表皮含糖量较高，糖尿病患者表皮含糖量更高，因此，皮肤更容易发生真菌和细菌感染。真皮中黏多糖含糖量高，主要包括透明质酸、硫酸软骨素、肝素等，对皮肤保持水分有重要作用，其中透明质酸是优良的深层保湿剂，因其良好的保湿性能，使真皮成为皮肤的储水库，与天然保湿因子一同构成皮肤由角质层到真皮的全效保湿剂，有润滑性和成膜性，可增加皮肤润滑感和湿润感，可清除自由基，参与皮肤的修复，营养皮肤。硫酸软骨素有保湿、促进胶原纤维成熟的作用。肝素可促进皮肤血液循环，增加毛细血管通透性，把体内的各种营养成分供给皮肤细胞活化细胞代谢、促进细胞再生能力，使皮肤的皱纹得以改善，色斑淡化；恢复皮肤光泽、细腻、弹性。黏多糖与蛋白质形成黏蛋白，后者与胶原纤维结合形成网状结构，对真皮及皮下组织起支持和固定的作用。随着皮肤的老化，真皮中基质成分的含量逐渐减少，皮肤的含水量也逐渐减少，皮肤干燥，容易出现皱纹。

### 3. 脂类与皮肤美容

皮肤中的脂类包括脂肪和类脂质，人体皮肤的脂类总量占皮肤总质量的3.5%~6%。脂肪的主要功能是储存能量和氧化供能，类脂质是细胞膜结构的主要成分和某些生物活性物质合成的原料。表皮细胞在分化的各阶段，其类脂质的组成有显著差异，如由角质层到基底层，磷脂含量逐渐减少，而神经酰胺含量逐渐增多。表皮中最丰富的必需脂肪酸为亚油酸和花生四烯酸，后者在日光的作用下可以合成维生素D，有利于佝偻病的预防。血液中脂类代谢的异常可影响皮肤脂类的代谢，如高脂血症可以使脂质在真皮局限性沉积，形成皮肤黄、影响美容。脂类物质是皮肤不可缺少的营养物质，一旦缺乏，皮肤就会变得粗糙，失去光泽和弹性，容易发生代谢紊乱性皮肤病；适量的脂肪储备，可增加皮肤弹性。

### 4. 水与皮肤美容

水是一切生物赖以维持最基本生命活动的物质，它不仅是各种物质的溶媒，而且活跃地参与细胞的构成，同时也是细胞的依存环境，细胞从这个环境中取得营养物质。皮肤含水量是保持皮肤光滑、柔润、富有弹性的关键因素。皮肤中的水分主要分布于真皮内，当机体脱水时，皮肤可提供其水分的5%～7%以维持循环血容量的稳定。儿童皮肤含水量高于成人，成年女性皮肤含水量略高于男性。水呈弱碱性，饮水对降低血液的自由基含量、增强体质、防治疾病、延缓衰老、护肤美容很有益处。因此，给皮肤补充足量的水分是养护皮肤的重要手段。

5. 电解质与皮肤美容

电解质由多种化合物构成，其中包括化学结构较为简单的钾、钠、镁等无机盐及机体合成的复杂的有机分子。皮肤中含有各种电解质，主要储存于皮下组织中，其中$Na^+$、$Cl^-$在细胞间液中含量较高，$K^+$、$Ca^{2+}$、$Mg^{2+}$主要分布于细胞内，它们对维持细胞间的晶体渗透压和细胞内外的酸碱平衡起着重要的作用；$K^+$还可激活某些酶，$Ca^{2+}$可以维持细胞膜的通透性和细胞间的黏着，$Zn^{2+}$缺乏可引起肠病性肢端皮炎等。

6. 维生素与皮肤美容

维生素类是维持机体生命活动过程必不可少的有机物质，虽然机体对这一类物质的需要量相对较小，但却是必需的营养素。人类机体必须从食物中获取这些物质。维生素可分为脂溶性和水溶性两大类，在体内参与机体的物质代谢、能量转换并影响生长发育，不仅关系着人的身体健康，与皮肤健美也密切相关。健美肌肤与维生素的摄取是不可分的，维生素A、维生素B、维生素C、维生素E是护肤的"四宝"。当维生素缺乏时，可发生相应皮肤黏膜病变。利用富含维生素的天然食品来护肤，可以使皮肤变得美丽动人。

（1）维生素A与皮肤美容　维生素A是一种脂溶性维生素，能确保细胞的正常分裂与生长，是胚胎正常发育所必需的营养素，对良好视力的保持也起着至关重要的作用。维生素A能调节上皮组织细胞的生长、增生和分化。能够保持皮肤和黏膜的正常功能，改善角化过度，同时，有抗氧化中和有害自由基的功能。慢性腹泻、脂肪摄入不足、胆汁缺乏以及肝脏疾病均可影响维生素A的吸收；甲状腺功能减退可影响维生素A的利用；蛋白质缺乏可影响维生素A的体内转运；重症消耗性疾病、妊娠或哺乳期妇女以及长期在弱光环境下工作的人员，维生素A的消耗量较大，均可引起维生素A缺乏症，若维生素A缺乏，皮肤会变厚、干燥、硬痂样及毛囊过度角化，外观粗糙、无光泽，容易松弛老化。天然维生素A只存在于动物性食物中，以动物肝脏中含量最高。富含胡萝卜素的植物性食物也是维生素A的主要来源，深色蔬菜中含量较高，如南瓜、胡萝卜、荠菜、菠菜、番茄、辣椒等；杧果、柑橘等水果中维生素A的含量较丰富。

（2）维生素B与皮肤美容　B族维生素包括8种不同的维生素，保健皮肤功效最显著的是维生素$B_2$和维生素$B_6$。维生素$B_2$是黄素蛋白辅酶的重要组成成分，具有辅助细胞进行氧化还原的作用，对生长发育、维护皮肤与黏膜的完整性有着重要的影响。维生素$B_2$缺乏可导致口角炎、舌炎、眼结膜炎及皮肤老化等。维生素$B_2$广泛存在于乳类、蛋类、各种肉类、动物内脏、谷类、蔬菜和水果等动、植物性食物中。维生素$B_6$的最重要功能是作为辅酶参加多种代谢反应，能够增强表皮细胞的功能，改善皮肤与黏膜的代谢过程，参与氨基酸的合成与分解，是细胞生长必需的营养物质，而且与皮脂分泌关系密切，所以可用于治疗脂溢性皮炎、寻常痤疮等，对老年性皮肤萎缩也有良好的作用。维生素$B_6$的食物来源很广泛，动、植物性食物中均含有，通常肉类、全谷类产品（特别是小麦）、蔬菜和坚果类中含量最高，且动物性来源的食物中维生素$B_6$的生物利用率优于植物性来源的食物。

（3）维生素C与皮肤美容 维生素C是皮肤保养的必需元素，它对其他酶系统有保护、调节、促进催化与促进生物过程的作用；作为一种有力的抗氧化剂，它可以保护其他的氧化剂，包括保护脂溶性的维生素A、维生素E以及必需脂肪酸；能使铁在消化道处于亚铁状态以其强有力的氧化还原能力，提高机体对铁的吸收。维生素C还能将多巴醌还原为多巴，从而抑制黑色素的形成，因此具有美白皮肤、防止衰老的功能。在体内胶原的形成过程中，维生素C是一种还原性辅助因子，可以稳定胶原，保护结缔组织，保持细胞间质的完整性，增强毛细血管的致密度，降低血管壁的通透性及脆性，防止炎症病变扩散，促进伤合愈合。

（4）维生素E与皮肤美容 维生素E是一种重要的抗氧化剂，能保护细胞膜免受自由基的攻击和破坏，作为过氧化基团的清除剂，抑制自由基对含巯基蛋白质成分、核酸的攻击。增强皮肤抗氧力，防止皮肤老化，保持皮肤弹性，减少皱纹形成。

人的衰老与组织中脂褐素的堆积成直接的比例关系，有人认为这种色素是自由基作用的产物，一些老年学者认为，衰老过程是伴随着DNA的破坏，以及由于自由基对蛋白质破坏的积累所致，因此设想维生素E抗氧化的生物学效应，可能使衰老过程减慢。在饮食中补充维生素E，对健美肌肤的保持是必要的。

（5）微量元素与皮肤美容 微量元素和各种维生素一样，都是人体需要量相对较少而又十分重要的，微量元素在特定的浓度范围内可以使组织的结构与功能的完整性得到维持，对生长、健康状态、生殖功能等的维持都是必要的。一旦体内的微量元素缺乏，人体的新陈代谢等一系列的生命活动就会发生障碍，导致疾病发生，人体健美自然也就失去了基础。

微量元素与人体健美关系密切，矿物质的缺乏或过量均会导致疾病。

①碘：健康的成人体内，共含有碘15～20mg，其中70%～80%存在于甲状腺。碘具有构成甲状腺素、调节机体能量代谢、促进生长发育、维持正常生殖功能、保持正常神经功能、维护人体皮肤与毛发的光泽和弹性等作用。碘的缺乏，可导致甲状腺代谢性肥大、智力发育不良、抗病能力低下、皮肤皱纹增多和缺乏光泽、情绪不稳定、面部表情呆滞、缺乏青春活力等。

②铁：皮肤的光泽红润需要供给充足的血液，铁是构成血液中血红蛋白的主要成分，包括我国在内的发展中国家，各年龄人群都不同程度地存在缺铁性贫血，不仅影响美容，还会导致健康问题的发生。在我国对婴幼儿采用强化铁的谷类是有效的，强化成

人的食物也应该是可行的。

③锌：成年男性机体含锌量为2.5g，女性为1.5g，在微量元素中锌的含量仅次于铁，其中20%存在于皮肤。表皮含锌量为70.5μg/g干重，真皮为12.6μg/g干重，它具有维持皮肤弹性、韧性、致密度及保持皮肤细腻柔滑等多种功能。

④铜：铜对铁的吸收与动员有着重要的影响。当铜缺乏时，血清铁下降，易引起低血红蛋白贫血。铜是铁代谢不能缺少的元素。铜元素与蛋白质、核酸的代谢有关，能使皮肤细腻、头发黑亮，使人青春焕发、保持健美。铜缺乏可使结缔组织蛋白质的交联受到损害，包括胶原蛋白或弹性蛋白，不仅导致骨质的异常，皮肤的弹性同样受影响。

⑤硒：硒是红细胞谷胱甘肽过氧化物酶的组成成分之一，红细胞谷胱甘肽过氧化物酶是体内氧化自由基的清除剂，在清除体内的过氧化氢、有机过氧化物及抑制脂质过氧化方面发挥着重要作用。

微量元素与人体健美关系密切，矿物质的缺乏或过量均会导致疾病。只要日常不偏食，注意营养搭配，适当补充动物性食物及海产品，则可避免微量元素的缺乏。

（三）与皮肤美容有关的食物

人的整体美是内在美和外在美的完美结合，人的心理与生理状况可以影响人的外在形象和美感。营养不良会使人面黄肌瘦、皮肤萎缩，失去光泽和弹性。营养要从食物中摄取，良好的饮食习惯不仅是生命维持的必需，也有益于皮肤的健康。美容食品有如下几类。

1. 蔬菜

皮肤状态与血液酸碱度有着密切的关系，摄入过多的动物性食物，脂肪分解时产生的乳酸等酸性物质增多，血液就会呈现为酸性。血液中的酸性物质随着不断分泌的汗液排泄到皮肤表面，会逐渐变得粗糙失去弹性。蔬菜中含有丰富的钠、镁、钙、钾等矿物质，多食用蔬菜可增加体内的碱性物质，中和酸性物质，使血液保持弱碱性状态，从而使皮肤柔软、润泽、富有弹性。

（1）甜椒　每100g辣椒含热量77kJ（18kal）、蛋白质1.0g、脂肪0.2g、碳水化合物3.8g、膳食纤维1.3g、维生素A 13μg、胡萝卜素76μg、硫胺素0.02mg、核黄素0.02mg、维生素$B_6$ 0.12mg、叶酸3.6μg、烟酸0.39mg、维生素C 130mg、维生素E 0.38mg、钙11mg、磷20mg、钾154mg、钠7.0mg、镁15mg、铁0.3mg、锌0.21mg、硒0.05μg、铜0.05mg、锰0.05mg、碘0.6μg。甜椒中维生素C的含量非常丰富，是苹果维生素C含量的几十倍，具有美白皮肤、防止衰老的功效。

（2）白萝卜　每100g鲜白萝卜含热量67kJ（16kal）、蛋白质0.7g、脂肪0.1g、碳水化合物0.4g、膳食纤维1.8g、硫胺素0.02mg、核黄素0.01mg、维生素$B_6$ 0.06mg、叶酸6.8μg、烟酸0.14mg、维生素C 19.0m、钙46mg、磷16mg、钾167mg、钠54.3mg、镁12mg、铁0.2mg、锌0.14mg、硒0.12μg、铜0.01mg、锰0.05mg。对护肤有保健作用的主

要是维生素C及矿物质镁，常食用可抑制黑色素的形成，减轻皮肤色素的沉积，使肌肤白净细腻。

（3）落葵　又名木耳菜、软浆叶。每100g鲜品主要含维生素C 34mg、胡萝卜素2.02mg、维生素E 1.66mg、镁62mg、铁3.2mg、锌0.32mg。其丰富的营养成分可使肌肤洁白、细嫩、润泽。

（4）黄花菜　又名金针菜，古称萱草。每100g金针菜含有维生素E 4.92mg、维生素C 10mg、镁85mg、铁8.1mg、锌3.99mg。金针菜富含维生素E，经常食用抗氧化效果好，可防止皮肤老化。鲜品金针菜含秋水仙碱，会引起中毒，应把干品在清水浸泡后食用。

2. 水果和坚果

水果和坚果中含有多种营养物质，利用它们美容既方便又健康。

（1）冬枣　每100g冬枣含热量476kJ（113kal）、蛋白质1.2g、脂肪0.8g、碳水化合物27.8g、膳食纤维3.8g、硫胺素0.08mg、核黄素0.09mg、叶酸29.9μg、烟酸0.51mg、维生素C 243mg、维生素E 0.9mg、钙16mg、磷29mg、钾195mg、钠33.0mg、镁17mg、铁0.2mg、锌0.19mg、硒0.14μg、铜0.18mg、锰0.13mg、碘6.7μg。冬枣中维生素C的含量居核果类之首，常食用冬枣，除可美白皮肤外，对雀斑、口角炎及脂溢性皮炎等影响面部美容的疾病均有一定的治疗作用。维生素E具有抗氧化功能，可促进皮肤内血液循环和肉芽细胞增生，具有延缓衰老的功效。

（2）樱桃　樱桃中富含维生素及铁等微量元素，每100g鲜樱桃中含有胡萝卜素0.21mg、维生素C 10mg、铁11.4mg。这些营养素不仅对人体的免疫功能、能量代谢和细胞的物质组成有重要的作用，还可促进血红蛋白再生，使肤色红润。

（3）荔枝　含有丰富的蛋白质、维生素及微量元素，每100g鲜荔枝中含有维生素C 41mg、烟酸1.1mg，铁、铜的含量也高于苹果和梨，经常食用荔枝可以起到红润肤色的作用。

（4）苹果　含多种维生素，可美容护肤，敷面可消除黑眼圈。

（5）柠檬　含维生素C较多，有天然"漂白剂"的作用，可使皮肤增白，防止色素沉着。维生素C还能使血管壁弹性增加，血液循环加快、皮肤的新陈代谢旺盛，自然光滑细腻。

（6）西瓜　水分充足，帮助皮肤保持水分，使皮肤丰满，有抚平皱纹的作用。西瓜中还含有$\beta$-胡萝卜素、维生素C，这些营养素有抗氧化和清除自由基的作用。

（7）草莓　草莓富含维生素C和植物性生物黄酮，能够保护皮肤的胶原组织及弹性组织，使皮肤润泽而有弹性。

（8）番木瓜　含有丰富的维生素C及$\beta$-胡萝卜素，这些营养素可以增强皮肤对日晒灼伤的抵抗力，更新皮肤中胶原蛋白和弹性蛋白，经常食用番木瓜，可以促进血液循环，延缓皮肤老化，帮助柔韧皮肤。

（9）梨　有天然收敛的作用，是油皮理想的护肤品。

（10）巴西坚果　巴西坚果富含硒和维生素E，硒是抗氧化剂谷胱甘肽过氧化物酶的必需成分，当皮肤受日光灼晒时，硒能保护皮肤不受自由基的侵袭。维生素E有加速受损皮肤痊愈的作用，谷胱甘肽过氧化物酶与维生素E可使皮肤保持湿润，延缓皮肤老化。

（11）花生　有养颜美容的作用，尤其适用于干性皮肤。

（12）黑芝麻　含有大量的不饱和脂肪酸和维生素E，对延缓皮肤衰老非常有益。

3. 海产品

（1）螺旋藻　螺旋藻含有丰富的蛋白质、铁和维生素。每100g螺旋藻（干）含热量1515kJ（358kcal）、蛋白质64.7g、脂肪3.1g、碳水化合物18.2g、膳食纤维3.8g、维生素A 6468μg、胡萝卜素38810μg、硫胺素0.28mg、核黄素1.41mg、烟酸10.0mg、维生素E 27.11mg、钙137mg、磷1317mg、钾15.6mg、钠1624mg、镁402mg、铁88.0mg、锌2.62mg、硒5.24μg、铜0.54mg、锰124mg，其中的蛋白质含量接近总和65%，而且容易被人体消化吸收；可吸收性铁质的含量比全谷类高；含有胡萝卜素、维生素E等多种抗衰老活性物质，可消除机体产生的自由基，促进人体功能正常化，增强细胞活力。促进人体新陈代谢，防止皮肤干燥，使皮肤保持弹性光泽和红润，有效延缓衰老。螺旋藻是目前所知道的含营养物质比较全面、均衡的食品。

（2）海藻　已知的可供食用的海藻有几十种。海藻的营养极为丰富，含有大量蛋白质、糖、胆碱、脯氨酸、膳食纤维、矿物质和多种维生素，其中所含的维生素$B_{12}$是一般食物中不常见的。海藻富含微量元素碘，缺碘时，甲状腺功能受影响，皮肤细胞生长缓慢，易干燥脱屑。很多种类的海藻中含有铜，铜元素可增强皮肤的张力和弹性，海藻中的锌元素能修复受损的皮肤细胞。经常食用海藻可以保持皮肤光泽与滑润，使皮肤富有弹性、减少皱纹形成。有海藻类似功效的食物有鳕鱼、淡菜等。

（3）三文鱼　三文鱼含有$\omega$-3脂肪酸，可有效防止皮肤发炎、干燥，有助于皮肤平滑、柔软和湿润；三文鱼还是最好的蛋白质来源，是制造皮肤中胶原蛋白和角蛋白的主要原料，也是皮肤细胞代谢所必需的物质。与三文鱼有类似功效的食物有鳕鱼、鲜鱼、沙丁鱼和亚麻籽。

（4）虾　虾中含有丰富的铜，是形成皮肤色素的微量元素。铜元素不仅是形成体内抗老化酶——超氧化物歧化酶的关键元素，胶原蛋白和弹性蛋白的生成也离不开它，经常食用虾可使皮肤颜色、张力和弹力均匀。

4. 豆类及牛乳

（1）大豆　通称黄豆，每100g含热量1704kJ（407kal）、蛋白质33.1kg、脂肪15.9g、碳水化合物37.3g、膳食纤维9.0g、维生素A 7μg、胡萝卜素40μg、硫胺素0.11mg、核黄素0.22mg、维生素$B_6$ 0.46mg、叶酸181.1μg、烟酸1.53mg、钙123mg、磷418mg、钠13.8mg、钾1276m、镁211mg、铁35.8mg、锌4.61mg、硒2.03μg、铜1.17mg、锰2.03mg。大豆有优质的植物蛋白质，是构成肌肉蛋白的主要原料，又能产生能量。大豆中含有的铁及B族维生素，有利于血红蛋白的生成，可使肌肤润泽、红润。大豆中还含有大豆异黄酮，这是一种雌性激素结构相似、具有雌性激素活性的植物激素，可以延缓女性细胞衰老，使皮肤保持弹性，减少骨丢失，促成骨生成，调节血脂、保护心血管、稳定情绪并美化皮肤。

（2）牛乳　牛乳中所含的营养成分非常丰富，均为人体所需，全面易于消化。市场的品牌众多，其营养成分的含量大数相同，可因地域而稍有差别。每100g牛乳含热量226kJ（54kcal）、蛋白质3.1g、脂肪3.7g、碳水化合物5.3g、维生素A 14μg、硫胺素0.02mg、核黄素0.11mg、维生素$B_6$ 0.03mg、叶酸10.7μg、烟酸0.11mg、维生素E 0.10mg、钙98mg、磷94mg、钾159mg、钠48.9mg、镁11mg、铁0.2mg、锌0.51mg、硒1.10μg、碘1.4μg。增加乳及乳制品的摄入，是改善营养和增强体质的重要措施，营养的保证是皮肤美容的基础，经常食用牛乳及乳制品，用其护肤有良好的美容功效。

5. 谷物

（1）全麦面包　全麦中铁的含量丰富，铁是血液中血红蛋白的必需元素，血红蛋白能帮助运输血液中的氧；全麦为人体供应丰富的B族维生素，尤其是烟酸，可预防皮肤干燥；全麦面包中含有丰富的抗氧化剂，锌、硒和维生素E等营养素能清除由日晒、污染带来的自由基侵袭，使皮肤年轻化。

（2）粥油　粥油中蛋白质和各种维生素的含量丰富，容易被人体吸收，有补虚健脾、令肌肤色白细嫩、身体健美的功效。

# 第三节　皮肤衰老的预防

怎样预防皮肤的衰老？皮肤衰老是经过数十年逐步形成的。皮肤的衰老是不可抗拒的自然规律，但及早科学地预防可延缓衰老的进程，因此，预防皮肤的衰老最好从年轻时做起，但在中老年时如注意预防也可以延缓皮肤衰老的发生。针对以上引起皮肤衰老的原因，在预防上需注意以下几点。

（一）精神愉快，胸襟阔达，是保持人体青春活力所不可缺少的条件

睡眠不好可使人精神萎靡、眼圈发黑和脱发增多，忧思过度使人白发早现，烦躁使人颊红鼻赤，头屑增多，这些都是对皮肤不利的。

（二）养成良好的生活饮食习惯

不吸烟，不饮烈酒，饮食起居均要有规律，保证充分睡眠。科学合理的饮食习惯和营养搭配对延缓衰老起着不可忽视的作用。衰老与日常饮食不当也有关系。尤其是近年来"垃圾食品"的增多，如何科学合理地饮食成为国内外专家研究的课题。合理的饮食是延缓衰老的重要条件。经过多年的研究，美国老年病学专家Frank拟订了一份延缓衰老的食谱。食谱要求：

（1）每天要吃一种海产品。

（2）每周要吃一次动物肝脏。

（3）每周要吃一至两次鲜牛肉。

（4）每周要有一到两次以扁豆、绿豆、大豆或蚕豆作为正餐或配菜。

（5）每天至少要吃下列蔬菜中的一种：鲜笋、萝卜、洋葱、韭菜、菠菜、圆白菜、芹菜。

（6）每天至少要喝一杯蔬菜汁或果汁。

（7）每天至少要喝四杯水。

（三）讲究卫生、增强体质

注意养生的老年人常常是"童颜鹤发"而衰弱的有慢性病的老人会皮黄、骨瘦、面皱萎靡。全身衰弱又会促使皮肤衰老。

（四）要有充足合理的营养

米制品、肉类、豆类和蔬菜等食物应充足并搭配合理，不宜偏食，以保证足够的糖、蛋白质、维生素和微量元素。同时要做到：①选用优质蛋白食品，如乳、蛋、鱼、瘦肉和豆浆等。蔬菜水果以新鲜为宜。②维生素的供给对皮肤保健比较重要，维生素A缺乏可引起毛囊角化而皮肤粗糙；维生素$B_2$、维生素$B_6$缺乏引起皮炎、口角炎及脱发。③必要时可食用保健食品，如晨饮蜂蜜一杯可养颜，枸杞、红枣煲鸡蛋（枸杞1两，红枣8个，鸡蛋1个）或黑木耳煲红枣（黑木耳1两，红枣15枚）均能美发等。

需要注意的是，减肥虽然是打造女性身材美丽的途径，但是一味地节食并不可取，应该平衡调配减肥食谱，在避免摄入过多热量的同时，要补充身体所需的营养成分。减肥并不意味着天天吃减肥餐、水果减肥茶等，减肥的时候也应该摄入蛋白质、脂肪，否则瘦是瘦了，体质却差了，衰老加快了。所以，减肥期间的饮食要注意蔬菜、水果、肉类、碳水化合物合理分配。

烹调时直接炒或油炸的肉食用后容易摄取过多的热量，而直接用水煮可以比煎炒油炸出来的肉减少将近一半的热量。

（五）避免不良的外界因素

（1）要防避长时间的强烈阳光暴晒，户外活动必要时在暴露的皮肤上涂防晒膏。

（2）冬天洗澡次数不宜过多，不宜使用过热的水洗面和洗澡，也不宜用碱性太大的香皂（应以质量较好的中性香皂或以表面活性剂为主要洁肤成分的浴液为宜），以免洗去皮脂。浴后或平时可使用护肤膏润泽皮肤。

（3）勿用过烫的热水洗头，吹发或烫发的温度也不宜过高，次数不宜过勤。因可破坏头发的蛋白质结构而使头发松脆变黄而易折断。洗发或烫发后可涂上发乳、发蜡或护发素。

（4）护肤膏（霜）要尽量使用新鲜的产品，不要买市场削价处理的化妆品。值得一提的是，目前市场上有些抗皮肤衰老化妆品和药物在应用后短期内效果良好，但较长时间应用，皮肤反而衰老更快。其作用机制是加快细胞分裂和增殖，加快表皮细胞脱落速度，刺激基底细胞分裂，在短期内改善皮肤的外观。但由于皮肤细胞有一定的寿命和分裂次数，加速细胞分裂会使每次细胞周期变短，结果使细胞寿命变短反而加速衰老。所以，长期用这些护肤品是很危险的。另外，需注意皮肤美白化妆品中是否含有砷、汞等重金属，因为长期使用会对皮肤造成损害，加速皮肤衰老。

（5）加强皮肤的清洁卫生。如经常洗澡、梳头和面部按摩等，可加强皮肤抵抗力，促进皮肤血液循环和营养，延缓皮肤衰老。

# 第十三章
# 不同皮肤类型的营养膳食

根据皮肤分泌皮脂的多少，保健美容领域一般将皮肤分为油性、干性、中性、混合性、敏感性皮肤五种，了解各种皮肤类型的特点及营养膳食，对皮肤美容保健至关重要。

## 第一节 不同皮肤类型的营养膳食

按照中医理论，从人的体质分类上看，体内水分异常多者为"湿"重，属油性体质，这类人的皮肤一般呈油性；相反，体内水分异常少者为"燥"，属于干性体质，这类人的皮肤一般呈现粗糙和干燥状态。从现代医学观点看，油性皮肤者，皮脂腺分泌较旺盛，体内雄性激素分泌较多，皮肤毛细血管扩张；干性皮肤者，皮肤内水分不足，新陈代谢缓慢，皮脂腺功能减退，皮肤表面干燥，表皮角质屑易脱落，皮肤缺乏弹性，易生皱纹。因此，根据不同类型皮肤进行饮食调养，对皮肤的健美大有益处。

### 一、油性皮肤的营养膳食

（1）少食肉类食品和动物性脂肪　如奶油、肥肉、油炸食品、重油菜肴等。因为肉类食品和动物性脂肪含脂肪较多，使皮脂腺功能旺盛，导致"油上加油"。另外，肉类食品和动物性脂肪在体内分解过程中可产生诸多酸性物质，影响皮肤的正常代谢，使皮肤粗糙。青少年时期可适当多吃些新鲜的肉类，成年后应以素食为主。

（2）多吃植物性食物　植物性食物中富含防止皮肤粗糙的胱氨酸、色氨酸，可延缓皮肤衰老，改变皮肤粗糙现象。这类食物主要有黑芝麻、小麦麸、油面筋、豆类及其制品、紫菜、西瓜子、葵花子、南瓜子和花生。

（3）注意蛋白质摄取均衡　蛋白质是人类必不可少的营养物质，一旦长期缺乏蛋白质，皮肤将失去弹性，粗糙干燥，使面容苍老。有少数人对鱼、虾、蟹等海产品过敏，对于这部分人可食用其他食物代替。为此，应根据生长发育的不同阶段，调整食物中肉食与素食的比例。年龄越大，食物中的肉食应越少。

（4）多吃新鲜蔬菜和水果　一是摄取足够的碱性矿物质，如钙、钾、钠、镁、磷、铁、铜、锌、钼等，肤色较深者，宜经常摄取萝卜、白菜、竹笋、冬瓜及大豆制品等富含植物蛋白质、叶酸和维生素C的食物；皮肤粗糙者，应多摄取富含维生素A、维生素D

的食品，如鸡蛋、牛乳、动物肝脏及豆类、胡萝卜等。二是摄取各类足量的维生素，缺乏维生素A、维生素D易患皮肤干燥粗糙；缺乏维生素A、维生素$B_1$、维生素$B_2$会加速皮肤衰老；缺乏维生素C易使皮肤色素沉着，易受紫外线的伤害。摄取足够的植物纤维素，以防止因便秘引起的体内有毒物质的堆积而带来的皮肤和脏器病变。

（5）少吃辛辣、温热性及热量大的食物　少吃如蜜饯、桂圆、核桃、巧克力、可可、咖喱等食物，可选用具有祛温清热类中药，如白茯苓、泽泻、珍珠、白菊花、薏米、麦饭石、灵芝等。

（6）少饮烈性酒，多喝水　长期过量饮用烈性酒，能使皮肤干燥、粗糙、老化；少量饮用含酒精的饮料，可促进血液循环，促进皮肤的新陈代谢，使皮肤产生弹性而更加滋润。每天保证饮水1200 mL，可满足皮肤的供水，延缓皮肤老化。

（7）多做运动，注意减肥　肥胖可导致皮肤的老化。身体各部分长出多余的脂肪时，使人体失去体态美的同时，还会使皮肤失去活力。

---

**◆ 油性皮肤食疗两例 ◆**

番茄沙拉：番茄1个，黄瓜1根，生菜5片，柠檬1/2个，橄榄油10mL，沙拉酱100g。生菜洗净，撕成大块状置于大碗中；黄瓜洗净，削皮后切片，放于生菜上；番茄洗净切片，摆放在黄瓜片上；将柠檬挤出汁与橄榄油和沙拉酱搅拌均匀，拌于菜中。富含维生素，预防皮炎、清理肠道，具有极佳的美肤效果，延缓衰老。适用于油性皮肤。

增颜菜汁：香菜40g，芹菜50g，苹果1个，柠檬1/2个。将香菜、芹菜、苹果共置压榨机内，取汁，再加柠檬汁，取汁饮用。具有去除油脂、悦泽容颜之效，可使容颜红润。

---

油性皮肤护理：使用油分较少、清爽型、抑制皮脂分泌、收敛作用较强的护肤品。白天用温水洗面，选用适合油性皮肤的洗面奶，保持毛孔的畅通和皮肤清洁。暗疮处不可以化妆，不可使用油性护肤品，化妆品用具应该经常地清洗或更换，更要注意适度的保湿。

## 二、干性皮肤的营养膳食

（1）适当增加脂肪的摄入量　增加脂肪的摄入量，尤其是含亚油酸较丰富的植物油，如葵花子油、大豆油、玉米油、芝麻油、花生油、茶油、菜籽油、核桃、松子、杏仁、桃仁等，适当食用一些动物脂肪。

（2）多食豆类　如黑豆、大豆（黄豆）、赤小豆等。

（3）多吃碱性食物，少吃酸性食物　多摄入蔬菜、水果、海藻等碱性食品，少吃鸟兽类、鱼贝类等酸性食品，如狗肉、鱼、虾、蟹等。

── 干性皮肤食疗两例 ──

川七乌骨鸡汤：乌骨鸡腿1只，川七叶10片，老姜2片，香油10mL，米酒500mL。乌骨鸡腿洗净，切小段；往炒锅中倒入香油烧热，放入姜片以中火炒至金黄色略焦后，加入无骨鸡腿爆炒至表皮金黄；倒入米酒以小火熬煮至酒精挥发，待鸡肉熟后，加入川七继续煮1min即可。川七枝叶中的乳汁成分属黏多糖，具有保护人体皮肤细胞的功效；香油含有多元不饱和脂肪酸，也是富含$\omega-3$系列脂肪酸的植物油，可改善皮肤干燥的情况，适合干性皮肤，具有养颜作用。

天冬包子：天冬12g，猪肉250g，冬笋1个，鸡蛋2个，大葱60g，白菜或萝卜250g，植物油30mL，盐、酱油、香油适量，面粉500g，碱适量。把天冬洗净，泡软，切成碎末。猪肉剁碎成馅。冬笋、白菜或萝卜切成碎末。把鸡蛋炒熟切碎。锅内放清油，烧至七成热停火，凉后入肉馅内，加水搅拌，然后倒入酱油、香油、盐及其他馅末拌匀。用拌好的馅包成包子即可。具有强壮身体、润泽肌肤之效。

干性皮肤护理：多做按摩护理，促进血液循环，注意使用滋润、美白、活性的修护霜和营养霜。注意补充肌肤的水分与营养成分、调节水油平衡的护理。不要过于频繁地沐浴及过度使用洁面乳，选择非泡沫型、碱性度较低的清洁产品、带保湿的化妆水。

## 三、中性皮肤的营养膳食

因为中性皮肤是最理想的皮肤类型，所以在饮食上注意平衡饮食即可。多食新鲜蔬菜和水果，多饮水，使皮肤保持柔软细嫩。

── 中性皮肤食疗两例 ──

润肌泽肤汤：鸡肉、玉米、鸡蛋清各适量。用刀背将鸡肉拍烂。撕成丝，加几个鸡蛋清，与适量玉米一起放入锅内，加水小火慢慢煮至熟，食肉饮汤。具有润肌泽肤之效。

红颜酒：核桃、小红枣各60g，杏仁、酥油各30g，白酒1500g。将胡桃，小红枣、杏仁研碎待用。白蜜、酥油溶化，倒入酒中和匀，然后将上述三味药放入酒内密封，浸泡21d后即可饮用。每次15mL，每日2次。此方可增加营养，防止皮肤粗糙。

中性皮肤护理：注意清洁、爽肤、润肤以及按摩护理。注意补水、调节水油平衡的护理。依皮肤年龄、季节选择护肤品，夏天选择亲水性的护肤品，冬天选滋润性的护肤品，选择范围较广。

## 四、混合性皮肤的营养膳食

混合性皮肤的人应适量吃些乳类食品，多吃新鲜果蔬，多饮水，以延缓皮肤衰老。另外，平时饮食中宜常摄取平和的食物：小麦、小米、玉米、糯米、甘薯、花生、大豆（黄豆）、赤小豆、黑豆、蚕豆、豌豆、腐乳、白菜、莴苣、茼蒿、山药、芋芳、圆白菜、马铃薯、胡萝卜、香菇、黑木耳、银耳、苹果、李、无花果、葡萄、橄榄、核桃、葵花子、芝麻、薏米、百合、莲子、荷叶、藕粉、芡实、带鱼、鳗鱼、鲤鱼、鲫鱼、青鱼、鳜鱼、银鱼、鲢鱼、鲈鱼、甲鱼、猪内脏、猪血、火腿、牛肉、牛筋、牛乳、兔肉、鸭肉、鸡蛋、鹌鹑肉、鹌鹑蛋、鸽肉、白糖、冰糖、蜂蜜、蜂乳等。

─────●混合性皮肤食疗两例●─────

杏仁牛乳芝麻糊：杏仁150g，核桃75g，白芝麻、糯米各100g，黑芝麻200g，淡牛乳250g，冰糖60g，水适量，枸杞、果料各适量。先将芝麻炒至微香，与上述原料一起捣烂成糊状，用纱布滤汁，将冰糖与水煮沸，再倒入糊中拌匀，撒上枸杞、果料文火煮沸，冷却后食用，每日早晚各100g，具有润肤养颜、延缓皮肤衰老及抗皱祛皱功效。

牛乳粥：鲜牛乳500g，粳米50g，白糖适量。将粳米加水微火煮粥，煮至米汁黏稠为度。将鲜牛乳放入煮熟的稀粥中，再烧沸，放适量糖调匀即可服用。经常食用有补虚损、益脾胃、润肌肤之效。

混合性皮肤护理：按偏油性、偏干性、偏中性皮肤分别侧重处理，在使用护肤品时，先滋润较干的部位。再在其他部位用剩余量擦拭。注意适时补水、补充营养成分、调节皮肤的平衡。夏天参考油性皮肤的护肤品选择，冬天参考干性皮肤的护肤品选择。

## 五、敏感性皮肤的营养膳食

（1）多食富含钙的食物　钙能降低血管的渗透性和神经的敏感性，能增强皮肤的各种刺激的耐受力。富含钙又不易致敏的食物有牛乳、豆浆、芝麻酱、猪棒子骨等。

（2）多食富含维生素C的食物　维生素C参与体内的氧化还原过程，有抗过敏作用。富含维生素C的食物有猕猴桃、沙棘、枣、柚子、柠檬、豌豆苗、藕、小白菜、甘蓝、甜椒、菜花等。

（3）少食用水产品　对大多数敏感性皮肤的人而言，鱼、虾、蟹等易患过敏，宜少食用。

（4）部分敏感者少食用动物性食物和刺激性食物　部分人对牛肉、羊肉、禽蛋类等动物蛋白质丰富的食物，以及姜、葱、蒜、胡椒、辣椒等辛辣刺激性食物，也会引起皮肤过敏，发生湿疹、荨麻疹、食物红斑类过敏皮肤病。

（5）光敏感者少食用光敏质多的食物　光敏感者食用灰菜、紫菜、苋菜、萝卜及莴苣等光敏质多的食物，易引起光敏反应，如色素沉着、皮肤潮红、丘疹、水肿、红斑等。

（6）少烟酒　少数人对饮酒吸烟也会引起过敏反应。

────● 敏感性皮肤食疗一例 ●────

　　山楂马蹄糕：马蹄粉300g，面粉200g，山楂酱、冰糖各适量，鸡蛋2个，发酵粉15g，马蹄粉与面粉混合后加发酵粉、蛋液、冰糖，在35～40℃待发酵。容器四周涂上熟猪油，倒入发酵粉糊，约为容器的1/3，上笼用旺火蒸15min，取出铺上山楂酱，再倒1/3糊，蒸15min。本品能增强皮肤及毛细血管的抵抗力，防止或减轻过敏反应，适用于湿疹、寻常疣、痤疮等。

敏感性皮肤护理：保持皮肤清洁，可用温和的洗面奶及柔肤水，帮助杀菌、清洁、柔软肌肤。不要随意更改往日用惯的化妆品品牌。随时注意皮肤的保湿，增强皮肤的抵抗力，可选用清爽型、亲水性护肤品。注意风沙对皮肤的影响，平时皮肤较敏感的人外出时尤其要注意用纱巾、口罩等遮挡，避免风吹。

# 第二节　不同年龄人群皮肤的营养膳食

人从出生开始，经历生长、成熟和衰退，不同的生理阶段，皮肤的组织结构发生着变化，要保持皮肤的健美，就需要注意皮肤的保养。健美的肌肤需要营养的供给，在不同的年龄阶段，针对各时期皮肤的特点，通过调节饮食来改善肌肤赖以生存的内环境，可美化肌肤、延缓衰老、焕发青春的活力。

## 一、不同年龄的女性皮肤特点与营养

15～25岁，这一时期机体各系统、器官、组织及生理功能均处于发育阶段，表皮细胞层数增多、角质层变厚，真皮纤维增多，由细弱变致密。这一时期也正是女性月经来潮、生殖器官发育成熟时期，随着卵巢的发育和激素的产生，皮脂腺分泌物也会增加，皮肤一般偏油性，易生痤疮，引发炎症。因此要使皮肤光洁红润而富有弹性，就必须摄取足够的蛋白质、脂肪酸及多种维生素A、维生素$B_2$、维生素$B_6$，如白菜、韭菜、豆芽、瘦肉、豆类等，多吃蔬菜和水果，注意少吃盐，多喝水，或饮用绿茶，这样既可防止皮肤干燥，又可使尿液增多，有助于脂质代谢，减少面部渗出的油脂。避免高糖、高脂和刺激性食物，包括肥肉、奶油、辣椒、大蒜、大葱、胡椒、巧克力、糖、咖啡、油炸食物等，清淡为主，以防止促进痤疮等的发生以及使其恶化而长期不消退。这一时期，皮肤坚固、坚韧、光滑、润泽。

25～30岁，此时为女性发育成熟的鼎盛期，且感情丰富，易于多愁善感，导致女性额及眼下会逐渐出现皱纹，皮脂腺分泌减少，皮肤光泽感减弱，粗糙感增强。所以在饮食方面，除了坚持吃淡食、多饮水的良好饮食习惯外，要特别多吃富含维生素C和B族维生素的食品，如芥菜、胡萝卜、番茄、黄瓜、豌豆、黑木耳、牛乳等。不吃易于消耗体内水分的煎炸食物。此外，不要饮酒、抽烟，否则会使嘴角与眼四周过早出现皱纹。

30～40岁，此时女性的内分泌和卵巢功能逐渐减弱，皮肤易干燥，眼尾开始出现鱼尾纹，下巴肌肉开始松弛，笑纹更明显，这主要是体内缺乏水分和维生素的缘故。因此，这一时期要坚持多喝水，最好在早上起床后饮一杯凉开水。食用富含抗氧化剂的食物，保护皮肤，防止自由基对皮肤的伤害，避免食用加工的或简单的糖类食物，以免导致血液中胰岛素上升过快，促进发炎和老化的现象。饮食中除坚持多吃富含维生素的新鲜蔬菜水果以外，还要注意补充富含胶原蛋白的动物蛋白质，可吃些猪蹄、肉皮、鱼、瘦肉等。

40～50岁，表皮变薄，表皮萎缩伴真皮乳头扁平，基底层细胞分裂能力降低，表皮更新减慢。皮肤感觉功能减退，痛阈增高。表皮和真皮结合部位变平，营养供应和能量交换减少。真皮弹性蛋白和胶原蛋白降解增多；基质的蛋白多糖合成减少，加上皮组织脂肪减少，使皮肤弹性下降，出现松弛和皱纹；黑色素细胞分布不均，使得肤色不一，色素斑出现。女性进入更年期，卵巢功能减退，脑垂体前叶功能一时性亢进，致自主神经功能紊乱而易于激动或忧郁，眼睑容易出现黑晕，皮肤干燥而少光泽。在饮食上的补救方法是，多吃一些可促进胆固醇排泄、补气养血、延缓面部皮肤衰老的食品如玉米、红薯、蘑菇、柠檬、核桃和富含维生素E的圆白菜、菜花、花生油等。还可多食用富含维生素C的蔬菜、水果以及中药材枸杞都可达到淡斑的效果。

## 二、男性皮肤的营养膳食

### （一）男性皮肤特点

（1）男性皮肤天生较女性厚，更富有弹性，这是因为他们的皮肤纤维彼此连接很紧密之故。但是，由于男性皮肤厚度与密度大于女性，所以男性皮肤的变化看起来较女性更明显、更清晰。

（2）男性的皮脂腺和汗腺较发达，对皮肤有很好的保护和营养作用，故男性出现皱纹、皮肤松弛等衰老迹象比女人晚些。

（3）男性皮肤还有一个特点就是敏感，容易发红、脱皮、发痒等，这些与需要刮胡子、不正确的保养方式、不良饮食习惯、吸烟、心理压力等有关。

### （二）男性皮肤营养膳食

男性皮肤保养除参照女性的营养膳食之外，还需注意以下几点：

（1）适当摄取肉制品　男性由于能量支出明显高于同龄女性，因此应当多吃些肉食品以补充体内之需。通常应多食瘦肉，动物内脏中胆固醇含量偏高，不宜过量食用。

（2）多喝水　平时多喝水，保持皮肤细胞的正常含水量，可使皮肤光洁且富于弹性。

（3）保证睡眠充足　现代医学研究证明，睡好觉是保证健康乃至美容的重要条件，经常熬夜或者失眠的人容易衰老，包括皮肤衰老在内。男性熬夜的概率大于女性，而夜间24：00到翌日凌晨3：00这段时间，皮肤细胞代谢快，"以旧换新"的速度是清醒状态下的8倍多，故享有"美容睡眠期"的雅号。

（4）禁止吸烟，不可酗酒　吸烟无异于吸毒。香烟中对人体危害极大的致癌物及其他有害物质不下数十种。长期吸烟可导致皮肤晦暗、松弛。少量饮酒能"通血脉，散温气，杀百邪，驱毒气"。但过量饮酒能使皮肤干燥、粗糙、老化。

# 第三节　不同季节皮肤的营养膳食

一年四季，气温、湿度有着明显的差异，皮肤将随着季节的变化呈现不同的状态。此时，只有通过人体内部的调节使皮肤与外界的自然环境的变化相适应，才能保持皮肤正常的生理功能。如果人体不能适应外界自然环境发生反常的变化，其内外环境的相对平衡将遭到破坏而产生疾病；同时，也使人体的美受到影响。这就是"四季美容"。四季美容是在祖国医学"天人相应"思想指引下，所提出的重要美容原则和途径。

## 一、春季美肤营养膳食

春季气候转暖，大地复苏，这时人体皮肤的新陈代谢变得十分活跃，人的皮脂腺与汗腺的分泌会突然剧增，易出现痤疮。春天自然界的各种花粉、柳絮满天飞扬，皮肤组织比较脆弱、敏感，易引起皮肤过敏反应，如出现红色皮疹、局部有灼热感、瘙痒、皮屑脱落等。此时先找出过敏原，如风吹干空气的刺激、食用海鲜和牛羊肉等刺激、化妆品使用不当的刺激等。

春季饮食上应注意避免食用高脂肪类食物以及辣椒等刺激性食品，宜清淡饮食。多摄取富含B族维生素、维生素C、维生素E族的食物，如绿色蔬菜以及花生油、葵花子油、菜籽油、芝麻油等植物油。这些食物中的维生素可促进皮肤血管的血液循环，调节激素正常分泌，润滑皮肤。春季宜食用既有护肤美容作用又有"养脾"功能的食品和药品，如牛乳、鸡蛋、猪瘦肉、豆制品、黑豆、鸡肉、羊肉、海带、韭菜、胡萝卜、葱、桃、樱桃、竹笋、薏米、枣、白茯苓、炒白术、淮山药、莲子、藕、扁豆等。春季肌肤对紫外线适应力弱，耐受性差，故易诱发皮肤过敏的光感性食物，如田螺、马齿苋等，应尽量避免食用。

●──── 春季皮肤食疗两例 ────●

菊花粥：粳米适量，菊花10g，将粳米煮成粥，菊花磨成粉末，待粥成时加入菊花搅拌即可食。常食养肝血，清热毒，悦颜色。

红枣粥：粳米60g，加红枣10枚，煮至米烂枣熟即可。常食可使人面色红润，容光焕发。

## 二、夏季美肤营养膳食

夏季气候炎热，汗腺和皮脂腺的分泌功能旺盛，汗液和皮脂分泌量多，皮肤多呈油性，皮肤抵抗力下降，易产生各种皮肤病变，常见的有湿疹、痱子、痤疮等。同时因出汗，需要使用毛巾等擦汗，结果对面部皮肤产生过多摩擦，刺激面部的机会增多，久而久之会感到皮肤灼痛。夏季阳光中强烈的紫外线使皮肤被灼伤，导致皮肤色素增加、变黑，引起雀斑，同时还会加速皮肤的老化，使皮肤增厚、粗糙、失去弹性，严重的会发生日光性皮炎。

夏季宜多吃新鲜蔬菜和水果，荤素搭配适宜，注意适当吃些粗粮，而干咸、辛辣等刺激的食物宜少食用。水果、蔬菜等含维生素及膳食纤维丰富的食品能调节皮脂分泌量及通畅大便，使体内废物得以顺利排出，毒素不致存留。夏季宜选用既能益肤美容又有"养肺气"及"清补"作用的食品和药品，如冬瓜、西瓜、丝瓜、赤小豆、百合、桑葚、旱莲草、玉竹、杏仁、枸杞、薏米、白菊花、女贞子等。

●──── 夏季皮肤食疗两例 ────●

冬瓜粥：新鲜连皮冬瓜80～100g，粳米100g，二者同煮粥，分两次食用。健脾除湿，护肤美容。

赤豆鲤鱼：鲤鱼1尾，赤小豆100g，陈皮、花椒、草果各7.5g。将赤小豆、陈皮、花椒、草果洗净，塞入鱼腹，再将鱼放入砂锅中，另加葱、姜、胡椒、食盐、灌入鸡汤，上笼蒸1.5h左右，鱼熟后即可出笼，再撒上葱花，即可食用。具有行气健胃、醒脾化湿、利水消肿、减肥、美容等作用。

## 三、秋季美肤营养膳食

秋季是夏季向冬季的过渡，这个时期气温、湿度变化比较大，皮肤经过夏季的阳光照晒，颜色发黄、发黑，暗淡无光。天气开始逐渐变冷、变干，这时人的皮脂分泌下降，皮肤会很干燥、粗糙，皱纹明显变深，再加上秋风的作用，皮肤更加干涩，肌肤失去弹性、失去光泽。到了晚秋时，皮肤下的脂肪层会增厚，皮肤有紧绷的感觉。

因秋季天气转凉，出汗少，消化功能恢复常态，食欲增加，热量摄入也大大增加，所以秋季易发生肥胖。首先，饮食上应注意合理控制饮食，不使饭量增加。可多吃一些低热量的减肥食品，如赤小豆、萝卜、竹笋、薏米、海带、蘑菇、黑木耳、豆芽、山楂、辣椒等。秋季宜选用既可益肤美容，又有"养肝气"的"平补""不寒不热"的食物和药品，如猪瘦肉、兔肉、猪皮、猪蹄、黑芝麻、白扁豆、海带、核桃、鸡肉、鸡蛋、胡萝卜、白萝卜、白蜜、花生、枣、松子、紫菜、黄精、火麻仁、杏仁、白菊花、淮山药、白茯苓、薏米、何首乌、芡实、桃仁等。

---

**● 秋季皮肤食疗两例 ●**

葡汁杞玉银羹：奶葡萄500g，枸杞15g，水发银耳250g，嫩玉米粒100g，冰糖25g。葡萄洗净将其挤入碗中备用。冰糖捣碎，锅上火，注入清水500mL，加入冰糖、玉米粒、银耳煮3～4min，然后放入枸杞、葡萄汁，搅匀，熬1min立即出锅，倒入大汤碗中，放凉后食用。具有滋阴、补肾、壮阳、健美、增白、润肤功能。

胡萝卜红枣桑葚汁：胡萝卜30g，红枣5枚，桑葚15g，水煮20min后食用，每日1剂，连服2个月。适用于面色白而无泽、皮肤粗糙不润者。

---

## 四、冬季美肤营养膳食

冬季是一年四季中最容易损害皮肤的季节。因为气候寒冷，皮脂腺、汗腺分泌功能较差，皮肤缺乏滋润，加上寒风刺激，皮肤毛孔收缩，血流量减少，皮肤失去滋养而干枯皲裂，皮肤的抗病能力下降。冬季美容须补水。像秋天一样，由于冬季易使皮肤发干皲裂，所以补充水分同样成为冬季护肤的重要方面，补充水分最好的方法是多喝水。实践证明，大量饮水，可以解毒，治疗便秘，缓解皮肤干燥，还可以解除肝、肾、脾的失调，减少心脏病发生的危险和降低高血压等。冬季宜选用既可益肤美容，又有"养心气"及"滋补"作用的食品与药品，如羊肉、鸽子肉、鹌鹑肉、麻雀肉、鸽蛋、麻雀蛋、鹌鹑蛋、牛乳、牛肉、鸡肉、龙眼肉、荔枝肉、海参、枣、核桃、紫河车、人参、炒白术、黄芪、扁豆、黄精、熟地黄、肉苁蓉、菟丝子、蛇床子、骨碎补、沙苑子等。

---

**● 冬季皮肤食疗两例 ●**

豆浆炖羊肉：淮山药200g，羊肉500g，豆浆500mL。以上药食加入油、盐、姜少许，一起炖2h。每周食2次，既可益肤美容，又有"养心气"的作用。

---

　　枸杞煨鸡：老母鸡1只，枸杞15g，生姜5g，料酒5mL，胡椒2.5g，食盐适量，葱1根。锅内加水适量，将鸡及姜、葱、料酒、胡椒同下锅，将枸杞洗净，装入纱布袋放入鸡锅内。先用大火煮沸，改用文火炖2h，以鸡烂骨酥为度，放盐出锅即可。分顿吃肉喝汤，枸杞亦可食用。本品具有滋肾润肺、益颜泽肤之效。

# 第四节　女性生理期皮肤的营养膳食

　　女性在益肤美容饮食调养时，一定要结合其自身的生理特点来安排食谱。特别是在月经期间，月经的来潮与停止，有点像月亮的盈与亏、潮汐的涨与落等自然节律。它是女性性功能的一项生理性规律。每次月经为期3～7d。一般情况下，女性来一次月经，约排出经血30～50mL。因此，女性的美容健体不得不考虑这个特殊时期。

　　女性的美容健体饮食调养的原则之一，就是与月经周期变化相吻合的"周期饮食"。不少女性，在月经前期会有一些不舒服的症状，如抑郁、忧虑、情绪紧张、失眠、易怒、烦躁不安、疲劳等，这些症状与体内雌性激素、孕激素的比例失调有关。此时，女性应选择既有益肤美容作用，又能补气、疏肝、调节不良情绪的食品和药品，如圆白菜、柚子、瘦猪肉、芹菜、粳米、鸭蛋、炒白术、淮山药、薏米、百合、金丝瓜、冬瓜、海带、海参、胡萝卜、白萝卜、核桃、黑木耳、蘑菇等。

　　在月经来潮时，会出现食欲差、腰酸、小腹疼痛、疲劳等症状。此时，宜选用既有益肤美容作用，又对"经水三行"有益的食品和药品，如羊肉、鸡肉、枣、豆腐皮、苹果、薏米、牛肉、牛乳、鸡蛋、红糖、益母草、当归、熟地、桃花等。此时，宜食用温性而不宜食用寒性的食物，所以平时很好的益肤美容食品也应禁食，如梨、香蕉、荸荠、石耳、石花、菱角、冬瓜、芥蓝、黑木耳、兔肉、大麻仁等。

　　除此之外，女性经期中要丢失一部分血液。血液的主要成分有血浆蛋白、钾、铁、钙、镁等无机盐。所以，在经期后1～5d内，应补充蛋白质、矿物质等营养物质及用一些补血药。在此期间可选用既可益肤美容又有补血活血作用的食品与药品，如牛乳、鸡蛋、鸽蛋、鹌鹑蛋、牛肉、羊肉、猪胰、芡实、菠菜、樱桃、龙眼肉、荔枝肉、胡萝卜、苹果、当归、红花、桃花、熟地、黄精等。

# 参考文献

［1］ 郑建仙. 功能性食品学［M］. 北京：中国轻工业出版社，2015.

［2］ 贾润红. 美容营养学［M］. 北京：科学出版社，2011.

［3］ 晏志勇. 美容营养学［M］. 北京：人民卫生出版社，2010.

［4］ 杨海旺. 美容解剖学与组织学［M］. 北京：人民卫生出版社，2014.

［5］ 王志凡，万巧英. 营养与美容保健［M］. 北京：科学出版社，2015.

［6］ 何黎. 美容皮肤科学［M］. 北京：人民卫生出版社，2011.

［7］ 陈丽娟. 美容皮肤科学［M］. 北京：人民卫生出版社，2014.

［8］ 田静. 美容皮肤科学［M］. 北京：中国中医药出版社，2018.

［9］ 林俊华. 美容营养学［M］. 北京：人民卫生出版社，2010.

［10］蒋钰，杨金辉. 美容营养学［M］. 北京：科学出版社，2015.

［11］中国营养学会. 中国居民膳食营养素参考摄入量（2013版）［M］. 北京：科学出版社，2014.

［12］中国营养学会. 中国居民膳食指南（2016版）［M］. 北京：人民卫生出版社，2016.

［13］中国就业培训技术指导中心. 公共营养师［M］. 北京：中国劳动社会保障出版社，2012.

［14］顾景范，杜寿玢，郭长江. 现代临床营养学［M］. 北京：科学出版社，2009.

［15］韦莉萍. 公共营养师［M］. 广州：华南理工大学出版社，2015.

［16］杨月欣主编，中国疾病预防控制中心营养与健康所编著. 中国食物成分表［M］. 6版. 北京：北京大学医学出版社，2019.